極限環境生物の産業展開
Industrial Application of Extremophiles

《普及版／Popular Edition》

監修 今中忠行

シーエムシー出版

はじめに

　地球が誕生してから46億年，原始生命が誕生してから約38億年が経過している。この生命の歴史の中で，無数の生物が進化してきた。遺伝的変異と淘汰といった単純な形だけではなく，ウイルスなどによる遺伝子の水平移動，動物細胞や植物細胞が誕生するきっかけとなった細胞の寄生・共生と定着，染色体内での遺伝子の移動，自然界でも起こりうる形質転換，形質導入，細胞融合などにより多様な能力をもった生物が誕生してきたのである。最近，生物多様性という言葉がよく使われているが，この言葉には単に分類学的な意味での種だけではなく，個体の多様性，その背景にある遺伝子レベルでの多様性も含まれている。

　さて地球の長い歴史を1年のカレンダーで示すとすれば，人類の直接的祖先である原人は12月31日の19時ごろに生まれたと考えられている。地球の歴史からみれば，人類は最後に現れた生物であるのに，自分たちの生存条件を基本として，それからかけ離れた環境条件を極限環境と称しているにすぎないから，極限環境に生育している生物にとっては苦笑すべきことかもしれない。

　極限環境の条件としては，温度，pH，圧力，浸透圧，貧栄養，有機溶媒，乾燥，酸素の有無などが挙げられる。これらの極限環境で生育する生物は，それぞれの環境に適応するために特殊な戦略を用意しているのが通常である。その適応戦略は興味深いだけでなく，うまく利用すれば，産業展開にも通じるところがあるはずである。このような観点から，本書を企画した。

　本書は，まず極限環境生物についての総論に始まり，第1編「技術編」では極限環境の生物を分離，培養，評価するための基本および特殊技術について述べてもらった。評価するためには最新の解析技術が必要であることは論を待たない。第2編「産業応用編」では，各種の極限環境圏で生育している生物を取り上げ，その特徴や適応機構とともに産業への応用について第一線の研究者たちに述べてもらった。特に乾燥生物圏については，他所で見たこともない面白いデータが含まれており本書の特徴の一つでもある。さらに南極や深海にとどまらず，地殻内微生物の探索や宇宙空間における微生物の探索もぜひ読んでほしいと願っている。最後に国際的規制に焦点を当てて解説してもらった。本書で述べた極限環境には空間的広がりだけでなく，知的な好奇心の広がりも含まれている。この本に触れて楽しい刺激を受けてほしいと期待している。

　最後に本書の計画，編集に協力して頂いたシーエムシー出版の工藤健太氏に感謝申し上げたい。

2012年8月吉日

立命館大学
今中忠行

普及版の刊行にあたって

本書は2012年に『極限環境生物の産業展開』として刊行されました。普及版の刊行にあたり，内容は当時のままであり加筆・訂正などの手は加えておりませんので，ご了承ください。

2019年6月

シーエムシー出版　編集部

執筆者一覧（執筆順）

今中　忠行	立命館大学　生命科学部　教授；京都大学　名誉教授
大島　泰郎	共和化工㈱　環境微生物学研究所　所長；東京工業大学　名誉教授；東京薬科大学　名誉教授
鎌形　洋一	㈱産業技術総合研究所　生物プロセス研究部門　研究部門長；北海道大学　大学院農学研究院　客員教授
久保　　幹	立命館大学　生命科学部　生物工学科　教授
工藤　俊章	長崎大学　大学院水産・環境科学総合研究科　教授
出口　　茂	㈱海洋研究開発機構　海洋・極限環境生物圏領域　チームリーダー
服部　正平	東京大学　大学院新領域創成科学研究科　教授
守屋　繁春	㈱理化学研究所　基幹研究所　長田抗生物質研究室　専任研究員
藤田　信之	㈱製品評価技術基盤機構　バイオテクノロジーセンター　上席参事官
佐々木和実	㈱製品評価技術基盤機構　バイオテクノロジーセンター・バイオ安全技術課　専門官
山本　慎也	大阪大学　大学院工学研究科　生命先端工学専攻　生物工学コース　生物資源工学領域
津川　裕司	大阪大学　大学院工学研究科　生命先端工学専攻　生物工学コース　生物資源工学領域
中山　泰宗	大阪大学　大学院工学研究科　生命先端工学専攻　生物工学コース　生物資源工学領域
福崎英一郎	大阪大学　大学院工学研究科　生命先端工学専攻　生物工学コース　生物資源工学領域　教授
日比　徳浩	㈱ミツカングループ本社　中央研究所　主席研究員
尾崎　克也	花王㈱　生物科学研究所　室長
伊藤　政博	東洋大学　生命科学部　生命科学科　教授
中村　　聡	東京工業大学　大学院生命理工学研究科　生物プロセス専攻　教授
仲山　英樹	長崎大学　大学院水産・環境科学総合研究科　准教授
徳永　廣子	鹿児島大学　農学部　生物資源化学科　応用分子微生物学研究室
荒川　　力	Alliance Protein Laboratories,inc.
徳永　正雄	鹿児島大学　農学部　生物資源化学科　応用分子微生物学研究室
亀倉　正博	好塩菌研究所　所長
近藤　英昌	㈱産業技術総合研究所　生物プロセス研究部門　主任研究員；北海道大学　大学院生命科学院　客員准教授
津田　　栄	㈱産業技術総合研究所　生物プロセス研究部門　研究チーム長；北海道大学　大学院生命科学院　客員教授
栗原　達夫	京都大学　化学研究所　教授
瀬川　高弘	情報・システム研究機構　国立極地研究所　新領域融合研究センター　特任助教

森屋 利幸	共和化工㈱ 環境微生物学研究所 研究員	
吉井 貴宏	共和化工㈱ 環境微生物学研究所 研究員	
鈴木 宏和	九州大学 大学院農学研究院 極限環境微生物ゲノム機能開発学 准教授	
大島 敏久	九州大学 大学院農学研究院 生命機能科学部門 教授	
河原林 裕	九州大学 大学院農学研究院 極限環境微生物ゲノム機能開発学講座 教授； ㈳産業技術総合研究所	
小林 哲大	東洋紡績㈱ 敦賀バイオ研究所 研究員	
北林 雅夫	東洋紡績㈱ バイオケミカル事業部	
金井 保	京都大学 大学院工学研究科 合成・生物化学専攻 講師	
秦田 勇二	㈳海洋研究開発機構 海洋・極限環境生物圏領域 海洋生物多様性研究プログラム 海洋有用物質の探索と生産システム開発研究チーム チームリーダー	
小西 正朗	㈳海洋研究開発機構 海洋・極限環境生物圏領域 海洋生物多様性研究プログラム 海洋有用物質の探索と生産システム開発研究チーム 研究員	
大田 ゆかり	㈳海洋研究開発機構 海洋・極限環境生物圏領域 海洋生物多様性研究プログラム 海洋有用物質の探索と生産システム開発研究チーム 主任研究員	
桑原 朋彦	筑波大学 生命環境科学研究科 准教授	
五十嵐 健輔	筑波大学 生命環境科学研究科 生物科学専攻	
松山 茂	筑波大学 生命環境科学研究科 講師	
山根 國男	筑波大学 生物科学系 名誉教授	
阪口 利文	県立広島大学 生命環境学部 環境科学科 准教授	
中川 聡	北海道大学 大学院水産科学研究院 准教授	
髙松 邦明	立命館大学 生命科学部	
加藤 純一	広島大学 大学院先端物質科学研究科 分子生命機能科学専攻 教授	
道久 則之	東洋大学 生命科学部 教授	
奥田 隆	㈳農業生物資源研究所 昆虫機能研究開発ユニット 上級研究員	
堀川 大樹	INSERM U1001 AXA Postdoc Fellow	
加藤 浩	三重大学 生命科学研究支援センター 助教	
鈴木 庸平	東京大学 大学院理学系研究科 地球惑星科学専攻 准教授	
山岸 明彦	東京薬科大学 生命科学部 教授	
福田 青郎	立命館大学 生命科学部 助教	
最首 太郎	㈳水産大学校 水産流通経営学科 講師	

執筆者の所属表記は，2012年当時のものを使用しております。

目　次

総論　　　　大島泰郎

1　はじめに ……………………………… 1
2　極限環境生物 ………………………… 1
3　好むのか耐えるのか ………………… 2
4　生命の限界 …………………………… 3
5　多重苦の生物 ………………………… 3
6　極限環境生物の発酵 ………………… 4
7　極限環境生物の酵素 ………………… 4
8　研究材料としての極限環境生物 …… 5

[第1編　技術編]

第1章　分離・培養技術

1　自然界に存在する共生嫌気性微生物の
　　分離技術 …………………… **鎌形洋一** 6
　1.1　嫌気性微生物の多様性の広がり …… 6
　1.2　嫌気性微生物の共生関係とは ……… 7
　1.3　絶対嫌気性微生物の分離培養操作
　　　　と絶対嫌気性共生微生物の培養 …… 9
　1.4　共生微生物の分離培養という古典
　　　　的手法はこれからも有用か？ …… 11
2　環境微生物の分析・評価 …… **久保　幹** 14
　2.1　環境微生物の数や群集構造の解析
　　　　………………………………………… 14
　2.2　平板法 ………………………………… 15
　2.3　最確数法（MPN法） ………………… 15
　2.4　DAPI染色法 ………………………… 15
　2.5　蛍光活性染色法（CTC法） ………… 16
　2.6　DGGE法，TGGE法 ………………… 16
　2.7　T-RFLP法 …………………………… 17
　2.8　環境DNA解析法 …………………… 18
　2.9　定量的リアルタイムPCR法 ………… 18
　2.10　FISH法，ELISA法 ………………… 19
　2.11　環境微生物の同定 ………………… 19
3　シロアリに共生する特殊微生物の分離
　　と培養 ……………………… **工藤俊章** 22
　3.1　はじめに ……………………………… 22
　3.2　培養可能な特殊微生物 ……………… 23
　3.3　培養困難な特殊微生物 ……………… 25
　3.4　おわりに ……………………………… 27
4　セルロースナノファイバーを担体とし
　　た培養技術の開発 ………… **出口　茂** 29
　4.1　はじめに ……………………………… 29
　4.2　極限環境微生物の固体培養 ………… 29
　4.3　セルロースプレートの調製 ………… 30
　4.4　セルロースナノファイバーの構造
　　　　特性 ………………………………… 30
　4.5　セルロースプレート表面での微生
　　　　物のコロニー形成 ………………… 31

4.6	極限的な培養条件下でのセルロースプレートの構造安定性 …………… 32		環境微生物の固体培養 …………… 32
4.7	セルロースプレートを用いた極限	4.7	おわりに …………………………… 34

第2章　新規探索・機能解析・改変技術

1　メタゲノミクス …………**服部正平**…… 36
　1.1　はじめに ………………………… 36
　1.2　細菌叢の解析 …………………… 37
　1.3　細菌の個別ゲノム解析 ………… 43
　1.4　おわりに ………………………… 43
2　環境微生物の機能を包括的に解明するためのメタトランスクリプトーム解析
　………………………**守屋繁春**…… 45
　2.1　はじめに ………………………… 45
　2.2　トランスクリプトーム解析とは …… 45
　2.3　環境トランスクリプトームの持つ独自の視点 …………………… 46
　2.4　シロアリ共生原生生物のメタトランスクリプトーム解析 ……… 47
　2.5　環境メタトランスクリプトームの将来 ……………………………… 49
3　プロテオミクス
　……………**藤田信之，佐々木和実**…… 52
　3.1　プロテオミクスの重要性 ……… 52
　3.2　プロテオミクスの発展 ………… 52
　3.3　高分子物質イオン化法の開発と質量分析計の発展 ……………… 53
　3.4　タンパク質同定法1（ペプチドマスフィンガープリント法） …… 53
　3.5　タンパク質同定法2（MS/MS法による同定） …………………… 54
　3.6　プロテオミクスにおける定量解析 ……………………………… 55
　3.7　リン酸化タンパク質の解析 …… 55
　3.8　その他の翻訳後修飾解析やプロセシング解析 ………………… 55
　3.9　極限環境生物のプロテオミクス …… 56
4　メタボロミクス
　………**山本慎也，津川裕司，中山泰宗，福崎英一郎**…… 59
　4.1　はじめに ………………………… 59
　4.2　分析手法 ………………………… 59
　4.3　データ解析 ……………………… 61
　4.4　微生物のメタボロミクス ……… 63
　4.5　おわりに ………………………… 64

[第2編　産業応用編]

第3章　酸性・アルカリ生物圏

1　好酸性微生物の酢酸発酵への応用 ……………………………………**日比徳浩**…… 67

1.1	はじめに …………………… 67	3.1	イントロダクション ………… 79
1.2	食酢醸造に利用されている酢酸菌 … 67	3.2	好アルカリ性細菌の定義 …… 79
1.3	食酢醸造方法 ……………… 67	3.3	歴史的背景 ………………… 79
1.4	酢酸菌の酢酸耐性機構 …… 68	3.4	生態学と多様性 …………… 80
1.5	酢酸菌のクオラムセンシングシステム …… 70	3.5	好アルカリ性細菌のアルカリ適応機構 …… 82
1.6	おわりに …………………… 71	3.6	好アルカリ性細菌の産業応用 …… 85
2	好アルカリ微生物の産業応用 …………… **尾崎克也** …… 72	3.7	最後に ……………………… 86
2.1	好アルカリ微生物 …………… 72	4	好アルカリ性細菌由来酵素の産業応用と耐アルカリ性機構 …… **中村 聡** …… 90
2.2	アルカリ酵素の産業利用 …… 72	4.1	はじめに …………………… 90
2.3	洗剤用アルカリプロテアーゼ … 73	4.2	新規アルカリキシラナーゼの分離とドメイン構成 …… 90
2.4	洗剤用アルカリセルラーゼ … 75	4.3	触媒ドメイン領域のタンパク質工学検討と耐アルカリ性の向上 …… 91
2.5	洗剤用アルカリ酵素の多様化と今後の展開 …… 76	4.4	XBD領域のタンパク質工学検討 … 94
3	好アルカリ性細菌のアルカリ適応機構と応用 …… **伊藤政博** …… 79	4.5	おわりに …………………… 96

第4章 高塩生物圏

1	好塩性細菌のゲノム情報からメタルバイオ技術への展開 …… **仲山英樹** …… 97	2	好塩菌の好塩性メカニズムと産業への応用 …… **徳永廣子, 荒川 力, 徳永正雄** …… 107
1.1	はじめに …………………… 97	2.1	はじめに …………………… 107
1.2	塩類集積環境におけるメタルバイオ技術 …… 97	2.2	好塩性, 耐塩性微生物の産業的利用例 …… 107
1.3	メタルバイオ技術に有用なゲノム情報 …… 99	2.3	非好塩性蛋白質への「好塩性と構造可逆性」付与 …… 109
1.4	金属の検出技術に有用な金属タンパク質 …… 100	2.4	遺伝子工学への応用—中度好塩菌と好塩性酵素を用いた有用蛋白質の可溶性発現法 …… 111
1.5	金属の浄化・回収技術に有用な金属タンパク質 …… 102	3	好塩生物の産業応用 …… **亀倉正博** …… 114
1.6	今後の展開 ………………… 104		

3.1	はじめに ………………………… 114	3.7	環境浄化に働く好嗜塩菌 ……… 117
3.2	醤油諸味中で働く好塩性微生物 114	3.8	アッケシソウを利用した環境修復
3.3	魚醤での好塩菌の役割 ………… 115		……………………………………… 117
3.4	好塩性緑藻ドナリエラ ………… 116	3.9	海水農業 ………………………… 118
3.5	濃縮海洋深層水をドナリエラ培養へ	3.10	養殖漁業と海水農業の統合 …… 119
	……………………………………… 116	3.11	おわりに ………………………… 119
3.6	塩エビ …………………………… 117		

第5章　低温・高温生物圏

1　不凍タンパク質の探索・解明と応用
　　……………………**近藤英昌, 津田 栄** 121
　1.1　はじめに ………………………… 121
　1.2　不凍糖タンパク質 ……………… 122
　1.3　魚類I型不凍タンパク質 ……… 123
　1.4　魚類II型不凍タンパク質 ……… 124
　1.5　魚類III型不凍タンパク質 …… 125
　1.6　昆虫由来不凍タンパク質 ……… 126
　1.7　菌類由来不凍タンパク質 ……… 127
　1.8　不凍タンパク質を用いた産業応用
　　　……………………………………… 128
2　好冷性微生物の活用 ……**栗原達夫** 131
　2.1　はじめに ………………………… 131
　2.2　好冷性微生物のゲノムとプロテオ
　　　ーム ……………………………… 131
　2.3　好冷性微生物の脂質 …………… 132
　2.4　好冷性酵素の特性 ……………… 132
　2.5　好冷性微生物の応用 …………… 133
　2.6　好冷性酵素の応用 ……………… 134
　2.7　好冷性酵素の改良 ……………… 135
　2.8　展望 ……………………………… 135
3　アイスコア中の微生物解析

　　………………………**瀬川高弘** …… 137
　3.1　はじめに ………………………… 137
　3.2　ボストーク氷床下湖やグリーンラ
　　　ンド氷床コアの生物解析 ……… 137
　3.3　中・低緯度のアイスコアにおける
　　　微生物解析 ……………………… 138
　3.4　南極沿岸域のアイスコア解析 … 139
　3.5　南極ドームふじ氷床アイスコアの
　　　微生物解析 ……………………… 140
　3.6　雪氷環境中の抗生物質耐性遺伝子
　　　の検出 …………………………… 141
4　高温環境下での好熱性細菌による有機
　廃棄物の分解 … **大島泰郎, 森屋利幸,**
　　　　　　　　　　吉井貴宏 …… 145
　4.1　堆肥と有機廃棄物処理 ………… 145
　4.2　好熱菌と堆肥 …………………… 146
　4.3　好気性高温型堆肥化プロセスの概
　　　要 ………………………………… 147
　4.4　高温好気型堆肥から単離された新
　　　規高度好熱菌 *Calditerricola*
　　　satsumensis YMO81株及び
　　　C. yamamurae YMO722株 ……… 147

- 4.5 Calditerricola属細菌の特異な性質 …………………………………………… 148
- 4.6 高温好気型堆肥発酵における微生物群集構造 ……………………… 150
- 4.7 堆肥中の酵素 …………………… 151
- 5 高温バイオプロセスのための好熱菌宿主の開発 ……… **鈴木宏和，大島敏久** … 153
  - 5.1 はじめに ………………………… 153
  - 5.2 高温バイオプロセスの有用性 … 153
  - 5.3 好熱性微生物の遺伝子工学技術 … 154
  - 5.4 G. kaustophilus HTA426 ……… 155
  - 5.5 G. kaustophilus HTA426の遺伝子工学技術 ……………………… 155
  - 5.6 期待される応用展開 …………… 158
- 6 耐熱性糖代謝酵素の解析と応用 …………………………… **河原林 裕** … 160
  - 6.1 はじめに ………………………… 160
  - 6.2 超好熱アーキアゲノムから見える糖代謝 …………………………… 160
  - 6.3 好熱性微生物で明らかになっている糖代謝酵素 ………………… 161
  - 6.4 超好熱アーキアのユニークな糖代謝酵素 …………………………… 166
- 6.5 今後の展望 ……………………… 173
- 7 超好熱菌KOD1株由来ポリメラーゼの特性と応用 …… **小林哲大，北林雅夫** … 177
  - 7.1 PCR酵素としての耐熱性DNAポリメラーゼの産業利用 ………… 177
  - 7.2 KOD DNAポリメラーゼの酵素特性 ……………………………… 178
  - 7.3 KOD DNAポリメラーゼのPCRへの応用 ………………………… 179
  - 7.4 最新のKOD DNAポリメラーゼのPCR事例 ……………………… 181
  - 7.5 今後の展望 ……………………… 183
- 8 超好熱菌による水素生産 …………………………………… **金井　保** … 184
  - 8.1 はじめに ………………………… 184
  - 8.2 微生物水素生産 ………………… 184
  - 8.3 超好熱菌Thermococcus kodakarensisによる発酵水素生産 …… 184
  - 8.4 遺伝子組換えによる水素高生産T. kodakarensis株の育種 ……… 187
  - 8.5 最後に …………………………… 189

第6章　海洋生物圏

- 1 深海微生物由来有用酵素の探索と応用 …… **秦田勇二，小西正朗，大田ゆかり** … 190
  - 1.1 はじめに ………………………… 190
  - 1.2 深海微生物由来アガラーゼの探索 ………………………………… 191
  - 1.3 深海微生物由来カラギナーゼの探索 ……………………………… 194
  - 1.4 好熱性α-グルコシダーゼの糖転移活性と新規配糖体合成技術への応用 ………………………………… 197
  - 1.5 おわりに ………………………… 200
- 2 深海熱水系由来の発酵細菌―メタン菌

栄養共生の解析とメタン・n-アルカン
　　生産への応用
　　　　………桑原朋彦，五十嵐健輔，
　　　　　　　松山　茂，山根國男…201
2.1　はじめに………………………………201
2.2　栄養共生のメカニズム ………………201
2.3　T. globiformans と M. jannaschii の
　　栄養共生系によるメタン生産………202
2.4　栄養共生系のバイオフィルム形成
　　……………………………………………203
2.5　栄養共生系に対するS^0とFe（III）
　　の効果…………………………………203
2.6　メタン生産の産業展開………………205
2.7　発酵細菌—メタン菌栄養共生系の
　　導入による藻類からのn-アルカン
　　生成の増大……………………………205
3　海洋微生物によるセレン・テルル回収
　　……………………………阪口利文…208
3.1　はじめに………………………………208
3.2　セレン（テルル）を取り巻く状況

　　…………………………………………208
3.3　微生物によるセレン（テルル）オ
　　キサニオン還元………………………209
3.4　高塩環境に適した微生物によるセ
　　レン回収と除去………………………210
3.5　海洋生物からのセレンオキサニオ
　　ン還元菌の探索………………………211
3.6　深海底からのセレン（テルル）オ
　　キサニオン還元菌の探索……………214
3.7　おわりに………………………………215
4　海洋圏微生物の生理生態の研究と応用
　　……………………………中川　聡…218
4.1　はじめに………………………………218
4.2　深海底熱水活動域に棲息する微生
　　物の生理生態…………………………218
4.3　深海底熱水活動域に棲息する微生
　　物の分布様式と生物地理……………220
4.4　深海底熱水活動域と我々の生活圏
　　をつなぐ共生系………………………220
4.5　産業展開に向けた今後の展望………221

第7章　有機溶媒生物圏

1　油汚染土壌のバイオレメディエーショ
　ン ……………髙松邦明，今中忠行…224
1.1　はじめに………………………………224
1.2　微生物の分離および同定……………224
1.3　安全性の確認…………………………225
1.4　三菌株の特性解析……………………225
1.5　土壌中での微生物の検出と定量……225
1.6　油汚染土壌を用いた実証実験（油
　　分分解試験および菌相解析）………226

1.7　微生物によるバイオレメディエー
　　ション利用指針………………………227
1.8　油汚染土壌浄化工事モニタリング
　　……………………………………………227
2　有機溶媒耐性細菌の利用技術と応用
　　……………………………加藤純一…230
2.1　有機溶媒耐性細菌……………………230
2.2　有機溶媒耐性細菌を活用する疎水
　　性有用物質の生産……………………231

2.3	今後の課題 …………… 234		機構 ……………………… 236
3	疎水性有機溶媒耐性微生物の耐性機構と応用 ………… **道久則之** … 236	3.3	疎水性有機溶媒耐性微生物の応用 …………………………… 240
3.1	はじめに ……………… 236	3.4	まとめ …………………… 242
3.2	疎水性有機溶媒耐性微生物の耐性		

第8章　乾燥生物圏

1	ネムリユスリカの解析と産業応用 ………… **奥田　隆** … 245	2.3	ヨコヅナクマムシの乾燥耐性 …… 256
1.1	はじめに ……………… 245	2.4	ヨコヅナクマムシの高温・高圧耐性 …………………………… 257
1.2	極限的な乾燥耐性を持つネムリユスリカ ……………………… 245	2.5	ヨコヅナクマムシの凍結耐性 …… 258
1.3	乾燥耐性関連因子 …………… 246	2.6	ヨコヅナクマムシの放射線耐性 … 259
1.4	常温保存は可能か？ ………… 250	2.7	ヨコヅナクマムシの紫外線耐性 … 261
1.5	常温保存の問題点 …………… 252	2.8	クマムシの産業利用への展望 …… 262
1.6	おわりに ……………… 253	3	耐乾燥性陸生ラン藻の解析と応用 ………… **加藤　浩** … 264
2	極限環境動物クマムシの解析と産業応用への展望 ………… **堀川大樹** … 255	3.1	陸生ラン藻とは ……………… 264
2.1	はじめに ……………… 255	3.2	耐乾燥性陸生ラン藻の適応能力 … 265
2.2	ヨコヅナクマムシの培養系 ……… 255	3.3	耐乾燥性陸生ラン藻の利用法 …… 266
		3.4	おわりに ……………… 269

第9章　その他極限環境生物圏

1	地殻内微生物の探索と応用 ………… **鈴木庸平** … 271	1.7	我が国の地殻内微生物研究 ……… 277
1.1	地殻とは ……………… 271	1.8	今後の展望 ……………… 277
1.2	地殻内生命圏の広がり …………… 272	2	大気圏上空および宇宙空間における微生物の探索 ………… **山岸明彦** … 281
1.3	地殻内のエネルギーフラックス … 272	2.1	はじめに：大気圏上空と宇宙環境の特徴 ……………………… 281
1.4	地殻内微生物研究 …………… 274	2.2	航空機を用いた微生物採集実験 … 282
1.5	大陸地殻内の研究事例 …………… 274	2.3	大気球を用いた微生物採集実験 … 282
1.6	海洋地殻内の研究事例 …………… 275		

2.4	宇宙空間での微生物採集法 ……… 284		3.1	南極地域と微生物 …………………… 288
2.5	宇宙における微生物探査 ………… 285		3.2	南極微生物の探索 …………………… 288
2.6	宇宙における微生物探査の手順 … 286		3.3	湖沼群より単離された微生物 …… 289
3	南極における微生物の探索と応用		3.4	岩石中の微生物たち ……………… 290
	……………………福田青郎, 今中忠行 288		3.5	おわりに ……………………………… 292

[第3編 動向編]

第10章 国際的規制　　最首太郎

1	はじめに ………………………………… 294		3.1	法的現状 ……………………………… 296
2	CBDと極限環境生物遺伝資源ABS規制		3.2	国際的規制の選択肢 ……………… 298
	……………………………………………… 295		4	南極大陸の場合 ……………………… 300
2.1	CBDと深海底遺伝資源開発 ……… 295		4.1	南極条約と南極条約体制 ………… 301
2.2	CBDと南極の生物遺伝資源の開発		4.2	南極における「生物探査活動」が
	……………………………………………… 295			提示する問題点 …………………… 302
3	国家の管轄権以遠の深海底の場合 …… 296		5	むすびに代えて ……………………… 305

総論

大島泰郎*

1 はじめに

　極限環境生物の代表例は好熱菌であろう[1~3]。好熱菌は19世紀末にはすでに存在が知られていた。バクテリアの発見とほとんど同じ頃である。発見からほどなく，好熱菌の酵素は耐熱性であることも調べられている。20世紀前半は，一時，熱帯地方に進出した列強の探検隊や軍隊の缶詰が腐敗する原因菌と間違われて研究されたこともあった。また，温泉と並んで，堆肥中の好熱菌が調べられている。このように，極限環境微生物は早くから注目され，また，好熱菌が堆肥中に存在し，好塩菌が塩田や味噌・醤油，塩漬けと関連するように，その存在は食品産業など，生活と密接な関係があった。

　ここでは極限環境生物について紹介し，極限環境生物と産業応用の関係を概観する。

2 極限環境生物

　地球上には，現在の平均的な環境からはずれた場所があり，そこにも多くの場合，生物，特に微生物が存在する。これらを総称して「極限環境生物」[4,5]という。もちろん，生物種としても多くなく，人口数も平均的な環境に棲息する類似の生物種に比べきわめて少ない。しかし，研究の上からも，産業利用上も極限環境生物は無視できない存在である。

　極限環境としては高温，低温に始まり，高塩濃度，酸，アルカリ，高圧，無酸素，貧栄養，高放射線，さらに最近は環境保全との関係から有毒物質の存在する環境に棲む微生物にも関心が注がれている。極限といっても，主に現在の人間の生活を基準にして，そこから離れている環境を指しているから，無酸素などは20億年もさかのぼれば，極限環境でなく標準的な環境であった。

　極限環境に棲む生物は一般に微生物，特に細菌（バクテリアもアーキアも含めて）であるので，一般には極限環境微生物ということが多い。たとえば，高温についていうと，原核生物では120℃を超える温度でも増殖可能な菌が知られているが，生物個体の体制が複雑な種になるほど，増殖可能な温度は下がる（表1）。光合成能を持った生物では75℃，真核生物では60℃が限界である。多細胞動物では50℃，多細胞植物は45℃が上限である。

---

　*　Tairo Oshima　共和化工㈱　環境微生物学研究所　所長；東京工業大学　名誉教授；
　　　東京薬科大学　名誉教授

表1 各種生物の生存可能な温度の上限（文献1を改変）

生物群	上限温度℃
後生動物	
魚および水棲脊椎動物	38
昆虫	45〜50
甲殻類	49〜50
植物	
維管束植物	45
コケ類	50
真核微生物	
原生動物	56
藻類	55〜60
カビ	60〜62
原核生物	
シアノバクテリア	70〜73
光合成細菌	70〜73
バクテリア	>100
アーキア	>100

　しかし，必ずしも微生物に限らない。たとえば，本書でも取り上げられているが，クマムシやユスリカなどは乾燥状態になると，温度にも放射線にも，そのほかの条件にも信じられないほどの耐性を示す。種にもよるが，クマムシでは樽状態と呼ばれる乾燥状態では−273〜150℃の温度範囲，高放射線下でも，高圧の下でも，アルコールなどの有機溶媒中でも耐えるといわれている。同様にエビの一種，アルテミアは高度好塩性を示す。保存が容易で，高塩濃度の下で生き返るので，ブラインシュリンプの名で養殖場の稚魚の飼料として産業応用されている。

　このように極限環境に棲む生物は微生物に限らない。日本では当初，学会名は「極限環境微生物学会」であったが，クマムシなども対象に取り入れ，極限環境生物学会に改名されている。なお，英語はExtremophilesという造語が使われ，最初から微生物には限定していない。

3　好むのか耐えるのか

　好熱菌の英語はThermophilesでphileは好むという意である。好熱菌は，多くの場合，増殖限界温度より2〜5℃ほど下が至適温度であるから，耐えるというよりは好むと表現する方が適切である。しかし，高塩濃度に棲む高度好塩菌（*Halobacterium*属など）は，至適生育濃度が高いので好む方であるが，真核藻類の中には耐性が高いのであって，至適生育塩濃度は低いものが知られている。これらは好塩性（halophilic）生物ではなく，耐塩性（salt tolerant）生物である。同様な区別は，酸，アルカリ，圧力など他の環境因子についてもいえる。

どこから「極限環境生物」かは、はっきり定義されているわけではない。好熱菌では、55℃以上で増殖可能かどうかで線引きをしている研究者が多い。さらに、至適温度や上限温度により、中等度（上限がおおむね75℃以下）、高度（75〜90℃）、超（90℃以上）好熱性と呼んで区別しているが、はっきりした定義はない。生育の上限温度で規定するか、至適温度で規定するかも決まっていない。

好塩性では、増殖可能な食塩濃度が海水程度の弱好塩性、20％以下の中等度、それ以上を高度好塩性と呼んで区別している。

4　生命の限界

高温は120℃でも増殖する菌が知られている。低温側は南極の不凍湖から菌が分離されている。また、氷上の真核藻などが知られているが、果たしてどの温度まで増殖可能かわかっていない。このように、生命活動の限界を決めることは容易ではなく、その上、かつてNature誌上に「250℃の菌」が報告され物議を招いたように、間違った報告も多いので、ここでは大雑把な概念的なことを述べるにとどめ、厳格な数値を記載することは避けたい。

温度に関しては、私見であるが「疎水結合の存在する範囲」が限界である。疎水結合は液体の130〜150℃の水の中でしか存在しない。温度があいまいなのは、まだ誰も数値を知らないからである。120℃はほぼこの限界に近いので、これ以上の高温環境で棲息する生物は存在せず、われわれは好熱性に関しては限界温度を知っていると考えている。

食塩濃度は、これを加えなくても増殖する菌がいるから、ほぼ0から飽和まで、すなわち食塩濃度は限界がないように見える。酸性もpH 0を超えてマイナスでも生存する菌がいるから、限界はないように見えるが、アルカリ側は10〜11の間に限界があるようである。かつて濃アンモニア水をベースとする培地に生育する微生物が報告されたが、私を含め誰も追試できなかった。

圧力や分子状酸素に関しては0、すなわちなくてもよいことはわかるが、限界はわからない。乾燥食品が無菌環境でもないのに長年月保存できるように、水は必須の条件である。

5　多重苦の生物

クマムシは高温、低温、乾燥、放射線、有機溶媒など多くの極限環境に耐えると述べたが、極限環境生物の中には二つ以上の環境耐性を示すものが少なくない。硫酸酸性温泉の中には、高熱と酸に耐える多種類のバクテリア、アーキアが棲んでいる。好塩性で高アルカリ性の菌も多くの種が知られている。無酸素・貧栄養環境下に生息するメタン菌の中にも、さらに好熱性のものが少なくない。好熱性、嫌気性、好アルカリ性、その上に独立栄養（貧栄養）の細菌が知られている。

高圧は体積が縮むなど、熱とは反対の現象を引き起こす。このため、高圧下には少し好熱性が

向上する現象も知られている。生物個体だけでなく，好熱菌由来の酵素は高圧下にはさらに耐熱性が向上する。

　不思議なことに，好塩性で好熱性の菌は知られていない。高塩環境では，疎水性相互作用が強くなるので，好塩菌のタンパク質は疎水性アミノ酸残基が少ない傾向がある。反対に，疎水性相互作用はタンパク質を丈夫にして耐熱性を上げるので，好熱菌のタンパク質には疎水性アミノ酸残基が多い傾向がある。こんなことが関係しているのかも知れないが，好熱性好塩菌は知られていない。ただ単に，これまで発見されていないだけかも知れないが。

6　極限環境生物の発酵

　極限環境生物は多くの発酵過程にも関与している。すぐ思いつくのは，味噌・醤油の製造にかかわる好塩菌（あるいは耐塩菌），ピータンの製造にかかわる好アルカリ菌であろう。好アルカリ菌は日本独特の技術である藍染にもかかわっている。

　堆肥には好熱菌のほか，メタン菌や*Clostridium*属の嫌気性細菌も重要な役割を果たしていることが多い（好気発酵型の堆肥では，これらの嫌気性菌はいないこともある）。メタン菌を利用して，有機性廃棄物のメタン発酵により，燃料を製造する技術は牧場や比較的小規模の集落で実用化されている。

　バイオレメディエーションも極限環境生物の発酵応用の例である。タンカーの事故など海洋の石油汚染の際，石油分解菌を散布するのも極限環境生物細胞の応用例である。似た応用例として，好酸菌や好熱性好酸菌を用いた生物精錬がある。時間はかかるが，手間や経費がかからないので，低品位の鉱石からの精錬に向いていると考えられている。これらの研究開発動向については，各論の部分で取り上げられているので，詳細はそちらを参照していただきたい。

7　極限環境生物の酵素

　極限環境生物の利用として誰もが一番に思いつくのは，PCR法に用いられる好熱菌由来のDNAポリメラーゼであろう。超好熱菌の生産するDNAポリメラーゼのPCR法への応用は，本書の各論の中でも取り上げられている。

　しかし，歴史的に古いのは好熱菌のプロテアーゼや好アルカリ菌のセルラーゼ等の洗剤への応用であった。

　極限環境生物が生産する酵素やたんぱく質を直接利用しないが，その知識を利用した応用もある。好熱菌の生産する酵素は耐熱性であるが，その分子機構の研究は，たんぱく質の人工的な耐熱化の道を開いた。今では多くの酵素，たんぱく質が人工の手を加えられて市場に提供されている。よく知られた例は緑色蛍光たんぱく質GFPである。今では細胞生命科学研究に欠かせない実験手法を提供しているGFPは，元々海産生物由来のため熱に弱く，実用化は人為的な耐熱化が必

要であった。

　酵素ではないが，生体成分の利用の一例として，好熱菌細胞由来の化合物が広く化粧品，入浴剤に保湿剤として用いられている。国内でもいくつかの会社の製品の成分表に記載されているが，おそらく細胞の外膜を構成している多糖あるいはリポ多糖が用いられていると思われる。詳細は明らかでない。

8　研究材料としての極限環境生物

　近年，極限環境生物がモデル生物として研究対象となっている。また，ヒト由来のたんぱく質が精製も結晶化も困難であるのに対し，好熱菌などの酵素，たんぱく質は取り扱いが容易な上に結晶性がよく，容易にX線構造解析が行えるので，ヒトの病気関連酵素やたんぱく質に代わって，好熱菌由来のホモログが研究され，創薬研究の一助となっている。広い意味でこれらも，極限環境生物の応用と捕らえることができよう。

　極限環境生物をモデル生物として用いる研究は，国内外で多種の極限環境生物を対象としたプロジェクトがあるが，代表的な例は大阪大学倉光教授が提唱し，推進している「高度好熱菌丸ごと一匹」であろう。高度好熱菌 *Thermus thermophilus* が作る酵素やたんぱく質はじめ生体成分が容易に精製でき，構造解析できることを利用して，細胞内のすべてのたんぱく質の立体構造，機能，相互作用，細胞内分布とメタボローム解析などを解明しようというもので，遺伝子上の全ORFについては，ほぼすべてについて発現ベクターが作られ，希望者には配布もされている。全たんぱく質の約半数は精製がされ，そのうちの1/3は立体構造解析も終わっている。詳細はプロジェクトのホームページ（http://www.thermus.org/j_index.htm）を参照していただきたい。

文　　献

1)　T. D. Brock, Thermophilic Microorganisms and Life at High Temperatures, Springer Verlag (1978)
2)　T. D. Brock, Thermophiles, Wiley (1986)
3)　J. Wiegel & M. Adams, Thermophiles, Taylor & Francis (1998)
4)　K. Horikoshi *et al.*, eds., Extremophiles Handbook, Springer Verlag (2010)
5)　C. Gerday & N. Glansdorff, Extremophiles, ASM Press (2007)

〔第1編　技術編〕

第1章　分離・培養技術

1　自然界に存在する共生嫌気性微生物の分離技術

鎌形洋一[*]

1.1　嫌気性微生物の多様性の広がり

　嫌気性微生物は酸素のない条件で生息する微生物の総称である。嫌気性微生物には無酸素条件下でも酸素存在下でも生育するいわゆる通性嫌気性微生物と無酸素環境が必須である絶対嫌気性微生物に大別される。前者の代表は大腸菌である。大腸菌は無酸素条件でも硝酸のような電子受容体があれば硝酸呼吸によってエネルギーを獲得しながら生育することが可能である。一方，絶対嫌気性微生物は文字通り，酸素を最終電子受容体とする呼吸系は持っておらず，しかも酸素に一定時間暴露されると死滅するものが大部分である。*Clostridium*のような胞子形成を行う絶対嫌気性細菌は胞子状態であれば酸素に暴露されても生残可能であるが，無酸素環境かつ生育に適した条件にならない限り決して増殖を開始することはない。

　嫌気性微生物の存在は古くから知られていたが，酸素を完全に遮断して分離・培養することが著しく困難だったことから，その研究は好気性微生物よりもはるかに遅れていた。また19世紀末に確立された近代微生物学は病原性微生物の探求に端を発しており，KochやPasteurらが，その基礎を築いたことは良く知られている。しかし，環境に生息する多様な嫌気性微生物の世界の窓を開いたのはBeijerinck, Söhngen, Stickland, Stephenoson, Barkerといった近代微生物学黎明期の研究者達であり，まだ嫌気性微生物の純粋分離手法が確立していなかった1890年代後半から20世紀前半にかけて，多くの試行錯誤の中で嫌気性微生物の集積培養や純粋分離に成功した先駆的な研究を行っている。こうした礎（いしずえ）の上に嫌気性微生物の研究は発展を遂げ，今日までに多くの嫌気性微生物が分離・培養され，無酸素の世界における固有の生き様について多くの事実が明らかになった。

　しかし，今日でもなお大部分の嫌気性微生物は未培養のままであると言って良い。それが明確に裏付けられたのは，1990年代前半から急速に発展を遂げた分子遺伝学的手法ならびに分子系統解析手法によってである。微生物を分離・培養することなく，その存在と多様性を予見する手法は微生物学に革命をもたらしたと言って良い。それ以前の微生物学は分離・培養して初めてその存在を確実に証明する時代が続いており，分離・培養ができない限り，顕微鏡観察などによって漠然と「分離されていない微生物の存在を予感する」だけで，それ以上の研究は決して進むことがなかった。しかし，16S rRNA遺伝子やその他の指標となる遺伝子を直接環境試料から抽出し

---

[*]　Yoichi Kamagata　㈱産業技術総合研究所　生物プロセス研究部門　研究部門長；
　　北海道大学　大学院農学研究院　客員教授

第1章　分離・培養技術

たDNAを鋳型とした遺伝子増幅→クローン解析→系統解析によって，我々の想像を超えた驚くべき微生物種の多様性が白日の下にさらされることになった。今日における次世代シークエンス技術による大量遺伝子解析は，圧倒的な多様性が刻々と明らかにされる段階に突入しており，「微生物を培養することなくその存在や機能・性質の一端を明らかにすることができる時代」になりつつある。こうした培養に依存しない大規模な多様性解析は期せずして，微生物種の圧倒的多数のものが無酸素環境に存在することを明らかにした。地球上のさまざまな無酸素環境試料から抽出されたDNAを解析すると膨大な種の微生物がクローンとして検出されること，その多様性と系統的な位置から嫌気性微生物は生物の起源を考える上で極めて重要な位置を占めていること，とりわけBacteriaとともに分類上のドメインを形成しているArchaea（アーキア）の多くが絶対嫌気性微生物であることは良く知られている事実である。

1.2　嫌気性微生物の共生関係とは

　嫌気性微生物の生理・生態を理解する上で重要な事実は，およそ大部分の有機物（炭水化物・脂質・タンパク質・芳香族化合物等）は複数種の微生物によって初めて無機化できるということである。グルコースを典型的なモデル基質として考えた場合，グルコースを嫌気的に最後まで完全酸化し，二酸化炭素と水にまで分解できる微生物は世の中に「一種たりとも」存在しない。これは大腸菌をはじめとする好気性微生物を扱っている研究者にはにわかに理解しがたい事実である。大腸菌はグルコースをいともたやすく完全酸化してエネルギーを獲得し，自らの生体分子を構築できる。一方，嫌気的な世界では，グルコースは必ず，乳酸，酪酸，プロピオン酸，酢酸，エタノール，ブタノールといった有機酸，アルコールに加えて水素に転換する微生物群がいる（step 1）（図1）。こうした変換を担う微生物は多様であるが，多くは基質レベルでのリン酸化反応によるエネルギー獲得を行う典型的な発酵微生物群である。次に，乳酸，酪酸，プロピオン酸，アルコール類はほとんどの場合，酢酸と水素へ転換される（step 2）。ここまでのステップで重要

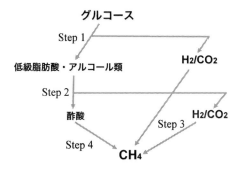

図1　グルコースをモデルにした絶対嫌気性微生物群による段階的な分解反応の模式図
　Step 2に関わる微生物が水素発生型共生細菌であり，step 4に関わる水素資化性メタン生成アーキアの存在を必要としており，両者の関係は嫌気共生微生物系と呼ばれている。また，step 2の微生物をsyntrophと呼ぶ。

なのは，グルコースはさまざまな経路を経ながらも水素と酢酸に帰着するという点である。次に水素や酢酸はそれぞれ異なる微生物群によって代謝される（step 3, step 4）。これらはしばしば鉄還元細菌や硫酸還元菌によって担われるが，多くの嫌気的環境において，酸化鉄や硫酸は枯渇しており，この役割を担っているのは専らメタン生成アーキアである。酢酸は非常に限られた種のメタン生成アーキアによってメタンに転換される。一方水素は環境中に存在する炭酸ガスとの生化学反応によってメタンに転換される。水素をエネルギー源として炭酸からメタンを生成する反応はしばしば炭酸呼吸と呼ばれているが，この反応を司るメタン生成アーキアは多様である。

このようにグルコースをモデルに嫌気的な有機物分解を俯瞰すると好気的なグルコース代謝と嫌気的なグルコース代謝は全く本質的に異なっていることがわかる。すなわち，先に述べたように，好気的なグルコース代謝は単一の微生物種で完全酸化が行われるのに対し，嫌気的なグルコース代謝はstep 1～step 4の少なくとも全く異なる四つの微生物群によって行われるという点である。好気的代謝の場合の最終産物は言うまでもなく水と二酸化炭素であり，嫌気的代謝の場合はメタンと二酸化炭素である。これらの事実は次の三つのことを物語っている。第一に，好気的な有機物分解は単一微生物による反応である一方，嫌気的な有機物分解は複数の異なる微生物群による共同作業によって成り立っていること。したがって嫌気的な有機物分解微生物群は広義の意味における共生関係にあること。第二に，好気的な有機物分解は酸素呼吸という酸素を最終電子受容体とする電子伝達系によるエネルギー代謝である一方，嫌気的な有機物代謝は発酵と呼吸の組み合わせによって成り立っていること。特に嫌気的な呼吸は酸素が存在しないゆえの独特の呼吸様式であること。第三に好気代謝においては単一微生物がグルコースの持つエネルギーを独占しているのに対し，嫌気代謝においては複数の微生物でグルコースの持つエネルギーを共有していることである。

ここで特に注目すべきはstep 2とstep 3の関係（すなわち有機酸からの水素生産と水素からのメタン生成）である。この二つの微生物群においてやりとりされる分子は水素である（図1）。このやりとりを種間水素伝達と呼ぶ。Step 2に関わる嫌気性微生物は物質の分解過程で水素を生成する水素発生型微生物であるが，水素は一定以上の濃度まで蓄積すると，物質の嫌気的酸化反応そのものを阻害してしまう。これは特に脂肪酸や低級アルコール，芳香族化合物を分解する微生物にその傾向が顕著である。水素発生型微生物群はこれを回避するために，発生する水素を速やかに除去する微生物を必要とする。"水素除去者"は水素を用いて炭酸ガスを還元しメタンを作る水素資化性メタン生成アーキアである。水素発生型微生物群と水素資化性メタン生成アーキアの水素の授受にあたっては極めて物理的な細胞間の近接性が要求される（図2）。例えばプロピオン酸を嫌気的に酸化し水素を発生する微生物と水素を除去する水素資化性メタン生成アーキアの距離は理論的には2 μmほどの近さが必要となる[1,2]。実際の複雑微生物系中の両者の存在形態を*in situ* hybridizationなどの手法で観察すると，水素発生を行うプロピオン酸酸化微生物を取り囲むように水素資化性メタン生成アーキアが存在している（図2）[3,4]。このような水素発生型微生物と水素資化性メタン生成アーキアのような水素の授受をめぐる微生物の関係をより狭義の意味で

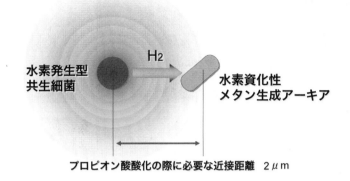

図2 水素発生型共生細菌と水素資化性メタン生成アーキアの間で起こる種間水素伝達のイメージ図
両者の距離は反応が進行するために必要な近接性が保たれなければならない。

嫌気環境における微生物間共生と呼んでいる。特に,水素資化性メタン生成アーキアの存在を必須としている水素発生型嫌気性微生物のことをsyntrophと呼んでおり,嫌気環境に微生物学においては遍く認知されている用語である。Syntrophの存在は,嫌気的な有機物分解においてなくてはならない存在であり,この微生物群の存在なくして,嫌気環境における有機分解は起きえない。およそあらゆる無酸素環境においてさまざまな種のsyntrophが知られているが,こうしたsyntrophの分離・培養はほとんど例外なく難しい。これまでに数々の既往の研究例とともに筆者らはこのような微生物の分離を試みてきた。培養は試行錯誤の連続ではあるが,総じて生育が非常に遅いものが多く,分離までに長い年月を要するものが多い[5]。

1.3 絶対嫌気性微生物の分離培養操作と絶対嫌気性共生微生物の培養

上述したsyntrophの分離・培養に先立ち,特に酸素に対して感受性の高い絶対嫌気性微生物の分離培養操作の基本的な流れを図3に示した。絶対嫌気性微生物を培養する上で必要不可欠なのは,培地ならびに培養過程で酸素の混入を確実に防ぐことである。

Syntrophの培養の基本は,水素除去微生物を共存させて培養するいわゆる「共培養法」である。この原点はBryantらによって考案されたものであり[6],筆者らはその方法を液体培養や固体培養に応用している。本法ではあらかじめ水素資化性メタン生成アーキアを液体培養しておき,これを上述のように調製した液体培地に環境試料や集積培養とともに共接種する(図4)。この方法の根底をなす考えは,水素除去者(水素資化性メタン生成アーキア)をあらかじめ十分に接種しておけば,水素発生型の共生細菌が生育しやすい環境をあらかじめ形成させることができるという点にある。例えば,プロピオン酸を分解する共生細菌を得ようと思った場合は,あらかじめ環境試料をプロピオン酸のみを単一炭素源として安定した集積系を得ておく。実はプロピオン酸を分

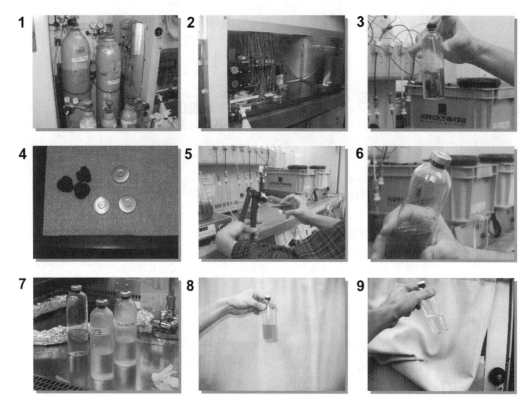

図3　嫌気培養操作の基本的な流れ

(1)気相を置換したり，水素で培養したりするためのさまざまなガス。(2)ガスを供給するための分岐管システム。クリーンベンチ内に設置している。(3)レサズリンのような酸化還元電位を視覚的に判断できる試薬を入れた液体培地をバイアル瓶に分注し，気相を窒素/二酸化炭素の混合ガスをバブリングすることによって空気と置換する。水素資化性メタン生成アーキアの培養には水素/二酸化炭素の混合ガスを用いる。(4)バイアル瓶の蓋を閉じるために使うブチルゴム栓とアルミキャップ。(5)気相置換を終えたらすばやくブチルゴム栓をして専用のハンドクリッパーを用いてアルミキャップを圧着させる。(6)オートクレーブ前の培地。(7)オートクレーブ後の培地と還元剤。クリーンベンチ内で滅菌した還元剤（透明な二本のバイアル瓶は硫化ナトリウムとシステインの溶液）をシリンジで無菌的に加える。(8)還元剤を加えた直後の培地。まだレサズリンの色が消えていない。(9)還元剤を加えて10-20分後にはレサズリンの色は消失し，培地が還元状態になる。これで微生物や環境試料を接種できる状態になる。

解する安定した集積系を得ること自体も容易ではないが，仮に安定したプロピオン酸の分解とメタン生成が起きていれば集積系ができたと考えて良い。この中ではすでにプロピオン酸を酸化し水素を生成する微生物と水素をメタンに変換するメタン生成アーキアが存在しているはずであるが，この二つの微生物だけを純粋に取り出すことは非常に難しいことが経験的にわかっている。そこで，純粋な水素資化性メタン生成アーキアをあらかじめ培地に入れ，十分な水素除去環境を作った上で，プロピオン酸分解水素発生型共生細菌を捕捉するやり方を行う。集積培養系を段階希釈し，水素資化性メタン生成アーキアとプロピオン酸を含む培地で培養することによって目的

第1章 分離・培養技術

水素発生型共生細菌を含む集積培養
(培養を繰り返したもの・クローン解析やFISH等であらかじめ目的の微生物と思われるものが高度に集積されていることを確認したものを用いるのが望ましい)

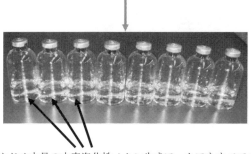

あらかじめ大量の水素資化性メタン生成アーキアをすべての培地(目的の基質を含む)に接種しておき、水素発生型共生細菌を含む集積培養を段階希釈して接種する。希釈の最も高いもので生育が確認されたものについて同様の希釈を繰り返し、最終的に純粋な二者培養系(共生培養系)を得る

図4 嫌気性共生微生物を培養する手順

の共生細菌とすでに素性のわかっている水素資化性メタン生成アーキアの純粋二者培養が理屈上得られることになる。ただ、純粋な二者培養にするためにはこれらの操作を繰り返し行い、他の微生物の侠雑がないことをクローン解析やFISH等で確認するという忍耐強い作業が必要である。多くの共生細菌は寒天培地上でコロニーを形成しないが、水素資化性メタン生成アーキアとコロニーを形成したり、あるいは全く別の基質を使うことによって単独でコロニーを形成することもあるため、これらの試行錯誤を繰り返して最終的な純粋共生培養系を得る。筆者らはこのような方法を通して *Thermacetogenium phaeum*, *Pelotomaculum thermopropionicum*, *Syntrophothermus lipocalidus*, *Pelotomaculum terephthalicum*, *Syntrophorhabdus aromatica* といったこれまでに存在が予見されていたものの、全く分離に成功していなかった種々の共生細菌の純粋培養(正確に言えば水素資化性メタン生成アーキアとの純粋二者培養)に辿り着いている(図5に一例を示した)[7~11]。これらは酢酸、プロピオン酸、酪酸、テレフタル酸、フェノールなどを水素資化性メタン生成アーキア存在下で分解するsyntrophであり、これらの分離菌株に相同性の高いクローンが多数の研究者によってさまざまな環境試料から報告されている。

1.4 共生微生物の分離培養という古典的手法はこれからも有用か?

嫌気共生微生物を純粋分離する作業は極めて長い時間を要する場合が多い。一方、大規模な高速シークエンシング技術が進み、環境微生物集団の全ゲノムを読もうとするメタゲノム解析のほうが分離・培養よりも効率的であると考える研究者も増えてきている。メタゲノム研究はこの10年の間に米国でも我が国でも急速に研究が展開している。実際、分離・培養が困難な嫌気共生微

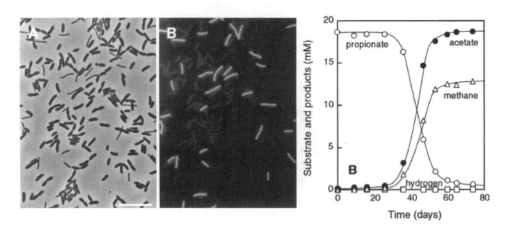

図5 プロピオン酸を分解しメタンを生成する純粋共生培養系
プロピオン酸を分解し水素と酢酸を生成する微生物（*Pelotomaculum thermopropionicum*）と水素をメタンに転換する*Methenothermobacter thermautotrophicus*の2種の微生物よりなる。（A）は位相差で見た共生培養系。（B）は同じ視野を蛍光顕微鏡で観察したもの。メタン生成アーキアだけが蛍光を発している。右端のグラフはプロピオン酸の分解の推移。

生物系のゲノム解析が行われた例もすでに登場している（例えば文献12）。微生物の分離とメタゲノム解析は全く対極の手法であるが，一方で極めて相補的である。なぜならば，メタゲノム解析によってどのような基質で微生物を分離したら良いかという情報がもたらされる一方，純粋分離株があれば徹底した生理学的・遺伝学的性質の解明が可能となる。また，分離菌株のゲノム情報が明らかにされれば，メタゲノム情報から類似の遺伝子が見つかった場合，その微生物群集に存在していると考えられる微生物がよりリアルに推定できるという強力なメリットがある。

また最後に筆者が強調したいのは"微生物を培養する"という作業は実は微生物の生き様そのものを知る作業であり，単なる通過手段ではなくそれ自体が生物学の進歩につながる知見を生み出す研究に他ならないと信じていることである。

謝辞
　本研究の多くは産業技術総合研究所の関口勇地，花田智，孟憲英，現在はそれぞれの研究機関で研究を続けている服部聡（山形大学），邱艶玲（中国科学院）ならびに井町寛之（海洋研究開発機構）氏らと共に行った研究でありここに感謝の意を表します。

第1章　分離・培養技術

文　　献

1) Ishii S., Kosaka T., Hotta Y. and Watanabe K., *Appl. Environ. Microbiol.*, **72**, 5093-5096 (2006)
2) Ishii S., Kosaka T., Hori K., Hotta Y. and Watanabe K., *Appl. Environ. Microbiol.*, **71**, 7838-7845 (2005)
3) Sekiguchi Y., Kamagata Y., Nakamura K., Ohashi A. and Harada H., *Appl. Environ. Microbiol.*, **65**, 1280-1288 (1999)
4) Imachi H., Sekiguchi Y., Kamagata Y., Ohashi A. and Harada H., *Appl. Environ. Microbiol.*, **66**, 3608-3615 (2000)
5) Kamagata Y. and Tamaki H., *Cultivation of uncultured fastidious microorganisms. Microb. Environ.*, **20**, 85-91 (2005)
6) McInerney M. J., Bryant M. P., Hespell R. B., Costerton J. W., *Appl. Environ. Microbiol.*, **41**, 1029-1039 (1981)
7) Hattori S., Kamagata Y., Hanada S., Shoun H., *Int. J. Syst. Evol. Microbiol.*, **50**, 1601-1609 (2000)
8) Imachi H., Sekiguchi Y., Kamagata Y., Hanada S., Ohashi A. and Harada H., *Int. J. Syst. Evol. Microbiol.*, **52**, 1729-1735 (2002)
9) Sekiguchi Y., Kamagata Y., Nakamura K., Ohashi A. and Harada H., *Int. J. Syst. Evol. Microbiol.*, **50**, 771-779 (2000)
10) Qiu Y. -L., Sekiguchi Y., Imachi H., Kamagata Y., Tseng I. -C., Cheng S. -S., Ohashi A. and Harada H., *Appl. Environ. Microbiol.*, **70**, 1617-1626 (2004)
11) Qiu Y. -L., Hanada S., Ohashi A., Harada H., Kamagata Y., Sekiguchi Y., *Appl. Environ. Microbiol.*, **74**, 2051-2058 (2008)
12) Lykidis A., Chen C. -L., Tringe S. G., McHardy A. C., Copeland A, Kyrpides N. C., Hugenholtz P., Macarie H., Olmos A., Monroy O. and Liu W. -T., *ISME J.*, **5**, 122-130 (2011)

2 環境微生物の分析・評価

久保　幹*

2.1 環境微生物の数や群集構造の解析

　微生物学や応用微生物学の研究において，通常，自然環境中より単一の微生物を分離・同定し，その後培養を伴い個々の微生物を解析していくことが一般的である。具体的には，適切な培地を用いて目的の微生物を分離することが第一段階である。その後，単一の微生物を最適な条件で培養し，生化学的な分析や形態観察，また分子生物学的解析を行い，それぞれの菌株の特徴を明らかにしていく手順である。応用微生物学の立場からは，食用として使われるアミノ酸発酵や酢酸発酵，また医薬品として使われる抗生物質の工業生産はその一例である。

　一方，環境微生物は，多様な微生物の集合体としていろいろな機能が発揮される場合が多い。従って，環境微生物の研究では，多種類の微生物を微生物群集や微生物コンソーシアムとして取り扱うことが不可欠である。また環境中に常在する多くの微生物は，生命活動をしているが培養できない状態（viable but nonculturable；VNC，またはVBNC）にある場合が多い。そのため，環境微生物を解析するためには，培養できない微生物を取り扱わなければならないことから，新たな解析方法が開発されてきた。

　環境微生物の分析・評価は，複雑微生物系を整理・整頓して理解していかなければならない。この点が，これまでの微生物学や応用微生物学の解析手法と大きく違う点である。表1には，これまでに開発された環境微生物の数や群集構造を知る主な方法について示している。本稿ではこれらの技術の概要を中心に解説する。

表1　環境微生物を解析する主な手法

解析方法	特徴
平板法	分離，菌数計測，群集構造解析（培養ができるもの）
最確数法（MPN法）	菌数計測
DAPI染色法	菌数計測
蛍光活性染色法（CTC法）	菌数計測（生菌数）
DGGE法，TGGE法	群集構造解析
T-RFLP法	群集構造解析
環境DNA解析法	菌数計測
定量的リアルタイムPCR法	菌数計測
FISH法，ELISA法	群集構造解析
ELISA法	群集構造解析

　＊　Motoki Kubo　立命館大学　生命科学部　生物工学科　教授

2.2 平板法

　微生物を分離するための最も一般的な手法は，平板法である。環境から採取したサンプルを寒天平板培地に塗布して培養し，生育してきた微生物のコロニー数，種類，機能などを解析する。しかし，培地の成分や濃度，培養条件（温度，湿度，酸素の有無，pHなど）によって生育してくる微生物が大きく異なるため，増殖速度が非常に遅い環境微生物を見落とす可能性がある。このことを注意しなければならない。

　環境サンプルをLB培地（Luria-Bertani培地）と10倍希釈したLB培地（DLB培地）でコロニーを形成させた場合では，生育してくる環境微生物のコロニー数が大きく異なる。通常の環境に近いDLB培地のコロニー数の方が10倍以上多くなることがしばしば認められる。このように，濃度のうすい培地を用いた方が環境微生物の生育が良好な場合が多い。また，サンプルを採取してから培養を開始するまでの間に，一部微生物が死滅したり微生物の群集構造が変化する可能性もある。これらの理由から，本方法で解析できる微生物種は限定的であり，実際の環境中における微生物の数や群集構造を把握することは難しい。自然環境中の微生物の99.9％が培養できていない（VNC）という報告もある。

2.3 最確数法（MPN法）

　平板法での培養が難しい場合，液体培地で環境微生物数を解析する手法がある（最確数法，Most Probable Number法，MPN法）。これは，環境サンプルから希釈系列を作製して液体培地で培養することにより，増殖（例えば濁度）や目的とする活性が見られた系列数から，統計処理（最確数表等）に基づいて対象の環境微生物数を推定する手法である。平板法ではコロニー形成まで数カ月かかるようなサンプルでも，最確数法は液体培地を用いるため数日で解析できる場合がある。

　例えば，メタン生成アーキアには，プレート上でコロニーが形成されるまで，数カ月かかる菌株が存在する。MPN法では，環境サンプルを段階希釈して希釈系列を作製し，メタン生成アーキアが増殖できる液体培地に植菌して培養する。メタン生成アーキアが1細胞でも存在すれば，メタンが生成されるため，各希釈系列の気相のガスを分析して，どの段階希釈でメタンが生成されているかを解析することで，元の環境サンプル中のメタン生成アーキア数を推定できるのである。

2.4 DAPI染色法

　顕微鏡による直接観察法は，微生物細胞を正確かつ詳細に解析できるため，様々な手法が開発されてきた。環境サンプル中の微生物を解析する場合は，様々な物質が混入するため，微生物と形態が似ており，見分けがつかないものも多々見受けられる。そこで，環境中の全菌数を正確に定量するため，環境微生物のみを染色して観察する手法が開発された。その一つがDAPI（4',6-diamidino-2-phenylindole）染色法である（図1）。DAPIは核酸と強く結合し，372 nmの励起光を照射すると456 nmの蛍光を発する。蛍光顕微鏡を用いて蛍光を発する細胞（環境微生物）を計測することにより，環境微生物を定量することが可能となる。また，DAPIと同様の原理を有す

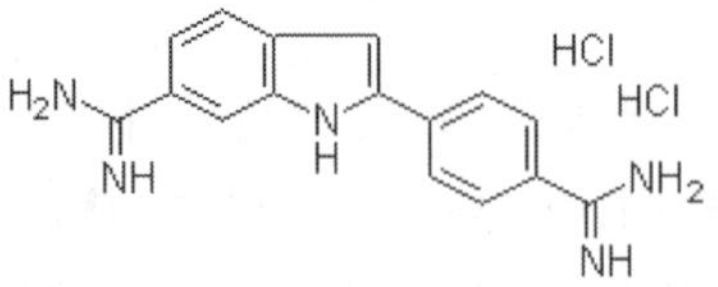

極限環境生物の産業展開

図1　DAPIの構造 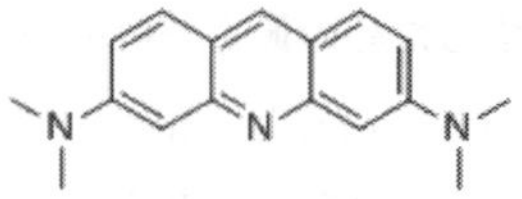　　　図2　アクリジンオレンジの構造

る染色試薬としてアクリジンオレンジ（acridine orange；AO, 励起波長490 nm, 蛍光波長530 nm, 640 nm）も広く用いられている（図2）。

2.5　蛍光活性染色法（CTC法）

　微生物細胞はDAPIのような核酸染色法を行うことで格段に観察しやすくなるが，核酸染色法では死菌も含めて染色されてしまうため，正確な生菌数を測定できない。そこで，微生物細胞の生死を判別できる計数法が開発された。生菌が5-cyano-2,3-ditolyl-tetrazolium chloride（CTC）を取り込むと，呼吸活性があるため電子伝達系の作用によってCTCはCTCホルマザン（CTC formazan；CTF）に還元される。CTFは赤色の蛍光を発するため，呼吸活性を有する生菌のみが赤色の蛍光を発する。この原理を応用し，赤色に蛍光した細胞数を計測することで生菌数を求めることができる（CTC法）（図3）。

　この他，生菌中に普遍的に存在するエステラーゼ活性を利用した検出法もある。この方法で使用する 6-carboxyfluorescein diacetate（FDA）は，エステラーゼにより分解されて 6-carboxyfluoresceinとなり，緑色の蛍光を発する。この原理を利用することで，生菌のみを区別することができる。

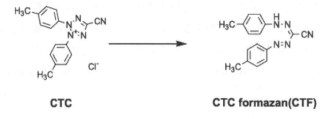

図3　生菌の呼吸活性によるCTCの構造変化

2.6　DGGE法，TGGE法

　環境微生物の解析では，群集構造の解析が必要となる。群集構造の解析を行う基本となる手法がDGGE法である。DGGE法（denaturing gradient gel electrophoresis；変性剤濃度勾配ゲル電気泳動法）は，環境中からDNAを抽出し，主として16S rDNA領域をPCR増幅させた後，尿素とホルムアミドの変性剤濃度勾配を持ったポリアクリルアミドゲルを用いて電気泳動して，DNA

断片を解析する手法である。変性剤濃度勾配ゲルを用いるため，同じ長さを持ったDNA断片であっても塩基配列が異なれば違う位置にバンドが出現する。

DGGE法は，片方のプライマーの5'末端にGCクランプと呼ばれるGC配列に富んだ30～40 bp程度の配列を付加させPCR増幅を行うことが特徴である。このGCクランプはGC配列に富むため，変性剤濃度勾配ゲルの変性剤濃度が濃くても解離しない。一方，増幅された環境微生物のDNA断片は，塩基配列の違いにより変性剤濃度勾配ゲルの変性剤の濃度で解離していく。従って，変性剤濃度勾配ゲル電気泳動では，同じ長さのDNA断片でも塩基配列が異なれば移動度が違ってくるのである（1塩基の違いであっても移動度が異なる）。DGGE法で解析後，バンドが3本あれば，3種類の微生物種が試料中に存在していると判断できる。さらに，得られたDNAのバンドをゲルから切り出して精製後，DNAの塩基配列を解析することで，細菌種の同定が可能である（後述）。

環境微生物の細菌の群集構造を解析する場合は，16S rDNA中の共通配列でプライマーを設計することが多いが，特定の機能を持った微生物の多様性を解析する場合は，その共通機能に関連する遺伝子配列でプライマーを設計する。例えば，メタン生成アーキアの多様性を調べる場合は，メタン生成経路に必須の遺伝子*mcrA*を基盤にプライマーを設計する。得られたバンドパターンの解析は，専用のソフトウェアを用いて解析することで，微生物群集構造の変化を数値化して把握できる。一般的に行われているのはクラスター解析と呼ばれる手法であり，バンドパターンの近いものからグループ化していき，グループ間の違いを数値で示すものである。このクラスター解析には，近隣接合法（neighbor-joining method）などが用いられる。

TGGE法（temperature gradient gel electrophoresis）は，DGGE法の変性剤濃度勾配の代わりに，電気泳動中の温度条件に勾配を付け，一本鎖に解離する温度の違いを利用して，DGGE法と同様の解析を行うものである。TGGE法も，最適化されれば一塩基対の違いを見分けられることが可能である。DGGE法でうまく分離できない場合などに併用することが多い。

2.7　T-RFLP法

T-RFLPとは，terminal-restriction fragment length polymorphismの頭文字をとったものである。一般的なRFLP法では，制限酵素処理後，電気泳動等により制限断片を分離し，そのラダーパターンで遺伝子断片の異同を判別するが，T-RFLP法では制限断片の検出の仕方が異なる。基本的には環境DNAを鋳型として，rDNAをPCRで増幅するが，この際に末端に蛍光標識を持つプライマーを用いる。得られたPCR産物を適当な制限酵素で処理すると，標識からrDNAの塩基配列に応じたDNA断片が生じる（異なる長さの断片は，異なる微生物に相当する）。これを電気泳動した後，標識に応じた励起波長を与えて蛍光を観察すると，蛍光標識を含む断片のみを特異的に検出することができる。この蛍光強度比は，環境DNAを抽出した微生物群集中に存在する特定の微生物種の存在比率に相当する。この手法は，多量のサンプルを短時間に処理することができる点で優れており，微生物群集構造の経時的変化などを簡便に調べることができる。

2.8 環境DNA解析法

環境DNA解析法は，環境中からDNAを抽出し，そのDNA量を定量することにより，環境中のバクテリアとアーキアの数を正確に定量する手法である。この方法では，顕微鏡を用いて直接細胞数を計数するよりも短時間で定量が可能であり，また再現性も高い。さらに培養を伴わないことから，好気性細菌と嫌気性細菌の混合試料の定量解析にも適している。

環境DNA解析法は，スロー撹拌法によって環境試料から環境DNAを回収する点が特徴である。通常，ガラスビーズ法や凍結融解法などの一般的な物理破砕法で環境DNAを抽出すると，DNAが物理的せん断を受ける。また，DNAとRNAが

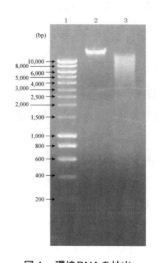

図4　環境DNAの抽出
1：分子量マーカー，2：スロー撹拌法，3：ビーズ法

混ざっていたりするため，正確な環境DNAの定量が難しい。これに対し，界面活性剤の存在下で穏やかに撹拌するスロー撹拌法は，短時間で細胞を破砕する物理的手法と，DNAをできるだけ傷つけずに回収する化学的手法の利点を組み合わせたものであり，環境DNAの分断を最小限にとどめ，効率良く回収できる（図4）。スロー撹拌法によって環境から抽出した環境DNA量と，直接顕微鏡で計数したバクテリア数，アーキア数には高い相関性が認められることから，環境DNA量を指標として環境中のバクテリアやアーキアの総数を推定する手法として構築されている。また本法で抽出したDNAは，DGGE解析や定量的リアルタイムPCR法等で解析することも可能である（後述）。

2.9 定量的リアルタイムPCR法

定量的リアルタイムPCR法は，一定時間経過後に増幅されたPCR産物の量を定量することで，テンプレートのDNA量を算出する手法である。具体的には，定量したい特定の微生物に特異的なプライマーを設計する。このプライマーと環境中からのDNAを用い，目的のDNAをPCRで増幅・定量することで，環境サンプル中に存在する特定の微生物数を正確に定量できる。PCR産物を定量する方法には，蛍光色素でラベルしたプライマーを使用する方法と，PCR産物の二本鎖の間に入り込む蛍光色素を利用する場合とがある。最近ではより正確に菌数を求めるために，蛍光色素でラベルしたプローブ（*TaqMan*プローブ）と，PCR産物の結合量を検出するなどの改良がなされている。

2.10 FISH法, ELISA法

　FISH (Fluorescence *in situ* hybridization) 法は，微生物群集中に存在する特定微生物種を把握し，空間的な棲み分けを一つ一つの細胞レベルで検出する方法である．基本的な原理は，リボソームRNA (rRNA) を標的としたハイブリダイゼーションである．具体的には，試料中の環境微生物をホルムアルデヒドなどで固定化後，目的に応じた特異的なプローブ（蛍光色素で標識されている）でハイブリダイゼーションを行う．プローブは細胞内に浸透し，細胞内の相補的なrRNA配列と二本鎖を形成する．適切に温度条件を調整することで，完全に相補的な配列のみ再会合させることができる．これに励起光を照射すると，プローブが結合した箇所のみ蛍光を発するため，特異的な環境微生物の存在や極在を解析することができる．異なる色素で標識した複数のプローブを用いて検出を共焦点レーザー顕微鏡で行えば，3次元的に微生物群集の構造をとらえつつ，そこでの微生物の空間的棲み分けを，色の違いとして読みとることもできる．

　一方，抗原抗体反応を利用して，特定の微生物を検出することが可能である．抗体の作製は，細菌の菌体表層に抗原となる糖タンパク質が存在するため，これに特異的に結合する抗体を作製する．この特異抗体に適切な蛍光色素を結合させ，この抗体-蛍光色素複合体を環境試料に作用させると，目的の環境微生物に対してのみ結合するので，蛍光顕微鏡下で観察できる．ELISA法 (Enzyme-linked immunosorbent assay, 酸素結合抗体法) は，目的微生物を抗原抗体法により特異的に検出し，それを酵素反応を用いて増幅して発色反応を起こすことで，肉眼的に検出できるようにした方法である．マイクロプレートを用いて一度に大量の試料を処理したり，定量的に測定できる利点がある．

2.11 環境微生物の同定

　微生物の同定は，平板法で微生物を分離してから解析する手法が一般的であるが，環境微生物は平板法で生育できないものが多いことから，微生物を分離せずに解析する手法が用いられる．

2.11.1 16S rDNA解析法および18S rDNA解析法

　16S rDNAや18S rDNAは，すべての生物がタンパク質合成の場として有するリボソームの小サブユニットRNA（細菌とアーキアなどの原核生物の場合16S rRNA，真核生物の場合18S rRNA）をコードする遺伝子である．環境微生物を同定する場合に良く用いられる方法は，染色体上の16S rDNAまたは18S rDNA配列（いずれも約1,500 bp）を解析する方法である．これらの遺伝子は環境微生物の生命活動に必須であることから，ハウスキーピング (house keeping) 遺伝子と呼ばれる．16S rDNAであれば，すべての細菌にほぼ共通な領域と，細菌の属や種に特異的な領域が存在し，この違いによって細菌の同定にも用いられている．18S rDNAにも同様の領域がある．これらのDNA配列を解読し，WEB上に公開されている塩基配列データベース (http://www.ncbi.nlm.nih.gov/gene/) と比較することで属や種を推定できる．

　培養できない環境微生物の場合，環境DNAから16S rDNA配列をPCR増幅し，DGGE法で分離したDNAバンドをゲルから切り出して精製後，DNAシーケンシングを行うことで，培養するこ

となく群集構造中の環境微生物を同定できる。

2.11.2　同属・同種の環境微生物の多様性解析

　環境微生物は，生育環境ごとに様々なストレスを受け，それぞれの環境ごとに独自に進化している。この際，遺伝子によって変異の入る速度，つまり進化速度が異なることが知られている。従って，16S rDNA解析によって同じ種と同定された環境微生物であっても，16S rDNA以外の遺伝子配列が同じとは限らない。この特徴を利用して，属や種が同じである複数の環境微生物を差別化し，比較・解析する手法が構築されている。

　$gyrB$遺伝子は，バクテリアが有する典型的なトポイソメラーゼ＝DNAジャイレース（DNA gyrase）をコードする遺伝子の一つである。DNAジャイレースは，バクテリアが転写や複製を行う際に，染色体DNAの正の超らせん構造を弛緩し，負の超らせん構造を導入する役割がある。一方，$secA$遺伝子は，細胞質からペリプラズム空間へタンパク質が輸送される際に，膜透過の駆動力となるATPアーゼ（ATPase）をコードする遺伝子である。$gyrB$遺伝子や$secA$遺伝子は，16S rDNAと同様に，バクテリアが生存するために不可欠なハウスキーピング遺伝子である。これら遺伝子の配列は，16S rDNAなどよりも進化速度が速く，同じ種の環境微生物でも配列が異なる可能性が高いと言われている。従って，これらの塩基配列を解析することで，同種の微生物の多様性を解析することが可能である。

2.11.3　生理・生化学的同定法

　環境試料から分離・培養可能な環境微生物の場合，通常の微生物を同定する手法である生理・生化学的手法が用いられる。この方法では，細胞形態（桿状，球状，連鎖状，らせん状など）の観察，グラム染色（陰性，陽性），酸素に対する要求性（好気性，通性嫌気性，偏性嫌気性），エネルギーの獲得様式（呼吸，発酵），特定の酵素活性（カタラーゼ，シトクロムオキシダーゼの有無），利用可能な基質（炭素源，窒素源，その他生体高分子の資化性），色素の生産性，抗生物質への感受性などを試験する。得られた結果を，Bergey's manual等に記載されている既知微生物の試験結果と照合することで，近縁種を同定できる。最近では，これらの試験をキット化したものが市販され，既知の微生物の試験結果がデータベース化されており，比較的簡便に同定できるようになった。また，前述の16S rDNA解析法や18S rDNA解析法と組み合わせることで，環境微生物のより確実な同定が可能となる。

2.11.4　化学的同定法

　環境中にどのような環境微生物が含まれているかを知る手法に，化学的同定法がある。バクテリアの場合には，環境試料から脂肪酸を抽出し，その脂肪酸組成からどのようなバクテリアが含まれているかを推定できる。これは，バクテリアの属によって，C-C間二重結合の数や位置など，脂肪酸組成が異なる点を利用し解析する方法である。同様に，アーキアについても解析することができる。エステル型の脂質を有するバクテリアとは異なり，アーキアはエーテル型の脂質を有している。このエーテル脂質を環境試料から抽出して組成を分析することで，どのようなアーキアが環境中に含まれているかを推定できる。

第1章　分離・培養技術

文　　献

1) 工藤俊章ほか監修,「難培養微生物研究の最新技術―未利用微生物資源へのアプローチ」, シーエムシー出版 (2005)
2) 大森俊雄ほか編,「環境微生物学：環境バイオテクノロジー」, 昭晃堂 (2000)
3) 日本微生物生態学界教育研究部会編著,「微生物生態学入門―地球環境を支えるミクロの生物圏」, 日科技連出版社 (2004)

3 シロアリに共生する特殊微生物の分離と培養

工藤俊章*

3.1 はじめに

　シロアリは他の動物が利用できない植物遺体を効率良く分解，利用して繁栄している昆虫である。このシロアリの繁栄の理由は様々な特殊機能を有する微生物との共生関係にある。シロアリとその腸内微生物，特に原生生物によるセルロースの分解は相利共生の例として有名であるが，原生生物の他にも多様な原核生物が腸内に多数棲息して重要な役割を果たしている。

　これらの共生微生物は大半が特殊な培養困難な微生物であることから，この共生システムの包括的な理解のためには従来の分離・培養を基本とした微生物学的手法だけでは不十分であった。近年の分子生物学的な研究技術の進展に伴い，培養を介さずに直接に自然生態系の微生物を研究できるようになった。私たちも培養を介さない分子生物学的な手法を開発，利用してシロアリ腸内の特殊な共生微生物群の研究を進めてきた[1]。

　一方，シロアリ腸内から木質成分の分解細菌や窒素固定菌など特殊機能を有する微生物が培養，分離され腸内共生系の理解に重要な貢献がなされてきた[2]。

　図1はこのような培養可能な微生物と培養困難な微生物の関係を示している[1]。即ち，地球上には様々な環境があり，それぞれの環境は多くの培養困難な微生物と少数の培養可能な微生物か

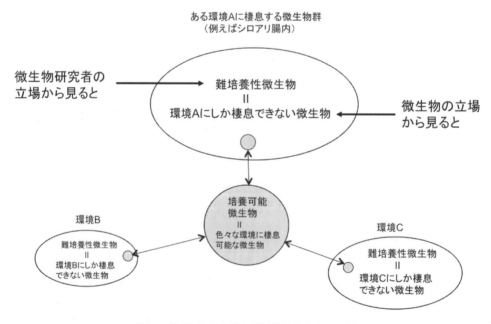

図1　培養可能微生物と難培養性微生物の関係

＊　Toshiaki Kudo　長崎大学　大学院水産・環境科学総合研究科　教授

第1章　分離・培養技術

ら構成されている。培養困難な微生物は一つの特定の環境に適応しているが、他の環境に適応することはできない。一方、少数の培養可能な微生物は様々な環境に適応可能である。したがって、少数の培養可能な微生物は、様々な環境を繋ぐ「シャトル」微生物と考えられ、様々な環境への遺伝情報等の「運び手」として重要な役割を果たしていると考えられる。本稿では、このような視点に立ってシロアリ共生系を構成する培養可能な特殊微生物と培養困難な特殊微生物を俯瞰したい。

3.2　培養可能な特殊微生物
3.2.1　シロアリ腸内からの特殊な好アルカリ性細菌の分離と解析

　高等シロアリの腸は複雑に分化しており、それぞれ異なる環境を有している。特に後腸のP1（the first proctodeal segment）と呼ばれる領域は、アルカリ化（pH10-12）していることが古くから知られている。この後腸ではリグノセルロースなどの難溶性高分子化合物の可溶化や分解にこのアルカリ化が関与していると思われる。このような観点から、高等シロアリ後腸のアルカリ領域から好アルカリ性菌の分離を行い、その諸性質について解析した[3]。

　各種の高等シロアリの後腸を分画した後、P1領域を収集した。腸懸濁液をアルカリ-K培地（約pH10.5）に塗布し、30℃で3日培養し、最終的に21菌株を得た。16S rRNA遺伝子の部分塩基配列に基づき分子系統解析を行ったところ、20株が既知の好アルカリ性*Bacillus*属と、1株が*Paenibacillus*属とクラスターを形成した。21株の分離菌株は8つのグループ、即ち、*Bacillus sp. DSM8717*, *B. clausii*, *B. gibsonii*, *B. horikoshii*, *B. horiti*, *B. halmapalus*, *Bacillus wakoensis*, *Paenibacillus sp. SM-XY60*に分けられた。それぞれの代表株は、土壌より分離される既知の好アルカリ性菌とおよそ類似した生理学的性質を示した。また16S rRNA遺伝子配列の相同性も97％以上であった。

　一般に、好アルカリ性菌は、生育に1-5％ NaClを要求するものが多い。しかし、シロアリ後腸P1領域より分離された好アルカリ性菌は、K_2CO_3培地での生育特性を示した。また各種菌体外酵素も好アルカリ性を示していた。以上の結果より、これらの細菌はカリウムが豊富なシロアリ腸内環境に適応していることが示唆された。これまでの土壌試料由来のNa依存性好アルカリ性細菌とは異なる特殊なK依存性好アルカリ性菌の棲息場所の一つとして高等シロアリ腸内が生態学的に重要なことが示唆された。

3.2.2　好アルカリ性細菌の好アルカリ性因子（マルチ遺伝子型対向輸送体）の発見とその普遍化

　私たちは好アルカリ性*Bacillus halodurans* C125株をモデルとして「好アルカリ性因子」の探索を行い、マルチ遺伝子型Na^+/H^+対向輸送体（ShaまたはMrp対向輸送体）を初めて発見した。即ち、好アルカリ性細菌においては、外界pHが高いために細胞膜外側で不足するH^+イオンの役割の一部をマルチ遺伝子型Na^+/H^+対向輸送体によってNa^+イオンに置き換えて鞭毛モーターの回転、アミノ酸などの取り込み等の膜機能を駆動し、それによってアルカリ性の環境を克服しているということを初めて明らかにした。現在、本対向輸送体ホモログはゲノムが公開されている

細菌の約1/3に見つかっており，また最近では呼吸鎖複合体Iと進化的に共通性があり，構造的にも類似性があることが明らかにされ，本対向輸送体のエネルギー生産系としての役割も含めその重要性が増しつつある[4]。詳細については，本書第3章3節の伊藤（東洋大学）の項目も参照いただきたい。

3.2.3　キノコシロアリ巣内における特殊な共生菌類，シロアリキノコの役割

キノコシロアリは，アジア，アフリカの熱帯地方に分布し，枯死植物の分解に重要な役割を果たしている。このシロアリは，菌園と呼ばれる特殊な構造物を構築し，そこで*Termitomyces*属に属する担子菌（シロアリキノコ）を栽培している。キノコシロアリによる植物遺体の分解機構を調べた結果，キノコシロアリは，シロアリキノコ（共生担子菌）の菌園を巣内に栽培し，そこで前処理された植物遺体を食料とするなど，他のシロアリにない特殊かつ効率的な植物遺体分解系を有していた[1]。シロアリキノコは，巣内で栽培される唯一の共生担子菌であり，本菌は分解に働くと言うよりも，シロアリが採集した枯死植物のうちのセルロースの割合を減らすことなくリグニン成分のフェノール性化合物だけを可溶化して，シロアリ自身が消化しやすいセルロースを提供するように働いていることが分かった。さらに，このような特殊な前処理能力を持つシロアリキノコについて，自然環境中の共生状態で発現している分解関連遺伝子と網羅的な発現遺伝子解析を行った。リグニンは普通の担子菌ではMnペルオキシダーゼ，リグニンペルオキシダーゼで分解されるが，この特殊な共生担子菌ではラッカーゼが強く発現して働いており，Mnペルオキシダーゼ，リグニンペルオキシダーゼ酵素などの活性は検出されなかった。

3.2.4　特殊な芳香族化合物分解放線菌

植物細胞壁の主要成分のリグニンや腐植物質（ヒューマス）の基本骨格に似た芳香族化合物の分解放線菌をシロアリ共生系などより分離して，それらの分解機能の研究を進めた[1]。その結果，一般にグラム陰性細菌のPCB/ビフェニル分解遺伝子群は染色体上に一つのオペロンとして存在しているが，PCB/ビフェニル分解放線菌では複数の代謝遺伝子群を持ち，それらの一部はプラスミド上に存在するという特殊な構造をしていた。これらの放線菌から多様な芳香環ジオキシゲナーゼ遺伝子がクローニングされたが，それらは大腸菌のタンパク質発現系で活性発現できないものが多く，機能解析が進んでいなかった。そこで放線菌の1種*Rhodococcus*属細菌を宿主とするタンパク質発現系を構築し，強力なジベンゾフラン分解能を示した株について分解能を調べた結果，シロアリ共生系由来の*R. erythropolis* TA421株由来のBphAが強力な二塩素化ダイオキシン類分解能を示した。本BphAの発現宿主を改良し，ダイオキシン類の中で最も毒性の高い2,3,7,8-tetrachlorodibenzo-*p*-dioxinの分解を検討した結果，約1/3の分解に成功した。本BphAについて，タンパク質の立体構造解析や基質特性改変体の解析を行うことで，さらなるダイオキシン類の分解率の向上が期待される。

第1章　分離・培養技術

3.3　培養困難な特殊微生物
3.3.1　シロアリ共生難培養性微生物の多様性と相互作用

　シロアリ腸内にはプレート等では分離・培養が難しい難培養性微生物が多数存在する。そこで微生物を分離・培養して研究するのではなく，図2のように遺伝子を直接分離し，PCR法等で増幅して研究する方法を用いた。即ち，腸内の微生物混合相から直接DNAを抽出し，リボソームRNA（rRNA）など生物種を特定できる遺伝子を直接PCR増幅後にクローニングして解析するといった培養を介さない手法を適用した[5]。腸内に共生する細菌の場合，これまでに解析したクローンの約90%以上は既知のrRNA遺伝子配列に97%以下の相同性しか示さない。したがって，ほとんどすべての菌が新属／新種の微生物と考えられた。例えば，日本で広く棲息するヤマトシロアリでは，既知の細菌のどのグループにも分類することができないような一群のグループを形成するものが約10%以上ものクローンを占めていた。この新規細菌門は「Termite group 1（TG1）」と命名し，後に広く認められた。TG1 以外にもTG2，TG3 といった新規細菌門として提唱した細菌群がシロアリには共生しており，特にTG3 門細菌は食材性の高等シロアリでは共生微生物群の約10%程度を占める主要な細菌群であった。

　一方，下等シロアリの特徴の一つは腸内に原生生物を持つということである。即ち，シロアリの後腸内にはパラバサリア門，オキシモナス目の原生生物が共生することを分子系統学的に明らかにした。これらの原生生物は下等シロアリの腸内にのみ棲息する特殊な原生生物であった。このような共生微生物のシロアリ腸内における分布は一様ではなく，原生生物の細胞内外にはメタン生成アーキア，TG1 門細菌，*Bacteroidales* 目細菌，スピロヘータなどの細菌が共生していることを明らかにした。また，ある種の放線菌や*Bacteroidales* 目細菌が後腸の腸壁に付着共生してい

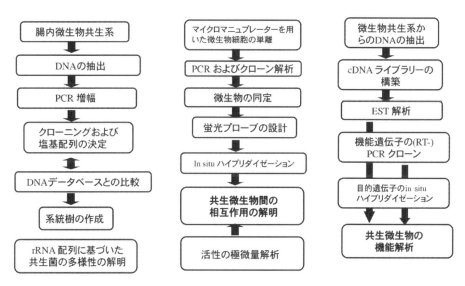

図2　培養を介さない難培養性微生物研究法

極限環境生物の産業展開

ることも発見した。

このようにシロアリの腸内細菌の大半は，原生生物の細胞内・表層や腸壁に分布するなど，腸内に均一に存在するのではなくそれぞれが異なる局在・分布をしていた。即ち，シロアリ腸内では微生物間，微生物-シロアリ間に複雑で特殊な共生システムが形成されていることが明らかになった。

3.3.2 シロアリ共生微生物の木質分解機能

下等シロアリ腸内の共生原生生物はその細胞内に木片を取り込んでいることが観察される。シロアリによって細かくかみ砕かれ，部分分解された木片やセルロース片は，腸内で原生生物に取り込まれ原生生物の細胞内で完全分解される。セルロースは酢酸にまで分解され，生じた酢酸はシロアリに吸収されてシロアリのエネルギー源となる。また分解によって生じる水素と二酸化炭素は，主として還元的酢酸生成に利用されるが，還元的酢酸生成に関連した機能遺伝子を調べることで，スピロヘータが重要な役割を果たしていることを明らかにした。生産された酢酸はシロアリに吸収利用されるので，実に効率の良いシステムと考えられる。

シロアリの腸内に共生する原生生物群は，セルロース分解という明確な生態系機能が示唆されていながら，これまで培養が困難なためほとんど解析が進んでいなかった。私たちは下等シロアリの原生生物群を対象に全長cDNAライブラリーを構築し，トランスクリプトーム解析を行うことによって，原生生物内で働いている遺伝子群の解明を目指した[6]。発現遺伝子のパターンを調べたところ，取得クローンの約1割が糖質加水分解酵素ファミリー（GHF）に属する遺伝子であり，100を超すGHFのうち，GHF5，7，10，11，45の5種が主に発現していることを発見した。これらの酵素は，結晶性セルロースに作用するセロビオハイドロラーゼ（GHF 5，7CBH），非結晶性セルロースに作用するエンドグルカナーゼ（GHF 5，7，45EG），キシランに作用するキシラナーゼ（GHF10，11）などから構成されていた。また，発現タンパク質の解析結果も併せ，GHF7のセロビオハイドロラーゼを中心とする分解酵素群の相乗作用により効率的な木質バイオマス分解が行われていることが推定された。

また，得られた分解遺伝子群の分子系統解析の結果，この効率の良いバイオマス分解系は独自の進化を遂げた分解酵素遺伝子群と共に，他のバクテリアからの水平伝播によって得られた遺伝子群によって形成されてきたことを明らかにした。詳細については，本書第2章2節の守屋（理研）の項目も参照いただきたい。

3.3.3 シロアリ腸内の難培養性共生細菌のゲノム解析

先に述べたように下等シロアリに共生する原生生物の内外には種々の細菌が共生し原生生物の機能を支えていると考えられた。そこで，このような難培養性の共生細菌の機能の解明を目指して共生細菌のゲノム解析を進めた。

第一に，単一種の原生生物の中に共生する難培養性共生細菌TG1のゲノム解析を行った[7]。ゲノムの変化を最小限に抑えた完全なゲノム配列を取得するためにTG1細菌は，単一のホスト原生生物細胞から採取し等温全ゲノム増幅法を用いて全DNAを増幅した。この方法により，761の推

定遺伝子と多くの偽遺伝子が含まれている環状染色体（約1.1 MB）を再構築することができた。その結果，本ゲノムは共生化の中でゲノムサイズの縮小化の傾向が見られたが，種々のアミノ酸や補因子の生産機能は保持されていた。即ち，この細菌は，宿主の原生生物とシロアリに窒素化合物を提供する上で中心的役割を果たしていることが示唆された。

また，シロアリの食材としての木材は，炭素源に富んでいるが窒素源が乏しいためイエシロアリは，窒素化合物を供給してくれる腸内窒素固定細菌との共生関係を持っている。このイエシロアリ後腸の原生生物内に存在する窒素固定共生細菌の完全なゲノム配列を決定した[8]。この窒素固定細菌はイエシロアリ腸内全細菌数の約7割を占める難培養性細菌であった。本菌の染色体の全ORFのアノテーション（約1.1 MB）によって推定される機能としては，窒素廃棄物のリサイクル，窒素固定能，グルコースやキシロースのような単糖の利用能が示された。即ち，窒素固定能とセルロース分解能は，単一の原生生物の細胞内で機能していることが明らかになった。

一方，ワルネッケらは，食材性高等シロアリ（腸内に共生原生動物を持たない）のテングシロアリ後腸に存在する細菌群集のメタゲノム解析やプロテオーム解析を行い，セルロースおよびキシランの加水分解に関与する細菌種や非常に多種多様な糖質分解遺伝子群の存在を初めて明らかにした[9]。即ち，腸内から抽出したDNA試料の約7,100万塩基対の塩基配列を決定し解析を進めた。この腸内細菌叢を調べるため16S rRNA遺伝子を解析した結果，12門，216種の細菌に分類され，その大部分は*Treponema*属やFibrobacteres門に属していることが明らかになった。また機能解析の結果，木片等の糖化に関与する糖質分解酵素ファミリー（GHF）のGHF5, GHF94, GHF51の遺伝子が多く認められ，それらの多くは酵素活性も認められた。一方，キシランなどを分解するヘミセルラーゼ遺伝子も発見されたが，リグニン分解に関連した遺伝子は見い出されなかった。また，セルロースやキシランの嫌気的代謝によって生じた水素の代謝に関連した多くのヒドロゲナーゼ遺伝子が発見された。さらに，二酸化炭素還元的酢酸生成に関連した酵素遺伝子も多く見つかってきたが，これらも主としてtreponemesに由来していた。また，植物バイオマスにおいて乏しい窒素源の補給に関しては，窒素固定の中心的な酵素遺伝子，新規な*nif*H遺伝子等が多数発見された。これらの研究で，細菌の種と機能が部分的に結びつけることができたという点が注目された。

3.4 おわりに

図1に示したように，シロアリ腸内環境は多くの培養困難な微生物と少数の培養可能な微生物から構成されていると考えられる。そして，少数の培養可能な微生物は，他の様々な環境を繋ぐ「シャトル」微生物として，即ち，遺伝情報等の「運び手」として重要な役割を果たしていると思われる。本稿では，このような視点に立ってシロアリに共生する培養可能な特殊微生物と培養困難な特殊微生物の両者に着目した。培養困難な多数の微生物のメタゲノム解析における短所（細菌種と機能を特定しにくいという点）を補うために幾つかの方法が考えられる。

1） 重要な難培養微生物の培養技術の開発

2）難培養微生物の単一細胞のゲノム解析法の開発
3）微量試料のメタボローム解析技術の開発
4）培養可能微生物のゲノム解析と遺伝子伝播の解析

　今後，特殊な培養可能微生物と難培養性微生物の「培養，分離」技術の開発と両者を組み合わせた解析技術の進展により，シロアリ腸内共生系全体のダイナミックな理解が進んでいくと期待される。

　植物の細胞壁は主にセルロース，ヘミセルロース，およびリグニンから構成されている。リグニンの構成単位である芳香族化合物分解細菌がシロアリの生態系からも得られたが，宿主シロアリや共生原生生物からのcDNAライブラリーの解析では，リグニンの分解に関連する遺伝子はほとんど検出できなかった。このことからリグニンは，シロアリではほとんど分解されずにそのまま排泄され，自然環境において化学的，微生物的な分解／変換プロセスを経て腐植土（ヒューマス）になると思われる。即ち，物質循環の視点からシロアリが枯死植物のリグニンを分解しないことは熱帯土壌の腐植土の形成，保持に重要な役割を果たしていると思われる。

　シロアリ共生系セルラーゼを利用した応用研究も進められている[10]。今日，食糧にならない木屑などの木質バイオマスの活用が考えられており，今後シロアリ共生系の特殊な分解機構の模倣を通じて木質バイオマスからの効率的なバイオ燃料生産の開発が期待される。

文　　献

1) T. Kudo, *Biosci. Biotechnol. Biochem.*, **73**, 2561 (2009)
2) T. G. Lilburn *et al.*, *Science*, **292**, 2495 (2001)
3) T. Thongaram *et al.*, *Extremophiles*, **9**, 229 (2005)
4) R. G. Efremov *et al.*, *Nature*, **465**, 441 (2010)
5) M. Ohkuma, *Trends in Microbiology*, **16**, 345 (2008)
6) N. Todaka *et al.*, *PLoS ONE*, **5**, no. e8636 (2010)
7) Y. Hongoh *et al.*, *Proc. Natl. Acad. Sci. USA*, **105**, 5555 (2008)
8) Y. Hongoh *et al.*, *Science*, **322**, 1108 (2008)
9) F. Warnecke *et al.*, *Nature*, **450**, 560 (2007)
10) N. Todaka *et al.*, *Biosci. Biotechnol. Biochem.*, **75**, 2260 (2011)

4 セルロースナノファイバーを担体とした培養技術の開発

出口　茂*

4.1 はじめに

様々な高分子材料からなる直径が1μm以下の微細なファイバー（ナノファイバー）は，高機能ろ過膜，触媒担持のための担体など，様々な分野で応用が広がりつつある。バイオテクノロジー分野においても，細胞基材としてナノファイバー材料を用いる研究が盛んである。細胞外マトリックス（extracellular matrix）のトポロジーを模した高分子ナノファイバー材料は，動物細胞を培養するための足場（scaffold）として優れた材料である[1]。しかしながら高分子ナノファイバー材料が細胞培養へ応用された最初の例が微生物培養であることは，広くは認識されていない。

19世紀末，Kochらによってゼラチンあるいは寒天を固化剤とした固体培養技術が確立され，微生物の単離が可能となった[2]。その結果，様々な病気が微生物によって引き起こされることが明らかとなり，近代微生物学の確立へとつながった。近代微生物学は，ダーウィンの進化論と並んで，当時の生物学に大変大きなインパクトを与えた[3]。材料の構造という視点から眺めると，これらの固体培地は，ゼラチンや寒天からなるナノファイバーが絡み合った多孔質体であり[4,5]，培地が空孔内部に保持されている。最初は固化剤としてゼラチンが用いられたが，病原性微生物が培養される37℃では固化しない，プロテアーゼによって加水分解されるという問題があったため，寒天が固化剤として用いられるようになった。安価，調製が容易，高い透明性による優れたコロニー視認性，微生物による分解を受けにくいなどの特徴を持つ寒天は理想的な固化剤である。寒天平板を用いた固体培養は，微生物の単離，生細胞数のカウント，変異株の取得など，現在の微生物研究においても，欠かすことのできない基盤技術であり，その開発から1世紀以上を経た現在でも，本質的には大きな改良を加えられることなく使われ続けている。

4.2 極限環境微生物の固体培養

ところが20世紀後半に様々な極限環境に生息する微生物への興味が高まるにつれて，寒天培地の限界も明らかとなった。寒天の主成分であるアガロースは，熱水には溶解するが，溶液を冷却するとヘリックスを形成して互いに会合する。これによって物理的な架橋点が形成され，溶液全体がゲル化する。寒天のゾル／ゲル転移温度は，濃度や分子量に依存するが，一般的には50～60℃程度である[6]。そのため好熱菌など，寒天のゲル化温度を超える温度が要求される好熱菌の培養には使用できない。また極端なpHなど他の極限的な培養条件でも，同様の問題が発生する。

寒天の代替として，極限環境微生物の培養に最も広く用いられているのがジェランガム（商品名：ゲルライト）である。*Pseudomonas elodea*が生産するジェランガムは，グルコース，ラムノース，グルクロン酸からなる多糖である。寒天と同様，ジェランガムも熱水に溶解し，それを冷却するとゲルを形成するが，寒天と比べてより高い温度でも軟化・溶解しないゲルを形成するこ

＊　Shigeru Deguchi　㈵海洋研究開発機構　海洋・極限環境生物圏領域　チームリーダー

とが大きな特徴であり，120℃でも使用可能な固体培地を調製できる[7]。しかしながらジェランガムのゲル化は，負の電荷を帯びたヘリックスが多価のカチオンを介して会合することで進行するため[8,9]，Nutrient Broth（NB）のような多価カチオン濃度が低い培地を固化するには，ジェランガムと共に1 mg/mL程度の多価カチオン（典型的には$MgCl_2$または$CaCl_2$）を固化補助剤（solidifying aid）として添加する必要がある[8,9]。またそのゲル化挙動は，糖などの添加によっても大きく変化する[10]。そのためジェランガムによる固体培地の調製に当たっては，培地の組成や目的とする培養条件（温度，pHなど）にあわせて，その都度ジェランガムの濃度，固化補助剤の種類・濃度など注意深く検討する必要がある。

　微生物固体培養の担体としての材料に求められる要件はさほど複雑ではなく，多孔質構造で，かつ孔径が微生物細胞のサイズより小さく表面に保持できれば良い。我々は，最も豊富な有機高分子であり，かつ高い化学的・物理的安定性を示す結晶性セルロースに着目し，セルロースナノファイバーからなる多孔質体を担体とした，極限環境微生物の固体培養手法を確立した[5,11]。

4.3　セルロースプレートの調製

　チオシアン酸カルシウムの飽和水溶液にセルロース粉末を分散させた後，120℃に加熱すると，セルロースが水に溶解し透明で粘稠な溶液が得られる。この溶液を80℃以下に冷却すると，セルロースが再び不溶化し，セルロースを多く含む相と，水／チオシアン酸カルシウムを多く含む相とにミクロ相分離する。その際，セルロースを多く含む相がナノファイバーからなる3次元ネットワークを自発的に形成するため，溶液粘度が上昇し，最終的には全体が固化し半透明のゲルとなる。得られたゲルから，メタノール，さらには多量の水でチオシアン酸カルシウムを除去することにより，空孔に水を含んだ，セルロースナノファイバーからなる多孔質体が得られる。セルロースの熱水溶液20 mLをシャーレに流し込んで固化させることで，寒天平板と全く同じ形状のセルロースプレートが調製できる。またセルロースの分散液をガラスシャーレに分注した後に，オートクレーブでまとめて加熱溶解させれば，1バッチで最大50枚程度のセルロースプレートを調製できる。調製の際のセルロース濃度は，用いるセルロースの分子量に強く依存するが，通常10～30 mg/mL程度である。

4.4　セルロースナノファイバーの構造特性

　セルロースプレートの走査型電子顕微鏡（SEM）写真を図1に示す。比較のために，寒天平板のSEM像も並べて示した。両者とも，直径が数十nm程度の微細なナノファイバーが絡み合った多孔質構造を有していることが分かる。ただ寒天と比較すると，セルロースプレートを構成するファイバーは太く，密度が低いために，孔径が大きい。

　表1に，得られたセルロースナノファイバーの構造特性を示す。ナノファイバー化の前後で分子量に大きな差は見られないことから，チオシアン酸カルシウムの飽和熱水溶液への溶解は，セルロース分子の加水分解などを伴わないと考えられる。ナノファイバーセルロースのX線回折パ

第1章　分離・培養技術

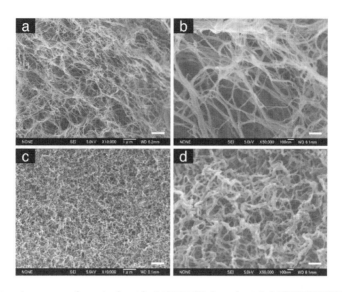

図1　セルロースプレート (a, b) と寒天平板 (c, d) の走査型電子顕微鏡像[5]
スケールバーは1μm (a, c) あるいは100nm (b, d)。

表1　ナノファイバー化前後でのセルロースの構造特性[5]

	分子量	重合度	結晶化度	結晶形
処理前	3.6×10^4	2.2×10^2	0.58	cellulose-I
処理後	4.2×10^4	2.6×10^2	0.45	cellulose-II

ターンは，再生セルロースに特有のcellulose-II型の結晶構造に由来するもので，その結晶化度は45％であった[5]。窒素ガスの吸着等温線から求めたセルロースプレートのBrunauer-Emmett-Teller (BET) 比表面積は220 m^2/gであり，粉末の状態 (1.8 m^2/g) から100倍以上増大していた。

4.5　セルロースプレート表面での微生物のコロニー形成

　水で空孔が満たされたセルロースプレート上に培地を重層し，緩やかに震盪しながら放置すると，培地成分がプレートの空孔内部へと拡散していく。セルロースプレートに2倍濃度のLuria-Bertani (LB) 培地を浸透させた際の，上澄の吸光度の時間変化を図2に示す。培地の浸透は比較的速く，1.5時間程度でほぼ完了する。ジェランガムは高い温度で固化が起こるため，培地調製の際に高温の溶液を手早く扱う必要があるが，室温でセルロースプレートに培地を浸透させる本手法では，そのような煩わしさはない。

　図3にセルロースプレート表面に担持された*Escherichia coli*の走査型電子顕微鏡像を示す。セルロースプレートの空孔サイズは，大腸菌細胞と比べると十分に小さい。そのためセルロースプレート表面に植菌した微生物細胞は空孔内部に侵入できず，プレート表面に留まる。その結果，培地成分を含ませたセルロースプレート表面に微生物を植菌し，培養すると，寒天平板を用いた

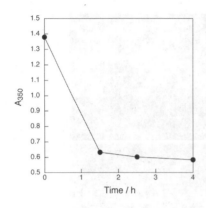

図2 セルロースプレートへの培地成分の浸透[5]

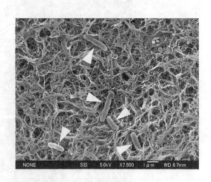

図3 セルロースプレート表面の大腸菌[5]

表2 寒天およびセルロースプレート上でのモデル微生物のコロニー形成[5]

	寒天	セルロース
E. coli W3110 [a]	91 ± 10	80 ± 5
B. subtilis 168 [a]	51 ± 8	46 ± 9
S. cerevisiae YPH499 [b]	184 ± 10	171 ± 21

a：LB brothを含んだ寒天あるいはセルロースプレートを用いて，37℃で16～18時間培養，b：YPD brothを含んだ寒天あるいはセルロースプレートを用いて，25℃で2日間培養。

ときと全く同様にコロニー形成が見られる。代表的な3種の微生物（E. coli, Bacillus subtilis, Saccharomyces cerevisiae）を用いた実験では，寒天平板とセルロースプレートで形成されたコロニー数に差異は見られず，セルロースプレートを微生物の固体培養担体として良好に使用できることがわかった（表2）。

4.6 極限的な培養条件下でのセルロースプレートの構造安定性

　セルロースの結晶構造は，セルロース分子間に形成された水素結合ネットワークのために極めて安定である[12]。例えば，結晶性セルロースの粉末（アビセル）を250気圧の高圧下，水中で加熱した場合，その結晶構造は300℃を超える温度まで維持される[13]。極めて細いナノファイバーからなるセルロースプレートは，一見脆弱なようにも思えるが，同様の顕微鏡観察を行っても200℃を超える温度まで加熱しても顕著な変化は見られず，結晶粉末と同等の高い構造安定性を示す（図4）。現在知られている超好熱菌の最高増殖温度が122℃であることを考えると[14]，セルロースプレートはあらゆる超好熱菌の固体培養に利用できるだけの構造安定性を有すると考えられる。

4.7 セルロースプレートを用いた極限環境微生物の固体培養

　セルロースプレートの構造安定性を利用すると，様々な極限環境微生物の固体培養が可能である。代表的な好熱菌である T. thermophilus を寒天平板とセルロースプレートを使って，80℃で培

第1章 分離・培養技術

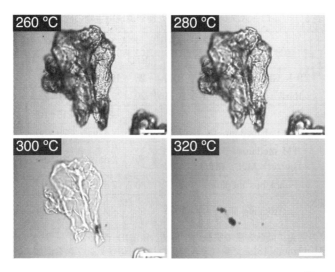

図4 高温・高圧水中でのセルロースプレートの構造安定性[15]
スケールバーは100 μm。

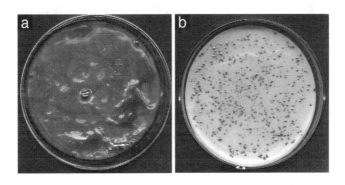

図5 寒天（左）およびセルロースプレート（右）を用いたT. thermophilusの固体培養[5]

養した結果を図5に示す。寒天は80℃では溶解してしまうため，コロニー形成は見られなかったのに対し，セルロースプレートは軟化，離水などを起こすことはなく，良好なコロニー形成が見られた。他にも，3.5や10.5といった極端なpH条件，さらにはpH2.0で80℃，pH10.0で55℃といった複合的な極限培養条件下でも良好なコロニー形成が可能であることを確認している（表3）。pH2.0，80℃におけるS. acidocaldariusの培養では，ジェランガムを用いた場合にもコロニー形成は見られたが，培地表面での離水の影響が顕著であった（図6）。一方，セルロースプレートでは，離水の影響は一切認められなかった。

　ジェランガムを用いて固体培地を調製する際に加える固化補助剤が，G. stearothermophilusの増殖を著しく阻害することが報告されている[16]。我々は，固化補助剤を必要としないセルロースプレートの特性を利用して，T. thermophilusを固体培養する際の固化補助剤（1 mg/mLの$MgCl_2$またはCaCl$_2$）添加の影響を評価した[11]。固化補助剤を含まない培地では，T. thermophilusは黄

表3　セルロースプレートを用いた極限環境微生物の固体培養[a,11]

	培地	pH	培養条件		コロニー数（平均±標準偏差）[b]		
			温度	時間	セルロース	寒天	ジェランガム
A. acidophilum	9-K Glucose medium[c]	3.5	25	10 days	285±21	0	240±27
B. clarkii	Horikoshi-II medium[d]	10.5	30	6 days	65±23	63±18	ND
G. stearothermophilus	NB	6.8	55	24 h	215±32	259±31	-
T. thermophilus	TM medium[e]	7.2	80	2 days	379±30	-	-
	TM medium+0.1% (by wt) $MgCl_2$ $6H_2O$	7.2	80	2 days	335±66	ND	430±65
S. acidocaldarius	Sulfolobus medium[f]	2.0	80	7 days	<100	ND	<100
Bacillus sp. strain TX-3	Alkaline NB[g]	10.0	55	24 h	153±39	115±24	ND

a：全て好気条件下での培養．最低3度の実験の平均値．b：ND，測定せず；-，培地が固化せず．c：ATCC medium 738．d：JCM medium 181，グルコースの代わりに可溶性デンプンを添加．e：JCM medium 273．f：DSM medium 88．g：DSM medium 31．h：コロニーが小さく，正確にカウントできず．

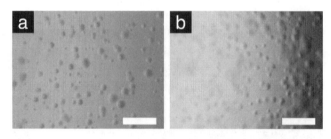

図6　セルロースプレート（a）とジェランガムプレート（b）表面でのS. acidocaldariusのコロニー形成[11]
ジェランガムプレートでは離水の影響により，コロニーが流れてしまう．スケールバーは1mm．

色い円盤状のコロニーを形成した．さらに培養を続けると，プレート全体が黄色に染まった．一方1 mg/mLの$MgCl_2$を含んだ培地では，コロニー形態には差異が見られなかったものの，色素生産が顕著に抑制された．また1 mg/mLの$CaCl_2$を添加した培地では，色素生産が完全に抑えられたと共に，コロニー形態も凸状へと変化した．T. thermophilusの色素生産ならびにコロニーの形態が固化補助剤の種類によって，強く影響されることが初めて分かった．

4.7　おわりに

セルロースナノファイバーを用いた極限環境微生物の培養手法を概説した．極限的な物理化学条件下でも優れた構造安定性を有するセルロースプレートの空孔内部に培地を浸透させることで，多様な極限環境微生物の培養に利用可能な固体培地が簡単に調製できる．ジェランガムを用いた固体培地調製のように，目的とする培養条件下で培地が軟化しないよう，培地組成に様々な工夫

第1章 分離・培養技術

を加える必要は一切ない。これらの利点の一方で，セルロースプレート自体の調製に時間を要することは否めない。そこで我々は，極東製薬工業㈱とともにセルロースプレートの市販化に取り組んできた。現在，セルロースプレートは，エクセディアの商品名で同社から試験的に販売されている。また調製方法の改良によって，コロニー視認性を高めたセルロースプレートも入手可能である。

文　献

1) M. S. Shoichet, *Macromolecules*, **43**(2), 581 (2010)
2) S. A. Hashsham, C. A. Reddy *et al.*, Eds.(ASM Press, Washington, D. C.) pp. 270 (2007)
3) "Twenty Years", *Nature*, **41**(1045), 1 (1889)
4) M. Djabourov, *Contemp. Phys.*, **29**(3), 273 (1988)
5) S. Deguchi, M. Tsudome, Y. Shen, S. Konishi, K. Tsujii, S. Ito, K. Horikoshi, *Soft Matter*, **3**(9), 1170 (2007)
6) M. Watase, K. Nishinari, *Makromol. Chem.*, **188**(5), 1177 (1987)
7) J. W. Deming, J. A. Baross, *Appl. Environ. Microbiol.*, **51**(2), 238 (1986)
8) R. Moorhouse, G. T. Colegrove, P. A. Sanford, J. Baird, K. S. Kang, D. A. Brand, Eds. (American Chemical Society, Washington D.C.) pp. 111 (1981)
9) K. S. Kang, G. T. Veeder, P. J. Mirrasoul, T. Kaneko, I. W. Cottrell, *Appl. Environ. Microbiol.*, **43**(5), 1086 (1982)
10) E. Miyoshi, K. Nishinari, *Prog. Colloid Polym. Sci.*, **114**(83) (1999)
11) M. Tsudome, S. Deguchi, K. Tsujii, S. Ito, K. Horikoshi, *Appl. Environ. Microbiol.*, **75**(13), 4616 (2009)
12) D. Klemm, B. Heublein, H.-P. Fink, A. Bohn, *Angew. Chem. Int. Ed.*, **44**(3558) (2005)
13) S. Deguchi, K. Tsujii, K. Horikoshi, *Chem. Commun.*, **2006**(31), 3293 (2006)
14) K. Takai, K. Nakamura, T. Toki, U. Tsunogai, M. Miyazaki, J. Miyazaki, H. Hirayama, S. Nakagawa, T. Nunoura, K. Horikoshi, *Proc. Natl. Acad. Sci. USA*, **105**(31), 10949 (2008)
15) S. Deguchi, K. Tsujii, K. Horikoshi, *Green Chem.*, **10**(2), 191 (2008)
16) C. C. Lin, L. E. Casida Jr., *Appl. Environ. Microbiol.*, **47**(2), 427 (1984)

第2章　新規探索・機能解析・改変技術

1 メタゲノミクス

服部正平*

1.1 はじめに

　地球上の土壌，海洋，河川などの自然環境やヒト，動物，植物，昆虫などの表面や体内にはさまざまなバクテリア（ここでは主に細菌を意味する）が生息している．その種類は$10^6 \sim 10^8$，その総菌数は10^{30}のオーダーと見積もられており，ヒトや動物などの多細胞生物種に比べてはるかに多様性に富み，その全重量は全人類（70億人）のそれより3桁も多い．このような地球上に生息する細菌は通常，多くの細菌種が集まった複雑な集団（細菌叢）を形成しており，その構成菌種の数や組成などの構造は生息環境や時間によって，大きく変化する．しかしながら，自然環境中の細菌叢を構成する細菌種の多くは実験室で純粋に培養することが困難な，見えるけれども培養できない難培養性細菌種である．そのため，個々の細菌種を培養によって解析し，それらを積

表1　環境細菌叢のメタゲノム解析例

細菌叢	配列情報量（Mb）	遺伝子数
リッチモンド鉄鉱山の酸性廃水中の細菌バイオマット	11	12,559
サルガッソー海の海洋表面からの海洋細菌	1600	1,200,000
Eel川堆積層の嫌気的メタン酸化（AOM）アーキア叢	2	2,332
サンタクルツ内湾の鯨骨（深海）に生息する海洋細菌叢	95	122,145
ミネソタ鉄鉱山のSoudan採掘坑の廃水中の細菌叢	74	15,500
ヒト腸内細菌叢（2名のアメリカ人）	72	46,503
高いリン除去能を有するバイオリアクターの細菌叢	110	64,844
海洋生息貧毛類 *Olavius algarvensis* の共生細菌叢	30	21,154
マウス（肥満）腸内細菌叢	200	13,892
太平洋，大西洋41カ所の海洋細菌叢	6300	6,123,395
健康ヒト口腔（TM7）細菌叢	3	4,078
シロアリ腸内細菌叢	62	82,789
ヒト腸内細菌叢（13名の日本人）	727	662,548
Northern Line Islands珊瑚礁の海洋細菌叢	208	243,600
スーパーマーケット室内の大気中の細菌叢	80	79,005
ワシントン湖堆積物の細菌叢	255	321,503
ヒト腸内細菌叢（124名の欧州人）[注1]	577,000	3,299,822

[注1] 次世代シークエンサー（イルミナ）による解析

---

*　Masahira Hattori　東京大学　大学院新領域創成科学研究科　教授

第2章　新規探索・機能解析・改変技術

み上げて細菌叢の全体像を把握することは容易ではなく，培養に依らない解析法が必要となる。その中で，環境細菌叢の全体構造やそれが有する生物機能を探る方法としてメタゲノム解析（メタゲノミクス）がある。メタゲノミクスは2004年頃に世界的に本格化し始めた新しいゲノム解析技術であるが，元々は1998年に提唱された土壌細菌叢を構成する細菌種の総体としてのメタゲノムからさまざまな機能遺伝子をクローニングする戦略である[1]。現在，300を超える細菌叢のメタゲノミクスがアナウンスされており（表1），さらに，近年における次世代シークエンサーに代表されるDNA解析技術の革新的な進歩とあいまって，ヒト常在菌叢などのメタゲノミクスを活用した国際的な細菌叢研究が急速に発展してきている[2]。

本稿では，現在汎用されている次世代シークエンサー（NGS；Next-generation sequence）を用いた細菌叢のゲノム科学的アプローチについて解説する。

1.2　細菌叢の解析

NGSを用いた細菌叢の解析手法を図1に示す。16S（16SリボソームRNA遺伝子）を用いた菌種組成解析，メタゲノムを用いた遺伝子組成解析，細菌叢から分離した株の個別ゲノム解析が主な解析法である。これらのデータや環境細菌叢間の比較などから細菌叢の菌種及び機能などを解明する。以下に16S，メタゲノム解析，個別ゲノム解析について解説する。

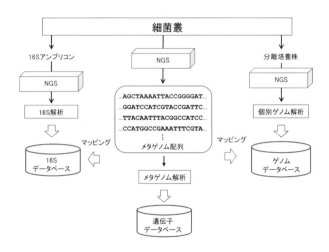

図1　細菌叢の解析方法

1.2.1　細菌叢の16S（菌種）解析

細菌叢を構成する菌種の解析では全てのバクテリアが有する16S遺伝子を指標にした方法が汎用されている[3]。16S遺伝子はリボソームを構成する必須RNAの一つをコードし，9カ所の可変領域（V1〜V9）が存在する（図2）。筆者らは平均塩基長が400塩基で1ランあたりに約10万リード生産する454GSジュニアを用いて16SのV1とV2領域の解析を行っている。その理由はV1と

V2領域を含む約400塩基を1回のシークエンスで解読できるからである。しかし，この領域を増幅する従来の共通PCRプライマー27Fにはある菌種と数塩基のミスマッチがあるため，これら菌種の組成には定量性に欠けることが知られている。そこで，筆者らはミスマッチのない27Fmodを用いてその改良を行った。27Fmodでは27Fの3番目（5'から）の塩基AをR（GまたはA）に置き換えることにより，ミスマッチを解消している。さらに，筆者らはサンプル（細菌叢）あたり得られるリード数を約5,000リードとなるようにバーコードシークエンスを導入し，20サンプルを同時解析している（図2，3）。ついで，得られる配列データから低品質リードを除去する品質管理パイプラインを開発した。低品質リードとしては両端にプライマー配列を持たないリード，配列データの平均QV値が25以下のリード，既知16Sと90％以上のカバー率でアラインしないリードなどがある（これらはキメラ配列の可能性が高い）。この品質チェックで全リードの20〜30％のリードが低品質リード（その大部分は両端にプライマー配列を持たないリードである）として除去される（図4）。その後，高品質リードからプライマー配列をトリムし，OTU（Operational Taxonomic Unit）解析による菌種組成解析（図4）を行う。OTU解析は16Sリードをクラスタリングし（UCLUST；http://drive5.com/usearch/usearch3.0.html），得られるOTU数を菌種数と近似し，さらに各OTU配列の16Sデータベース（RDP, GreenGene, SILVA, EZ-Taxonなど）と既知ゲノムへのblastから菌種を特定してその組成比を見積もる。解析が世界的に進んでいるヒト

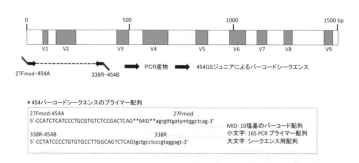

図2　454を用いた16SリボソームRNA遺伝子のV1-V2領域のバーコードシークエンス

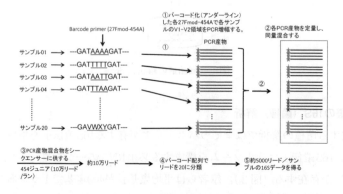

図3　バーコードシークエンスの原理（20サンプル同時解析を例にして）

第2章 新規探索・機能解析・改変技術

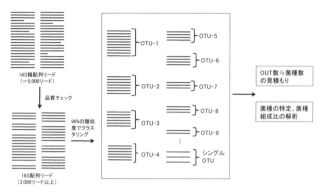

図4 16S配列のOTU（Operational Taxonomic Unit）解析

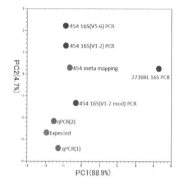

図5 合成細菌叢を用いた16S解析法の定量性評価

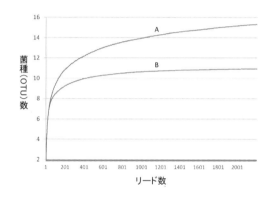

図6 16S配列を用いた菌種（OTU）数の見積もり（Rarefaction curve）
A：0.5％のエラーを含むリード；B：エラーを含まないリード

常在菌叢の場合，全OTUの90％以上は属レベルでの菌種特定が可能となっている（門レベルではほぼ100％帰属可能）。一方で，解析が進んでいない環境細菌叢（たとえば，海洋細菌叢）の場合，属レベルでの菌種特定さえも不可能なOTUが多数存在する。つまり，系統だったデータベースがない環境細菌叢の16S解析は必ずしも明確な菌種組成を得ることができない状況と言える。

筆者らが開発した27Fmodを用いた16S解析がどの程度定量性を有するかを他の方法とともに比較評価した。この評価は既存の細菌種をある比率で混合して作成した合成細菌叢を実際に解析し，得られるデータを主成分分析であるunifrac解析（http://bmf2.colorado.edo/unifrac/）することによって行った。図5は，11菌種からなる合成細菌叢に対して，2回の定量PCR（qPCR（1）と（2）），27Fmodを用いた454 16S（V1-2 mod）PCR，従来プライマー27Fを用いた454 16S（V1-2）PCR，V5-V6領域を解析した454 16S（V5-6）PCR，454によるメタゲノムリードの中で16S配列を持つリードの解析（454 meta mapping），全長16Sクローンのサンガー法によるシークエンス解析（3730XL 16S PCR）のそれぞれから得られた16Sデータと期待値（Expected）をunifrac

解析したものである。期待値に近いところに位置する解析法ほど正解値に近いので，この結果から，27Fmodを用いた16S解析法がもっとも定量性が高いことが分かる（筆者ら，論文作成中）。また，実際に得られた配列データと用いた菌種の16S配列（正解データ）との比較から，454リードには約0.5%のエラーが含まれることが分かった。このエラー率は菌叢のOTU数（≒菌種数）をoverestimateする原因となる。たとえば，図6はエラーがない配列とエラー率を0.5%含む配列のリード数に対するOTU数をプロットしたときのrarefactionカーブである。この11菌種からなる合成細菌叢に対して40リードあたりまでは両者のOTU数は同程度であるが，それを超えると0.5%のエラーを含むリードでのOTU数はエラーがない配列よりも多くなり，実際の菌種数の200倍程度のリード数に至っては正解値の約1.5倍のOTU数となる。つまり，予想される菌種数の10倍を超えたリード数の取得はそのエラーの蓄積のため，正解値をはるかに超えた菌種数が見積もられる。NGSによって大量のデータを入手できても，そこにエラーが含まれる限り，過剰の解析量はかえって間違った（とくに定量性に関して）解析結果を招く原因となる。この理由により筆者らは~1,000菌種と見積もられているヒト腸内細菌叢に対しては3,000リードを目安にOTU解析を行っている。また，このエラー率を考慮して，OTU数が菌種数に近い値となるように96%でのクラスタリングによるOTU解析を行っている（図4）。以上のように高い定量性を付与した16S解析法を確立することにより，たとえば，異なった環境間あるいは経時的なサンプル間の比較16S解析から，それぞれのサンプルに特徴的あるいは時間によって有意に変動するOTU＝菌種を精度高く同定することが可能となる。

1.2.2 メタゲノミクス

上述したように16S解析は菌種解析にきわめて有効である。しかし，この方法は細菌叢の生物機能に直結する遺伝子情報を得ることができない。メタゲノミクスはこの遺伝子情報を網羅的に収集する手法である[4,5]（図2）。メタゲノム解析の一連の実験工程において大事なことは，細菌叢からのDNA抽出の手法の確立である。細菌叢にはさまざまな種類の細菌（ときには芽胞，環境や宿主由来の細胞なども含まれる）が混在しているため，細菌以外の細胞やDNAを除く工程，バイアスのない溶菌方法，菌種組成が変化しないサンプルの長期保存および搬送方法などを確立しておく必要がある。これは定量性が高く再現性もある解析データの取得や他のデータとの互換性を可能にする上で重要である[6,7]。

構成細菌種の各ゲノムをほぼ完全に再構築できるかどうかは，構成する菌種数，菌種の組成比，収集するシークエンス量に依存する。たとえば，わずか数菌種で構成されている鉱山排水中のバイオマットの細菌叢のメタゲノム解析の場合，11Mb（メガベース＝100万塩基対）程度の配列情報量で優占する複数の細菌種のほぼ完全なゲノムが再構築された[8]。最近では，NGSを用いることにより，一つのプロジェクトで数百Mb~数十Gb（ギガベース＝10億塩基対）の配列を決定でき，たとえば，124名の欧州人腸内細菌叢に対して500Gb以上の配列が決定されている[9]。

表2には，筆者らによる454GSFLX（約100万リード／ラン）を用いたヒト腸内細菌叢のメタゲノム解析の一例を示す。1サンプルあたり約100万リードを解読し，そこに約20万個の遺伝子を同

第2章　新規探索・機能解析・改変技術

表2　454 GSFLXを用いたヒト腸内細菌叢メタゲノム解析の統計例

サンプル	全リード数	ヒト由来リード数[注1]	Duplicatedリード数[注2]	ユニークリード数	全塩基数(bp)	コンティグ数[注3]	シングルトン数	アセンブル塩基数(Mb)[注3]	予測遺伝子数[注4]
1	1,423,122	864	264,375	1,157,883	472,146,367	70,998	87,612	101.36	227,605
2	1,401,178	864	233,598	1,166,716	484,205,620	48,741	122,632	102.87	237,735
3	1,133,611	1,052	169,208	963,351	429,715,032	46,353	62,499	83.16	170,120
4	1,210,045	4,542	149,118	1,056,385	371,384,014	50,552	136,303	91.14	241,677
5	1,044,786	1,145	180,847	862,794	379,481,023	76,985	114,986	118.12	269,370
6	1,117,685	909	307,310	809,466	351,473,529	75,214	82,705	94.77	220,756
7	1,270,383	1,705	255,319	1,013,359	384,700,881	34,761	56,317	65.37	139,717
8	1,288,739	2,577	216,942	1,069,220	457,493,981	48,412	95,155	92.6	208,495
平均	1,236,194	1707.25	222,090	1,012,397	416,325,056	56,502	94,776	93.67	214,434
%	100.00	0.14	17.97	81.9					

注1：ヒト由来リードはヒトゲノム配列と有意にヒットするリード
注2：Duplicatedリードは読み始めから同じ塩基配列を有するリード
注3：Newblerを用いたアセンブリ結果
注4：MetaGeneAnnotator（文献11）によって予測された遺伝子数

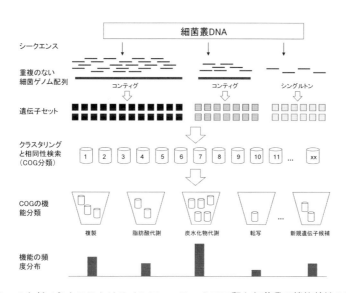

図7　メタゲノミクスにおけるインフォマティクス工程と細菌叢の機能特性の解明

定した。この解析において各サンプルにはある割合でヒト細胞／DNAが常に含まれるためヒトに由来するリードを解析前にヒトリファレンス配列にblastして除去する。また，鋳型DNA調製のエマルジョンPCR時に1個の鋳型DNAに対して2個以上のビーズが存在する場合に生じる実験上のアーティファクトであるduplicatedリードも除く必要がある。後者はメタゲノムリードをアセンブリする場合には問題はないが，各リードをレファレンスゲノムにマッピングするような解析では除いておく必要がある。これら除去すべきリードは全リードの約20％を占め，残りが解析に使用できるユニークリードとなる。

表3 遺伝子の機能カテゴリー

情報記憶と処理		
	J	翻訳,リボソームの構造と構築
	A*	RNAのプロセシングと修飾
	K	転写
	L	複製,組換え,修復
	B*	クロマチン構造
細胞プロセシングとシグナリング		
	D	細胞周期の制御,細胞分裂,染色体分配
	Y*	核構造
	V	防御機構
	T	シグナル伝達機構
	M	細胞壁,膜
	N	細胞運動性
	Z*	細胞骨格
	W	細胞外構造
	U	細胞内移動,分泌,および小胞輸送
	O	翻訳後修飾,たんぱく質の代謝回転,折りたたみ
代謝		
	C	エネルギー生産と変換
	G	炭水化物の輸送と代謝
	E	アミノ酸の輸送と代謝
	F	ヌクレオチドの輸送と代謝
	H	補酵素の輸送と代謝
	I	脂質の輸送と代謝
	P	無機イオンの輸送と代謝
	Q	二次代謝物の生合成,輸送,異化
機能が未確定		
	R	予測のみの機能
	S	機能未知

*原核生物にはない機能カテゴリー

図7に,メタゲノミクスにおける一般的なインフォマティクス解析の工程を示す[10]。その第1ステップはユニークリードのアセンブリであり,これにより連続した長い配列(コンティグ)とシングルトン(コンティグを形成しない断片配列)で構成される重複のないメタゲノム配列データを得る。ついで,ユニーク配列中にたんぱく質をコードしている遺伝子を予測する。たんぱく質をコードする遺伝子の予測には,従来のGlimmerのような菌種が特定されている場合に使用するプログラムよりも,菌種が不特定であるメタゲノム配列用に開発されたプログラムMetaGeneAnnotatorが有効である[11]。得られる遺伝子セットに対して,類似したアミノ酸配列をもつ(同じ機能をもつ)遺伝子をクラスタリングし,さらに公的データバンクに登録された機能既知遺伝子に対する相同性検索を行う。この一連の操作によって,各遺伝子は各COG(Clusters of Orthologous Group:配列が有意に類似したオルソルグ遺伝子のグループ)にクラスター化され,さらに各COGは表3に示した25の生物機能カテゴリーに分類される。ついで,各機能カテゴリーに含まれるCOGの数から細菌叢における機能の頻度分布(プロファイル)を得ることができる。この機能プロファイルは細菌叢を特徴づける機能を示す。たとえば,図7では炭水化物の代謝に関連する遺伝子が多いことがこの細菌叢の特徴となる。メタゲノミクスでは,既知遺伝子と有意な配列類似度を示さない新規遺伝子候補(新規遺伝子のクラスター)も多数見つかり,これらは新たな機能の発見につながる。調べる環境にもよるが,新規遺伝子候補は同定された全遺伝子のおおよそ1/2〜1/4となる。

以上は基本的なインフォマティクス解析工程であるが,実際には多くのオプションがある。たとえば,16Sデータによる菌種組成及びメタゲノムデータによる遺伝子組成を環境のさまざまな化学データとの相関を解析し,菌種や機能の変動に関わる環境パラメータを求めることも可能で

ある。すなわち，細菌叢の菌種や遺伝子を調べる研究にはその環境の温度や酸素濃度，pHなどのさまざまな環境メタデータを同時に取得しておくことが菌叢構造の変動や優占する機能の理解に必要となる。

筆者らは健康な数十名の日本人の腸内細菌叢から合計で3,600万のユニークリードを得た。ついで，これらリードをサンプルごとにアセンブルし，計約3.6 Gbのユニーク配列を得て，そこからMetaGeneAnnotatorにより約870万遺伝子を同定した。現在，この遺伝子セットと上述した124人の欧州人腸内細菌叢で見つかった約330万の遺伝子セットを比較する解析を行っている。この比較解析から，日本人細菌叢に高頻度に存在する遺伝子の抽出など，日本人細菌叢の機能を特徴づける遺伝子の解明を進めている。たとえば，海洋細菌から腸内細菌に水平伝播したと推定されているノリやワカメ等の水生植物が作る多糖類を分解する酵素（β-agarase）遺伝子[12]が，日本人の78％に検出され，一方，欧州人のわずか2％にしか検出されないなどの結果を得ている。このほかにも両者の間で有意に出現頻度が異なる遺伝子と菌種を検出しており，これらについて機能及び進化の観点から解明を進めている（筆者ら，論文作成中）。

1.3　細菌の個別ゲノム解析

NGSにより細菌個別のゲノム解析も急速に進められている。NGSにより，1回の稼働で数十個の細菌株のドラフトゲノムシークエンスが今日可能となってきている。たとえば，ライフテクノロジー社のIon PGMは2時間で約1 Gb（200塩基×500万リード）の塩基配列を生産する。細菌のゲノムサイズは〜5 Mbなので，株あたり100 Mbのデータを得るとすると，バーコードを用いて10株の同時解析ができる。さらに，この1年以内に10 Gb及び100 Gbを生産する機種が実用化される計画であり，100〜1,000株単位の解析が実現する。この個別ゲノム解析は，16Sおよびメタゲノム配列の由来する菌種をより正確に特定するのに有用である。たとえば，ヒト常在菌叢の国際プロジェクトが開始する前，公的データバンクの既知ゲノムに対して筆者らが得たメタゲノムリードのわずか20％程度しかヒットせず，大部分は由来菌種が不明のリードであった。しかし，現時点では700株以上のヒト常在菌のゲノム配列が登録されており（http://www.hmpdacc.org/），このリファレンスゲノムに対して約70％の配列がマップされる。個別ゲノム解析では難培養性細菌種もターゲットとなっている。難培養性細菌種のゲノム解析を行う手法として，1細胞（細菌）からそのゲノムシークエンスを得る技術的可能性が報告されている[13]。この技術では1個の細菌を溶菌後，Multiple Displacement Amplification（MDA）によってゲノム全体をインビトロ増幅させ，NGSでシークエンスする（MDAのキットは市販されている）。また，数ナノグラムというごく微量の細菌叢サンプルをMDAで増幅しメタゲノム解析することも可能である[14]。

1.4　おわりに

NGSの登場により，これまで手が出なかった，または部分的であった環境細菌叢の実体や経時的な構造変動，特徴的な菌種や遺伝子の同定などの研究をきわめて網羅的で緻密に行えるように

なった。さらに，新しいインフォマティクスや統計学を駆使して膨大な菌種及び遺伝子データから細菌間ネットワークや環境メタデータの相関解析も可能となり，精密及びグローバルな視点からの細菌叢研究が今後大展開されると考えられる。一方で，このパラダイムシフトにおいて，膨大なデータから得られる結果をどう理解するか，系統的な学問分野として，あるいは産業応用のアウトカムとしてどう構築していくか，つまり，これまでの菌叢研究や細菌研究を越えた新しいインテンシブの確立が必要であると考えられる。そのためにも，たとえば，菌種数も遺伝子数も膨大な海洋や土壌細菌叢のような場合，共有すべき個別ゲノムデータや種々のデータベースの整備などを進める国際的な枠組みの構築が急がれる。

文　　献

1) Handelsman J., Rondon M. R., Brady S. F. et al., *Chem. Biol.*, **5**, R245-249（1998）
2) Cho I. and Blaser M. J., *Nat. Rev. Genet.*, **13**, 260-270（2012）
3) Yarza P., Ludwig W., Euzéby J. et al., *Syst. Appl. Microbiol.*, **33**, 291-299（2010）
4) Kurokawa K., Itoh T., Kuwahara T. et al., *DNA Res.*, **14**, 169-181（2007）
5) Hattori M. and Taylor T. D., *DNA Res.*, **16**, 1-12（2009）
6) Morita H., Kuwahara T., Ohshima K. et al., *Microbes. Environ.*, **22**, 214-222（2007）
7) Ueno M., Kikuchi M., Oshima K. et al., de Bruijn F. J. eds., Handbook of Molecular Microbial Ecology II : Metagenomics in Different Habitats, John Wiley & Sons, Inc, New Jersey, pp.191-198（2010）
8) Tyson G. W., Chapman J., Hugenholtz P. et al., *Nature*, **428**, 37-43（2004）
9) Qin J., Li R., Raes J. et al., *Nature*, **464**, 59-65（2010）
10) Kunin V., Copeland A., Lapidus A. et al., *Microbiol. Mol. Biol. Rev.*, **72**, 557-578（2008）
11) Noguchi H., Taniguchi T., Itoh T., *DNA Res.*, **15**, 387-396（2008）
12) Hehemann J. H., Correc G., Barbeyron T., et al., *Nature*, **464**, 908-912（2010）
13) Rodrigue S., Malmstrom R. R., Berlin A. M. et al., *PLoS One*, **4**, e6864（2009）
14) Yilmaz S., Yilmaz S., Allgaier M., Hugenholtz P, *Nat. Method.*, **7**, 943-944（2010）

2 環境微生物の機能を包括的に解明するためのメタトランスクリプトーム解析

守屋繁春[*]

2.1 はじめに

近年のゲノム科学的解析技術の進歩はめざましく，これまで培養が不可能であるが故に解析の俎上に載せることがかなわなかった環境微生物の生態系機能に関する実に様々な現象が研究対象としてクローズアップされつつある。特にバイオマス利活用技術への期待の高まりと共に，従来は生態学や進化学の一分野として基礎研究の対象とされることが多かった極限環境微生物に関しても，水素生産，メタン発酵，バイオマス糖化，オイル生産さらには環境浄化とそれら有価物生産との共役といった応用研究の必要性から，新たに開発されつつあるハイスループットシーケンス技術を応用した包括的な生態系機能の理解への挑戦というサイエンスとしての面白みと共に多くの研究者に門戸が開かれつつある。本稿ではそのための一つの核であり得るメタトランスクリプトーム解析について，基本的考え方，モデル生物で行われてきたトランスクリプトーム解析との相違，さらに筆者らの研究室での実際の実施例を紹介することで，極限環境微生物の持つ多様な生態系機能へのアプローチについて解説を試みたい。

2.2 トランスクリプトーム解析とは

生物における情報の流れはセントラルドグマといわれるDNA→メッセンジャーRNA（mRNA）→タンパク質→機能発揮（代謝物・生化学反応制御）といったフローに沿っていることは論を待たない。このセントラルドグマの各段階はそれぞれ遺伝情報の保存（DNA），遺伝情報の内使われるもののみを起動するためのコピー（mRNA），実際に使われるナノマシンとしてのタンパク質，ナノマシン（群）の作用の結果（代謝物・細胞の動き・相互作用・その他の機能発現）と位置付けることができ，このことから実際に生物の機能を特徴付ける情報としてはmRNAおよびタンパク質の総体である「トランスクリプトーム」と「プロテオーム」が重要となる。特にトランスクリプトーム解析はしばしばゲノム解析とそのコンセプトが混同されている例を一般的な解説記事などで見受けることがあるが，セントラルドグマ上での位置関係からみれば，ゲノム解析とトランスクリプトーム解析は全くその意図するところが異なることが理解できる。すなわち，ゲノム解析は生物が保持する全遺伝子をリストアップする，いわば静的な情報を獲得する解析手法であるのに対して，トランスクリプトーム解析は，時間的・空間的なある一点において生物（群）が実際に起動している遺伝子の集合を明らかにする動的な情報に関する解析であり，生物（群）の時間的・空間的位置における機能を代表する情報を得ることができる。逆に言えば，ゲノム解析はシーケンス情報を得て，それらをアッセンブルした時点で生物の全遺伝子リストを網羅するという目的を達成できるが，トランスクリプトーム解析の場合は，発現産物の時間的・空間的な

---

[*] Shigeharu Moriya ㈹理化学研究所　基幹研究所　長田抗生物質研究室　専任研究員

動態を記述しない限り意味のある情報を得にくいという特性がある。もちろん，ゲノム解析における遺伝子の位置予測やアッセンブルのための情報としてトランスクリプトーム解析の結果が用いられることはあるが，本来は上記のようにゲノム解析とトランスクリプトーム解析はその目的を異にしていることは常に銘記しておくべきである。

　実際に，これまで多くのモデル生物でゲノム解析が行われ，それに基づいてゲノム情報のサブセットであるトランスクリプトームのコンテンツが時間的・空間的に変動していく様子が次々とこのトランスクリプトーム解析によって明らかにされてきており，発生学・癌化に関する研究といった生物の運用プログラムに関わる重要な知見が詳らかにされている。このトランスクリプトーム解析は一般的に発現しているmRNAを精製し，それをDNAへ逆転写することで相補DNA（cDNA）を合成し，それをベクター上にクローニングして，もしくはcDNAそのままで配列決定を行うことで進められる。日本では2種類の効率的な完全長cDNA（mRNAの全長をcDNAに変換したもの）合成法が開発されており[1,2]，それぞれヒトとマウスで世界的な標準トランスクリプトーム情報が日本の研究者によってリードされ，発信されている。

2.3　環境トランスクリプトームの持つ独自の視点

　さて，すでにかなりの技術的・科学的研究の蓄積のあるトランスクリプトーム解析ではあるが，これを環境微生物に応用する際にはいくつかモデル生物で実施されてきたトランスクリプトーム解析とは異なる視点が必要となる。その最も大きなポイントは環境微生物群の持つ極端に大きな生物多様性と，遺伝的不均一性である。

　モデル生物ではトランスクリプトーム解析を行う際に，ゲノム情報がオープンになっている場合には，必ずしも上述のような配列決定を経なくても効率よくトランスクリプトーム解析を実施することができる。ゲノム配列を微細な領域に分割し，それら分割されたゲノム断片をスライドグラス上へ微細なドットとして保持させる，マイクロアレイを用いたトランスクリプトーム解析がそれである。マイクロアレイ法では，スライドグラス上のゲノム断片に対して蛍光ラベルしたmRNAないしcDNAをハイブリダイズさせることによって，特定の時間的・空間的ポイントにおける生物または細胞の発現遺伝子領域を定量的に特定することができる。しかも配列を決定するよりも明らかに短時間の内に網羅的に解析を進めることが可能であり，ゲノム解析が行われているモデル生物では定番のトランスクリプトーム解析法である。

　しかし，環境微生物（群）においてはこの方法は多くの場合適用できない。特に複数の生物種が存在するサンプルに対して行われるメタトランスクリプトーム解析においてはメタゲノム解析が行われている場合でも，マイクロアレイ解析によるトランスクリプトーム解析は非常に困難を伴う。その理由は環境サンプルの場合は，遺伝的均質性が保証されているモデル生物とは異なり同種の生物であっても一定の遺伝的多様性が集団内に存在している。このため，マイクロアレイで行われる100％マッチによるハイブリダイゼーションはほとんどの場合不可能である。一方で，定量性を多少犠牲にしてでもある程度ハイブリダイゼーションの厳密性を下げて解析をした場合

第2章 新規探索・機能解析・改変技術

はさらに深刻な問題に突き当たる。すなわち，複数種の生物が共存するサンプルでは近縁の異種生物間でオルソログ遺伝子が共有されている場合がほとんどであるため，ポジティブシグナルを生物間で分離することが論理的に不可能であるという問題を解決することが出来ない。これらの理由から，環境微生物を対象としたトランスクリプトーム解析ではマイクロアレイ法はほとんどの場合使うことができず，いきおいシーケンサーを用いた配列解析を行う以外に解析手段が存在しない場合がほとんどであることを銘記する必要がある。

他方，トランスクリプトームと類似のデータを期待できるプロテオーム解析はどうだろうか。質量分析装置の発達に伴って，ある程度の配列情報が蓄積されている場合は二次元電気泳動によって展開したタンパク質群の各スポットを同定することは比較的簡単に行うことが可能である。しかし，複数のタイムポイントまたは空間点間において，多数のスポットをポイント間でマッチングすることは蛍光色素を用いた内部標準法を用いてもかなりスループットが落ちることは否めない。このため網羅的な発現産物の動態を見る場合はどうしてもシーケンサーを用いたトランスクリプトームに軍配が上がる。しかし，トランスクリプトーム法によって得られる情報はmRNAの寿命によって実際のタンパク量との相関が崩れる場合があるため，ターゲットとなる機能タンパク質がある程度決まっている場合には，プロテオーム解析をトランスクリプトーム解析と併用することが望ましいだろう。その場合，トランスクリプトーム解析を完全長cDNAライブラリーによって実施することで，質量分析によるタンパク質同定用のインハウスデータベースを構築することが可能である。

2.4 シロアリ共生原生生物のメタトランスクリプトーム解析

筆者らは上述のような前提に立ち，非常に高効率の植物枯死体バイオマス糖化システムの存在が期待されるシロアリの腸内共生原生生物を対象にしたメタトランスクリプトーム解析をシークエンスベースで実施してきた[3,4]。

木材を主要な食餌とするシロアリは，シロアリ本体のみならずその腸内に共生する原生生物が木片の消化に主要な役割を果たしていることが古くから示唆されてきた。シロアリがかみ砕いた木片は，中腸において自身の消化酵素による分解を部分的に受けたのち，中腸の囲食膜構造および後腸との間のバルブ機構の働きによってシロアリ自身の酵素とそれによって生産された糖を回収し，残渣を後腸に送り込む。後腸に送り込まれる植物枯死体バイオマスはシロアリ本体の酵素で糖化できない難分解性の結晶セルロースとヘミセルロース，およびリグニンからなる複合体であり，後腸に生息する原生生物はそれらの化合物（リグノセルロース）で構成された木片消化残渣を細胞内に取り込む。これらの原生生物は嫌気性の絶対共生生物で，シロアリの腸内以外からは見いだされた例がなく，また継続的な人工増殖の成功例はない。しかしながら細胞分裂を伴わない培地中での維持には成功例があり，その際にラジオアイソトープラベルされたセルロースの取り込み実験より原生生物が非常に効率よくセルロースを分解利用していることが示されている[5]。また，生態学的な解析よりシロアリは熱帯域において森林のバイオマスの5％にものぼる現存量

を持つとの報告もあり[6]，その植物バイオマス分解機能は非常に大きなものがあると考えられてきた。

しかし，上述の通り，シロアリ後腸共生原生生物は，他の多くの環境微生物同様に人工培養による単離増殖がいまのところ不可能であることから，古くから効率の良いバイオマス分解者であることは期待されていたものの，その実態は謎に包まれていた。

我々の研究グループでは，このシロアリ後腸の共生原生生物群を，シロアリシステム中のリグノセルロース分解器官……すなわちリグノセルロース分解に特化した機能空間と仮定し，そのような特異空間中での遺伝子発現パターンを解析することにより，その非常な高効率バイオマス糖化システムに資するタンパク質の情報を回収することが可能であろうとの作業仮説を立て，腸内共生原生生物群のメタトランスクリプトーム解析に取り組んだ。

本邦産のヤマトシロアリ，コウシュンシロアリ，オオシロアリに加え，オーストラリア・ダーウィン近郊にて採集したムカシシロアリ，およびノースカロライナ州立大学との連携によって入手したシロアリと直近の共通祖先を共有すると考えられ，かつ，シロアリと非常に酷似した原生生物生態系を腸内に持つキゴキブリの計5種の木材食性シロアリ（および近縁のゴキブリ）の腸内共生原生生物から完全長cDNAライブラリーを構築し，そのランダムシーケンシングを行った。

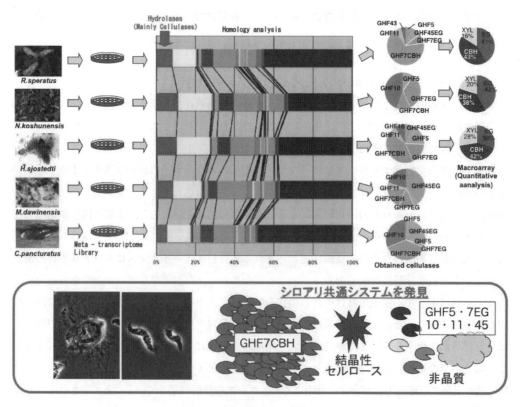

図1　シロアリ共生系からのメタトランスクリプトーム解析の結果

第2章　新規探索・機能解析・改変技術

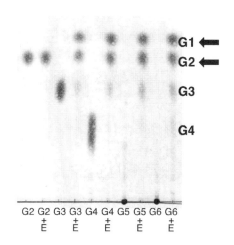

図2　ヤマトシロアリ共生系より見いだされた糖質加水分解酵素ファミリー7のエンドグルカナーゼのセルロース分解産物
G1はグルコース，G2はセロビオース，G3はセロトリオース，G4はセロテトラオースを示す。
本酵素はグルコースとセロビオースを主要生産物とする非常にユニークな酵素であった。

　本研究当初は，まだハイスループットシーケンサー普及前だったため，サンガー法を用いたわずか1000クローン前後のメタトランスクリプトーム解析であったが，その結果は非常にクリアであり，取得された配列の実に5～10%がセルロースまたはヘミセルロース分解に関わる「糖質加水分解酵素ファミリー（GHF）」に高いホモロジーを示すcDNAであることが明らかになった。この結果は，実験の前提となった作業仮説を強力に支持すると同時に，GHF5, 7, 10, 11, 45という，特定のファミリーに属する酵素群がシロアリ共生系間に共有されている可能性を強く示唆した[4]（図1）。

　得られたcDNAの内，エンドグルカナーゼをコードする遺伝子を実際に異種発現を行い性質決定を行ったところ，GHF5, 7, 45のエンドグルカナーゼで，産業用酵素として最も使われている*Trichoderma*属菌類の酵素の20倍以上の比活性を持つ高活性セルラーゼであることが明らかになったほか，GHF7 エンドグルカナーゼではエンド型のセルラーゼとしてはきわめてユニークな，直接グルコースを生産する活性が存在することなどが明らかとなり（図2），本解析によってシロアリ共生原生生物群の持つこれまでにない高性能糖化システムの構成要素を得ることに成功している[7]。

　その後，ハイスループットシーケンサーの発展に伴って1万リード級の解析を順次行っており，セルラーゼ以外の糖化関連因子の情報整備が進行中である。

2.5　環境メタトランスクリプトームの将来

　筆者らの例は原生生物を対象とした解析であるため容易にモデル生物のトランスクリプトーム解析の手法を援用することが可能であったが，バクテリアやアーキアが主である環境微生物生態

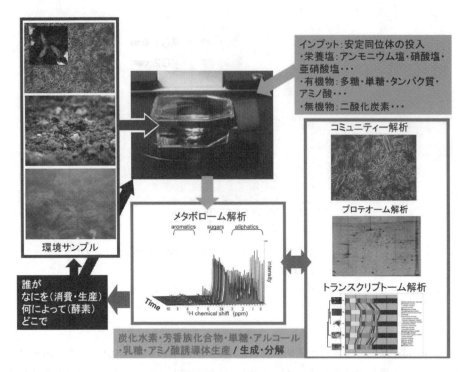

図3 トランスクリプトーム解析へ他の解析手法を組み合わせることで，環境中の複合生物系内で起きていることをさらに詳細かつ包括的にとらえることができる

学の分野でもリボゾームRNA遺伝子をサブトラクション法にて除去する手法や単純な分子量による分画によりcDNAを得ることによってメタトランスクリプトーム解析が次々に行われている。また，次世代シーケンサーのライブラリーをRNAから直接作成するRNAseqによる解析はこの分野の進展を爆発的に進めている。シーケンサーは一昔前まで遺伝情報を解読する手段であったが，このようなトランスクリプトーム解析においては生物機能の司る転写産物の定量と定性の両方を一気に進めることが可能である解析機器としてとらえることができ，シーケンス単価が切り下がるにつれて，アレイ解析が難しかった環境微生物分野の視野を劇的に拡大していくことが可能であろう。

また，現在発展著しい質量分析や核磁気共鳴法による代謝産物の網羅的解析法であるメタボローム解析との協調によって，環境中における様々な微生物の生態系機能に対して多様なアプローチを仕掛けることも可能になりつつある。特定の物質を分解・資化したり，逆に生産する系において，それらの物質の分解・生産に関する代謝変動を誘起することが可能な系（もしくはそれを天然サンプルにおける時系列・空間系列上で観測することができる系）においては，メタボローム解析によって代謝物の動態を包括的にとらえた上で，同時にメタトランスクリプトーム解析を行い，これら二つのオミックス情報系間の相関をとらえることによって，遺伝子配列の相同性情報に依存しない未知遺伝子を含んだ代謝経路の探索・理解が可能となる（図3）。これまでゲノ

第2章 新規探索・機能解析・改変技術

ム・トランスクリプトーム解析がとらえられていた相同性のくびきを逃れることによって，全ゲノム情報の半分近くをしめる機能未知遺伝子の役割の隅々にまで光が当たったとき，どのような新たなる生物世界，またはそこから得られる知見を応用した新たなる産業社会が立ち上がってくるのか，今から非常に楽しみである。

文　　献

1) P. Carninci *et al.*, *Genome Res.*, **13**, 1273 (2003)
2) Y. Suzuki *et al.*, *Methods Mol. Biol.*, **222**, 73 (2003)
3) N. Todaka *et al.*, *FEMS Microbiol. Ecol.*, **59**, 592 (2007)
4) N. Todaka *et al.*, *PLoS ONE*, **5**, e8636 (2010)
5) M. A. Yamin, *Appl. Environ. Microbiol.*, **39**, 859 (1980)
6) A. Yamada *et al.*, *Sociobiology*, **50**, 1 (2007)
7) N. Todaka *et al.*, *Appl. Biochem. Biotechnol.*, **160**, 1168 (2010)

3 プロテオミクス

藤田信之[*1]，佐々木和実[*2]

3.1 プロテオミクスの重要性

　塩基配列解読技術の急速な進歩により，様々な生物の膨大なゲノム配列情報が蓄積されてきている。しかし，生体内で機能する遺伝子，遺伝子から作られるタンパク質の機能について，未だ解明されていないものが多い。地球の歴史とともに生物は，あらゆる場所に生息域を広げてきた。極限環境である深海底の熱水噴出口や高レベルの放射線環境から見いだされる微生物のゲノム配列にはそれぞれの生息域で生きていくための遺伝子情報が記述されており，未だ知られていない化学反応や特殊な化学物質を作り出す遺伝子情報が書き込まれていると考えられる。これらの遺伝子情報は，人類が抱える問題を解決してくれる可能性があり，それらをプロテオミクスにより解析し，産業展開することが求められている。

3.2 プロテオミクスの発展

　生物が持つ全ての遺伝子のセットをゲノムと呼ぶのにならって，生物や細胞が発現しているタンパク質の集合をプロテオームと呼ぶようになった[1]。さらに，細胞に含まれているタンパク質の発現や性質を研究することをプロテオーム解析もしくはゲノミックスにならってプロテオミクスと呼んでいる。

　微生物や生体内の細胞には，数百～数千種類のタンパク質が発現していると考えられている。生体タンパク質の検出を可能とした方法として，O'Farrell等が1975年に発表した二次元電気泳動法がある[2]。二次元電気泳動法は，現在では数千種類のタンパク質スポットを検出することができる。

　プロテオミクスで用いられる代表的な二次元電気泳動法は，一次元目に固定化pH勾配ゲル（immobilized pH gradient gel；IPG）ストリップを用いて，電気泳動を行い，個々のタンパク質が持っている電気的な性質（pI）により分離する。IPGは，pK値の異なる側鎖をもったアクリルアミドモノマーの比率を変えながら混合することによりpH勾配を形成し，重合させることで固定化する。IPGストリップは，色々なpHレンジのものが購入できる。

　二次元目は，ドデシル硫酸ナトリウム-ポリアクリルアミドゲル電気泳動（SDS-PAGE）を用いて，個々のタンパク質の分子量の違いにより分離する。タンパク質は，陰イオン界面活性剤のドデシル硫酸ナトリウム（SDS）により，変性を受け，ミセルを形成し，全体として陰性に荷電する。電気泳動により，陽極方向に移動し，分子量を反映した泳動結果が得られる。

　二次元電気泳動後のゲルは，酸性染料のクマシーブリリアントブルー（CBB）による染色や水

---

*1　Nobuyuki Fujita　㈱製品評価技術基盤機構　バイオテクノロジーセンター　上席参事官
*2　Kazumi Sasaki　㈱製品評価技術基盤機構　バイオテクノロジーセンター・バイオ安全技術課　専門官

第2章 新規探索・機能解析・改変技術

溶性銀イオンの析出により，分離されたタンパク質がスポットとして検出される。

また，タンパク質の発現変動をとらえるため，複数のサンプルを異なる蛍光色素でタンパク質を標識し，混合して二次元電気泳動を行う蛍光ディファレンスゲル二次元電気泳動（2D-DIGE）も行われている。

大腸菌発現タンパク質の二次元電気泳動法によるゲル画像を図1に示す。

図1 大腸菌発現タンパク質の二次元電気泳動法によるゲル画像

3.3 高分子物質イオン化法の開発と質量分析計の発展

タンパク質は，数千～数十万という高分子物質であり，質量分析計（MS）で測定するのが困難であった。しかし，1980年代後半にMatrix-assisted Laser Desorption/Ionization（MALDI）及びElectrospray Ionization（ESI）の二つの画期的なイオン化法が開発されたことにより，タンパク質やペプチドの測定が可能となった。MALDIの基本原理は，島津製作所の田中耕一氏が開発し[3]，ノーベル賞を受賞した。ESIは，Fenn，山下雅道氏らが開発し[4]，Fenn氏は，田中氏と同時にノーベル賞を受賞した。

MALDIは，タンパク質やペプチドを紫外吸収のある低分子化学物質（マトリックス）と混合し，紫外線レーザーを照射することで気化，イオン化する。

ESIは，試料を大気圧で溶媒とともに高電圧中に噴霧すると，液滴が帯電し，溶媒の揮発とともにタンパク質やペプチドに多数のイオンを吸着させ，イオン化する。

プロテオミクスに利用される質量分析計は，飛行時間型（TOF），イオントラップ型（IT），三連四重極型（QqQ型），四重極-飛行時間型複合型（Q-TOF），フーリエ変換型（FT-ICR）等であり，MALDIまたはESIイオン源と組み合わせて製品化される。現在の質量分析計は，スキャン時間が，従来の数秒～0.1秒程度と高速化し，検出されるペプチド断片が格段に多くなり，結果として網羅性が非常に向上している。現在，FT-ICR型の質量分析計は，簡単に数十万の高分解能を実現できる特徴があり，翻訳後修飾の解析，未知タンパク質の同定等，プロテオミクスに革新的な発展をもたらしている。

3.4 タンパク質同定法1（ペプチドマスフィンガープリント法）

二次元電気泳動法によって分離・精製したタンパク質をスポットごとに切り出して，主にMALDI-TOF/MSで測定し，タンパク質を同定する方法がペプチドマスフィンガープリント（peptide mass fingerprint：PMF）法である。

タンパク質は，トリプシン等の消化酵素により，一定のアミノ酸配列で切断し，特定の質量を持つペプチド断片のセットを生成させる。生成したペプチド断片セットをタンパク質のアミノ酸配列データベースに対して検索し，タンパク質を同定する（図2）。プロテオミクスのタンパク

極限環境生物の産業展開

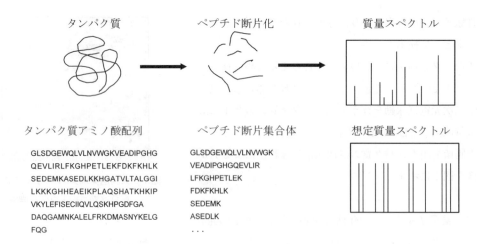

図2　ペプチドマスフィンガープリント法概念図

同定法として最初に普及した。

3.5　タンパク質同定法2（MS/MS法による同定）

　ペプチド断片をESIでイオン化し，質量分析計の内部にある衝突室で不活性ガス分子に衝突させて開裂させるMS/MS法で測定すると，元のタンパク質の部分的なアミノ酸配列情報が得られる。アミノ酸配列情報をタンパク質のアミノ酸配列データベースに対して検索し，タンパク質を同定する（図3）。タンパク質を酵素消化し，得られたペプチド断片を高速液体クロマトグラフ（HPLC）を用いて分離後，ESIを装備した質量分析計でMS/MS測定する。ナノリットル領域の送液ができるHPLCに内径0.075〜0.2mm，長さ50〜150mm程度の逆相カラムを取り付けて測定

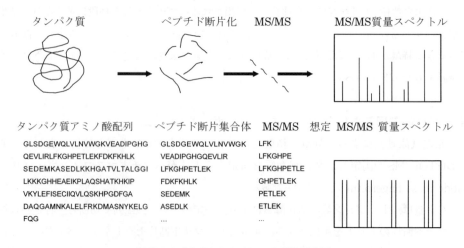

図3　ペプチドシークエンスタグ法概念図

した場合，一回の測定で数百～千種類程度のタンパク質を同定することができる。最近，粒子径が2μm以下の充填剤と高圧送液（～100 MPa以上）が可能な超高速液体クロマトグラフ（UHPLC）が開発され，数十cmのカラムを用いて一回の測定で数千のタンパク質を同定できるまでになっている。

3.6　プロテオミクスにおける定量解析

細胞内のタンパク質は，動的なものであり，遺伝子からの発現量が状況に応じて変動する。しかし，現状のプロテオミクス技術のほとんどが定量性に問題があり，定量解析を困難にしている。質量分析計を用いた定量では，従来から目的物質の安定同位体元素標識を利用してきた。プロテオミクスの定量解析法としては，細胞を培養する際に安定同位体で標識する方法[5]，安定同位体標識化合物をタンパク質に結合させるICAT法[6]，iTRAQ法等，様々な化学修飾基（方法）が報告されてきた。

安定同位体を用いる方法は，煩雑で操作に熟練が必要なことから，安定同位体を使わない定量法が考案された。emPAI法[7]は，簡便なセミ定量法であり，Mascotなどのデータベース検索プログラムに採用されているが，変動したとみなすためには10倍以上の変化が必要である。大量のペプチド断片を大規模に統計解析することで，定量値を求めることが可能なLC/MSデータ相対定量法[8]がある。

最終的にはプロテオミクスにおいて，定量解析するには，標的タンパク質，ペプチド断片を絞り込んで，QqQ型質量分析計による定量測定が必要である。

3.7　リン酸化タンパク質の解析

タンパク質のリン酸化は，細胞の情報伝達を制御しており，非常に重要な解析対象である。リン酸化部位を同定するのに，Electron Transfer Dissociation（ETD）法[9]を搭載した質量分析計が用いられるようになった。ETDは，リン酸基を離脱することなく，アミノ酸残基を解離させるため，リン酸化ペプチド解析に適していると言われている。

3.8　その他の翻訳後修飾解析やプロセシング解析

生体内でタンパク質が機能するためには，リン酸化以外にも糖修飾，脂質修飾，アセチル化，メチル化，ユビキチン化など，様々な翻訳後修飾が行われており，多種多様な微生物の中には予想もしない修飾が存在している可能性がある。タンパク質が翻訳後修飾を受けると分子量が変化することから，質量分析することで翻訳後修飾の有無や種類について解析することができるが，たいへん困難であり，FT-ICR-MSのような高性能質量分析計を用いたトップダウンプロテオミクスの実用化が望まれる。

3.9 極限環境生物のプロテオミクス

ゲノム配列には，生体内で機能する遺伝子の膨大な情報が記述されている。膨大なゲノム配列の中から，タンパク質をコードする遺伝子を予測できても，機能予測は一般に困難であり，遺伝子の予測が間違うこともある。しかし，極限環境生物の機能未知遺伝子の中には工業的に重要な遺伝子が含まれていると考えられ，その活用のためにはプロテオミクスが重要な解析手段となる。筆者らがこれまでに実施した極限環境微生物の網羅的プロテオーム解析の概要を以下に示す。

3.9.1 Aeropyrum pernix K1

Aeropyrum pernix K1 は，絶対好気性超好熱アーキアであり，鹿児島県小宝島の熱水噴出口で発見された[10]。1999年に全塩基配列が解析され[11]，2006年時点で約1,700種類の遺伝子が予測されている。*A. pernix* K1 の至適生育温度は90〜95℃で，超好熱アーキアであることから，発現するタンパク質には耐熱性があり，産業への利用が期待されている[12]。*A. pernix* K1 のプロテオミクスの結果，704種類のタンパク質が同定された[13]。

解析の結果，*A. pernix* K1 の遺伝子開始コドンが他の生物に比べ異常であり，TTGが52％もの高値であった[13]。また，初期の予想遺伝子とプロテオミクスの結果を比較したところ，70％もの変更が必要であった[14]。このような極限環境に生息する微生物は常識では考えられないような場合があることが示された。高機能の遺伝子を活用する場合，プロテオミクスにより，ゲノム情報からの予測の妥当性を確認する必要があると考えられる[15]。

3.9.2 Tetragenococcus halophilus NBRC 12172

Tetragenococcus halophilus は，醤油もろみから分離された耐塩性の乳酸菌[16]であり，NaCl濃度が15％でも増殖することができる。醤油醸造に利用されている他，免疫調節活性を利用した特定保健用食品の開発等，産業応用が期待されている。

T. halophilus NBRC 12172のNaCl依存性について検討するため，NaClが０％と10％の二条件についてプロテオミクスが実施された。解析の結果，1,351種類のタンパク質が同定された[17]。セミ定量解析の結果，全体的には０％NaClの方が同定数が多く，発現量が増加するものも多かった。*T. halophilus* NBRC 12172にとっては塩のない環境はストレス状態であり，生育に多種のタンパク質が必要なためと考えられる。

3.9.3 Rhodococcus opacus B4

Rhodococcus opacus B4 は，有機溶媒耐性菌としてアスファルト混入土壌より単離され，ベンゼン，トルエン，キシレン，エチルベンゼン，プロピルベンゼン，オクタン，デカンなどの芳香族または脂肪族炭化水素を唯一の炭素源として生育することができる[18]。2005年に全塩基配列が解析された[19]。有機溶媒は，毒性が強く，高濃度に存在する場所では微生物にとって極限環境と言えるが，有機溶媒を用いた非水系バイオプロセスが可能となれば，適用する原料の拡大，生産物の効率的な抽出，精製工程の簡略化を行うことができ，化学物質生産に飛躍的な進歩が期待される。

有機溶媒耐性菌の耐性機構を明らかにするため，*R. opacus* B4 の有機溶媒耐性株と非耐性誘導

第2章　新規探索・機能解析・改変技術

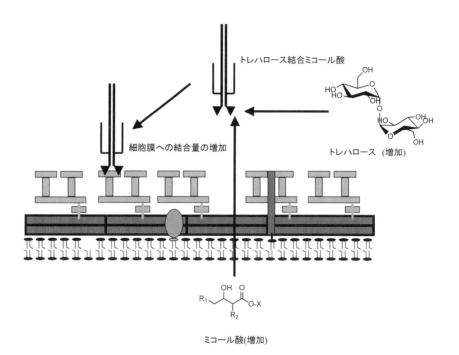

図4　プロテオーム解析により増加が見られた遺伝子から想定されるミコール酸結合細胞膜の形成

株のプロテオミクスが実施された。解析の結果，有機溶媒耐性株のR. opacus B4からは，約2,000種類のタンパク質が同定されたのに対し，非耐性株では約2,500種類のタンパク質が同定された[20]。

定量的解析による発現タンパク質の比較を行ったところ，耐性株では細胞壁成分である糖脂質合成に関わる遺伝子が有意に発現していることが確認された（図4）。このことから，R. opacus B4の細胞外膜構造と有機溶媒耐性性能の関連性が示唆されている[20]。

3.9.4　Kocuria rhizophila DC2201

Kocuria rhizophila DC2201は，広範なスクリーニングから見いだされた有機溶媒耐性菌で[21]，土壌に由来する放線菌類の一種である。2005年に全塩基配列が解析された[19,22]。ゲノムサイズが比較的小さいこと，生育が速く高密度の培養が可能であること，様々な培養条件で細胞構造を維持できる頑強性を持つことから，有機溶媒耐性菌として物質生産宿主及び生体触媒として期待されている。

有機溶媒耐性菌の耐性機構を明らかにするため，K. rhizophila DC2201の通常培養株と有機溶媒接触株のプロテオミクスが実施された。解析の結果，K. rhizophila DC2201の通常培養株からは約1,100種類のタンパク質を同定した[20]。有機溶媒接触株からは，約1,150種類のタンパク質を同定した。有機溶媒接触株は，代謝関連遺伝子の種類の減少及び発現量の減少が見られ，有機溶媒排出ポンプとして機能している膜タンパク質の発現が見られた。代謝を抑えて，有機溶媒排出を行っている菌体状態と考えられた[20]。

文　　献

1) P. Kahn, *Science*, **270**, 369 (1995)
2) K. H. O'Farrell, *J. Biol. Chem.*, **250**, 4007 (1975)
3) K. Tanaka *et al.*, *Rapid Commun Mass Spectrom.*, **2**, 151 (1988)
4) M. Yamashita, J. B. Fenn, *J. Phys. Chem.*, **88**, 4451 (1984)
5) Y. Oda *et al.*, *Proc. Natl. Acad. Sci. USA*, **96**, 6591 (1999)
6) S. P. Gygi *et al.*, *Nat. Biotechnol.*, **17**, 994 (1999)
7) Y. Ishihama *et al.*, *Mol. Cell. Proteomics*, **4**, 1265 (2005)
8) C. Johansson *et al.*, *Proteomics*, **6**, 4475 (2006)
9) E. P. John *et al.*, *Proc. Natl. Acad. Sci. USA*, **101**,9528 (2004)
10) Y. Sako *et al.*, *Int. J. Syst. Bacteriol.*, **46**, 1070 (1996)
11) Y. Kawarabayashi *et al.*, *DNA Res.*, **6**, 83 (1999)
12) 櫻庭春彦ほか, 化学と生物, **44**, 305 (2006)
13) S. Yamazaki *et al.*, *Mol. Cell. Proteomics*, **5**, 811 (2006)
14) 山崎秀司ほか, バイオサイエンスとインダストリー, **65**, 24 (2007)
15) S. Tanner *et al.*, *Genome Res.*, **128**, 335 (2007)
16) K. Sakaguchi *et al.*, *Bull. Agric. Chem. Soc. Jpn.*, **22**, 353 (1958)
17) 矢吹崇吏ほか, 日本農芸化学会2009年大会大会講演要旨集, p287 (2009)
18) K. S. Na *et al.*, *J. Biosci. Bioeng.*, **99**, 378 (2005)
19) ㈱製品評価技術基盤機構,「エネルギー使用合理化技術開発（産業システム全体の環境調和型への革新技術開発）／生物機能を活用した生産プロセスの基盤技術開発／微生物遺伝資源ライブラリーの開発」, ㈱新エネルギー・産業技術総合開発機構 (2006)
20) ㈱製品評価技術基盤機構,「微生物機能を活用した環境調和型製造基盤技術開発／微生物機能を活用した高度製造基盤技術開発／高性能宿主細胞創製技術の開発，微生物反応の多様化・高機能化技術の開発（発現タンパク質解析による微生物機能利用のための技術基盤の研究開発）」最終成果報告書, ㈱新エネルギー・産業技術総合開発機構 (2011)
21) K. Fujita *et al.*, *Enz. Microbial Technol.*, **39**, 511 (2006)
22) H. Takarada *et al.*, *J. Bacteriol.*, **190**, 4139 (2008)

4 メタボロミクス

山本慎也[*1], 津川裕司[*2], 中山泰宗[*3], 福崎英一郎[*4]

4.1 はじめに

メタボロミクス（Metabolomics）は代謝物総体（メタボローム）に基づく統合科学である。オミクスという接尾語がついているが，単なるファンクショナルゲノミクスの戦術単位にとどまらず，幅広い適用範囲をもつ有用技術である。代謝物は，酵素反応の結果として生じる有機化合物の集まりであり，表現型の一部と考えることができる。これは，トランスクリプトーム（mRNA総体），プロテオーム（タンパク質総体）がゲノム（遺伝子総体）の実行過程の媒体の流れと考えられている点と異なっている。メタボロームは，ゲノム，トランスクリプトームとの統合運用することによりトランスクリプトーム情報の最大活用に大きく貢献するという点でファンクショナルゲノミクスの重要戦術といえる。しかしながら，メタボロームはゲノム情報と切り離して精密表現型解析技術としても運用可能であり，その解析対象は極めて広く微生物，動物，植物，食品，生薬と代謝物を含むものであれば限定されない。メタボロミクス技術は，代謝物のサンプリング，誘導体化，分析，データ行列調製，多変量解析，解析対象へフィードバックという戦術単位から構成されるが，それぞれが，ノウハウを含み現状では標準化されていない。本稿では，上記戦術単位についての最近の技術動向を解説するとともに，メタボロミクスの最新のアプリケーションにも言及する。これからメタボロミクスを研究戦術に取り入れようと考えている諸氏の理解の手助けになれば幸いである。

4.2 分析手法

メタボロミクスは生体サンプル中の全代謝物の濃度の測定を目標としている。しかし，代謝物には極性，分子量，溶解性等の性質が異なる多様な化合物が存在するため全代謝物を一斉に分析することができる手法は現時点では存在しない。そこで，本稿ではメタボロミクスで汎用されている四種類の分析手法とその特徴について記述した。

化学構造に応じて磁場中での共鳴吸収が異なることを利用したNuclear Magnetic Resonance（NMR）は最もシェアの多い分析機器の一つであり，2000年代からメタボロミクスに用いられて

[*1] Shinya Yamamoto　大阪大学　大学院工学研究科　生命先端工学専攻
　　　　　　生物工学コース　生物資源工学領域

[*2] Hiroshi Tsugawa　大阪大学　大学院工学研究科　生命先端工学専攻
　　　　　　生物工学コース　生物資源工学領域

[*3] Yasumune Nakayama　大阪大学　大学院工学研究科　生命先端工学専攻
　　　　　　生物工学コース　生物資源工学領域

[*4] Eiichiro Fukusaki　大阪大学　大学院工学研究科　生命先端工学専攻
　　　　　　生物工学コース　生物資源工学領域　教授

きた。NMR分析は後述するガスクロマトグラフィー／質量分析（Gas Chromatography / Mass Spectrometry；GC/MS）や液体クロマトグラフィー／質量分析（Liquid Chromatography / Mass Spectrometry；LC/MS）に比べると単純かつ簡便なサンプル調製により分析可能である。液体に限らず，半固体や固体サンプル[1]も分析することが可能なため，培養液[2]や組織などを分析することでインタクトの情報を取得することも可能である。さらに，NMR分析におけるシグナル強度は，共存物質の影響をほとんど受けないため，定量性にも優れている。そのため，複雑な混合成分で構成された食品サンプルにも適用することが可能である[3]。

ガスクロマトグラフィーと質量分析を組み合わせたGC/MSの主な利点は高いピークキャパシティ，保持時間の高い再現性，豊富な化合物ライブラリーが使用可能なことである。GC/MSでは対象物質を加熱してガス化して分離を行うため，揮発性化合物が分析対象となるが，不揮発性化合物を誘導体化して揮発性にすることで分析可能になる場合がある。例えば，二つの誘導体化手法を用いることで糖，有機酸，アミノ酸などの低分子親水性化合物の一斉分析が可能となる[4]。近年，二種類のカラムを直結することで2次元のクロマトグラムを得ることが可能な包括的2次元クロマトグラフィー（Comprehensive Two-Dimensional Gas Chromatography；GC×GC）が開発された。本システムは，GC/MSに比べてピークキャパシティ，レゾリューション，感度が向上している[5]。

液体クロマトグラフィーと質量分析計を組み合わせたLC/MSは適切なカラムと移動相を選択することで，親油性から親水性，低分子から高分子まで様々な性質の化合物の分離分析が可能である。2004年にWaters社より開発されたUltra Performance Liquid Chromatography（UPLC）はLC/MSの技術開発に非常に大きく貢献した[6]。UPLCでは粒子径2 μm以下の高耐圧性充填剤を導入したカラムに，最高圧力100 Mpaのポンプにより移動相を送液する。これにより測定時間の短縮，理論段数の向上による感度向上，高分離能を実現した。また，LC/MSは長い間逆相LCによる疎水性化合物の分析が主であり，親水性化合物の分析が苦手とされていた。しかし，近年，親水性化合物の一斉分析の技術が発展してきている。例えば，固定相にペンタフルオロフェニルプロピル基を導入したフッ素含有逆相カラムを用いた，アミノ酸，有機酸，核酸などの親水性化合物の一斉分析が報告された[7]。また，親水性相互作用クロマトグラフィー（Hydrophilic Interaction Chromatography；HILIC）の一種であるZIC®-HILICカラムにおいては，糖，糖アルコール，糖リン酸の一斉分析が報告された[8]。さらに，イオンペア試薬が水溶液中のイオン性物質と溶離液中でイオン結合することで，イオン性化合物の保持が可能となる逆相イオンペアLCも有効な分析手法である[9]。

キャピラリー電気泳動／質量分析（Capillary Electrophoresis / Mass Spectrometry；CE/MS）はキャピラリー電気泳動法をMSと組み合わせた手法であり，ほとんどのイオン性代謝物の分析が可能である[10~15]。温度変化によりマイグレーションタイムの誤差が発生しやすいため，ピーク同定の際には注意が必要であるが，LC/MSに比べてイオン性化合物の分離能は非常に優れている。近年，CE/MSはがん診断への応用が期待されている。Sugimotoらは2010年にCE/MSによる

第2章 新規探索・機能解析・改変技術

口腔がん，乳がん，膵臓がん疾患者及び健常者の唾液の代謝物プロファイリングを行い，唾液のメタボロームデータによるがん診断の可能性を示した[16]。

研究者は研究目的に応じて対象代謝物を限定し適切な分析手法を選択・併用する必要がある。

4.3 データ解析

メタボロミクス研究において，最も複雑で時間を要する行程は「データ解析」である。生体試料をGC/MSやLC/MSで分析すると1000を超える代謝産物由来ピークが検出される上，通常は数十・数百もの多検体を扱うため得られるクロマトグラムの数も膨大である。筆者らは，データ解析の行程において最も重要なことは，このような膨大なデータを整理し，統計・多変量解析に適応可能な「組織化されたデータ行列」を如何に正確かつ迅速に作成するかだと考えている。本稿ではまず，このようなデータ行列の作成方法について述べ，最後に広く一般的に用いられる多変量解析について述べることにする。

現在までメタボロミクスの研究者が，データ行列を作成するための数多くの有用ソフトウェアを無料で公開している（表1）。その中でも今回，メタボロミクス研究で頻用される分析装置であるGC/MSとLC/MSから出力される分析データに対するソフトウェアのうち特に重要だと思われるものを紹介する。MZmine[17]はLC/MSのデータ処理及びデータの視覚化の目的で頻用されるソフトウェアである。近年，MZmine2[18]がリリースされ，短時間でのデータ処理が可能となり豊富な視覚化ツールが新たに導入されたが，一番大きな進歩はオンラインデータベースもしくは自身でカスタマイズしたデータベースに基づいた化合物の同定ツールが追加されたことにある。「化合物の同定」というのはデータ解析において常に重要項目として挙げられるキーワードであり，化合物同定を行うためのデータ処理ソフトウェアの開発が強く望まれている。XCMS[19]は，R上で動作するコマンドラインスタイルのLC/MSデータ処理ソフトウェアである。コマンドラインが苦手な人にとっては扱いづらい印象を受けるかもしれないが，ピークの検出及びアライメント能力は高く，国内外問わず頻用されているソフトウェアである。これも近年XCMS2[20]がリリースされ，化合物のMS/MSスペクトルデータベースであるMETLIN[21]に基づいた化合物同定ツールが搭載されたことによりさらに有用性が高まっている。

LC/MSもしくはLC/MS/MSにおけるデータ解析においてMZmineとXCMSのどちらのソフトウェアを用いてデータ処理及びデータ行列の作成を行うかは議論の余地があるが，筆者らは操作上の利便性からMZmineを用いてデータ解析を行っている。

続いて，GC/MSを用いたメタボロミクス研究で頻用されているソフトウェアをいくつか紹介する。MetaboliteDetector[22]は豊富なGUIが装備されており，生データからデータ行列作成に至るまでのデータ処理を簡単に行うことが可能である。GC/MSではピーク検出に加えて，化合物特有のフラグメント情報を抽出する「デコンボリューション」処理が，重要なキーワードとして挙げられる。本ソフトウェアでは実績のあるAMIDS方式にさらに改善を加えたアルゴリズムによってデコンボリューション処理を行うことが可能であり，自身がカスタマイズしたデータベース情

報に基づいて自動的に化合物同定を行うことが可能である．MetAlign[23]はGC/MS，LC/MSデータのピーク検出及びアライメント処理に特化したソフトウェアであり，高い検出力とアライメント能力を持つ．しかしながら，出力されるデータ行列が膨大であり，GUIやピークの同定ツールも装備されていない．そこで近年，筆者らはMetAlignより出力されるデータを統合し，カスタマイズしたデータベースに基づいて化合物の同定及び推定を行うことができるAIoutput[24]を開発した．AIoutputは化合物同定を行うことができることに加えて，同定できなかったピーク情報の推定が可能というところに特徴がある．また，様々な統計解析や多変量解析処理が実行可能であり，「ユーザーフレンドリーなデータ解析プラットフォーム」を提供するために現在も開発を行っている．上記に紹介したもの以外にも様々な有用ソフトウェアがあるが，これらメタボロミクス用ソフトウェアに求められるのは「組織化されたデータ行列を正確に作成できること」及び「豊富なデータベースに基づいた化合物同定が可能であること」である．特に後者については今後のメタボロミクス研究において最も重要な位置を占め，どれだけ統一されたデータベースが構築できるかがメタボロミクスの発展の鍵を握ると筆者らは考えている．

最後に，得られたデータ行列から有意な代謝産物情報を見つけ出すための「データマイニング」と呼ばれる操作について紹介する．メタボロミクスに限らずオミクス研究では対象とする変数が膨大であるため多変量解析が広く用いられる．最も頻用されるのは主成分分析（Principal Component Analysis；PCA）であり，データの分散最大化の軸に各々のデータを投影することで，多変量データを視覚的に理解することを目的とした多変量解析手法である[25]．生体サンプルの類似度や違い，及びそれらに関与する代謝産物情報を視覚的に捉えることでサンプルと代謝産

表1　Data processing software（freely available）

Software	Instrument	Analysis type	Peak Identification
AIoutput	GC/MS	Non-targeted	User-defined library
JDAMP[29]	CE/MS	Non-targeted	Unavailable
MathDAMP[30]	CE/MS	Non-targeted	Unavailable
Metab[31]	GC/MS	Non-targeted	User-defined library
MetaboliteDetector	GC/MS	Non-targeted and Targeted	User-defined library
MetAlign	GC/MS, LC/MS	Non-targeted	Unavailable
MetaQuant[32]	GC/MS	Targeted	User-defined library
MET-IDEA[33]	GC/MS	Targeted	User-defined library
MSFACTs[34]	GC/MS, LC/MS	Non-targeted	Unavailable
Mzmine	LC/MS	Non-targeted	Unavailable
MZmine2	LC/MS	Non-targeted	On-line database
TagFinder[35]	GC/MS	Non-targeted	On-line database
XCMS	LC/MS	Non-targeted	Unavailable
XCMS2	LC/MS	Non-targeted	On-line database

物の相関を見い出すことが可能である。次に頻用されるものに，階層クラスター解析（Hierarchical Cluster Analysis；HCA）が挙げられる[26]。HCAは，多次元空間に一つのプロットとして表現されるサンプルデータ間の距離を算出し，距離の近さに基づいてデータをクラスタリングする解析手法である。PCAは結局のところ多次元空間を扱う解析方法であるため，時としてデータの解釈を困難にする場合がある。HCAでは必ず2次元上に結果を描写するため，「サンプルの類似度」を見たい場合にはHCAが有効である。

　PCAやHCAは先入観を持たない「教師なし解析手法」である。一方，予めサンプルの違いが明確である場合や，サンプル特有の目的変数（発酵能や増殖速度など）がある場合，「教師あり解析手法」であるProjection to Latent Structure（PLS）[27]やPLS-Discriminant Analysis（PLS-DA）[28]によるデータマイニングが行われる場合がある。PLSやPLS-DAでは，目的変数と相関関係のある代謝産物データを抽出することが可能であり，それぞれの違いは明確な目的変数があるかどうかである。研究者は，これら多変量解析手法の特性を理解し，目的に応じた多変量解析手法を選択する必要がある。

4.4　微生物のメタボロミクス

　メタボロミクスの極限微生物への応用例は多くはないが，酵母や大腸菌の研究例は原理的に応用可能であろう。そこで本項ではメタボロミクスの微生物における基礎検討及び重要な応用研究例を紹介する。メタボロミクス研究における重要な項目の一つはサンプル調製である。メタボロームは高解像の表現型であるので，目的の撹乱以外の条件はできる限り同一にすることが望ましい。例えば日照培養器での光合成生物の培養には，それぞれのサンプルが受ける光量を一定にする等の工夫が必要である。培養に関しては，極限微生物はそれぞれの種に対してのノウハウがあると思うので，本項ではこれ以上触れず続く操作について記述する。微生物メタボロミクスのサンプル調製の検討は複数の報告例があり，サンプル回収時のクエンチング及び抽出方法の最適化が必要である[36~44]。これらの操作は細胞の膜構造等の影響を受けるため，生物種や対象代謝物ごとに最適化する必要があるのが現状である。クエンチングの操作は必ずしも必要ではないが，細胞内の代謝状態を正確に反映するためには行わなければならない。クエンチングの操作においては，代謝を停止するまでの時間及び代謝物の細胞外溶出が考慮すべき項目である。主要な方法としては，フィルタろ過とダイレクトインジェクション法がある。フィルタろ過法は菌体をフィルタにて回収後，フィルタを低温に暴露しクエンチングを行う。代謝物の溶出が少ない利点があるが，操作に時間を要し培養液のあと残りも考慮する必要がある。ダイレクトインジェクション法は低温冷却された溶媒に培地を直接注入して，遠心分離にて菌体を回収する。本法の利点は，短時間での代謝停止を行えることであるが，代謝物溶出の問題がある。

　抽出操作において重要な項目は，対象化合物種に対する抽出効率である。現在，最も一般的に使われている方法はメタノールやクロロホルム等の溶媒による抽出である。本法は比較的操作が簡便であるが，細胞内代謝物の溶出が困難な場合もある。そのような場合は，高温での抽出や

freeze-thawなどの方法が用いられる[37,45,46]。また，前処理で用いられる方法はその後の分析系の安定性にも影響を与える場合があることも付記しておく。

続いてメタボロミクスの微生物への重要な応用研究について述べる。初期の微生物メタボロミクスにおける最も重要な研究の一つは，サイレント遺伝子変異株のフェノタイピングである[41]。当研究は特定時間の代謝物量を多変量解析することで，サイレント遺伝子変異株間の差異を見い出している。これによりメタボロミクスが高解像度での微生物の表現型解析に応用できることが示された。近年ではこの高解像度でのフェノタイピングを発展させて，酵母に関する寿命関連遺伝子をシステマティックにスクリーニングすることに成功している[47]。フェノタイピングにおいては，化合物比のみを用いた相対定量で十分である。一方でサンプル内の代謝物濃度を求め，関連酵素のK_mと比べることで代謝の動態を推定することも可能である[48]。^{13}C-glucose等の安定同位体標識化合物をメタボロミクスと組み合わせた研究例も報告されており，大腸菌や酵母における糖リン酸の^{13}C標識体を解析することでペントースリン酸経路の新規経路を発見することに成功している[49]。メタボロミクスをベースとしたネットワーク解析も行われており，エルゴステロール生合成経路上の代謝物と酵素の生体内インタラクションを体系立てて解析している[50]。

4.5 おわりに

以上紹介したように，メタボロミクスは複雑であり理解することが難しく，この限られた紙面では到底説明しきれないものである。しかしながら，このような生体試料の調製から多変量解析に至るまでの行程を，簡単かつ迅速に行える優れたプラットフォームが開発されてきている。本稿をご覧になられた研究者が，「メタボロミクスを使ってみたい！」と思った時に，簡単に行えるプラットフォームを用意・提供することが筆者らの仕事であると感じており，今後メタボロミクス研究が広く普及するための一助になればと願ってやまない。

文献

1) Andronesi O. C., Blekas K. D., Mintzopoulos D., Astrakas L., Black P. M. and Tzika A. A., *Int. J. Oncol.*, **33**, 1017-1025 (2008)
2) Nakanishi Y., Fukuda S., Chikayama E., Kimura Y., Ohno H. and Kikuchi J., *J. Proteome Res.*, **10**, 824-836 (2011)
3) Ko B. K., Ahn H. J., van den Berg F., Lee C. H. and Hong Y. S., *J. Agric. Food Chem.*, **57**, 6862-6870 (2009)
4) Pongsuwan W., Fukusaki E., Bamba T., Yonetani T., Yamahara T. and Kobayashi A., *J. Agric. Food Chem.*, **55**, 231-236 (2007)
5) Waldhier M. C., Almstetter M. F., Nürnberger N., Gruber M. A., Dettmer K. and Oefner

P. J., *J. Chromatogr. A.*, **1218**, 4537-4544 (2011)
6) Plumb R., Castro-Perez J., Granger J., Beattie I., Joncour K. and Wright A., *J. Biosci. Bioeng.*, **18**, 2331-2337 (2004)
7) Yoshida H., Mizukoshi T., Hirayama K. and Miyano H., *J. Agric. Food Chem.*, **55**, 551-560 (2007)
8) Antonio C., Larson T., Gilday A., Graham I., Bergström E. and Thomas-Oates J., *Rapid Commun. Mass Spectrom.*, **22**, 1399-1407 (2008)
9) Luo B., Groenke K., Takors R., Wandrey C. and Oldiges M., *J. Chromatogr. A.*, **1147**, 153-164 (2007)
10) Soga T. and Heiger D. N., *Anal. Chem.*, **72**, 1236-1241 (2000)
11) Soga T., Ueno Y., Naraoka H., Ohashi Y., Tomita M. and Nishioka T., *Anal. Chem.*, **74**, 2233-2239 (2002)
12) Soga T., Ohashi Y., Ueno Y., Naraoka H., Tomita M. and Nishioka T., *J. Proteome Res.*, **2**, 488-494 (2003)
13) Harada K., Fukusaki E. and Kobayashi A., *J. Biosci. Bioeng.*, **101**, 403-409 (2006)
14) Harada K., Ohyama Y., Tabushi T., Kobayashi A. and Fukusaki E., *J. Biosci. Bioeng.*, **105**, 249-260 (2008)
15) Soga T., Igarashi K., Ito C., Mizobuchi K., Zimmermann H. P. and Tomita M., *Anal. Chem.*, **81**, 6165-6174 (2009)
16) Sugimoto M., Wong D. T., Hirayama A., Soga T. and Tomita M., *Metabolomics*, **6**, 78-95 (2010)
17) Katajamaa M., Miettinen J. and Oresic M., *Bioinformatics*, **22**, 634-636 (2006)
18) Pluskal T., Castillo S., Villar-Briones A. and Oresic M., *BMC Bioinformatics*, **11**, 395 (2010)
19) Smith C. A., Want E. J., O'Maille G., Abagyan R. and Siuzdak, G., *Anal. Chem.*, **78**, 779-787 (2006)
20) Benton H. P., Wong D. M., Trauger S. A. and Siuzdak G., *Anal. Chem.*, **80**, 6382-6389 (2008)
21) Smith C. A., Maille G. O., Want E. J., Qin C., Trauger S. A., Brandon T. R., Custodio D. E., Abagyan R. and Siuzdak G., *Ther. Drug Monit.*, **27**, 747-751 (2005)
22) Hiller K., Hangebrauk J., Jäger C., Spura J., Schreiber K. and Schomburg D., *Anal. Chem.*, **81**, 3429-3439 (2009)
23) Lommen A., *Anal. Chem.*, **81**, 3079-3086 (2009)
24) Tsugawa H., Tsujimoto Y., Arita M., Bamba T. and Fukusaki E., *BMC Bioinformatics*, **12**, 131 (2011)
25) Jolliffe I. T., Principal component analysis, Springer Series in Statistics (2002)
26) Semmar N., Bruguerolle B., Boullu-Ciocca S. and Simon N., *J. Pharmacokinet. Pharmacodyn.*, **32**, 333-58 (2005)
27) Wold S., *Chemometrics and Intelligent Laboratory Systems*, **58**, 109-130 (2001)
28) Pérez-Enciso M. and Tenenhaus M., *Hum. Genet.*, **112**, 581-592 (2003)
29) Sugimoto M., Hirayama A., Ishikawa T., Robert M., Baran R., Uehara K., Kawai K., Soga

T. and Tomita M., *Metabolomics*, **6**, 27-41 (2009)
30) Baran R., Kochi H., Saito N., Suematsu M., Soga T., Nishioka T., Robert M. and Tomita M., *BMC Bioinformatics*, **7**, 530 (2006)
31) Aggio R., Villas-bôas S. G. and Ruggiero K., *Bioinformatics*, **111**, 688-695 (2011)
32) Bunk B., Kucklick M., Jonas R., Münch R., Schobert M., Jahn D. and Hiller K., *Bioinformatics*, **22**, 2962-2965 (2006)
33) Broeckling C. D., Reddy I. R., Duran A. L., Zhao X. and Sumner L. W., *Anal. Chem.*, **78**, 4334-4341 (2006)
34) Duran A. L., Yang J., Wang L. and Sumner L. W., *Bioinformatics*, **19**, 2283-2293 (2003)
35) Luedemann A., Strassburg K., Erban A. and Kopka J., *Bioinformatics*, **24**, 732-737 (2008)
36) Canelas A. B., Ras C., Pierick A., Dam J. C., Heijnen J. J. and Gulik W. M., *Metabolomics*, **4**, 226-239 (2008)
37) Winder C. L., Dunn W. B., Schuler S., Broadhurst D., Jarvis R., Stephens G. M. and Goodacre R., *Anal. Chem.*, **80**, 2939-2948 (2008)
38) Ewald J. C., Heux S. and Zamboni N., *Anal. Chem.*, **81**, 3623-3629 (2009)
39) van Gulik W. M., *Curr. Opin. Biotechnol.*, **21**, 27-34 (2010)
40) Shin M. H., Lee D. Y., Liu K. -H., Fiehn O. and Kim K. H., *Anal. Chem.*, **82**, 6660-6666 (2010)
41) Raamsdonk L. M., Teusink B., Broadhurst D., Zhang N., Hayes A., Walsh M. C., Berden J. A., Brindle K. M., Kell D. B., Rowland J. J. and other 3 authors, *Nat. Biotechnol.*, **19**, 45-50 (2001)
42) Bolten C. J. and Wittmann C., *Biotechnology letters*, **30**, 1993-2000 (2008)
43) Taymaz-Nikerel H., de Mey M., Ras C., ten Pierick A., Seifar R. M., van Dam J. C., Heijnen J. J. and van Gulik W. M., *Anal. Biochem.*, **386**, 9-19 (2009)
44) Bolten C. J., Kiefer P., Letisse F., Portais J. -C. and Wittmann C., *Anal. Chem.*, **79**, 3843-3849 (2007)
45) Maharjan R. P. and Ferenci T., *Anal. Biochem.*, **313**, 145-154 (2003)
46) Canelas A. B., ten Pierick A., Ras C., Seifar R. M., van Dam J. C., van Gulik W. M. and Heijnen J. J., *Anal. Chem.*, **81**, 7379-7389 (2009)
47) Yoshida S., Imoto J., Minato T., Oouchi R., Sugihara M., Imai T., Ishiguro T., Mizutani S., Tomita M., Soga T. and Yoshimoto H., *Appl. Environ. Microbiol.*, **74**, 2787-2796 (2008)
48) Bennett B. D., Kimball E. H., Gao M., Osterhout R., Van Dien S. J. and Rabinowitz J. D., *Nat. Chem. Biol.*, **5**, 593-599 (2009)
49) Clasquin M. F., Melamud E., Singer A., Gooding J. R., Xu X., Dong A., Cui H., Campagna S. R., Savchenko A., Yakunin A. F. and other 2 authors, *Cell*, **145**, 969-980 (2011)
50) Li X., Gianoulis T. A., Yip K. Y., Gerstein M. and Snyder M., *Cell*, **143**, 639-650 (2010)

〔第2編　産業応用編〕

第3章　酸性・アルカリ生物圏

1　好酸性微生物の酢酸発酵への応用

日比徳浩*

1.1　はじめに

　産業利用されている好酸性微生物の代表例として酢酸菌が挙げられる。好酸性を示す事例としては，食酢製造に利用されているある種の酢酸菌は酸度15%以上，pH2以下の環境で生存することが可能であるが，発酵開始時の酸度が7%以下では良好な発酵を開始しないこと，またバージェイのマニュアルでは酢酸の要求性がある種の酢酸菌の同定項目に記載されていることなどを挙げることができる。

　食酢の主成分である酢酸には殺菌作用があることが知られており[1]，古くから食品の腐敗あるいは変敗防止に利用されているが，食酢製造に利用されている酢酸菌は低いpHに耐性を持つという以外に殺菌作用を示す酢酸の高濃度環境にも適応しており，他の微生物の育たない環境で生育する極限環境微生物であると言える。

　本稿では酢酸菌の産業利用について食酢醸造方法，酢酸発酵および酢酸菌の特徴の一つである酢酸耐性機構について紹介したい。

1.2　食酢醸造に利用されている酢酸菌

　酢酸菌はグラム陰性の好気性細菌で，*Acetobacter*属，*Gluconacetobacter*属，*Gluconobacter*属，*Asaia*属，*Kozakia*属，*Glanulibacter*属，*Acidiphilium*属等に分類される。このうち，*Gluconacetobacter*属と*Acetobacter*属の酢酸菌は強いエタノール酸化能と酢酸耐性能を有することから，食酢製造に広く用いられている。酢酸菌による酸化発酵は膜結合型の酸化酵素によって触媒され，酢酸発酵は膜結合型のアルコール脱水素酵素とアルデヒド脱水素酵素によって触媒される。酢酸菌はアルコール脱水素酵素，アルデヒド脱水素酵素だけでなく，グルコースをグルコン酸に酸化するグルコース脱水素酵素など様々な膜結合型の酸化酵素を有していることが知られている。これらの膜酵素は呼吸鎖に直結しており，酸化反応に伴って生成する電子は，電子伝達系に受け渡され，ATPを生成する。

1.3　食酢醸造方法

　食酢製造は基本的には糖質からアルコール発酵によりエタノールを製造する工程と，生成したエタノールを酢酸発酵により酢酸に変換する工程からなる。酢酸発酵形式として現在主に使われ

---

*　Naruhiro Hibi　㈱ミツカングループ本社　中央研究所　主席研究員

ているものは，表面発酵法と深部発酵法の二通りである。

1.3.1 表面発酵

表面発酵法は発酵液の表面に酢酸菌が菌膜を形成し，エタノールを酢酸に変換する発酵法である。菌膜は縮緬様の外観を呈し，発酵終了まで液表面に存在する。液表面の菌膜で発酵が行われるため，液深により発酵時間が異なる。発酵終了後，半量を種酢として残し，そこに新たな酢もとを加えて静置しておくことで新たな菌膜が育ち，発酵が始まる。酢酸および酢酸菌を含んだ発酵液を種酢として使用することで他の雑菌が増殖せず酢酸菌が旺盛に増殖できる環境が作り出されている。現在では速く菌膜を張り，安定生産を行うため，発酵途中の菌膜を移植する方法が取られている。表面発酵における発酵菌は，エタノールを酸化する能力に加え，菌膜を生成する能力が重要であり，*Acetobacter pasteurianus* が代表的な生産菌として知られている[2,3]。

1.3.2 深部発酵

深部発酵法は発酵液中に気泡を分散し，発酵液全体で発酵を行う方式のものである。ドイツのフリングス社のアセテーターが代表的な装置であり，攪拌翼を高速回転させた時に生じるキャビテーション効果により外部の空気を微細な気泡として発酵槽内に導入する。酸度8％程度までの食酢製造では連続発酵法が採用され，さらに高い酸度の食酢製造では流加連続回分発酵法が採用されている。流加連続回分発酵法では発酵液中のアルコール濃度を低く保ち，消費した分のエタノールを流加する方法となっている。この方法により酸度17％以上の食酢を生産することが可能である。深部発酵法で使用される酢酸菌については，菌膜形成能は不要となり，アルコールの酸化能，アルコール耐性，酢酸耐性に優れた菌が多く用いられる。*Gluconacetobacter polyoxogenes*（図1）や *Gluconacetobacter europaeus* などが代表的な菌として知られている[4]。

酸度20％の発酵を可能にする方法として二段発酵法[5]，酸度上昇に合わせて発酵温度を下げていく方法があるが[6]，酸度15％程度の発酵と比較すると冷却費増や生酸速度低下などのコスト的な課題はある。

その他の発酵方式としてはジェネレーターを使用した固定化発酵方式があり，多品種小ロット生産に対応した「衛星発酵システム」と呼ばれるシステムもある[7]。

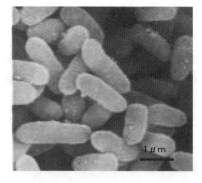

図1 酢酸菌 *Gluconacetobacter polyoxogenes* の電子顕微鏡写真
提供：株式会社ミツカングループ本社

1.4 酢酸菌の酢酸耐性機構

酢酸菌の耐酸性機構については *Gluconacetobacter* 属と *Acetobacter* 属酢酸菌の育種に関する研究から様々な知見が得られている。これまでに，アルコール酸化，酢酸資化，酢酸の細胞内への流入阻止，酢酸の細胞外への排出，ストレス応答タンパク質による細胞質タンパク質の変性防止

第3章 酸性・アルカリ生物圏

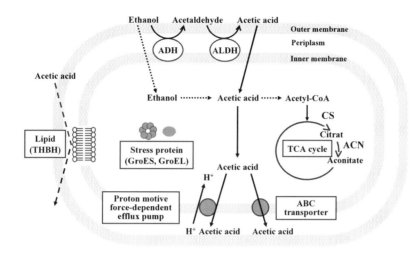

図2 酢酸菌における酢酸耐性機構のモデル[9]

についての報告がある（図2）。酢酸耐性の全容については未だ解明されていない点が多いが，以下に最近の研究成果について紹介したい。

1.4.1 酢酸資化（アコニターゼ活性と酢酸耐性）[8,9]

酢酸菌のプロテオーム解析から酢酸耐性に関与するタンパク質として大腸菌のストレス感応性アコニターゼと相同性を示すタンパク質が同定されている。アコニターゼはTCAサイクル中でクエン酸からイソクエン酸への変換を触媒する酵素である。*Acetobacter aceti*のアコニターゼ高発現株とベクターのみで形質転換した対照株との比較では培地中の酢酸濃度1.75％までは生育にほとんど差はなかったが，酢酸濃度2.25％では対照株は生育することができず，高発現株は生育することが示された。アコニターゼ活性については対照株では酢酸濃度の増加につれて減少するが，高発現株では減少しなかった。これらの結果によってアコニターゼ活性が酢酸添加培地での生育に関与しており，アコニターゼ活性の増加によって*Acetobacter aceti*の酢酸耐性が増強することが示された。アコニターゼ活性と酢酸発酵の関係についても検討され，エタノール濃度を1％になるように制御した酢酸発酵では，高発現株と対照株で酢酸の生成速度に差はなかったが，最終到達酢酸濃度は高発現株の方が1％高かった。この結果はアコニターゼ活性の増加により酢酸発酵能を向上できることを示しており，アコニターゼ活性は酢酸菌の育種のターゲットとなることを示している。

1.4.2 酢酸排出（ABCトランスポーターと酢酸耐性）[9,10]

アコニターゼと同じく酢酸菌のプロテオーム解析から酢酸耐性に関与するタンパク質として，微生物のマクロライド系抗生物質の排出に関わるABCトランスポーターと相同性を示すタンパク質が同定されている。相同組換えによりABCトランスポーターを破壊した酢酸菌（*aatA*破壊株）は野生株と比べて酢酸に対する耐性が低下したが，マクロライド系抗生物質をはじめとする薬剤に対する耐性，低pH耐性，酢酸資化能については全く影響がなかった。従ってこのタンパク質は

従来から報告のあるマクロライド系抗生物質やプロトンのトランスポーターとは異なること，酢酸の資化には関与しないことが示唆された。また，酢酸発酵中の細胞内酢酸濃度の測定により，対照株（ベクターのみの形質転換株）よりも高発現株の細胞内酢酸濃度が低く維持されていることが示されており，AatAは酢酸耐性に関わる新規なABCトランスポーターであり，酢酸の排出ポンプであることが示唆されている。AatA高発現による酢酸発酵への影響についても検討され，エタノール濃度を1％になるように制御した酢酸発酵では，高発現株と対照株で酢酸の生成速度に差はなかったが，最終到達酸度は高発現株の方が1％高かった。このことからAatAの発現量を増加させることによって酢酸発酵能を向上できることがわかった。

AatA遺伝子をプローブとして用いたサザン・ブロット解析によって，aatAホモログが*Acetobacter*属と*Gluconacetobacter*属に属する様々な酢酸菌に存在することも示され，このタイプの新規ABCトランスポーターは酢酸菌全般に存在すると結論されている。

1.4.3 細胞内への流入阻止[9,11]

酢酸菌の酢酸耐性機構の一つとして細胞膜による酢酸の細胞内への流入を阻止する機構の存在も確認されている。酢酸菌の細胞膜脂質組成は特徴的であり，他の微生物ではあまり含まれていないホパノイド，特にテトラヒドロキシバクテリオホパン（tetrahydroxybacteriohopane：THBH）の含量が高い（図3）。ゲノム情報から*Gluconacetobacter polyoxogenes*においてホパノイド代謝関連遺伝子のクラスターが揃っていることがわかり，このうちスクワレン-ホパンサイクラーゼ（squalene-hopene cyclase：SHC）遺伝子を導入したSHC高発現株は細胞膜のTHBH量が1．2倍増加していた。SHC高発現株はベクターのみで形質転換した対照株に比べて高い酢酸濃度の培地でも生育することができ，酢酸耐性が増強されることが示されている。さらに酢酸発酵においてもSHC高発現株は対照株よりも高い酢酸濃度まで発酵することが示されている。

1.5 酢酸菌のクオラムセンシングシステム

酢酸耐性との関係は不明であるが，酢酸菌の酢酸発酵を制御するメカニズムの一つとして酢酸菌のクオラムセンシングに関する研究も行われている。

クオラムセンシングシステムは様々な微生物が細胞密度に依存して標的遺伝子の転写を制御する細胞間コミュニケーションシステムであり，二次代謝物質の生産，発光，運動性，プラスミドの伝達，毒素生産，バイオフィルムの形成などの重要な機能を制御していることが知られている[12]。多くのグラム陰性細菌は，アシルホモセリンラクトン（AHL）をシグナル物質としたクオラムセンシングシステムを有している[13]。酢酸菌においてもAHL

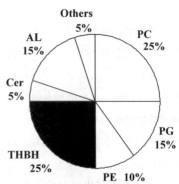

PC：phosphatidylcholine
PG：phosphatidylglycerol
PE：phosphatidylethanolamine
THBH：tetrahydroxybacteriohopane
Cer：ceramide
AL：amino lipids

図3　酢酸菌の脂質組成[9]

第3章 酸性・アルカリ生物圏

依存性のクオラムセンシングシステムを有していることが明らかにされ，酢酸菌の最も特徴的な性質である酢酸発酵，グルコン酸発酵を含む酸化発酵を負に制御していることが明らかにされた[14〜16]。さらに，クオラムセンシングシステムが，食酢製造時に問題となる発泡に影響を与えていることも見出されている[14, 16]。これらの知見は酢酸菌の育種に有用であり，食酢製造への応用が期待される。

1.6 おわりに

酢酸菌は食酢製造以外にも産業利用されている。よく知られているものとしては，ビタミンC生産[17]，バクテリアセルロース生産[18]，ジヒドロキシアセトン生産[19]がある。酢酸発酵，耐酸性機構などの酢酸菌に特徴的な機能の解明は食酢製造のみならず，他の分野でも応用できる可能性がある。酢酸菌が今後益々産業応用されることを期待したい。

文　　献

1) 山本　泰ほか，日本食品工業学会誌，**31**, 525（1984）
2) 円谷悦造ほか，日本醸造協会誌，**79**, 746（1984）
3) K. Nanda *et al.*, *Appl. Env. Microbiol.*, **67**, 986（2001）
4) E. Entani *et al.*, *J. Gen. Appl. Microbiol.*, **31**, 475（1985）
5) H. Ebner *et al.*, "Biotechnology 2nd edn. Vol. 6", p.381, VCH Weinheim（1996）
6) 東出敏男ほか，特開平08-275769（1996）
7) 有冨敬志ほか，第2回国際酢酸菌会議講演要旨集，p.33（2008）
8) S. Nakano *et al.*, *FEMS Microbiol. Lett.*, **235**, 315（2004）
9) 中野　繁，バイオサイエンスとインダストリー，**65**(6), 287（2007）
10) S. Nakano *et al.*, *Appl. Environ. Microbiol.*, **72**, 497（2006）
11) 中野　繁，第58回生物工学会大会講演要旨集，p.82（2006）
12) C. M. Waters *et al.*, *Annu. Rev. Cell Dev. Biol.*, **21**, 319（2005）
13) P. Williams *et al.*, *Philos. Trans. R. Soc. Lond B Biol. Sci.*, **362**, 1119（2007）
14) A. Iida *et al.*, *J. Bacteriol.*, **190**, 2546（2008）
15) A. Iida *et al.*, *J. Bacteriol.*, **190**, 5009（2008）
16) A. Iida *et al.*, *Microbiology*, **155**, 3021（2009）
17) S. Macauley *et al.*, *Crit. Rev. Biotechnol.*, **21**, 1（2001）
18) 山中　茂ほか，化学と生物，**32**, 367（1994）
19) C. Claret *et al.*, *Appl. Microbiol. Biotechnol.*, **41**, 359（1994）

2 好アルカリ微生物の産業応用

尾崎克也*

2.1 好アルカリ微生物

自然界の様々な極限環境で生育できる微生物が知られているが，アルカリ性環境下（pH 9以上）で旺盛に生育する好アルカリ性微生物（alkaliphile）の存在は，古く1934年にVedderによって分離された炭酸ナトリウムを含む培地に生育する*Bacillus alcalophilus*の報告[1]が最初である。その後，1960年代後半になって微生物学的性質，産生酵素等の特性やアルカリ適応機構の解明等，網羅的な好アルカリ性微生物の研究は当時，理化学研究所の掘越らによって進められた[2,3]。その多くは*Bacillus*属の細菌であり，*B. agaradhaerens*, *B. clarkii*, *B. clausii*, *B. gibsonii*, *B. halmapalus*, *B. halodurans*, *B. horikoshii*, *B. pseudalcalophilus*, *B. pseudofirmus*, *B. wakoensis*, *B. hemicellulosilyticus*, *B. cellulosilyticus*, *B. akibai*, 及び*B. mannanilyticus*等が知られている[4,5]。これらの好アルカリ性細菌は，細胞表層に菌体内部のpHを調整する機能があり自らの菌体内を中性に保つことでアルカリ性環境に適応しているとの報告がある[2,3]。一方，菌体外に生産される酵素はアルカリ環境下で作用できることが有利であり，その多くは最適作用pHがアルカリ性であるか，または中性からアルカリ性まで広い範囲で作用してアルカリ耐性を有するいわゆるアルカリ酵素である。好アルカリ性微生物が生産するアルカリ酵素としてはこれまでにプロテアーゼ，セルラーゼ，アミラーゼ，プルラナーゼ，シクロデキストリングルカノトランスフェラーゼ，キシラナーゼ，リパーゼ，ペクチナーゼ，マンナナーゼ，β-1,3-グルカナーゼ，インベルターゼ，β-ラクタマーゼ，ポリアミンオキシダーゼ，デオキシリボヌクレアーゼ等，数多くの報告がある。本稿ではこうした好アルカリ性微生物が生産するアルカリ酵素の産業応用の状況を概説すると共に，最大の利用分野である洗剤用途について具体例や最近のトピックスを紹介する。

2.2 アルカリ酵素の産業利用

微生物由来の各種酵素は医薬・診断薬，研究試薬，食品，洗剤，繊維処理，製紙等の分野において様々な形態で産業利用され，産業用酵素の世界市場は約2700億円であると言われている。そしてその最大の利用分野は洗剤用途であり世界で約700億円，国内でも約70億円を超える市場が見積もられている。一般に衣料用や食器洗浄機用の洗剤には主成分の界面活性剤に加え，洗浄力の増強成分としてキレート剤や分散剤等が配合されているが，皮脂や血液等の汚れの除去にはプロテアーゼ等の酵素が有効である。ところが洗剤は洗浄力増強のためpH10以上の高アルカリ性のものが多く，酵素もアルカリ性かつ界面活性剤等の洗剤成分の存在下で十分に作用し，安定である必要がある。この厳しい要件に適合する優れた酵素が好アルカリ性微生物から探索，開発され，プロテアーゼやセルラーゼ等のアルカリ酵素が実用化されている[6~8]。これら洗剤酵素については後ほど詳しく述べる。

---

* Katsuya Ozaki 花王㈱ 生物科学研究所 室長

第3章 酸性・アルカリ生物圏

　一方，洗剤用途以外におけるアルカリ酵素の産業利用例として，サイクロマルトデキストリングルカノトランスフェラーゼ（CGTase）を利用したサイクロデキストリン（CD）合成が挙げられる。グルコース分子6～12個がα-1,4-グルコシド結合で環状に結合したCDは種々の有機化合物を分子内に取り込んで包接化合物を形成する特徴があり，粉末香辛料，包接香料や異味異臭除去素材等の食品分野で用いられている。古くより*Brevibacterium*属等，多くの微生物のCGTaseが知られているが，好アルカリ性*Bacillus* sp. No. 38-2株由来の高活性かつ安定なCGTaseが見出され[9]，7糖から成るβ-CDの酵素生産技術が実用化された。また近年，好アルカリ性*Bacillus clarkia* 7364株からγ-CD合成効率が高いCGTaseが見出されており[10]，好アルカリ性微生物の産業利用の可能性が広がっている。

　一方，製紙用パルプ製造では品質向上のために塩素系漂白剤によるリグニンの除去処理が行われるが，環境問題からリグニンが結合するキシランの酵素分解技術が検討され，中性*Bacillus*属細菌由来のアルカリキシラナーゼを用いたバイオ漂白技術が実用化されて[11]，さらに好アルカリ性*Bacillus*属細菌由来のアルカリキシラナーゼも報告されている[12～16]。このほかアルカリプロテアーゼは洗顔剤や天然ゴムラテックスのタンパク質除去にも用いられるほか，ペクチナーゼによる繊維改質等，様々な産業分野においてアルカリ酵素の用途開発も進められている。アルカリ性における高い比活性のほか，界面活性剤や酸化剤等の各種ケミカル耐性やアルカリ耐性，熱耐性等の優れた特徴を持つ酵素が見出されており，今後も応用分野がさらに広がっていくものと大いに期待される。

　以下の項ではアルカリ酵素の代表的用途である洗剤への応用例について詳しく紹介する。

2.3　洗剤用アルカリプロテアーゼ

　洗剤への酵素応用は20世紀の初めにRöhmらが洗浄剤へのブタ膵臓プロテアーゼの添加を提唱し，プロテアーゼを含む衣料用予浸洗浄剤が上市されたことに始まるとされるが，アルカリ条件で酵素活性が低下したこともあって普及しなかったようである。1950年頃，中性菌*Bacillus subtilis*等が生産するプロテアーゼ（subtilisin）が最適作用pH9～10の中度アルカリ酵素であり，襟汚れや血液汚れの除去への効果が見出されたことから衣料用洗剤へのプロテアーゼ配合が普及することとなった。しかし多くの洗剤はpH10.5～11程度に設計されていたため，より高い洗浄力実現には高アルカリ領域で高い活性を示す酵素が望まれていた。1971年，理化学研究所の堀越らがpH10で生育可能な好アルカリ性微生物*Bacillus* sp. no. 221株の培養液に至適pH10～12の高アルカリプロテアーゼを見出し[17]，それ以降，好アルカリ性微生物の新規アルカリプロテアーゼSavinase（Novozymes社，*Bacillus lentus*）[18]，PB92（旧Gist-brocades社，*Bacillus alcalophilus*）[19]，及びNKS-21（昭和電工社，*Bacillus* sp. NKS-21株）[20]等が続々と開発されるに至った。

　筆者らの研究室においても1980年代後半からより高い洗浄性能を有する酵素を求めて好アルカリ性微生物の探索研究を行った結果，pH10で旺盛に生育する*Bacillus clausii* KSM-K16株の培養液に新たなアルカリプロテアーゼを見出した[21,22]。本酵素M-proteaseの作用至適pHは12.3であ

り，アルカリ領域及び界面活性剤の存在下で高い活性と安定性を示し，洗剤用として望ましい性質を有していた（表1）。そこで育種等による生産性向上研究を行い，1991年，衣料洗剤への配合を果たした。

以上の好アルカリ性Bacillus属細菌の酵素はいずれも既存の中性Bacillus属のsubtilisinとは約60％の配列相同性であり，系統樹解析においても独立したサブクラスターを形成する高アルカリプロテアーゼである（図1）。現在ではタンパク工学技術による機能・特性改良研究も進められ，漂白剤等による酸化失活の原因となる特定Met残基の部位特異的変異による酸化剤耐性技術[23]を応用した漂白剤耐性改良プロテアーゼDurazyme，Everlase（Novozymes社）[8]，Purafect OxP

表1　洗剤用アルカリプロテアーゼの特性比較

酵素名	M-protease	KP-43
生産菌	好アルカリ性 Bacillus clausii KSM-K16	好アルカリ性 Bacillus sp. KSM-KP43
分子質量（kDa）	28	43
等電点	>10.6	8.9～9.1
比活性（カゼイン，U/mg）	127	115
反応最適pH	12.3	11～12
反応最適温度（℃）	55	60
安定pH領域	5～12	6～11
安定温度領域（℃）	<60	<65
開発年度	1991	2004

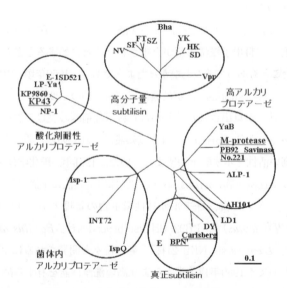

図1　アルカリプロテアーゼの無根系統樹
下線は洗剤用酵素として実用化された酵素を示す。

第3章 酸性・アルカリ生物圏

(Du Pont社),また洗濯温度低下に適応した低温活性プロテアーゼKannase (Novozymes社)[8]等,より高機能な酵素が開発されている。

一方,筆者らは皮脂汚れ分解能が高い新たなプロテアーゼの探索を継続し,好アルカリ性 Bacillus sp. KSM-KP43株の培養液中に作用最適pH11～12の新規アルカリプロテアーゼKP-43を見出した(表1)[24]。本酵素は酸化剤やキレート剤に対して耐性を示すと共に高濃度の脂肪酸の存在下でも酵素活性を維持し,皮脂成分と共存するタンパク質に対してより高い洗浄効果を示した。N末側 α/β ドメインとC末側の β バレルドメインから成る43kDaの酵素であり,N末側ドメインと高アルカリプロテアーゼとのアミノ酸配列相同性は約24～26％で系統樹解析でもさらに異なるサブクラスターを形成する(図1)[25]。KP-43はタンパク工学改良のうえ第3世代の洗剤用アルカリプロテアーゼとして2004年より実用化されている。さらに近年,特定アミノ酸の部位特異的置換による比活性向上や安定性向上等[26],さらなる改良検討を継続している。

上記のほかにも国内外の研究グループによって耐塩性好アルカリ性 B. clausii 由来の界面活性剤や酸化剤耐性が高い酵素[27]やpH 9,耐熱性好アルカリ性 Bacillus sp. PS719株の高温酵素[28],好アルカリ性 Nocardiopsis sp. TOA-1株のケラチン高分解酵素[29],さらには好アルカリ性 Streptomyces 属放線菌[30]や嫌気性好アルカリ性細菌 Alkaliphilus transvaalensis[31]の酵素等が見出されている。アルカリプロテアーゼは衣料用洗剤以外に食器洗浄機用洗剤にも配合され,また化粧品やゴム処理等の様々な分野で利用されている。新たな機能,特性を持つ新規酵素の開発でさらに幅広い応用展開が見込まれる。

2.4 洗剤用アルカリセルラーゼ

好アルカリ性微生物の洗剤用アルカリセルラーゼの開発は筆者らの研究室において1980年代に始まった。プロテアーゼ以外の新たな洗剤酵素として繊維に作用するセルラーゼに着目し,カビ由来の弱酸性セルラーゼが通常では落としにくい皮脂汚れ等を効果的に除去できる効果を見出したが,当時,アルカリセルラーゼは堀越ら[2]の好アルカリ性 Bacillus sp. N-4株[32]の報告例のみであった。そこで新たに好アルカリ性微生物のアルカリセルラーゼ探索研究を行った結果,好アルカリ性 Bacillus sp. KSM-635株の培養液上清中に洗剤用として優れた性能を有するアルカリセルラーゼ(Egl-K)を見出した[33～35]。本酵素は反応最適pH9.5を付近に有し,界面活性剤,キレート剤及び洗剤用プロテアーゼに対する高い安定性を示す β-1,4-エンドグルカナーゼであり(表2),木綿繊維の非結晶領域に残存する皮脂汚れ等の除去効果や白さを蘇らせる効果が認められた[36]。その後,約5年にわたる生産性向上及び工業化研究を経て,1987年,世界初の好アルカリ性微生物の洗剤用アルカリセルラーゼが誕生した(図2)。本酵素配合のコンパクト型洗剤は高い洗浄力とコンパクト化を両立し,衣料用洗剤のコンパクト化を進める革命的なヒット商品となった。新たな洗浄原理を創出したアルカリセルラーゼEgl-Kは,2010年10月,国立科学博物館重要科学史資料第00069号として登録されている。またその後もさらなる高機能酵素の探索研究を継続した結果,好アルカリ性 Bacillus sp. KSM-S237株の培養液中から熱や界面活性剤に対して安定か

極限環境生物の産業展開

表2　洗剤用アルカリセルラーゼの特性比較

酵素名	Egl-K	Egl-237
生産菌	好アルカリ性 *Bacillus* sp. KSM-635	好アルカリ性 *Bacillus* sp. KSM-S237
分子質量（kDa）	100	86
等電点	<4	3.8
比活性（CMC, U/mg）	59	49
反応最適pH	9.5	8.6〜9
反応最適温度（℃）	40	45
安定温度領域（℃）	<35	<60
洗剤耐性（%）[*1]	35	80
キレート剤耐性（%）[*2]	80	100
糖質分解酵素ファミリー	GH 5	GH 5
開発年度	1987	2001

[*1] 市販洗剤40℃，30分処理後の活性残存%
[*2] 5 mM EDTA, pH9, 30℃処理後の活性残存%

つEgl-Kと同等以上の洗浄力を有するアルカリセルラーゼEgl-237を見出した[37,38]。枯草菌による高生産化技術[38]によってEgl-Kの数倍の高生産性を実現し，2001年より第2世代洗剤用アルカリセルラーゼとして実用化されている。

上記以外では好アルカリ性*Bacillus*属細菌由来のアルカリセルラーゼPuradax（Genencor社）[39]が市販されている。さらにいくつかの研究グループから好アルカリ性微生物由来のアルカリセルラーゼの報告[40〜42]があり，洗浄への新たな機能や特性が付与できるか興味深い。繊維に作用するセルラーゼは汚れの種類を問わず洗浄力を発揮できる可能性があり，さらに衣類の毛羽立ち防止，色彩維持，及び再汚染防止作用も知られ

図2　アルカリセルラーゼ（Egl-K）
国立科学博物館重要科学史資料第00069号

ている[43]。様々な機能を有するアルカリセルラーゼのさらなる高機能化によって例えば酵素主体の本格的なバイオ洗剤の出現等の洗剤市場の新たな展開に期待したい。

2.5　洗剤用アルカリ酵素の多様化と今後の展開

洗剤酵素としては上記のほか，でんぷん分解酵素アミラーゼや脂質を分解するリパーゼが古くから応用されているが，いずれも中性菌の*Humicola lanuginosa*及び*Bacillus licheniformis*由来の酵素が利用されてきた。好アルカリ性微生物のアミラーゼについては筆者らの研究室において，従来酵素の約5倍の比活性を有する新規アルカリα-アミラーゼAmyK[44]，及び高比活性に加えて

第3章 酸性・アルカリ生物圏

酸化剤・キレート剤耐性を有する新規アルカリα-アミラーゼAmyK38[45,46]を見出した。特にAmyK38は構造維持に必須とされるカルシウムや酸化失活に係るMet残基を持たず，キレート剤や酸化剤に対する極めて高い耐性を示す優れた酵素である。また同様にNovozymes社から染み汚れ除去に効果があるアルカリα-アミラーゼStainzymeも開発されている。さらに好熱性・好アルカリ性*Bacillus*属細菌[47]や*Anaerobranca*属細菌[48]にも新たなアルカリα-アミラーゼの報告があり，洗剤用や他用途としての検討が待たれる。一方，リパーゼについては好アルカリ性微生物由来の酵素の報告例は少ないが，近年いくつかの報告例が知られており[52,53]，今後の展開に期待したい。

石油枯渇や地球温暖化等の環境問題から近年，洗剤成分の天然化や欧米では洗濯温度の低温化が進む傾向にあり，洗剤酵素の役割は以前にも増して重要性が高まってきている。近年，低温洗浄では落としにくい汚れの一つである食品由来の増粘剤等の分解除去効果があるマンナナーゼ（Mannaway，Novozymes社）も開発され，さらに多種酵素の組合せによって界面活性剤等のケミカルを大幅に低減させた洗剤も提唱されている。アルカリ性の極限環境下で生育する好アルカリ微生物はアルカリ性領域での高い比活性や様々なケミカルへの高い安定性等，特徴ある多様な酵素の可能性を秘めており，環境問題への対応から酵素やバイオへの期待が高まるなか，洗剤利用以外にも繊維加工やバイオマス糖化等，より幅広い産業分野への利用展開が図られることを期待している。

文　献

1) A. Vedder, *Antonie van Leeuwenhoek*, **1**, 143 (1934)
2) 掘越弘毅ほか，好アルカリ性微生物，学会出版センター (1993)
3) K. Horikoshi, *Mol. Biol. Rev.*, **63**, 735 (1999)
4) P. Nielsen *et al.*, *Microbiology*, **141**, 1745 (1995)
5) Y. Nogi *et al.*, *Int. J. Syst. Evol. Microbiol.*, **55**, 2309 (2005)
6) 伊藤　進，尾崎克也，新しい酵素研究法，p.176, 東京化学同人 (1995)
7) S. Ito *et al.*, *Extremophiles*, **2**, 185 (1998)
8) 上島孝之，酵素テクノロジー，幸書房 (1999)
9) N. Nakamura and K. Horikoshi, *Agric. Biol. Chem.*, **40**, 1785 (1976)
10) M. Takada *et al.*, *J. Biochem.*, **133**, 317 (2003)
11) 福永信幸，紙パ技協誌，**54**, 1190 (2000)
12) S. Nakamura *et al.*, *Appl Environ Microbiol.*, **59**, 2311 (1993)
13) A. Gessesse, *Appl. Environ. Microbiol.*, **64**, 3533 (1998)
14) H. Balakrishnan *et al.*, *J. Biochem. Mol. Biol. Biophys.*, **6**, 325 (2002)
15) P. Chang *et al.*, *Biochem. Biophys. Res. Commun.*, **319**, 1017 (2004)

16) G. Mamo *et al.*, *Biochimie.*, **91**, 1187 (2009)
17) K. Horikoshi, *Agric. Biol. Chem.*, **36**, 1407 (1971)
18) C. Betzel *et al.*, *J. Mol. Biol.*, **223**, 427 (1992)
19) M. H. J. Zuidweg *et al.*, *Biotechnol. Bioeng.*, **14**, 685 (1972)
20) O. Tsuchida *et al.*, *Curr. Microbiol.*, **14**, 7 (1986)
21) T. Kobayashi *et al.*, *Appl. Microbiol. Biotechnol.*, **43**, 473 (1995)
22) T. Shirai *et al.*, *Protein Eng.*, **10**, 627 (1997)
23) D. A. Estell *et al.*, *J. Biol. Chem.*, **260**, 6518 (1985)
24) K. Saeki *et al.*, *Biochem. Biophys. Res. Commun.*, **279**, 313 (2000)
25) T. Nonaka *et al.*, *J. Biol. Chem.*, **279**, 47344 (2004)
26) M. Okuda *et al.*, submitted
27) H. S. Joo *et al.*, *J. Appl. Microbiol.*, **95**, 267 (2003)
28) A. A. Denizci *et al.*, *J. Appl. Microbiol.*, **96**, 320 (2004)
29) S. Mitsuiki *et al.*, *Biosci. Biotechnol. Biochem.*, **66**, 164 (2002)
30) V. J. Mehta *et al.*, *Bioresour Technol.*, **97**, 1650 (2006)
31) T. Kobayashi *et al.*, *Appl. Microbiol. Biotechnol.*, **75**, 71 (2007)
32) N. Sashihara *et al.*, *J. Bacteriol.*, **158**, 503 (1984)
33) S. Ito *et al.*, *Agric. Biol. Chem.*, **53**, 1275 (1989)
34) T. Yoshimatsu *et al.*, *J. Gen. Microbiol.*, **136**, 1973 (1990)
35) K. Ozaki *et al.*, *J. Gen. Microbiol.*, **136**, 1327 (1990)
36) E. Hoshino and S. Ito, Enzymes in detergency, p.149, Marcel Dekker (1997)
37) Y. Hakamada *et al.*, *Extremophiles*, **1**, 151 (1997)
38) Y. Hakamada *et al.*, *Biosci. Biotechnol. Biochem.*, **64**, 2281 (2000)
39) P. van Solingen, WO 96/34108 (1996)
40) K. Endo *et al.*, *Appl. Microbiol. Biotechnol.*, **57**, 109 (2001)
41) E. A. Zvereva *et al.*, *Extremophiles*, **10**, 53 (2006)
42) K. Hirasawa *et al.*, *Antonie van Leeuwenhoek*, **89**, 211 (2006)
43) K. -H. Maurer, Enzyme in detergency, p.175, Marcel Dekker (1997)
44) K. Igarashi *et al.*, *Appl. Environ. Microbiol.*, **64**, 3282 (1998)
45) H. Hagihara *et al.*, *Appl. Environ. Microbiol.*, **67**, 1744 (2001)
46) T. Nonaka *et al.*, *J. Biol. Chem.*, **278**, 24818 (2003)
47) L. L. Lin *et al.*, *Biotechnol. Appl. Biochem.*, **28**, 61 (1998)
48) M. Ballschmiter *et al.*, *Appl. Environ. Microbiol.*, **71**, 3709 (2005)
49) S. Kumar *et al.*, *Protein Expr. Purif.*, **41**, 38 (2005)
50) M. Schmidt *et al.*, *Environ. Technol.*, **31**, 1091 (2010)

3 好アルカリ性細菌のアルカリ適応機構と応用

伊藤政博[*]

3.1 イントロダクション

好アルカリ性細菌は，多様な分布を示す極限環境微生物の一種であり，その中のいくつかはpH 12以上の強アルカリ性環境でも生育することができる。好アルカリ性細菌は，バイオレメディエーションや産業応用に利用される酵素の生産菌として注目されている[1〜3]。そして，最近では特に"好アルカリ性"とさらに別の極限環境でも生育するような微生物（例えば，好熱好アルカリ性細菌，好冷好アルカリ性細菌，好塩好アルカリ性細菌などのpolyextremophiles）からの有用酵素の分離例も報告されるようになった[4〜7]。近年，好アルカリ性細菌のゲノム解析が増え続けているおかげで，これらのゲノム情報から有用酵素の研究も進められている。さらに，タンパク質工学的手法を用いた耐アルカリ性酵素の改変技術も進歩している[8〜11]。

本稿では，好アルカリ性細菌の定義と"好アルカリ性"の研究についての簡潔な歴史的背景から始める。その後に，好アルカリ性細菌の生態学，アルカリ環境適応機構，そして，応用について概説する。

3.2 好アルカリ性細菌の定義

我々は，pH 10以上で良好な生育を示す細菌を高度好アルカリ性細菌（extreme alkaliphiles）とし，pH 9〜10に生育至適pHを持つものを中度好アルカリ性細菌（moderate alkaliphiles），中性で良好な生育を示し，pH 9程度まで生育が可能な微生物を耐アルカリ性細菌（alkaline-tolerant bacteria）と定義する。好アルカリ性細菌は，さらにpH 9以下で生育しない，もしくはほとんど生育できないものを絶対好アルカリ性細菌（obligate alkaliphiles）とし，中性付近まで生育するものを通性好アルカリ性細菌（facultative alkaliphiles）と呼ぶ[12]。通常好熱好アルカリ性細菌，好冷好アルカリ性細菌，好塩好アルカリ性細菌などの複数の極限環境で生育する微生物（polyextremophiles）は，一般的な好アルカリ性細菌よりも"好アルカリ性"能力が低い傾向にある[13,14]。

3.3 歴史的背景

1960年代当時，理化学研究所の研究員だった掘越弘毅博士が，本格的に好アルカリ性微生物の研究をスタートさせ，この分野での基礎を築かれた。後になって掘越博士が過去の好アルカリ性微生物に関する報告を調べた結果，16編ほど見つかったと述べている[15]。アルカリ性環境と微生物に関する最初の報告は，1922年にMeekとLipmanによる中性環境で生育できる微生物をアルカリ性環境で生育させるとどうなるかというものであった。その後，1928年にもDownieとCruickshankによる似たような実験報告がある。また，好アルカリ性微生物に関する最初の報告

---

[*] Masahiro Ito 東洋大学 生命科学部 生命科学科 教授

は，1934年にGibsonがpH 11まで生育が可能な*Bacillus pasturii*を単離したもの[16]と同年にVedderがpH 8.6～11の範囲で良好に生育する*Bacillus alcalophilus*をヒトの排泄物から単離した[17]ものが挙げられる。その他に，1962年に日本の工業技術院微生物工業技術研究所の高原義昌氏，田辺修氏らが，インジゴを還元する菌を分離し，その菌の生育最適pHが11付近であると報告している[18,19]。現在では，世界中の研究者によって好アルカリ性微生物に関わる研究が行われており，特に，好アルカリ性微生物が生産するいくつかの菌体外酵素は，工業的に生産され，我々の日常生活の中で利用されている。そして，掘越博士によって好アルカリ性細菌が再発見されてから今日まで1,000編を超す好アルカリ性微生物に関する学術論文が出版されている。

3.4 生態学と多様性
3.4.1 生態学

2007年に湯本によって73種類のグラム陽性好アルカリ性細菌の網羅的な生態学的および分類学的な研究報告がなされている[20]。表1は，ゲノム解析が行われた好アルカリ性細菌をリストアップしたものである。この中のグラム陽性細菌の多くが，2007年の湯本の論文の後に発見された好アルカリ性細菌であり，このことは，最近の急速なペースでの新種発見が反映されていると言える。これら19種類の内訳は，グラム陽性菌が13種とグラム陰性菌が6種で，11種類が好気性もしくは微好気性，8種類が嫌気性細菌である。それらのほとんどは，土壌やソーダ湖といった自然界から分離されている。また，産業プラントや人工的な環境から分離された好アルカリ性細菌も二種類含まれている。

3.4.2 自然環境

自然界に存在するソーダ湖は，数多くの好アルカリ性細菌の分離場所となっている。ソーダ湖は，アフリカ大陸や中国大陸の乾燥気候の内陸部で広く見受けられ，湖の水が蒸発に伴い高塩濃度になることにより，湖によってはpHが11.5を超えることもある。ソーダ湖のNaCl濃度はおよそ5％（w/v）以上あり，時には，15％（w/v）を超える湖もある。ソーダ湖では，カルシウムイオンやマグネシウムイオンは沈殿してしまい，これらのイオンが低濃度に維持されている。ソーダ湖に溶け込んでいる主要なイオンとしては，塩化物イオン，ナトリウムイオン，炭酸イオン，重炭酸イオン，硫酸イオンなどが挙げられる。このような環境では，しばしば光合成を行うスピルリナなどの好アルカリ性シアノバクテリアが繁殖し，高濃度塩水湖からは，好塩好アルカリ性菌が分離され，湖を赤色に変色させている[21~24]。しばしば偏性好アルカリ性細菌が深海底や川の底泥から分離される。このような環境は，全体的にはアルカリ性環境とは言えないが，偏性好アルカリ性細菌がこのような環境の中からより生息しやすいアルカリ性環境を見つけて生き残れることを示唆している[25~28]。同様に，好アルカリ性*Bacillus*属と好アルカリ性*Paenibacillus*属細菌が，アルカリ環境であるシロアリ後腸から分離されている[29]。それらの好アルカリ性細菌は，アルカリ環境であるシロアリ後腸に到達するまでの途中の経路において低pH環境に曝されていたと推定されるが生育にはアルカリpHを要求する[30]。

第3章　酸性・アルカリ生物圏

表1　ゲノム解読が終了もしくは進行中の好アルカリ性細菌一覧

菌株名	GenBank番号	ゲノム解読状況	グラム染色による分類	分離源
好気性細菌				
Arthrospira platensis NIES-39	AP011615.1	終了	陰性	Saline soda lake
Bacillus alcalophilus Vedder1934	None	進行中	陽性	human feces
Bacillus clausii KSM-K16	AP006627.1	終了	陽性	soil
Bacillus halodurans C-125	BA000004.3	終了	陽性	soil
Bacillus pseudofirmus OF4	CP001878.1	終了	陽性	soil in New York State
Bacillus cellulosilyticus DSM2522	CP002394.1	終了	陽性	soil
Bacillus selenitireducens MLS10	CP001791.1	終了	陽性	alkaline, hypersaline, arsenic-rich mud from Mono Lake, California
Oceanobacillus iheyensis HTE831	BA000028.3	終了	陽性	deep sea soil
Caldalkalibacillus thermarum TA2.A1	AFCE00000000	Draft assembly	陽性	alkaline thermal spring
Thioalkalivibrio sulfidophilus HL-EbGr7	CP001339.1	終了	陰性	Thiopaq bioreactor
Spirulina platensis NIES39	AP011615.1	終了	陽性	Lake Chad in Africa
嫌気性細菌				
Alkalilimnicola ehrlichii MLHE-1	CP000453.1	終了	陰性	Mono Lake anoxic bottom water
Alkaliphilus metalliredigens QYMF	CP000724.1	終了	陽性	borax leachate ponds
Alkaliphilus oremlandii OhILAs	CP000853.1	終了	陽性	sediments from Ohio River
Desulfonatronospira thiodismutans ASO3-1	ACJN00000000	Draft assembly	陰性	sediments from highly alkaline saline soda lake on the Kulunda Steppe, Altai, Russia
Desulfurivibrio alkaliphilus AHT2	CP001940.1	終了	陰性	sediments from a highly alkaline saline soda lake in Egypt
Dethiobacter alkaliphilus AHT 1	ACJM00000000	Draft assembly	陽性	sediments from a highly alkaline saline soda lake in North Eastern Mongolia
Halanaerobium hydrogeniformans	CP002304	終了	陰性	Soap lake, WA
Natranaerobius thermophilus JW/NM-WN-LF	CP001034.1	終了	陽性	saline lakes in the Wadi El Natrun depression, Egypt

3.4.3　人工起源の産業界やその他の環境

日本伝統の藍染めや製紙パルプの漂白には水酸化ナトリウムが，セメント製造においては水酸化カルシウムが利用されている。その他，採掘活動や食品加工の現場にもアルカリ性環境が存在する[22]。近年，高pHで機能するバイオリアクターやバイオレメディエーションのプロセスから新規な好アルカリ性細菌が分離されている[31]。そして，アルカリ浸出（例えばホウ酸浸出や炭酸塩浸出）の過程で好アルカリ性細菌が集積培養されている[32,33]。*Thioalkalivibrio sulfidophilus* HLEbGr7（表1にリストされる）は，生物ガスから硫化水素を除去するのに用いられるThiopaq（バイオ脱硫）バイオリアクターにおいて，ソーダ湖から分離された*Thioalkalivibrio*属細菌の混合物から集積培養された微好気性なγ-プロテオバクテリアである[31,34]。表1以外の細菌としてアルカリ性条件で，Fe（III），Co（III），Cr（VI）を還元できる嫌気性*Alkaliphilus metalliredigens* QYMFがカリフォルニアのアルカリ性ホウ酸浸出水調整池から分離されている[32]。廃棄物処理の過程からも好アルカリ性細菌が集積分離されている。例えば，ジョージア州アトランタの汚水処理プラントの沈殿物から嫌気性の好熱好アルカリ性細菌*Clostridium thermoalcaliphilum*と中度好熱好アルカリ性細菌*Clostridium paradoxum*が分離されている[35,36]。この他にも産業廃棄物の投棄から鉱滓（スラグ）で満たされたためにpH 12よりも高いアルカリ性環境になってしまった南東シカゴのカルメット湖地域の湿地の堆積物や地下水から様々な好アルカリ性のバチルス属細菌やクロストリジウム属細菌が分離されている[37]。

3.4.4　多様性

ソーダ湖から分離される好アルカリ性細菌は，驚くべき多様性に富んでいる。そこには，シアノバクテリア，好塩好アルカリ性細菌，セレニウムやヒ素や他の金属を還元することができる呼吸鎖を持つ嫌気性と好気性のバチルス属細菌，多様なクロストリジウム属細菌，光合成紫細菌，窒素固定細菌，完全な硫黄サイクルを持つ無数の化学合成細菌，硝化細菌，メタン資化性菌，チオシアン酸塩を酸化する菌，水素産生好塩性嫌気性菌が分離されている[24,38~42]。最近好アルカリ性の嫌気性硫酸還元菌から，マグネトソームを持つものが報告された[43]。

3.5　好アルカリ性細菌のアルカリ適応機構
3.5.1　アルカリ菌のゲノムから明らかになったタンパク質の等電点の特徴

図1は，ゲノム解読が終了している好アルカリ性*Bacillus*属細菌と好中性*Bacillus*属細菌の全タンパク質の等電点（pI）を計算し，それぞれのタンパク質の局在（細胞質，細胞膜，細胞壁，菌体外）に応じて比較したものである[44]。この結果から分かるように好アルカリ性*Bacillus*属細菌の細胞壁や菌体外タンパク質は，酸性アミノ酸の含量が多く平均pIが低い傾向がある。特に*B. selenitireducens* MLS10株は，その傾向が顕著である。好アルカリ性細菌にとって低pIのタンパク質を細胞表層に持つことは，Na^+やH^+を細胞表層近傍で引き付けるのに役立っている可能性が示唆される。

第3章 酸性・アルカリ生物圏

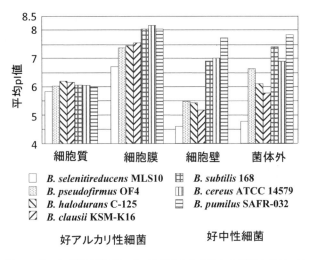

図1 ゲノム解読が終了している好アルカリ性および好中性Bacillus属細菌のタンパク質の局在を等電点（pI）による比較

3.5.2 好アルカリ性細菌の細胞内溶質の緩衝能

好アルカリ性細菌のアルカリ環境適応機構には，一般に細胞質内や細胞膜表層の緩衝能力では，不十分であると考えられている。それは，CCCPなどの脱共役剤処理をすると細胞内pHが速やかに細胞外pHと同じになることからも分かる。しかし，アルカリ性環境で生育させた好アルカリ性細菌Bacillus alcalophilusは，中性環境で生育させた好中性細菌や好アルカリ性細菌と比較すると高い細胞内緩衝能を持つことが実験により報告されている[45,46]。このことは，好アルカリ性細菌のアルカリ適応機構において細胞内の緩衝能を上昇させていることが示唆される。

3.5.3 細胞表層

好アルカリ性Bacillus属細菌の細胞壁のペプチドグリカン構造は，一般的なBacillus属細菌のものと違いがないA1γ型の構造を持っている[47]。好アルカリ性Bacillus属細菌の細胞壁表層の特徴は，高アルカリ性環境に適応するために二次的な細胞壁ポリマー（SCWPs）を持っていることである。研究が進んでいる好アルカリ性細菌Bacillus pseudofirmus OF4株とBacillus halodurans C-125株では，SCWPsの成分が異なるが，いずれもアルカリ性環境に適応するために重要な役割を果たしている。B. pseudofirmus OF4株のSCWPsは，Bacillus cereusグループが持つようなS-レイヤータンパク質（表層タンパク質）と細胞壁結合型のγ-ポリグルタミン酸ポリマーを含んでいるが，S-レイヤータンパク質の酸性アミノ酸含量が非常に高いという特徴がある。OF4株のS-レイヤータンパク質をコードしているslpA遺伝子欠損株は，pH7.5での増殖率が野生株よりも速くなり，pH11での生育には，培地に適合するための適応期が長くなるという性質を示す。このことは，菌の増殖にOF4株のS-レイヤータンパク質が，中性環境では，負担になっているが，アルカリ性環境では，急激なアルカリ環境への適応に重要な役割を果たしていることを示唆してい

る。一方，B. halodurans C-125株のSCWPsは，テイクロン酸とテイクロノペプチドといった酸性高分子を持っている。特にいずれのポリマーも菌を中性環境で生育させた場合よりもアルカリ性環境で生育させた場合の方が細胞壁中の含量が2～4倍上昇することが知られている[48]。これら酸性高分子を欠損させた変異株が取得されており，酸性高分子欠損株の高アルカリ性環境での生育が悪くなる。特に好アルカリ性Bacillus属細菌でのみ見つかっているテイクロノペプチドが，菌のアルカリ性環境での適応に寄与している[49]。

3.5.4 細胞膜

好アルカリ性細菌の細胞膜は，細胞外へのプロトンリークに対して耐性を持たなければならないと考えられているが，細胞膜のプロトン透過性に関する実際の直接的な証拠はまだ乏しい。しかし，多くの好アルカリ性細菌のゲノム解読が進んだことと遺伝子工学的アプローチができる菌が増えたことにより，好アルカリ性細菌の細胞膜の役割を解明する研究は大変興味深いものとなってきている。Clejanらは，絶対好アルカリ性細菌Bacillus pseudofirmus RABとBacillus alcalophilus，それと上記2株と近縁の通性好アルカリ性細菌Bacillus pseudofirmus OF1とOF4株，さらに好中性細菌の枯草菌の細胞膜成分を比較研究した[50]。その結果，全ての好アルカリ性細菌の細胞膜で，枯草菌細胞膜に比べて高度にアニオン性リン脂質（特にカルジオリピン）の含量が多く，いずれもかなりの量のスクアレンを保持していた[50]。この他に，偏性と通性の好アルカリ性細菌では，細胞膜中の不飽和脂肪酸や分岐脂肪酸の組成が異なっていることが好アルカリ性細菌Bacillus sp. YN-2000の細胞膜で報告されている[51]。

YN-2000株を中性で培養するよりもアルカリ性環境で培養した方がアニオン性リン脂質量の顕著な増大が観察される[51,52]。この他にも二種類の分子が好アルカリ性細菌の細胞膜との関連で注目される。一つ目は，Bacillus halodurans C-125株で見つかったFlotillin様タンパク質である。Flotillinは脂質ラフトに局在することから，脂質ラフトマーカータンパク質として広く認知されるようになったタンパク質であり，C-125株においては，このFlotillinが転写レベルでも翻訳レベルでもアルカリ性環境で誘導を受けることが示されている[53]。このFlotillinが全ての好アルカリ性細菌で同定されているわけではないが，その役割については，興味深いものがある。二つ目は，いくつかの好アルカリ性Bacillus属細菌が生産する黄色い膜と関連するトリテルペノイド，カロテノイド色素である[54]。これらの色素は，最近報告された非好アルカリ性Bacillus属細菌のものとおそらく類似であると考えられる[55,56]。これらの色素の役割としては，光損傷や活性酸素種に対しての抵抗性に関与するようであるが，細胞膜に好アルカリ性を付与する役割などの他の特性もある可能性がある。

3.5.5 好アルカリ性細菌の生体エネルギー論

図2に，好アルカリ性Bacillus属細菌のNaサイクルの概略図を示す。一般にpH10.5で生育させた好アルカリ性細菌Bacillus pseudofirmus OF4株の細胞内pHは，8.2付近に維持されている。この細胞内外のpH差は，細胞膜に存在するNa^+/H^+アンチポーター（Mrpアンチポーター）が重要な役割を果たしている[57]。この細菌が持つMrpアンチポーターは，七つの膜タンパク質が複合

第3章　酸性・アルカリ生物圏

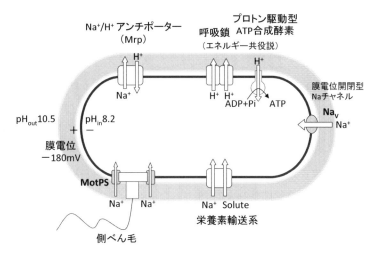

図2　好アルカリ性 *Bacillus* 属細菌のNaサイクルの概略図

体を形成していることが明らかとなっている[58]。べん毛の回転や栄養の取り組みには，Na駆動力が利用されている。また，膜電位開閉型のNaチャネルもNa$^+$環境の制限された環境でのNaサイクルによる細胞内pHの維持に重要な役割を果たしている[59]。この細菌のATP合成には，プロトン駆動力が小さいアルカリ性環境においてもNa駆動力ではなくプロトン駆動力が利用されている[60]。このような環境でどのように効率的にATP合成を行っているかについては，Krulwichにより，化学共役説が提唱されている[60]。すなわち，呼吸鎖から排出されたプロトンが外環境の水酸化物イオンとの中和に利用されるのではなく，直接的にATP合成酵素にプロトンを受け渡すことによってより効率的にATP合成を行っているという仮説である。現在までに，試験管内での分光学的解析から呼吸鎖の caa_3 型シトクロム酸化酵素と F_1F_0-ATP合成酵素が共局在していることが報告されている[61]。しかし，直接的な証明はされていない。これまでにこれらの酵素が超複合体構造をとっているという報告例はなく，二つの酵素の相互作用は強固な結合というよりも動的なものであると推定される。

3.6　好アルカリ性細菌の産業応用

好アルカリ性細菌を利用したバイオテクノロジー分野への応用研究は，好アルカリ性細菌の全ゲノム解析数の増加やメタゲノム中での好アルカリ性細菌由来の増加，さらには，研究が進んだ好アルカリ性細菌の増加により増え続けている。好アルカリ性細菌の応用分野としては，①アルカリ酵素の利用，②バイオレメディエーションなどの生物プロセス，③好アルカリ性細菌由来の生産物の利用が挙げられる。好アルカリ性細菌の酵素の中で，もっとも工業的に利用されているものは，衣類洗濯や食洗機の洗剤に含まれる酵素である[1〜3,62]。そして，好アルカリ性細菌由来のプロテアーゼとアミラーゼに関しては，分子構造と酵素機能の両面から活発に研究が行われてい

る[3,8,10,11,63~65]。サイクロデキストリン（CD）は，医薬，化粧品，食物調味料，さらには，マスクなど様々な分野へ利用されているが，これも好アルカリ性細菌が生産するサイクロマルトデキストリン・グルカノトランスフェラーゼ（CGTase）によるサイクロデキストリンの大量生産が可能になったことによる。また，多くの好アルカリ性細菌が生産するカロテノイドや鉄吸収に利用されるシデロフォアなどが有望な生産物として期待され，バイオテクノロジーによる応用が検討されている[3,44,66,67]。この他にも様々な生物プロセスでの好アルカリ性細菌の利用が報告されている。インディゴブルー染料の製造における好アルカリ性細菌の利用[3]や，北海道の魚の卵を処理するプラントの排水管プールから分離された炭化水素で生育する好冷好アルカリ性細菌 *Dietzia psychralcaliphila* による，寒冷気候での油で汚染された土壌または汚染水のバイオレメディエーションへの利用などが提案されている[4]。混合培地中での好塩好アルカリ性の硫黄酸化細菌は石油産業廃水の中で無機硫黄化合物の処理に利用できるのではないかと提案されている[68]。Tiopaqリアクター（天然ガスからのバイオ脱硫）には，硫黄酸化の好塩好アルカリ性の *Thioalkalivibrio* 属細菌が利用されている[31]。また，その後，*Thioalkalivibrio* 属細菌を利用したプラントで硫黄を硫酸塩に90％以上変換し，含まれているベンゼンを取り除く新規な好塩好アルカリ性細菌群が見つかっている。このことから，好塩好アルカリ性細菌群には，アルカリ性土壌における環境汚染問題の軽減に貢献できる可能性が示された[69]。

3.7 最後に

近年の好アルカリ性細菌に関する研究の発展は，その多様性やゲノム解読のお蔭により急速に進んでいる。一昔前は，好アルカリ性細菌由来の応用研究は，この菌が生産する酵素の利用に関するものが多かった。しかし，今後は，バイオリアクターや環境浄化，さらには新分野での好アルカリ性細菌自体を利用した応用研究が進み，さらなる研究領域が立ち上がることを期待する。

文　献

1) Horikoshi K., *Microbiol. Mol. Biol. Rev.*, **63**, 735-750 (1999)
2) Fujinami S. and Fujisawa M., *Environ. Technol.*, **31**, 845-856 (2010)
3) Sarethy I. P., Saxena Y., Kapoor A., Sharma M., Sharma S. K., Gupta V. and Gupta S., *J. Ind. Microbiol. Biotechnol.*, **38**, 769-790 (2011)
4) Yumoto I., Nakamura A., Iwata H., Kojima K., Kusumoto K., Nodasaka Y. and Matsuyama H., *Int. J. Syst. Evol. Microbiol.*, **52**, 85-90 (2002)
5) Yumoto I., Hirota K., Nodasaka Y., Yokota Y., Hoshino T. and Nakajima N., *Int. J. Syst. Evol. Microbiol.*, **54**, 2379-2383 (2004)
6) Mesbah N. M. and Wiegel J., *Ann. NY Acad. Sci.*, **1125**, 44-57 (2008)

7) Wiegel J. and Kevbrin V. V., *Biochem. Soc. Trans.*, **32**, 193-198 (2004)
8) Shirai T., Suzuki A., Yamane T., Ashida T., Kobayashi T., Hitomi J. and Ito S., *Protein Eng.*, **10**, 627-634 (1997)
9) Shirai T., Yamane T., Hidaka T., Kuyama K., Suzuki A., Ashida T., Ozaki K. and Ito S., *J. Biochem.*, **122**, 683-685 (1997)
10) Shirai T., Ishida H., Noda J., Yamane T., Ozaki K., Hakamada Y. and Ito S., *J. Mol. Biol.*, **310**, 1079-1087 (2001)
11) Shirai T., Igarashi K., Ozawa T., Hagihara H., Kobayashi T., Ozaki K. and Ito S., *Proteins*, **66**, 600-610 (2007)
12) Krulwich T. A., Liu J., Morino M., Fujisawa M., Ito M. and Hicks D., Adaptive mechanisms of extreme alkaliphiles. in Extremophiles Handbook (Horikoshi K., Antranikan G., Bull A., Robb F. T. and Stetter K. eds.), Springer, Heidelberg, pp 120-139 (2011)
13) Bowers K. J., Mesbah N. M. and Wiegel J., *Saline Systems*, **5**, 9 (2009)
14) Hicks D. B., Liu J., Fujisawa M. and Krulwich T. A., *Biochim. Biophys. Acta*, **1797**, 1362-1377 (2010)
15) Horikoshi K., Introduction. in Alkaliphiles, genetic properties and application of enzymes (Horikoshi K. ed.), Springer, Berlin, pp 3-5 (2006)
16) Gibson T., *J. Bacteriol.*, **28**, 313-322 (1934)
17) Vedder A., *Ant. v. Leeuwenhoek J. Microbiol Serol.*, **1**, 141-147 (1934)
18) Takahara Y., Takahashi Y. and Tanabe O., *J. Ferment. Technol.*, **39**, 183-187 (1961)
19) Takahara Y. and Tanabe O., *J. Ferment. Technol.*, **40**, 77-80 (1962)
20) Yumoto I., Environmental and taxonomic biodiversities of Gram-positive alkaliphiles. in Physiology and Biochemistry of Extremophiles (Gerday C. Glansdorff N. eds.), ASM Press, Washington, D.C., pp 295-310 (2007)
21) Grant W. D. and Tindall B. J., The alkaline saline environment. in Microbes in Extreme Environments (Herbert R. A. and Codd G. A. eds.), Academic Press, London., pp 25-54 (1986)
22) Jones B. E., Grant W. D., Duckworth A. W. and Owenson G. G., *Extremophiles*, **2**, 191-200 (1998)
23) Grant W. D., Alkaline environments and biodiversity. in Extremophiles (Life Under Extreme External Conditions) (Gerday C. and Glansdorff N. eds.), Eolss Publishers, Oxford, U.K., On-line publication www.eolss.net (2003)
24) Sorokin D. Y. and Kuenen J. G., *FEMS Microbiol. Ecol.*, **52**, 287-295 (2005)
25) Guffanti A. A., Blanco R., Benenson R. A. and Krulwich T. A., *J. Gen. Microbiol.*, **119**, 79-86 (1980)
26) Horikoshi K. and Akiba T., Alkalophilic Microorganisms, Springer-Verlag, Heideberg (1982)
27) Guffanti A. A., Finkelthal O., Hicks D. B., Falk L., Sidhu A., Garro A. and Krulwich T. A., *J. Bacteriol.*, **167**, 766-773 (1986)
28) Takami H., Kobata K., Nagahama T., Kobayashi H., Inoue A. and Horikoshi K., *Extremophiles*, **3**, 97-102 (1999)

29) Thongaram T., Hongoh Y., Kosono S., Ohkuma M., Trakulnaleamsai S., Noparatnaraporn N. and Kudo T., *Extremophiles*, **9**, 229-238 (2005)
30) Thongaram T., Kosono S., Ohkuma M., Hongoh Y., Kitada M., Yoshinaka T., Trakulnaleamsai S., Noparatnaraporn N. and Kudo T., *Microbes. Environ.*, **18**, 152-159 (2003)
31) Sorokin D. Y., van den Bosch P. L., Abbas B., Janssen A. J. and Muyzer G., *Appl. Microbiol. Biotechnol.*, **80**, 965-975 (2008)
32) Ye Q., Roh Y., Carroll S. L., Blair B., Zhou J., Zhang C. L. and Fields M. W., *Appl. Environ. Microbiol.*, **70**, 5595-5602 (2004)
33) Ghauri M. A., Khalid A. M., Grant S., Grant W. D. and Heaphy S., *Curr. Microbiol.*, **52**, 487-492 (2006)
34) Muyzer G., Sorokin D. Y., Mavromatis K., Lapidus A., Clum A., Ivanova N., Pati A., d' Haeseleer P., Woyke T. and Kyrpides N. C., *Stand. Genomic Sci.*, **4**, 23-35 (2011)
35) Li Y., Mandelco L. and Wiegel J., *Int. J. System. Bacteriol.*, **43**, 450-460 (1993)
36) Li Y., Engle M., Weiss N., Mandelco L. and Wiegel J., *Int. J. Syst. Bacteriol.*, **44**, 111-118 (1994)
37) Roadcap G. S., Sanford R. A., Jin Q., Pardinas J. R. and Bethke C. M., *Ground Water*, **44**, 511-517 (2006)
38) Asao M., Pinkart H. C. and Madigan M. T., *Environ. Microbiol.*, doi:10.1111/j.1462-2920.2011.02449x (2011)
39) Blum J. S., Bindi A. B., Buzzelli J., Stolz J. F. and Oremland R. S., *Arch. Microbiol.*, **171**, 19-30 (1998)
40) Brown S. D., Begemann M. B., Mormile M. R., Wall J. D., Han C. S., Goodwin L. A., Pitluck S., Land M. L., Hauser L. J. and Elias D. A., *J. Bacteriol.*, **193**, 3682-3683 (2011)
41) Sorokin D. Y. and Kuenen J. G., *FEMS Microbiol. Rev.*, **29**, 685-702 (2005)
42) Sorokin D. Y., Kuenen J. G. and Muyzer G., *Front. Microbiol.*, **2**, 44 (2011)
43) Lefevre C. T., Frankel R. B., Posfai M., Prozorov T. and Bazylinski D. A., *Environ. Microbiol.*, doi:10.1111/j.1462-2910.2011.02505.x (2011)
44) Janto B., Ahmed A., Liu J., Hicks D. B., Pagni S., Fackelmayer O. J., Smith T. A., Earl J., Elbourne L. D. H., Hassan K., Paulsen I. T., Kolst A. B., Tourasse N. J., Ehrlich G. D., Boissy R., Ivey D. M., Li G., Xue Y., Ma Y., Hu F. and Krulwich T. A., *Environ. Microbiol.*, **13**, 3289-3309 (2011)
45) Ruis N. and Loren J. G., *Appl. Environ. Microbiol.*, **64**, 1344-1349 (1998)
46) Slonczewski J. L., Fujisawa M., Dopson M. and Krulwich T. A., *Adv. Microb. Physiol.*, **55**, 1-79 (2009)
47) Aono R., Horikoshi K. and Goto S., *J. Bacteriol.*, **157**, 688-689 (1984)
48) Aono R., *Biochem. J.*, **245**, 467-472 (1987)
49) Aono R., Ito M. and Machida T., *J. Bacteriol.*, **181**, 6600-6606 (1999)
50) Clejan S., Krulwich T. A., Mondrus K. R. and Seto-Young D., *J. Bacteriol.*, **168**, 334-340 (1986)
51) Yumoto I., Yamazaki K., Hishinuma M., Nodasaka Y., Inoue N. and Kawasaki K.,

Extremophiles, **4**, 285-290 (2000)
52) Enomoto K. and Koyama N., *Curr. Microbiol.*, **39**, 270-273 (1999)
53) Zhang H. -M., Li Z., Tsudome M., Ito S., Takami H. and Horikoshi K., *The Protein J.*, **24**, 125-131 (2005)
54) Aono A. and Horikoshi K., *Agric. Biol. Chem.*, **55**, 2643-2645 (1991)
55) Khaneja R., Perez-Fons L., Fakhry S., Baccigalupi L., Steiger S., To E., Sandmann G., Dong T. C., Ricca E., Fraser P. D. and Cutting S. M., *J. Appl. Microbiol.*, **108**, 1889-1902 (2009)
56) Perez-Fons L., Steiger S., Khaneja R., Bramley P. M., Cutting S. M., Sandmann G. and Fraser P. D., *Biochim. Biophys. Acta*, **1811**, 177-185 (2011)
57) Morino M., Natsui S., Ono T., Swartz T. H., Krulwich T. A. and Ito M., *J. Biol. Chem.*, **285**, 30942-30950 (2010)
58) Morino M., Natsui S., Swartz T. H., Krulwich T. A. and Ito M., *J. Bacteriol.*, **190**, 4162-4172 (2008)
59) Ito M., Xu H., Guffanti A. A., Wei Y., Zvi L., Clapham D. E. and Krulwich T. A., *Proc. Natl. Acad. Sci. USA*, **101**, 10566-10571 (2004)
60) Krulwich T. A., *Mol. Microbiol.*, **15**, 403-410 (1995)
61) Liu X., Gong X., Hicks D. B., Krulwich T. A., Yu, L. and Yu C. A., *Biochemistry*, **46**, 306-313 (2007)
62) Ito S., Kobayashi T., Ara K., Ozaki K., Kawai S. and Hatada Y., *Extremophiles*, **2**, 185-190 (1998)
63) Gupta R., Berg Q. K. and Lorenz P., *Appl. Microbiol. Biotechnol.*, **59**, 15-32 (2002)
64) Saeki K., Ozaki K., Kobayashi T. and Ito S., *J. Biosci. Bioeng.*, **103**, 501-508 (2007)
65) Takimura Y., Saito K., Okuda M., Kageyama Y., Katsuhisa S., Ozaki K., Ito S. and Kobayashi T., *Appl. Microbiol. Biotechnol.*, **76**, 395-405 (2007)
66) McMillan D. G., Vetasquez I., Nunn B. L., Goodlett D. R., Hunter K. A., Lamont I., Sander S. G. and Cook G. M., *Appl. Environ. Microbiol.*, **76**, 6955-6961 (2010)
67) Miethke M., Pierik A. J., Peuckert F., Seubert A. and Marahiel M. A., *J. Biol. Chem.*, **286**, 2245-2260 (2011)
68) Olguin-Lora P., Le Borgne S., Castorena-Cortes G., Roldan-Carrillo T., Zapata-Penasco I., Reyes-Avila J. and Alcantara-Perez S., *Biodegradation*, **22**, 83-93 (2011)
69) de Graaff M., Bijmans M. F. M., Abbas B., Euverink G. -J. W., Muyzer G. and Janssen A. J. H., *Bioresource Technol.*, **102**, 7257-7264 (2011)

4 好アルカリ性細菌由来酵素の産業応用と耐アルカリ性機構

中村 聡*

4.1 はじめに

　人類の酵素利用のルーツは，有史以前の発酵・醸造食品製造にまでさかのぼる。そして，19世紀後半のキモシンやタカジアスターゼなどの成功が端緒となり，酵素の産業応用は拡大の一途をたどることとなった。酵素は食品産業，化学産業，診断・医薬品といった分野で広く用いられ，現在，産業応用されている酵素は実に400種類にものぼる[1]。酵素は水溶液中の穏和な条件で触媒活性を有し，高い基質特異性と反応選択性を示す一方で，タンパク質であるため高温や極端なpH条件では失活しやすい。このような酵素の欠点を克服できるものと期待されるのが，極限環境微生物が生産する極限酵素である[1,2]。極限酵素は極限条件においても機能するものが多く，すでに実用化されているものも少なくない。特に洗剤添加用酵素の市場では好アルカリ性微生物（細菌）由来のアルカリ酵素が独壇場となっており，好熱性微生物由来の耐熱酵素と共に全酵素市場の大きな割合を占めている[2]。これまでに耐熱酵素の耐熱機構についてはある程度の知見が蓄積されているが，アルカリ酵素の耐アルカリ性機構については不明な点が多く残されている。

　β-1,4-キシラン（キシラン）は陸上植物の細胞壁中に多く含まれる多糖であり，D-キシロースがβ-1,4結合を介して連なった主構造をとる。キシランのβ-1,4結合を加水分解する酵素がβ-1,4-キシラナーゼ（キシラナーゼ；EC3.2.1.8）である。キシラナーゼは多くの細菌や糸状菌などによって生産される[3]。現在までに報告されている微生物由来のキシラナーゼの大部分は，反応至適pHを酸性から中性領域に有するものであった。近年，キシラナーゼの各種産業への応用が注目を集めている[3,4]。たとえば，キシロオリゴ糖製造，パルプ漂白補助，小麦粉の改質，家畜飼料の消化性向上，バイオエタノール製造など，キシラナーゼの応用分野は拡大の一途をたどりつつある。一般にキシランなどの多糖類はアルカリ性で水に溶けやすくなることから，産業応用を考えた場合，高温・アルカリ性条件下で高活性を示すキシラナーゼが有利であることは論を待たない。

　筆者らは世界に先駆け，アルカリ性領域に反応の至適を有する新規なアルカリキシラナーゼの分離に成功している。本稿では，当該酵素の耐アルカリ性機構の分子レベルでの解明とさらなる耐アルカリ性向上を目指した研究のこれまでの成果を紹介し，今後の展開について述べる。

4.2 新規アルカリキシラナーゼの分離とドメイン構成

　千葉県の森林土壌より，キシラナーゼ生産菌である好アルカリ性*Bacillus* sp. 41M-1株を分離した[5~7]。41M-1株は培養上清中に複数のキシラナーゼを分泌生産する。そのうちの一つ，キシラナーゼJの精製を行い，その性質を調べた。その結果，本酵素はアルカリ性領域（pH 9.0）に反応の至適を有していることがわかった。微生物に由来するキシラナーゼの反応至適pHは酸性か

＊　Satoshi Nakamura　東京工業大学　大学院生命理工学研究科　生物プロセス専攻　教授

第3章　酸性・アルカリ生物圏

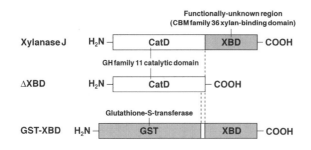

図1　キシラナーゼJおよびその誘導体の構造模式図
キシラナーゼJ，触媒ドメイン領域のみから構成される欠失型酵素（ΔXBD）およびC末端機能未知領域（XBD）とGSTとの融合タンパク質（GST-XBD）の構造を模式的に示した。

ら中性付近にあるのが通例であり，アルカリ性領域に至適を有する酵素の報告はキシラナーゼJが初めてであった。

41M-1株の染色体DNAよりキシラナーゼJ遺伝子をクローニングした[5~7]。遺伝子配列より類推されるアミノ酸配列の相同性比較より，キシラナーゼJのアミノ末端（N末端）側2/3の領域は糖質加水分解酵素（GH）ファミリー11触媒ドメインであると考えられた（図1）。また，触媒ドメインのみから構成される欠失型酵素ΔXBDの反応至適pHはpH 8.5であり，キシラナーゼJの耐アルカリ性のカギを握っているのは主として触媒ドメイン領域と考えられた[8]。

一方，触媒ドメインのカルボキシル末端（C末端）側には，約100残基からなるポリペプチド領域が結合していた[5~7]。当初，このC末端側1/3に相当する領域と既知タンパク質との間に顕著なアミノ酸配列の相同性は認められず，その機能は不明であった（1993年当時）。そして，C末端機能未知領域をグルタチオン-S-トランスフェラーゼ（GST）に融合したキメラタンパク質GST-XBDの解析により，この領域はキシラン結合ドメイン（XBD）であることが明らかとなった[5,6,8]。現時点で，本XBDは糖質結合モジュール（CBM）ファミリー36に分類されている。

4.3　触媒ドメイン領域のタンパク質工学検討と耐アルカリ性の向上

GHファミリー11キシラナーゼにおいては，二つの酸性アミノ酸が関与する触媒機構が提唱されている[4~7]。二つの酸性アミノ酸はクレフト内部で互いに向かい合って存在し，片方が一般酸/塩基触媒，もう一方が求核剤ならびに反応中間体の安定化に機能するというものである。反応の前後において基質である糖の還元末端のアノマー型が変わらないことから，この反応機構はリテイニング機構とよばれる。他のキシラナーゼとのアミノ酸配列比較に基づくタンパク質工学検討の結果，キシラナーゼJの触媒残基はGlu93およびGlu183であることが明らかとなった[4~7]。また，Trp18，Trp86，Tyr84およびTyr95といった芳香族アミノ酸が基質結合に重要な役割を果たしていることも示された。さらに，反応至適pHが酸性側にシフトしたいくつかの変異型酵素が得られたが，キシラナーゼJの耐アルカリ性機構については依然として不明であった。

最近，筆者らはX線結晶構造解析によるキシラナーゼJ全領域の立体構造の決定に成功した[4,7,9]（PDB ID：2DCK，2DCJ）。これまでに，触媒ドメインと糖質結合モジュールの立体構造を別々に解析した例はあるが，完全長のマルチドメインキシラナーゼの立体構造を決定したのは本酵素が初めてである。キシラナーゼJの触媒ドメイン領域は，GHファミリー11キシラナーゼに保存さ

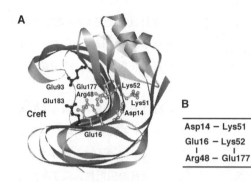

図2 キシラナーゼJ触媒ドメイン領域の立体構造（A），およびクレフト内部に存在する特徴的塩橋（B）

塩橋を形成する酸性アミノ酸（Asp14, Glu16およびGlu177）ならびに塩基性アミノ酸（Lys51, Arg48およびLys52）を，触媒残基（Glu93およびGlu183）とともに示した。

れているβ-ジェリーロール構造をとることがわかった（図2）。キシラナーゼJの立体構造が決定されたことにより，他のGHファミリー11キシラナーゼとの立体構造の比較が可能になった。キシラナーゼJを含むアルカリキシラナーゼ，中性キシラナーゼおよび酸性キシラナーゼの立体構造比較の結果，キシラナーゼJを含むアルカリキシラナーゼのクレフト内部には，他の中性および酸性キシラナーゼには見られない塩橋（ネットワーク）が存在することが明らかとなった。

キシラナーゼJの耐アルカリ性に対する，これら塩橋の関与を調べることにした。すなわち，ΔXBDを基盤として，塩橋を形成する酸性アミノ酸（Asp14, Glu16およびGlu177）および塩基性アミノ酸（Arg48, Lys51およびLys52）をそれぞれ中性アミノ酸へ置換することで，塩橋を破壊した変異型酵素を調製し，それらの反応pH依存性を調べた。その結果，各種変異型酵素においては反応至適pHの酸性側へのシフトが観察され，これら塩橋は本酵素のアルカリ性条件における活性発現に重要な役割を果たしていることが明らかとなった[4,7,9]。次に，塩橋を形成するアミノ酸残基のうち，Lys51およびLys52をArgへ置換することで，塩橋の強化を試みた。調製した変異型酵素の一つ，ΔXBD$_{K51R}$においては，反応の至適が野生型のpH 8.5からpH 9.0へとアルカリ性側にシフトしていた[4,7,9]（図3）。

アルカリ酵素はその分子表面に多くのArgおよび親水性無電荷アミノ酸をもち，Lysおよび負電荷アミノ酸は少ないという[10]。そのことを受け，*Trichoderma reesei*由来GHファミリー11キシラナーゼIIについて，クレフト外部の分子表面（Ser/Thr表面とよばれる領域）に過剰のArgを導入した変異型酵素が構築された[11]。Ser/Thr表面に五つのArgを導入した変異型酵素においては，野生型ではpH 5～6にあった反応の至適が，pH 6～7へと中性側にシフトしていた。そこで筆者らも，キシラナーゼJのクレフト外部分子表面にArgを導入することで，耐アルカリ性のさらなる向上を試みた。*T. reesei*由来キシラナーゼIIの例に倣い，ΔXBDのSer/Thr表面に五つのArgを導入した変異型酵素ΔXBD$_{R5}$（Ser26, Thr34, Asn74, Asn76およびAsn192をいずれもArgに置換；図4）においては，反応至適pHがアルカリ性側へシフトしていた[4]（図3参照）。また，反応至適pHのアルカリ性側へのシフトはSer/Thr表面に三つのArgを導入（Ser26, Asn76およびAsn192をArgに置換）することによっても達成可能であった（データ示さず）。

クレフト外部の分子表面へのArgの導入およびクレフト内部に存在する特徴的塩橋の強化（Lys51のArgへの置換）を組み合わせた変異型酵素ΔXBD$_{R5/K51R}$においては、野生型酵素ではpH 8.5に

第3章 酸性・アルカリ生物圏

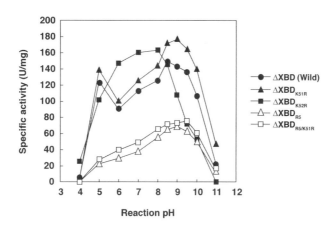

図3 野生型ΔXBD, 特徴的塩橋を強化した変異型酵素および分子表面にArgを導入した変異型酵素の反応pH依存性
キシラナーゼJの触媒ドメイン領域のみからなる欠失型酵素ΔXBDを基盤とし,クレフト内部に存在する特徴的塩橋を強化した変異型酵素ΔXBD$_{K51R}$,およびSer/Thr表面に五つのArgを導入した変異型酵素ΔXBD$_{R5}$において,反応至適pHのアルカリ性側へのシフトが観察された。また,特徴的塩橋の強化と分子表面へのArg導入は,耐アルカリ性の向上に互いに相加的に働いた。

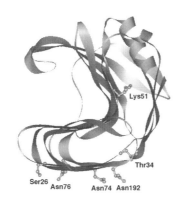

図4 キシラナーゼJ触媒ドメイン領域の立体構造およびArg導入部位
Argを導入したSer/Thr表面上の五つのアミノ酸(Ser26, Thr34, Asn74, Asn76およびAsn192)を,特徴的塩橋を形成するLys51とともに示した。

あった反応の至適が,pH 9.5にまでシフトすることが明らかとなった[4](図3参照)。以上より,クレフト外部の分子表面へのArgの導入は,クレフト内部に存在する特徴的塩橋の強化とは独立して,キシラナーゼJの耐アルカリ性の向上に互いに相加的に働くことが明らかとなった。ちなみに,*Aspergillus kawachii*由来酸性キシラナーゼCにおいては,一般酸/塩基触媒残基近傍に存在する酸性アミノ酸が一般酸/塩基触媒残基側鎖カルボキシル基のpK_aを下げるために寄与しているほか,Ser/Thr表面には酸性アミノ酸が多いという[6,9,12]。このあたりが,同じGHファミリー

11に属するキシラナーゼの耐アルカリ性/耐酸性を決定づける要因となっているのであろう。いずれにしても，これまでにいくつかのGHファミリー11に属する酸性および中性キシラナーゼにおいて，タンパク質工学や進化分子工学の手法により，反応至適pHを中性〜アルカリ性側にシフトさせた例が報告されているが[11〜13]．アルカリ酵素の反応至適pHをさらにアルカリ性側にシフトさせたのは本研究が初めてである。

4.4 XBD領域のタンパク質工学検討

キシラナーゼJのC末端機能未知領域はXBDであることは先に述べた。本XBDは不溶性キシラン基質に結合することで，隣接する触媒ドメインによる不溶性キシランの加水分解を促進する[5〜9]。キシラナーゼJのXBD領域を欠失させることで反応至適pHがpH 9.0からpH 8.5へとシフトすることから，本XBDはわずかではあるがキシラナーゼJの耐アルカリ性にも貢献している。しかしながら，XBDの不溶性キシラン結合機構は不明であった。筆者等が研究を開始した時点でXBDの立体構造に関する知見はなかったため，ファージディスプレイとランダム突然変異を組み合わせた進化分子工学の手法により，XBDの不溶性キシラン結合に関与するアミノ酸残基の特定を試みた。エラープローンPCRを用いてランダム変異を導入したXBD遺伝子を繊維状ファージベクターに連結した後，大腸菌に導入し，各種変異型XBDを提示するファージライブラリーを構築した。不溶性キシランへの結合能を失った変異体ファージの解析により，少なくともPhe284，Asp286，Asp313，Trp317およびAsp318が不溶性キシラン結合に関与していることが推察された[6,8]。

その後，筆者らが明らかにしたキシラナーゼJの立体構造によれば，XBD領域も触媒ドメインと同様のβ-ジェリーロール構造をとり，二つのCa^{2+}を含む（図5）。本XBDとキシロオリゴ糖

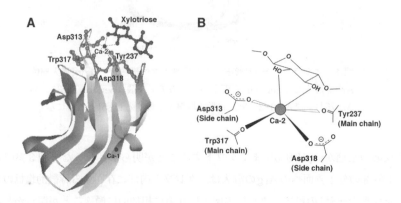

図5　XBDとキシロオリゴ糖との複合体立体構造モデル（A），およびCa^{2+}への配位結合の様子（B）
　　　Ca^{2+}への配位結合に関与する残基（Tyr237, Asp313, Trp317およびAsp318）ならびにキシロース環との疎水性相互作用に関与する残基（Tyr223およびTyr237）を示した。この図ではCa^{2+}に配位結合していると思われる一つの水分子は省略しており，Ca^{2+}は全体として7配位をとるものと考えられる。

第3章　酸性・アルカリ生物圏

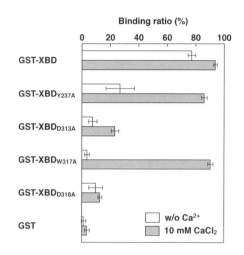

図6　Ca^{2+}への配位結合に関与する残基にアミノ酸置換を導入した各種変異型GST-XBDの不溶性キシランに対する結合率

との複合体モデルによれば，キシロースの二つの酸素原子がXBDに含まれるCa^{2+}に配位結合しており，そのCa^{2+}にはTyr237，Asp313，Trp317およびAsp318が配位結合していると考えられた。Ca^{2+}に結合しているこれらのアミノ酸残基のうちAsp313，Trp317およびAsp318は，キシラナーゼJの立体構造が明らかになる以前から，ファージディスプレイを用いた進化分子工学的検討により不溶性キシラン結合に重要であることが推定されていたアミノ酸残基である。そこで，Ca^{2+}に配位結合する四つのアミノ酸をAlaに置換した変異型GST-XBDを調製し，不溶性キシランに対する結合率を調べた。その結果，すべての変異型GST-XBDの結合率は野生型に比べて大きく低下し，これらの残基が実際に不溶性キシラン結合に関与していることが確かめられた[14]（図6）。さらに，Ca^{2+}を十分量添加した状態で結合率を測定したところ，GST-XBD$_{Y237A}$およびGST-XBD$_{W317A}$の結合率はCa^{2+}非添加時に比べて大きく回復するのに対し，GST-XBD$_{D313A}$およびGST-XBD$_{D318A}$の結合率はほとんど変化しないことがわかった。XBDとキシロオリゴ糖との複合体立体構造モデルにおいて，基質結合に関与するCa^{2+}には，Tyr237およびTrp317の主鎖カルボニル基の酸素原子，ならびにAsp313およびAsp318の側鎖酸素原子が配位結合している（図5参照）。Asp313およびAsp318をAlaに置換した場合，Ca^{2+}との配位結合は完全に消失するため，後からCa^{2+}を添加してもCa^{2+}の取り込みは起こらなかったと考えられる。一方，Tyr237およびTrp317をAlaに置換した場合，Ca^{2+}との配位結合に関与する主鎖酸素原子はなお存在している。そのため，Ca^{2+}の添加により脱落していたCa^{2+}が補われ，結合能が回復したものと考えられた。

XBDの不溶性キシラン結合においてCa^{2+}が重要であることは上で述べたが，Ca^{2+}の役割はMg^{2+}，Mn^{2+}，Co^{2+}，Ni^{2+}といった他の2価金属イオンで代替可能であった。また，このキシラナーゼJのXBDは不溶性キシラン以外に，非晶性セルロースへの結合能を示す。XBDの非晶性セルロースへの結合能に際しては，Co^{2+}およびNi^{2+}のみがCa^{2+}と代替可能であり，Co^{2+}およびNi^{2+}の存在下ではCa^{2+}以上の結合率を示すことがわかった。これより，Ca^{2+}を他の2価金属イオンで置換することで，特定の不溶性多糖に対する結合率を向上させることが可能であることが明らかとなった（データ示さず）。

4.5 おわりに

アルカリ性条件において高活性を示すキシラナーゼJに注目し，その耐アルカリ性機構の分子レベルでの解明とさらなる耐アルカリ性向上を目指したタンパク質工学研究を行ってきた。その結果，もともと高アルカリ性領域にある本酵素の反応至適pHをさらにアルカリ性へとシフトさせることに成功している。これらの研究成果はキシラナーゼJ以外のGHファミリー11キシラナーゼについても適応可能であり，ファミリー11キシラナーゼの反応至適pHを自由自在にコントロールできる時代はすぐそこまで来ているといえよう。キシラナーゼJの触媒ドメインの解析に加え，筆者らはC末端側に存在するXBDのタンパク質工学研究も行ってきた。これまでに，CBMファミリー36に属する本XBDの不溶性キシラン結合機構に関する重要な知見が得られつつある。そして，この情報に基づきXBDにアミノ酸置換を導入することで，XBDの不溶性キシラン結合能の強化が期待できよう。さらに，耐アルカリ性がさらに向上した触媒ドメインと不溶性キシランへの結合能が向上したXBDを組み合わせることで，より高アルカリ性の条件で効率的に不溶性キシランを加水分解する，産業応用上，理想的ともいえるキシラナーゼの創製が達成できよう。

筆者らの研究成果に関する文献は総説・単行本を中心に引用したので，それらの引用文献も併せてご参照いただきたい。

文　献

1) 長棟輝行, 化学工学, **73**, 316 (2009)
2) 掘越弘毅ほか,「極限環境微生物とその利用」, 講談社 (2000)
3) K. K. Y. Wong et al., *Microbiol. Rev.*, **52**, 305 (1988)
4) 中村　聡, 生化学, **81**, 1101 (2009)
5) S. Nakamura, *Catal. Surv. Asia*, **7**, 157 (2003)
6) 中村　聡,「酵素開発・利用の最新技術」, p.77, シーエムシー出版 (2006)
7) 梅本博仁, 中村　聡, バイオインダストリー, **25**, 59 (2008)
8) T. Sakata et al., *J. Appl. Glycosci.*, **53**, 131 (2006)
9) 中村　聡, 化学工学, **73**, 332 (2009)
10) T. Shirai et al., *Protein Eng.*, **10**, 627 (1997)
11) O. Turunen et al., *Protein Eng.*, **15**, 141 (2002)
12) 伏信進矢, 応用糖質科学, **2**, 44 (2012)
13) S. Fushinobu et al., *Protein Eng.*, **11**, 1121 (1998)
14) R. Yazawa et al., *Biosci. Bitechnol. Biochem.*, **75**, 379 (2011)

第4章 高塩生物圏

1 好塩性細菌のゲノム情報からメタルバイオ技術への展開

仲山英樹*

1.1 はじめに

　我々を取り巻く自然環境の中でも，地球の全表面の70%を占める海洋並びに乾燥地域に広がる塩類集積環境は，最も身近な極限環境の一つである。それゆえ，地球環境の自浄作用を支える生態系の主要な分解者として，塩類集積環境で活躍している好（耐）塩性の微生物群集は，我々にとって最も重要な生物資源の一つであるといえよう。また，私たち日本人の伝統的な食文化を支える味噌，醤油，漬物などの発酵産業においても，好（耐）塩性の乳酸菌や酵母などが活躍してきた。さらに近年では，沿岸部や塩田地域に棲息する塩生植物や好塩性微生物等が，高塩環境に適応するために細胞内で生合成して高濃度蓄積する，「適合溶質」と称される機能性に優れた水溶性低分子有機化合物に関する研究が勢力的に推進され[1]，産業利用への展開が進んできている。特に，グリシンベタイン，エクトイン，シトルリンなどに代表される保湿性等に優れた適合溶質を化粧品やトイレタリー製品に用いるファインケミカル産業への展開が進められている。最近では，好塩性微生物のゲノム情報の解読が進められ，産業界においてもゲノム情報を活用した代謝工学研究が本格的に始まっている[2]。本稿では，今世紀の重要な産業であるハイテク産業や省エネルギー産業に不可欠な金属資源の枯渇問題，そして産業革命以来，依然として深刻化の一途をたどっている金属類による環境汚染問題に貢献しうる次世代の環境ビジネス産業への展開を目して，我々が推進しているタイ王国の塩類集積土壌から分離された好塩性細菌 *Halomonas elongata* OUT30018株（分離当初はKS3株と命名；以下，ハロモナスと略す）[3]のゲノム情報を活用したメタルバイオ技術の開発研究について紹介する[4]。

1.2 塩類集積環境におけるメタルバイオ技術

　環境水中に無機塩として微量に溶存する重金属類は塩分とともに容易に環境中で濃縮されることから，高塩環境では塩類集積による塩害と重金属汚染の複合的な環境問題が懸念される[5]。さらに塩類集積環境中では，微量の重金属元素に対して塩化ナトリウム（NaCl）を代表とする塩類が大過剰量存在するため，飲料水や河川水などを対象として開発された既存の環境技術をそのまま適用することは困難である。しかしながら，高塩環境に進化的に適応してきた好塩性生物は，環境中の必須微量金属元素を認識して選択的に細胞内に取り込み，さらに過剰量の金属元素を排出して細胞内の金属恒常性を維持するシステムを備えている。そのような生物が備えた優れた環

　＊　Hideki Nakayama　長崎大学　大学院水産・環境科学総合研究科　准教授

境適応システムを理解して活用することにより，高塩環境で実用可能な新規メタルバイオ技術の発展が期待される。特に，塩類集積環境での開発が急務であるメタルバイオ技術として，「金属汚染の評価技術」および「金属の浄化・回収技術」が挙げられる（図1）。塩類集積環境中の金属汚染の評価技術においては，塩分とともに濃縮された金属イオンを特異的に認識して感知する金属センサーシステムを解明して応用したバイオセンサーの構築が期待できる。さらに，金属の浄化・回収技術においては，塩分とともに濃縮された金属イオンを特異的に認識して蓄積（バイオアキュムレーション），吸着（バイオアドソープション）または酸化・還元反応により鉱石化（バイオミネラリゼーション）するシステムの構築が期待できる。特に，環境中に溶存する金属イオンの化学的性質は金属元素によって多様であるため，標的となる金属元素に特異的な技術開発を行う必要がある。既存の高機能膜や凝集剤を使用する物理化学的な手法は，一般的に高コストかつ高環境負荷であるのに比べて，好塩性生物が備えた金属種特異的な応答システムを活用することにより，低コストかつ低環境負荷型である生物学的な手法を駆使したメタルバイオ技術の創成が可能となる。

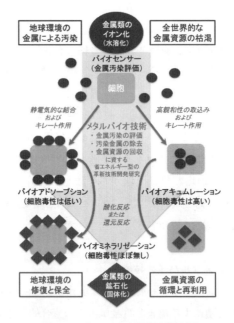

図1　メタルバイオ技術の概念図

バイオセンサー（biosensor）：細胞が環境中の金属イオンに特異的に認識して応答する機構を活用した技術で，転写制御因子や酵素などのタンパク質の機能変化を指標にすることができる。
バイオアキュムレーション（bioaccumulation）：細胞内に金属を取り込んで蓄積する機構を活用した技術で，液胞への隔離機構を有する植物やカビなどで有効であるが，細胞質ゾルでの細胞毒性が問題となる。
バイオアドソープション（bioadsorption）：細胞表層のタンパク質や多糖類との静電気的な結合により金属イオンをキレートする機構を活用した技術で，隔離機構のない微生物でも細胞毒性が低く有効である。
バイオミネラリゼーション（biomineralization）：水溶性の金属イオンを酸化・還元酵素反応により不溶性の金属鉱石に変換する技術で，細胞内または細胞表層に金属類を結晶化するため細胞毒性はほぼない。

第4章 高塩生物圏

1.3 メタルバイオ技術に有用なゲノム情報

現在進行形で拡大し続けているゲノムプロジェクトの進展により，我々は膨大なゲノム情報を手に入れることが可能になった。その結果，生物のゲノム上の遺伝子にコードされたすべてのタンパク質の約30％以上が金属タンパク質であると推定され，それらのタンパク質に特有な金属と相互作用するドメインを有することが明らかとなってきた。2010年現在，国際的コンソーシアムにより構築された公共タンパク質データベースUniProt（Universal Protein resource; release 15.10）には，合計1,455の生物種（アーキア68種，バクテリア872種，真核生物76種，ウイルス439種）の完全なゲノム情報が登録されている[6]。さらに，UniProtが提供するアノテーション付きのアミノ酸配列データベースであるUniProt KB（UniProt Knowledgebase）において，遺伝子オントロジー（Gene Ontology, GO）による分類により，金属イオン結合（GO：0046872）の分子機能を有するとして772,892のタンパク質情報が登録されている。これらは，金属イオンと結合する金属タンパク質であるが，結合する金属イオンとして，リチウム（Li），ナトリウム（Na），カリウム（K），マグネシウム（Mg），カルシウム（Ca），バナジウム（V），マンガン（Mn），鉄（Fe），コバルト（Co），ニッケル（Ni），銅（Cu），亜鉛（Zn），モリブデン（Mo），鉛（Pb），カドミウム（Cd），水銀（Hg）の合計16種類の金属元素に応じてさらに分類される（表1）。

実際に生物の細胞内では，これらの環境中に拡散した金属種を特異的に認識する金属結合性センサー分子，金属輸送体，金属シャペロン，金属を補因子とするホロ酵素，金属酸化／還元酵素，金属結合性転写因子などの多様な金属結合タンパク質が細胞内の金属恒常性を維持するために協

表1 UniProt KBデータベース上に登録されている金属タンパク質

結合金属イオン	金属タンパク質の登録数	遺伝子オントロジーの登録番号
鉄（Fe）	324,953	GO：0005506
亜鉛（Zn）	229,453	GO：0008270
銅（Cu）	117,795	GO：0005507
マグネシウム（Mg）	79,617	GO：0000287
カルシウム（Ca）	37,669	GO：0005509
マンガン（Mn）	23,548	GO：0030145
カリウム（K）	9,597	GO：0030955
モリブデン（Mo）	9,444	GO：0030151
ニッケル（Ni）	8,038	GO：0016151
コバルト（Co）	6,469	GO：0050897
ナトリウム（Na）	4,028	GO：0031402
水銀（Hg）	660	GO：0045340
カドミウム（Cd）	132	GO：0046870
リチウム（Li）	36	GO：0031403
バナジウム（V）	18	GO：0051212
鉛（Pb）	2	GO：0032791

極限環境生物の産業展開

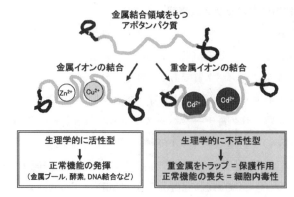

図2 細胞内の金属結合タンパク質と重金属イオンの拮抗作用
金属結合タンパクは重金属イオンが必須金属イオンと拮抗して結合することで重金属ストレスに対する保護分子または重金属毒性の標的分子となる。

調的に機能していると考えられる。しかしながら，金属類に汚染された環境に曝された生物の細胞内では，ZnとCdのように，生化学的に類似性が高い必須栄養元素と汚染金属元素が拮抗的にタンパク質などの生体分子と作用することで毒性が現れる。金属結合性のアポタンパク質は，ZnやCuなどの必須金属元素と結合することで正常な生理機能を発揮するが，汚染環境中で本来必要ないCdなどの毒性金属元素が拮抗して結合することで生理機能を失う（図2）。

ところが，優れた環境適応機構を備えた生物は，毒性金属元素と化学的類似性の高い栄養元素の恒常性を維持しながら，毒性金属類を効率的に排除する機構を進化的に獲得してきた。それゆえ，メタルバイオ技術に有用なゲノム情報とは，優れた環境適応機構を備えた生物の細胞内で金属恒常性制御システムを構成している金属タンパク質を網羅した遺伝子情報であるといえる。しかしながら，これまでに遺伝子機能が解明されているのは，先行して勢力的に研究が進められてきた限られた生物種に存在する金属タンパク質のごく一部のみである。すなわち，現在公開されている膨大なゲノム情報のほとんどの遺伝子機能は未詳であるが，すでに同定された遺伝子と相同な配列が含まれる遺伝子が存在した場合は，同様な機能を有すると推定して情報が登録されているに過ぎないのである。実際には，多岐にわたる金属元素の種類や金属タンパク質の性質によって金属タンパク質が相互作用する金属元素の結合形態や親和性はそれぞれ異なるため，ゲノム情報中に存在する推定金属タンパク質の機能を基礎研究によって解明することがメタルバイオ技術の発展に必要不可欠である。

1.4 金属の検出技術に有用な金属タンパク質

メタルバイオ技術の一つの柱となる金属バイオセンサーを活用した金属検出技術が実用化されれば，安価で簡便な金属汚染の評価が可能となるため金属汚染が懸念される現場での期待が大きい。これまで開発が試みられてきた金属バイオセンサーは，細胞から精製した金属結合タンパク

第4章　高塩生物圏

質を用いたタンパク質を基盤とする技術と生きた細胞の金属応答機構を活用した細胞を基盤とする技術の二つに大別される[7]。タンパク質を基盤とした金属バイオセンサーは，金属存在下で活性が変化する酵素（ウレアーゼ[8]，アルカリフォスファターゼ[9]，乳酸脱水素酵素[10]など）や金属と特異的な結合特性を有する非酵素タンパク質（グルタチオン-S-トランスフェラーゼ[11]，合成PC[12]など），金属を抗原として作製した抗体などを利用して金属を検出する技術である。また，生きた細胞を基盤とした金属バイオセンサーは，細胞の金属感受性を指標として金属を検出する技術と，遺伝子工学技術により金属に応答して緑色蛍光タンパク質（GFP）遺伝子やルシフェラーゼ遺伝子などのレポーター遺伝子を発現するバイオセンサー細胞を育種して金属を検出する技術が開発されている[7,13,14]。特に，金属バイオセンサー細胞の育種に有用な金属結合タンパク質としては，水銀センサーとして知られるMerRと同様な金属と直接的に相互作用を行う転写制御因子が挙げられる。現在までに，主に原核生物で存在が明らかにされた金属に特異的な応答機構の研究成果によって，表2に示したように種々の金属元素を選択的に認識する多様な転写制御因子が報告されている[7,15]。

表2　金属元素が直接的に相互作用する原核生物の転写制御因子ファミリー

ファミリー	遺伝子（金属）	DNA結合モチーフ	金属結合の有無による機能
MerR	*MerR*（Hg）	N末端のwinged helix	金属無：弱い転写抑制
	CueR（Cu）		金属有：転写活性化
	HmrR（Cu）		
	ZntR（Zn）		
	PbrR（Pb）		
	CadR（Cd）		
	CoaR（Co）		
ArsR/SmtB	*ArsR*（As, Sb）	Winged helix-turn-helix	金属無：転写抑制
	CadC（Cd, Pb）		金属有：DNAとの結合力低下
	SmtB（Zn）		
	ZiaR（Zn）		
	CzrA（Zn, Co）		
	NmtR（Ni）		
	BxmR（Cu, Zn）		
DtxR	*DtxR*（Fe）	N末端のwinged helix	金属無：DNAとの結合力低下
	IdeR（Fe）		金属有：転写抑制
	MntR（Mn）		
Fur	*Fur*（Fe）	N末端のwinged helix	金属無：DNAとの結合力低下
	Zur（Zn）		金属有：転写抑制
NikR	*NikR*（Ni）	N末端のribbon-helix-helix	金属無：DNAとの結合力低下
			金属有：転写抑制
Two-component systems	*CusRS*（Cu）	制御因子（R）C末端のwinged β-helix	金属無：非常に低い転写活性
	PcoRS（Cu）		金属有：センサー（S）のリン酸化酵素活性により制御因子（R）がリン酸化されて転写活性化
	SilRS（Ag）		

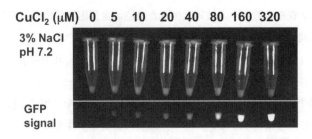

図3 高塩環境対応型の金属バイオセンサーハロモナスの創製

Cuに応答してGFPの蛍光を発するCuバイオセンサーハロモナス細胞を用いることにより、高塩環境に対応した金属検出技術の開発が可能となった。ハロモナスゲノム上のCu排出ポンプを破壊することで、Cuに対する感度を高めたCuバイオセンサーハロモナスを創製することにより、3% NaClを含む高塩環境中で排水基準3 mg/L（47.2 μM）の9.4倍希釈濃度に相当する0.32 mg/L（5 μM）のCuを検出することが可能となった。同様な戦略により、これまでにZn/Cdバイオセンサーハロモナスの創製にも成功している。

現在我々は、中度好塩性細菌ハロモナスのゲノム情報（約4 Mbp、未発表データ）を基にして探索した金属結合タンパク質の生理機能を解明して活用することにより、海洋等の高塩環境における金属汚染評価および金属資源回収に有用な新規メタルバイオ技術の開発に挑戦している[16〜18]。まず、ハロモナスのゲノム情報を網羅したゲノムアレイ解析により、Cu、Zn、Cdに特異的に応答して発現様式が変化するハロモナス遺伝子群の探索を行った。その結果、高塩環境中においてもCu、Zn、Cdの各金属種に応答して特異的に発現が誘導される遺伝子群の存在が示された。これまでに、CuまたはZn/Cdを認識して応答する二種類の推定金属排出遺伝子に着目して詳細な発現解析を行った。そして、金属センサーハロモナス細胞を創製するため、それぞれの遺伝子のプロモーターの支配下にレポーターとして緑色蛍光タンパク質（GFP）コードした*AcGFP*遺伝子をポリシストロニックなオペロンとして挿入した。推定金属排出遺伝子を欠損させたハロモナス変異株では、3% NaCl条件下で野生株よりも低濃度の金属（$CuCl_2$、$ZnCl_2$、$CdCl_2$として添加）に応答したことから、細胞の金属恒常性を制御することにより金属センサーの感度を高めることが可能であることが示された。これらの結果により、高塩環境中で金属に応答してGFPの蛍光を発するハロモナス細胞を金属バイオセンサーとして活用した金属汚染評価技術の有用性が示された（図3）。

今後は、多様な金属種に特異的な応答機構にレポーター遺伝子を組み合わせて活用することにより、多様な金属種を選択的に認識して応答する金属バイオセンサーの開発が期待される。

1.5 金属の浄化・回収技術に有用な金属タンパク質

メタルバイオ技術の柱の一つである生物の金属蓄積・吸着機能を活用した金属回収技術が実用化されれば、環境水中に溶存する金属イオンを細胞内に蓄積するバイオアキュムレーション技術、並びに金属イオンを細胞表層で捕集するバイオアドソープション技術、さらに、生物による金属イオンの酸化・還元反応を活用し、水溶性の金属イオンを不溶性の金属鉱石に変換するバイオミ

第 4 章　高塩生物圏

ネラリゼーション技術を応用することにより，環境中の金属類を効率的に回収して鉱物資源化する金属資源循環システムの構築が可能となる（図1）。

バイオアドソープション技術においては，細胞表層における金属イオンのキレート機構が重要な役割を担っており，さらに細胞表層で吸着された金属イオンを酸化／還元反応により鉱物化することでバイオミネラリゼーション技術も可能となる。また，バイオアキュムレーション技術においては，金属を細胞内に取り込むための金属輸送機構が重要な役割を担っており，さらには細胞内に取り込まれた金属イオンの毒性を抑制するための金属キレート機構，あるいは金属元素の化学形態を毒性の低い状態へ変換する代謝機構が協調的に機能する必要がある。さらに，細胞内に蓄積された金属イオンが酸化還元反応により鉱物化することでバイオミネラリゼーション技術となる。これまでの国内外の研究成果により，生物が金属イオンを鉱物化する酸化／還元酵素の一部が明らかにされており，またキレーターとして機能する金属結合性の有機酸やペプチドなどの生体分子が多数同定されている。その中でも，微生物から動物に至るまで存在するシステイン（Cys）リッチな領域を保持したメタロチオネイン（MT）タンパク質，金属輸送タンパク質や金属シャペロンなどで保存されている重金属アソシエート（HMA）ドメイン，植物細胞内でグルタチオンから酵素反応によって生合成されるファイトケラチン（PC）などで保存されている金属結合ドメインの構造が明らかにされている（表3）。さらに，PCのアナログペプチドである$(EC)_nG$（合成PC）の機能についても研究が進められ，PCと合成PCとで同様な金属結合特性を保持することが明らかにされた。

これら複数のCysから構成されるチオールペプチドは，Zn，Cu，Cd，Hgなどの重金属イオンと結合することが示されている。また，ヒスチジン（His）のイミダゾール基の金属結合特性により，Hisリッチな領域を持つタンパク質は，Zn，Cu，Niなどの重金属イオンと結合することが知られている。近年，これらの金属結合タンパク質を金属回収技術に応用する研究が勢力的に進められ，特に微生物の細胞表層工学技術によって作製されたアーミング細胞を応用したメタルアドソープション技術の開発研究が国内外で進行している[19]。

上述の通り，メタルバイオ技術の鍵となるのは，環境中の金属イオンと直接的に作用して機能する金属結合分子であることから，我々はゲノム情報から，Cysに富んだチオールペプチド領域

表3　金属結合性ペプチド分子のドメイン構造

金属結合性ペプチド分子	ドメイン構造
メタロチオネイン（MT）	-CXCX-, -XCXXCX-, -XCCXCC-
重金属アソシエート（HMA）	-MXCXXC-
ファイトケラチン（PC）	$(\gamma\text{-}EC)_nG$
合成PC	$(EC)_nG$
ヘキサヒスチジン（H_6）	-HHHHHH-

C：システイン（Cys），M：メチオニン（Met），E：グルタミン酸（Glu），
G：グリシン（Gly），H：ヒスチジン（His）

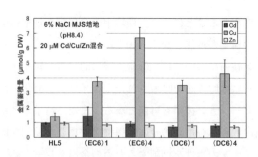

図4　アーミングハロモナス細胞を活用した高塩環境のメタルバイオ技術

合成PC（EC6およびDC6）を提示したアーミングハロモナス細胞を用いたバイオアドソープション技術により，Cu/Zn/Cd混在した6% NaClを含む高塩環境中でCuを選択的に回収できることが示された。HL5：コントロール株，(EC6)1：EC6ペプチドを提示したアーミング細胞，(EC6)4：(EC6)$_4$ペプチドを提示したアーミング細胞，(DC6)1：DC6ペプチドを提示したアーミング細胞，(DC6)4：(DC6)$_4$ペプチドを提示したアーミング細胞。

を含む推定金属結合タンパク質遺伝子に着目し，推定金属結合ドメインを網羅的に探索した[20]。そして，金属種特異的な結合能を評価する方法を確立するために，ハロモナス細胞表層工学技術を開発し，ハロモナスのゲノム情報から選抜した推定金属結合ドメインおよび合成PCを提示したアーミングハロモナス細胞を創製した[16]。我々が創製したアーミングハロモナス細胞の高塩環境における金属蓄積量が顕著に増加していたことから，バイオアドソープションによる高塩環境の金属回収技術の有用性が示された（図4）。

今後，メタルバイオ技術の飛躍的な発展を促進するブレークスルーのためには，標的金属に対する特異性により優れた金属結合タンパク質を取得できるかが重要な鍵となる[20]。そのためには，コンビナトリアルバイオエンジニアリングの手法によって，人工的なペプチドライブラリーから新規の金属結合ペプチド配列の発見が期待される[21~24]。その一方で，生物は金属元素の種類に応じて異なる生理応答を示すことから，ゲノム情報中には金属に対する特異性が異なる機能未解明の推定金属結合タンパク質が多数存在する。それゆえ，推定金属結合タンパク質の機能を解明する基礎研究の進展が望まれる。

1.6　今後の展開

我々の研究結果は，基礎研究用のモデル生物ではなく，標的となる環境条件に適した生物を選択してゲノム情報を活用する研究戦略が有効であることを示唆している。今後も引き続き，メタルバイオの生物資源として有用な，環境適応能力に優れた生物種のゲノムプロジェクトが推進されると予想される。さらに増大し続ける膨大なゲノム情報の陰に有用な研究成果が埋没してしまうことを防ぐためにも，メタルバイオ技術に有用な金属結合タンパク質の探索方法の開発が重要な課題となる[17]。さらに，国内外の研究者たちの地道な研究活動によって得られたメタルバイオ技術の発展に役立つ金属結合タンパク質の機能情報（金属結合特性や金属に応答した転写制御機

第4章 高塩生物圏

構など）を整理してライブラリー化し，メタルバイオ技術研究支援のための情報データベースを構築することが重要である。今後は，コンピューター上のドライな研究でゲノム情報から推定金属結合タンパク質遺伝子を選抜した後は，実験台上のウエットな研究できちんと金属結合タンパク質の性質を明らかにしていく基礎研究が最も重要である。そのような地道な基礎研究成果の積み重ねによって，実用上の多様な環境条件に対応した効率的な金属回収技術や金属センサーの開発などのメタルバイオ技術の応用研究の発展が期待される。

　我々の研究成果により，好塩性細菌ハロモナスのゲノム情報を活用することで，高塩環境におけるメタルバイオ技術の開発が可能となった。今後も枯渇が懸念される水資源確保のため，海水淡水化の需要は全世界で拡大することが予想される。それゆえ，さらに本研究成果を発展させ，海水淡水化の副産物となる濃縮海水に対応したメタルバイオ技術の開発が期待される[18]。さらに，すべての生物の細胞内代謝の鍵となる酵素の多くは，その活性化に金属元素が必須な金属タンパク質であることから，次世代のメタルバイオ技術として，金属と金属酵素の相互作用を活用した有用代謝産物の高生産を目指したメタルバイオプロダクション技術と発酵産業との融合へと，我々の研究開発の将来の夢は大きく広がっている。

謝辞

　本研究を遂行するにあたり，生前親身にご指導頂いた2008年5月30日に急逝された故吉田和哉先生に深謝いたします。ゲノムアレイ解析についてご指導頂いた，奈良先端科学技術大学の小笠原直毅教授，大島拓助教，石川周助教に感謝いたします。また，ハロモナスの実験操作についてご指導頂いた大阪大学の小野比佐好助教，およびICP分析装置による金属元素分析についてご指導頂いた奈良県農業奈良県農業技術センターの平浩一郎氏に感謝いたします。なお，本稿で紹介した研究成果は，科研費（#18710064, #17066004），関西文化学術研究都市知的クラスター創成事業（PJ1），ソルトサイエンス財団（2006年度，#0610），鉄鋼業環境保全技術開発基金（2008年度，#20），奈良先端科学技術大学院大学支援財団（2005年度）の助成により行った。

文　献

1) M. F. Roberts, *Saline Systems*, **1** (5), doi：10.1186/1746-1448-1-5 (2005)
2) K. Schwibbert *et al.*, *Environ. Microbiol.*, **13**, 1973 (2011)
3) H. Ono *et al.*, *J. Ferment. Bioeng.*, **85**, 362 (1998)
4) H. Nakayama, *J. Jap. Soc. Extremophiles*, **8**, 75 (2009)
5) 仲山英樹，生物工学会誌，**84**, 335 (2006)
6) The UniProt Consortium, *Nucleic Acids Res.*, **38**, D142-8 (2009)
7) N. Verma *et al.*, *Biometals*, **18**, 121 (2005)
8) B. B. Rodriguez *et al.*, *Biosens. Bioelectron.*, **19**, 1157 (2004)
9) I. Satoh, *Biosens. Bioelectron.*, **6**, 375 (1991)

10) S. Fennouh *et al.*, *Biosens. Bioelectron.*, **13**, 903 (1998)
11) P. Corbisier *et al.*, *Anal. Chim. Acta.*, **387**, 235 (1999)
12) I. Bontidean *et al.*, *Biosens. Bioelectron.*, **18**, 547 (2003)
13) H. Harms *et al.*, *Appl. Microbiol. Biotechnol.*, **70**, 273 (2006)
14) E. Z. Ron, *Curr. Opin. Biotechnol.*, **18**, 252 (2007)
15) J. D. Helmann *et al.*, "Microbiology Monographs", **6**, p37, Springer (2007)
16) 仲山英樹ほか, 生物工学会誌, **86**, 283 (2008)
17) 仲山英樹ほか, "メタルバイオテクノロジーによる環境保全と資源回収—新元素戦略の新しいキーテクノロジー—", p208, シーエムシー出版 (2009)
18) 仲山英樹, "水環境の今と未来〜藻類と植物のできること", p85, 生物研究社 (2009)
19) M. Saleem *et al.*, *Biotechnol. Adv.*, **26**, 151 (2008)
20) 仲山英樹, 月刊エコインダストリー, **11**, 50 (2006)
21) K. Kjaergaard *et al.*, *Appl. Environ. Microbiol.*, **67**, 5467 (2001)
22) P. Kotrba *et al.*, *Appl. Environ. Microbiol.*, **65**, 1092 (1999)
23) M. Mejare *et al.*, *Protein Eng.*, **11**, 489 (1998)
24) H. Wernérus *et al.*, *Appl. Environ. Microbiol.*, **67**, 4678 (2001)

2 好塩菌の好塩性メカニズムと産業への応用

徳永廣子[*1], 荒川　力[*2], 徳永正雄[*3]

2.1 はじめに

極限環境下（高温，低温，高圧，高塩濃度，有機溶媒など）で生存可能な微生物に対する興味の増加に呼応するように，それに関する知見も年々増えつつある。

塩環境に適応し生育に塩を必要とする好塩性微生物，もしくは塩があっても生育できる耐塩性微生物は，この極限環境微生物の一角を占めておりアーキア，細菌，藻類，酵母など広い範囲にわたっている。細菌の場合，生育最適塩濃度により2.5M以上の高い塩濃度を要求する高度好塩菌，最適生育塩濃度が0.5～2.5M程度の中度好塩菌，0.2～0.5Mを生育至適とする低度好塩菌，及び非好塩菌に分類できる。高度好塩菌はアーキアに属するものが多く，中度好塩菌にはグラム陰性・陽性双方の細菌が多い。海洋細菌の多くは低度好塩菌の範疇に入る。

生育に塩を必要とする好塩性微生物の蛋白質が持つ「好塩性メカニズム」と塩がない環境で生育するが，高濃度の塩存在下でも生育可能な耐塩性微生物の蛋白質が持つ「耐塩性メカニズム」の明確な規定と差異を議論するのは難しい。

高い塩濃度を好む好塩性酵素においても，最適塩濃度以上では，「耐塩性」を示しているわけであり，「好塩性」と「耐塩性」は重なっている部分があるはずである。従ってここでは混乱をさけるため「好塩性」という言葉でひとくくりにして以下の話を進めることにする。

2.2 好塩性，耐塩性微生物の産業的利用例

好塩性・耐塩性微生物が生み出す，酵素をはじめとする生産物は「好塩性」という性質の優位性を駆使し産業的に応用されている。

古来より塩を得る手段として海水を蒸発させる天日塩田製塩法が各地で行われてきた。海外では直に岩塩，塩湖より塩を獲得したが，塩湖中に見出された好塩性微生物が高塩濃度を好む微生物研究の端緒となった[1]。また岩塩結晶中から高度好塩菌が分離されたとも報告されている[2]。この好塩性微生物が働く場として，塩と関連した発酵食品（味噌，醤油，ナンプラー，キムチ，チョッカル等）は東アジア文化圏において広く分布し，それぞれの民族の食品として愛されている。しかし発酵食品中からは多くの種類の好塩菌が分離される（たとえば*Halobacterium salinarum*, *Halalkalicoccus jeotgali*など）が，その生産過程における菌の係り合いについてはまだ完全に明らかになってはいない。

好塩性微生物の作り出す酵素は文字通り「好塩」で*Haloferax alicantei* β-ガクトシダーゼ[3]のように4Mという高塩濃度に至適域を示すものが多い。

---

* 1 Hiroko Tokunaga　鹿児島大学　農学部　生物資源化学科　応用分子微生物学研究室
* 2 Tsutomu Arakawa　Alliance Protein Laboratories, inc.
* 3 Masao Tokunaga　鹿児島大学　農学部　生物資源化学科　応用分子微生物学研究室

極限環境生物の産業展開

これまで好熱性細菌の酵素は耐熱性・有機溶媒耐性という局面で脚光を浴びてきたが，この好塩性微生物の酵素もいくつかの利点（塩濃度の高いところで機能する。水分活性の低いところで働けるので有機溶媒中でも活性がある）を持っている。

例をあげると 4.3M食塩存在下で最適活性を保持する*Haloarcula*属S-1株アミラーゼはベンゼン，トルエン，クロロフォルムのような有機溶媒中でも安定で活性がある[4]。*Haloferax mediterranei*アミラーゼは80度でも最大活性の65％を保持しているし[5]，*Salinivibrio*属SA-2株リパーゼは3M食塩という高塩濃度まで安定で，80度，30分の処理でも90％の残存活性がある[6]。*Natronococcus occultus*のセリンプロテアーゼは2M食塩存在下60度で最適活性を示し[7]，*Halobacterium*属AS7092株が生産するバクテリオシン様蛋白ハロシンC8は100度，1時間以上処理しても安定である[8]。高度好塩性アーキア*Halorhabdus utahensis*のβ-キシラナーゼの至適温度は70度，β-キシロシダーゼでは65度と比較的高温を示す[9]。このように好塩性微生物から得られる酵素は塩に対するだけでなく熱にも有機溶媒にも耐性を示す。

*Halobacterim salinarum*が作り出すユニークな蛋白質であるバクテリオロドプシンは，発色団レチナールを持つ光駆動型プロトンポンプとして働き最終的にATPを作り出す。またガラスプレートへの固定化やポリマーへの埋め込みを簡単にできる性質も持っている。この光互変性物質としてのバクテリオロドプシンを利用した超高速光スイッチ，光学情報担体，及び人工網膜，光応答センサーなどナノバイオテクノロジーへの応用展開が提示されている[10]。

好塩性微生物バイオテクノロジーによる物質生産の代表例は耐塩性緑藻*Dunaliella*を用いたβ-カロチンの生産である。抗酸化剤として知られるβ-カロチンはビタミンA前駆体であり，食品の着色料としても利用される。*Dunaliella salinsa, D.Bardawil*は「cell factory」とも言える程の多量のβ-カロチン（乾重量の10％以上）を作り出すことができる[11]。しかしこの*Dunaliella*によるβ-カロチンの生産過程も含め種々の工業生産の過程で低～高濃度含塩汚水が発生し，塩だけでなく有機酸，グリセロールなどの有機物質，時には毒性のものを含むことがある。この汚水の浄化を目的として好塩菌*Halomonas*属，*Halobacterium salinarum, Haloferax denitrificans, H. mediterranei, Halanaerobium lacusrosei*を細胞固定化カラムや，回分式反応槽などのバイオリアクターとして利用した結果が報告されている[12]。同じく*Dunaliella*により細胞内に蓄積される物質にグリセロールがあるが，その生産には費用がかかり現実的ではない。また*Dunaliella tertiolecta*はバイオ燃料，人工石油生産の材料としても検討されている[13]。

高度好塩菌は生育環境に匹敵する程の高濃度塩を細胞内に蓄積することで外界の浸透圧に対抗しているが，それに対し中度好塩菌は細胞内に適合溶質，浸透圧溶質（compatible solute, osmolyte）を作り出し細胞外とバランスを保っている。エクトインは好塩好アルカリ性硫黄細菌*Ectothiorhodospira halochloris*で最初に見出された適合溶質の一つであり，蛋白質，核酸の保護剤として利用されてきた[14]。細菌全般の適合溶質であるエクトインは*Halomonas elongata*[15]，*Halomonas boliviensis, Marinococcus*属 ECT1細胞内で多量蓄積し，工業的に生産できる。最近は適合溶質としての働きに加え紫外線照射により引き起こされる皮膚の老化に対し保護効果を持

第4章 高塩生物圏

つことがわかり，化粧品への添加剤としても使用され，さらには培養細胞におけるエクトインの抗炎症作用も報告されている[16,17]。またアルツハイマー病原因蛋白質と考えられているベータアミロイドの凝集を阻害するが，これはエクトインに特有のものではなく，他の適合溶質，トレハロースでもこの凝集を抑えることが報告されている[18]。

*Haloferax mediterranei, Halomonas boliviensis*は生分解プラスチックの材料となるポリマー，ポリヒドロキシアルカン酸を産生する。また*Haloferax mediterranei, Halomonas eurihalina, Halomonas maura*が作るポリ多糖は，微生物が生産する界面活性剤としてゲル化試薬，乳化剤，取り残された油層の石油を回収する石油増進回収法（MEOR）への応用など広域にわたって利用されている[10,19]。さらに耐塩性藍藻*Aphanothece halophytica*のポリ多糖はインフルエンザ肺炎を抑えるという興味深い報告もある[20]。

2.3 非好塩性蛋白質への「好塩性と構造可逆性」付与

この項では「好塩性メカニズム」解明への一歩として，我々の研究を中心に述べたい。好塩性酵素が塩存在下で安定であるのは，好塩性酵素のアミノ酸組成において酸性アミノ酸が際立って多いことに起因する。酸性アミノ酸はその蛋白表面に局在分布しているが，その結果通常の蛋白質と比較して多量の水和水と陽イオンを表面に結合している。この陽イオンにより表面の負電荷どうしの反発が抑えられ，さらに塩析効果もあいまって蛋白質コア構造が安定化されている。前述のように好塩性酵素は塩だけでなく，熱にも有機溶媒にも安定なものがある。種々因子に対し安定であることは蛋白質としての長所であり，また塩濃度に応じてストレス耐性様式を変化させることができることも判明した。0〜飽和塩濃度下で活性を持つ中度好塩菌*Chromohalobacter*属560株 β-ラクタマーゼは，2M食塩存在下では熱安定性の増加を，0.2M食塩下では熱変性からの回復活性を示した[21]。

非好塩性酵素から「マルチストレス適応」酵素としての好塩性酵素創生の第一歩として中度好塩菌*Halomonas*属593株ヌクレオシド二リン酸キナーゼnucleoside diphosphate kinase（*Halomonas* NDK）とそのホモログである非好塩菌*Pseudomonas aeruginosa* NDK（両者の相同性80％以上）に着目した。*Halomonas* NDKと*Pseudomonas aeruginosa* NDKは一次構造が酷似しているにもかかわらず，その四次元構造はそれぞれ2量体，4量体と全く異なる。二つのNDK遺伝子のほぼ中央で，それぞれの蛋白質遺伝子の前半，後半部分を繋ぎ換え，大腸菌内で発現させ*Halomonas* NDKのN末側前半部と*Pseudomonas aeruginosa* NDKのC末側後半部からなるキメラ蛋白質（HaPa-NDKと略），その逆の*Pseudomonas* NDK・N末側前半部と*Halomonas* NDK・C末側後半部で構成されるキメラ蛋白質（PaHa-NDKと略）を調製した。キメラ蛋白質HaPa-NDK, PaHa-NDKは各々4量体，2量体で存在し，野生型PaNDK 4量体，HaNDK 2量体と対応した。つまりHaNDKのC末側後半部を持つ蛋白質が2量体構造をとることが明らかとなった[22]。HaNDK, PaNDK C末端部分のアミノ酸配列はそれぞれAYFFEESE, AYFFAATEである。特徴的に異なっている134, 135残基アミノ酸を一つずつ，もしくは二つとも相手方アミノ酸へ変換するとHaNDK,

PaNDKどちらの蛋白質においても134番残基をアラニンにした変異型は4量体に，グルタミン酸にした変異型は2量体へと構造が変化した（図1）。134番目のグルタミン酸残基が立体障害（Glu側鎖と向かい側サブユニット主鎖が衝突する）を起こすこと，またマイナス荷電どうしの反発を生じることにより安定な4量体構造をとることができないことが，HaNDKのX線解析の結果からも確認できた[23]。

好塩性蛋白質HaNDKは非好塩性蛋白質PaNDKに比べて酸性アミノ酸残基を多く含むが故にSDS-ポリアクリルアミドゲル電気泳動（SDS-PAGE）上で本来の分子量から期待される位置より遅れて泳動される。SDSの結合量が少ないことが原因と考えられるこの極端に遅い移動度は好塩性蛋白質の一つの指標であり，野生型HaNDKの134,135番目残基二個をアラニンに変化させる（HaAA）とSDS-PAGE上の泳動速度がそれに伴い速くなり，逆にPaNDKアラニンをグルタミン酸に変える（PaEE）と泳動速度が遅くなる。つまり変異型HaAAは「好塩性」を失い，PaEE変異型は逆に「好塩性」を獲得しているのではないかと予想される。

そこでPaEE変異型について好塩性蛋白質の他の指標である，蛋白質安定性に対する塩の効果，至適反応塩濃度，熱変性からの活性回復（構造可逆性）を調べてみると塩による蛋白質の安定化効果が見られ，また至適反応塩濃度，熱変性後の蛋白巻き戻り活性に関してもHaNDK野生型と同じになった。逆にHaAA変異型はPaNDKタイプに変換していた[24]。変性状態からの高い構造の巻き戻り効率は，好塩性蛋白質が示す興味ある性質の一つであり，好塩性・非好塩性のホモログを比較検討することにより非好塩性蛋白質を好塩性蛋白質へ変換させることができた一例と考

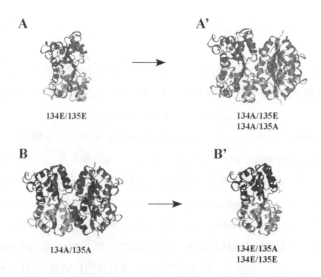

図1　アミノ酸置換によるHaNDK，PaNDK四次元構造の変換
（A）HaNDK野生型2量体構造；（A'）HaNDK変異型4量体構造。134A/135E変異型のみを示す。文献23参照；（B）PaNDK野生型4量体モデル構造；（B'）PaNDK変異型2量体モデル構造。134E/135E変異型モデルのみを示す。134,135残基のグルタミン酸，もしくはアラニンはスティック表示。

えている。筆者らは，このような好塩性付与の試みを「好塩性酵素工学」と呼んで酵素の高機能化に大きな役割を果たせるものと信じている。

2.4 遺伝子工学への応用―中度好塩菌と好塩性酵素を用いた有用蛋白質の可溶性発現法
2.4.1 好塩性β-ラクタマーゼ融合蛋白法による有用蛋白質の可溶性発現

好塩性酵素は，前項でも述べたように「高い構造可逆性」を持っているが，これは，「大きくマイナスに偏った総荷電→変性状態においても維持される高い水可溶性とマイナス荷電どうしの反発→変性状態での非凝集性→高い高次構造（再）形成能力」という因果関係になっていると考えられる。変性状態の通常蛋白質においては，未変性状態では蛋白質構造の内部にたたみ込まれていた疎水性コア領域が露出し，それらの領域が非特異的に凝集体を作るために不可逆的な変性凝集体を形成して構造回復能を失ってしまうが，好塩性酵素は変性状態でも大きなマイナスの総荷電を持ち，その高い可溶性とマイナス荷電どうしの反発で凝集体を作りにくい。通常酵素に比べると好塩性酵素が凝集体を作りにくい程度ははるかに高いが，個々の好塩性酵素を比べてみるとその中でも程度の差が認められる。筆者らが中度好塩菌から分離した好塩性α-アミラーゼが持つでんぷん結合ドメインは，極めて高い非凝集性を示し，2M食塩存在下で熱変性させても全く凝集せず，冷却すればただちにnativeな構造と機能を回復する[25]。2M食塩存在下での熱変性という極めて凝集しやすい環境でも全く凝集しない性質は注目に値する。現在までに筆者らが分離した好塩性蛋白質とその通常生物由来のホモログとの荷電状態や大腸菌で発現させた場合の可溶性予測などの比較を表1に示している。

大腸菌を宿主とした有用蛋白質発現・生産系において，このように高い水可溶性と非凝集性を示す好塩性酵素を融合蛋白質発現の発現パートナーとして使えば，封入体を形成しやすい異種蛋白質も可溶性で発現できるのではないかと考えた。実際に前述のChromohalobacter属560株由来のβ-ラクタマーゼ（BLA）を発現パートナーとした融合蛋白質発現ベクターを構築して，ヒト・インターロイキンIαのような封入体を形成する蛋白質やヒト・デフェンシンなどの分解しやすいペプチドの発現を試みたところ，いずれも可溶性の状態で発現させることができ，BLAを切り離した後も目的蛋白質は可溶性で生理活性を持っていた[26]。

2.4.2 中度好塩菌を宿主とした異種蛋白質の発現系

高度好塩性アーキアは，外界の塩濃度に匹敵する高濃度の塩を菌体内に蓄積して外界の浸透圧に対抗しているが，中度好塩菌は，塩イオンよりもアミノ酸やエクトインといったような有機化合物（適合溶質）を蓄積して外界の浸透圧に対応している。適合溶質と呼ばれるようにこれらの化合物は蛋白質や核酸のような高分子化合物の構造や機能に悪影響を及ぼさない化合物であり，逆に安定化効果などを示すことは前述の通りである。

中度好塩菌を異種蛋白質発現の宿主に用いれば，発現された異種蛋白質の構造形成や安定性に菌体内で蓄積された適合溶質が良い効果を発揮する可能性が考えられる。宿主-ベクター系が作成されているChromohalobacter salexigensを用いてヒト脳・セリンラセマーゼを発現させたところ，

表1 高度・中度好塩菌蛋白質の酸性アミノ酸比率と大腸菌で発現させた時の可溶性予測

局在部位	蛋白質		酸性アミノ酸 モル% (Glu + Asp mole %)	酸性/塩基性アミノ酸 比 (Glu + Asp/Lys + Arg)	可溶性予測* (%)
細胞質	高度好塩古細菌	*Halobacterium salinarum* NDK (AB036344)	23.0	2.6	97.0
	非好塩性古細菌	*Archaeoglobus fulgidus* NDK (NP_069601)	16.6	1.3	66.9 不溶性
	中度好塩菌	*Halomonas* sp. NDK (AB085190)	16.3	1.6	76.8
	非好塩菌	*Pseudomonas aeruginosa* NDK (NP_252496)	15.4	1.2	62.9
ペリプラズム	中度好塩菌	*Chromohalobacter* sp. BLA (AB070219)	14.7	2.0	80.3
	非好塩菌	*Serratia marcescens* BLA (AB008455)	7.4	0.8	86.5 不溶性
	非好塩菌	*Citrobacter freundii* BLA (X51632)	7.9	0.8	82.5 不溶性
	中度好塩菌	*Halomonas* sp. Alkaline phosphatase (AB271127)	15.7	2.6	89.3
	非好塩菌	*E.coli* Alkaline phosphatase (NP_414917)	11.0	1.2	60.8 不溶性
	中度好塩菌	*Chromohalobacter salexigens* metal binding protein (Csal_0220)	19.0	3.7	97.9
	非好塩菌	*Treponema pallidum* zinc-binding protein (P73085)	11.7	1.2	53.6
外膜	中度好塩菌	*Halomonas* sp. Porin (AB183012)	17.2	3.0	91.6
	非好塩菌	*E.coli* Porin (OmpF) (NP_415449)	11.3	1.3	69.1 不溶性
	中度好塩菌	*Chromohalobacter* sp. HrdC (AB069976)	14.3	1.9	83.1
	非好塩菌	*E.coli* TolC (NP_417507)	9.1	1.1	71.0 不溶性
培地中～分泌	中度好塩菌	*Micrococcus varians* α-Amylase (AB435654)	15.8	3.6	89.4
	非好塩菌	*Bacillus* sp. α-Amylase (AB006823)	7.0	1.1	84.5 不溶性
	中度好塩菌	*Micrococcus varians* Starch binding domain of α-Amylase (AB435654)	17.3	∞	97.5
	非好塩菌	*Bacillus* sp. Starch binding domain of α-Amylase (AB006823)	4.2	0.9	97.5 不溶性

*可溶性予測は溶解度の可能性%として表す。不溶性と記しているのは不溶解度の可能性%を意味する。
出典：Wilkinson and Harrison, Bio/Technology, 9, 443-448 (1991)

第4章 高塩生物圏

大腸菌では封入体を形成する本酵素を可溶性画分に活性を持った状態で発現させることができた[27]。中度好塩菌の組換え系は，未だ多くの研究がなされておらずもっと研究の蓄積が必要な状況であるが，選択マーカーなど安定的な宿主-ベクター系が確立されれば，異種蛋白質発現系として大いに期待される系である。

文　献

1) Zobell C. E. *et al.*, *J. Bacteriol.*, **33**, 253-262（1937）
2) Stan-Lotter H. *et al.*, *Int. J. Syst. Evol. Microbiol.*, **52**, 1807-1814（2002）
3) Holmes M. L. *et al.*, *BBA-Protein Struct. M.*, **1337**, 276-286（1997）
4) Fukushima T. *et al.*, *Extremophiles*, **9**, 85-89（2005）
5) Perez-Pomares F. *et al.*, *Extremophiles*, **7**, 299-306（2003）
6) Amoozegar M. A. *et al.*, *J. Basic Microbiol.*, **48**, 160-167（2008）
7) Studdert C. A. *et al.*, *J. Basic Microbiol.*, **41**, 375-383（2001）
8) Li Y. *et al.*, *Extremophiles*, **7**, 401-407（2003）
9) Waino M. and Ingvorsen K., *Extremophiles*, **7**, 87-93（2003）
10) Oren A., *Environ. Technol.*, **31**, 825-834（2010）
11) Ben-Amotz A. *et al.*, *Bioresource Technol.*, **38**, 233-235（1991）
12) Cyplik P. *et al.*, *Environ. Prot. Eng.*, **36**, 5-16（2010）
13) Tang H. Y. *et al.*, *Applied Energy*, **88**, 3324-3330（2011）
14) Kolp S. *et al.*, *BBA-Proteins Proteom.*, **1764**, 1234-1242（2006）
15) Sauer T. and Galinski E. A., *Biotechnol. Bioeng.*, **57**, 306-313（1998）
16) Buenger J. and Driller H., *Skin Pharmacol. Physi.*, **17**, 232-237（2004）
17) Sydlik U. *et al.*, *Am. J. Respir. Crit. Care Med.*, **180**, 29-35（2009）
18) Tanaka M. *et al.*, *Nat. Med.*, **10**, 148-154（2004）
19) Litchfield C. D., *J. Ind. Microbiol. Biotechnol.*, **38**, 1635-1647（2011）
20) Zheng W. F. *et al.*, *Int. Immunopharmacol*, **6**, 1093-1099（2006）
21) Tokunaga H. *et al.*, *Biophys. Chem.*, **119**, 316-320（2006）
22) Tokunaga H. *et al.*, *FEBS Lett.*, **582**, 1049-1054（2008）
23) Arai S. *et al.*, *Protein Sci.*, **21**, 498-510（2012）
24) Tokunaga H. *et al.*, *Protein Sci.*, **17**, 1603-1610（2008）
25) Yamaguchi R. *et al.*, *Int. J. Biol. Macromol.*, **50**, 95-102（2011）
26) Tokunaga H. *et al.*, *Appl. Microbiol. Biotechnol.*, **86**, 649-658（2010）
27) Nagayoshi C. *et al.*, *Protein Pept. Lett.*, **12**, 487-490（2005）

3 好塩生物の産業応用

亀倉正博*

3.1 はじめに

好塩菌（halophiles）は19世紀末から知られている極限環境生物である。飽和食塩水中でも増殖する特異性のゆえ「産業に応用できないの？」と世間の期待は大きいが，それに対し好塩菌研究者の多くは「産業に応用しなければ」ともがいているのが現状である[1]。一方，高等植物の種の約1％を占める塩生植物（halophytes）は，生育可能な塩濃度は好塩菌よりぐっと低いが，植物分野の極限環境生物である。本稿では，原核生物の好塩菌，嗜塩菌[2]（図1に代表的な嗜塩菌の光学顕微鏡写真を示す）と，海水の塩濃度より濃い塩環境を好む真核生物を取り上げて，産業への応用の現状と将来について考察してみたい。

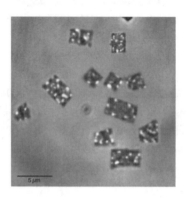

図1　嗜塩菌の一種 *Haloquadratum walsbyi* C23株
Mike Dyall-Smith氏寄贈

3.2 醤油諸味中で働く好塩性微生物

産業に好塩性微生物を応用しています，と胸を張って言えるのは，大豆と小麦と大量の塩を原料とする醤油である。国内の約1,500社が生産する量は毎年900,000キロリットル，料飲店や加工食品から摂る醤油も加えた一人当たりの年間総消費量（年間出荷量を総人口で割ったもの）は7.1リットルになる（平成20年）。アメリカ合衆国・中国・台湾・タイ・シンガポール・オランダなど海外の工場での生産量は200,000キロリットルと言われている。原料と麹菌 *Aspergillus oryzae*, *Aspergillus sojae* で調製した麹を，23ないし25％の仕込み食塩水と十分混合した諸味（もろみ）を6〜8ヶ月熟成させて作る。製造法の細部は成書[3]を参照して頂きたい。

計110万キロリットルの醤油を生産するため諸味中で働いている好塩性微生物[4]は，乳酸菌 *Tetragenococcus halophilus* と，酵母 *Zygosaccharomyces rouxii*, *Candida versatilis*, *Candida etchellsii* である。*T. halophilus* は初期の諸味で10^8〜10^9（個/g諸味）程度まで旺盛に増殖してグ

＊　Masahiro Kamekura　好塩菌研究所　所長

第 4 章　高塩生物圏

ルコースから乳酸を作り，pHが5.1〜5.2近くまで低下すると，主発酵酵母のZ. rouxiiの生育環境が整いアルコールを作り，その後，熟成酵母C. versatilis, C. etchellsiiが醤油独特の香気成分を完成させる。これらの微生物は全て17〜18％の食塩存在下で増殖，発酵するのである。杉の木桶で発酵させていた時代にはこれらの微生物は桶に棲みついていて，自然に順次増えてきて添加しないでも済んだが，エポキシ樹脂ライニングした屋外大型発酵タンクを使うようになった現在，これらの微生物を純粋培養し最適な時期に最適量を添加するという技術が確立しつつある。ただし，T. halophilusの単独株をスターターとして使い続けると，ファージ汚染や突然変異による形質の変化が起こるので，常に優良株を選別しておくという対策が必要である[3]。

なお大豆と小麦のアレルゲンは麹菌のタンパク質分解酵素等の作用で分解，消失するとされている[5]が，米，粟，キビ，ひえ，荏胡麻，芥子，等と塩だけで作る'しょうゆ'も市販されており，味覚の点で今後研究開発が求められている。

3.3　魚醤での好塩菌の役割

醤油が大豆，小麦，塩を原料とする穀醤であるのに対し，魚醤は魚を塩漬けにして濃厚なアミノ酸液としたものである。東南アジア各国で，ニョク・マム，パティス，ナン・プラなどが重要な調味料として生産されている。醤油では麹菌が作る酵素が原料の分解を担う。魚醤では魚の内臓の酵素，特にトリプシン，キモトリプシン様酵素がタンパク質の分解に関わっているとされてきたが[6]，一部の研究者は原料の天日塩にいる好塩菌が増殖して分泌したプロテアーゼが働いていると考えてきた。この数年，魚醤からプロテアーゼやリパーゼ生産性好塩菌が続々と分離されてきた[1,7]ことから，発酵中に好塩菌が増殖し生産した酵素類が，程度の差こそあれ働いていることは間違いないという状況になってきた。最近，好塩菌の中でも最も有名な好塩性アーキア *Halobacterium*に属する，プロテアーゼ生産性の分離株を魚醤製造の発酵スターターとして添加したところ，魚肉タンパク質の分解が顕著に促進されたという論文が出た[8]。他にも好塩菌をスターターとして添加する試みが報告されている。

我が国では「しょっつる」「いしる」といった伝統的な風味を持つものから，魚独特の風味'魚臭さ'を抑えるため，醤油の麹を添加したものまで製造されている。水産物加工残滓および混獲魚を原料とした場合，乳酸菌*Tetragenococcus muriaticus*の異常発酵によるヒスタミンの蓄積や，食品衛生上好ましくない菌の増殖が問題となることがある。醤油と同じく乳酸菌 T. halophilusを培養して発酵初期に添加すると，ヒスタミン生成菌の増加を抑え，製品の香味を上昇させることができる[9]。スターターとして有望な株を保存，収集していくことが大切である。

なお，T. halophilus, Z. rouxii, C. versatilisをそれぞれ培養後遠心して集菌した菌体と，割砕小麦（炒った小麦を破砕した粉末）を2：1の割合で練り込んで造粒し，50℃で流動層乾燥させると生存率は60％を超えた。この錠剤を用いて発酵魚醤油の試醸をしたところ，生菌で醸造した場合と比べ発酵過程は変わらないとの結果が得られている[10]。

3.4　好塩性緑藻ドナリエラ

緑藻綱 Chlorophyceaeに属する微細藻類ドナリエラは，産業利用されている好塩性微生物のトップランナーである。緑藻は一般には光合成色素であるクロロフィルaおよびbを持つ緑色をした藻類であるが，*Dunaliella salina*や*Dunaliella bardawil* は10％以上の高濃度塩分，日照等のストレスに曝されることにより細胞内にα，βおよびγ-カロチンを多く含み真っ赤になる緑藻である[11,12]。β-カロチンは人参はじめ植物に豊富に存在する赤橙色色素の一つで，両末端にβ環を持つビタミンAの前駆体（不活性型）であり，様々な生理活性を持つと言われている。㈱グローバルインフォメーションの情報（2011年10月03日付け。http://www.gii.co.jp/press/bc199439.shtml 2012年2月3日閲覧）によれば，β-カロチン市場は，2010年には2億6,100万米ドルの規模だったが，2018年には3億3,400万米ドルになると予想されている。菌体それ自体が健康食品素材としても需要のあるドナリエラは，大規模な天日塩田での製塩が盛んなイスラエル，アメリカ，オーストラリア（Cognis Australia社）等で培養が行われ，日本国内では細々とした研究はあるものの商業的規模での培養は行われていない。

3.5　濃縮海洋深層水をドナリエラ培養へ

日本における海洋深層水の利用研究は，1986～1989年科学技術庁（当時）が実施した「海洋深層資源の有効利用技術の開発に関する研究」の中で，高知県室戸市と富山県氷見市に海洋深層水取水施設が整備されたのが始まりだそうである。現在海洋深層水はビールをはじめとする食品製造産でも使われているが，最も大きな市場を占めるのは，逆浸透膜を使った脱塩深層水ミネラルウォーターである。この際塩分濃度が5～6％の濃縮海洋深層水が副産物として出てくる。有効活用法としては，さらに濃縮して製塩（高知工科大学，高知県産業振興センターのホームページ）に回す，或いは「液体の塩」と銘打った商品とする，健康増進タラソテラピー（海洋療法）に，または高品質トマトの水耕栽培（トマト果実の肥大最盛期の短期間にだけ培養液に濃縮海洋深層水を施用）にと色々工夫されてはいるが，大部分は海に戻されているようである。

高知大学等のグループ[13]は，濃縮海洋深層水を膜蒸留法によりさらに濃縮して高塩分にする方法を提案した。膜蒸留法とは，気体や蒸気は透過するが液体は透過しない多孔質膜を用い，蒸気圧差を駆動力として利用する分離技術である。疎水性多孔質膜としてポリテトラフルオロエチレン膜を利用，膜蒸留装置の冷却源に海洋深層水を，温源に太陽光を利用することで，0.4 t/day/m^{2}のfluxで，塩分濃度5.2％の濃縮海洋深層水から塩分濃度12.3％の高塩分化海洋深層水を製造することができた。塩分濃度12.3％はドナリエラにβ-カロチン生産を行わせるに十分である。そこでこの濃縮深層水に窒素（KNO_3）とリン（KH_2PO_4）のみを添加し，*D. salina*の培養したところ，栄養リッチな培地に比べ藻体増殖率こそ劣るが，β-カロチン量は遜色ないことを明らかにした。多くが廃棄されてきた濃縮海洋深層水を資源として利用する道を示すものであり，今後の産業化に向けた取り組みが大いに期待される。

なお，環境負荷を抑えるため，培養後の排培地を再利用するための取り組みも行われている[14]。

3.6 塩エビ

アルテミアという小さな「エビ」はブラインシュリンプ(塩エビ)とも呼ばれ、熱帯魚や海水魚、タツノオトシゴ、クラゲ、イソギンチャクなどの繁殖を行う時、初期の稚魚の飼料として使われていて馴染みのある生き物である。その乾燥耐久卵は何年でも保存が利き、海水に入れると一日で幼生がふ化する。アルテミアの卵の殻を除去し、卵黄を取り出し乾燥したものも市販されている。日本では生産されておらず、乾燥耐久卵をアメリカ、タイ、中国などから輸入している。アメリカでのアルテミア(多くは *Artemia franciscana*)の主産地はユタ州の大塩湖である。2000年以降、大塩湖のアルテミア収穫量、品質(ふ化率)が不安定化して、安定確保が覚束なくなっているという。代わって伸びてきたのが中国渤海湾産だそうである(福岡市にある太平洋貿易㈱のホームページhttp://www.pacific-trading.co.jp/。東京にある同名の会社とは異なる)。渤海湾沿岸域はかつて製塩が盛んで塩田が多く、廃塩田をアルテミアの生産に転用している。つい最近2010年4月にはオーストラリア、ジェラルトン(Geraldton)近くのポート・グレゴリーに最先端のブラインシュリンプ養殖場がオープンした(West Australia州政府のホームページ)。

水産業界ではいま獲る漁業から育てる漁業、「栽培漁業」への転換を図る努力が続けられている。うなぎとくろまぐろの完全養殖が可能になって、その流れは決定的であろう。日本ではアルテミアのノープリウス幼生は、アカザエビ、ガザミ(ワタリガニ)、カンパチ、タケノコメバル、トラフグ、マダラ、マツカワ、等々様々な海産物の養殖に欠かせないものとなっている。そこで上記の濃縮海洋深層水でドナリエラを培養した後の排培地をアルテミアの培養に使えないであろうか、検討が求められる。

3.7 環境浄化に働く好嗜塩菌

石油の生産や、タンカーからの流出に伴う海洋や沿岸地域の汚染問題は益々深刻になっている。汚染海域や汚染土壌のバイオレメディエーションについては長い研究の蓄積があり、それぞれの石油成分分解菌のコレクションも揃ってきた[15]。しかし中東の石油生産国沿岸地域の高塩濃度環境での石油汚染については、対策が施されていないのが現状である[16]。

集積培養を行うと、高濃度塩存在下で有機物汚染(農薬、殺虫剤、石油)を分解する「能力」を有している様々な好塩菌や嗜塩菌が分離されてくる[17]。一例として最近の論文[18]を紹介する。24%のNaClと、MgとK、硝酸アンモニアだけの寒天培地に、アラビア湾岸沿いの塩類土壌などの試料の希釈液を塗布、3 mlのKuwait crude oilをしみ込ませた濾紙を内側に貼り付けたPetri皿の蓋をかぶせ、テープでシールし、37℃に3週間おいた。揮発性の炭化水素を資化できる好嗜塩菌が、試料1 g当たり10^4個棲息していた。これらの中から分解能の高い株のコレクションを構築する作業が求められる。

3.8 アッケシソウを利用した環境修復

同じ汚染でも、重金属汚染は分解して除染することができない。汚染土壌の対策技術としては、

極限環境生物の産業展開

　客土などの土木工学的方法，土壌の化学洗浄といった理化学的方法，それに生物学的方法いわゆるバイオレメディエーションがある。このうちバイオレメディエーションは環境負荷が少なく低コストであるという利点があり，カドミウム，鉛，ヒ素などに対し耐性を持つ植物を汚染された土壌に植えることで根から有毒物質を吸収させて回収する方法がファイトレメディエーションである。日本ではカドミウムで汚染された土壌が多く，アブラナ科のセイヨウカラシナは，根から地上部に吸い上げる能力の高い高蓄積植物として注目されている。

　耕作地の土壌表層に塩類が集積することを塩類集積と言い，塩類集積が進み，濃度障害により収穫量が低下，もしくは収穫できなくなる現象が塩害である。これまでに知られている重金属超集積植物（hyper accumulator）は耐塩性が低いので，塩類集積土壌のファイトレメディエーションには利用できないという欠点があった。そこで登場するのが塩生植物としてつとに有名なアッケシソウ（厚岸草，*Salicornia europaea*）である。アッケシソウは，アカザ科に属する茎の高さが10～30 cmほどの一年性草本である。根から取り込んだ塩類を液胞内へ蓄積し，さらに塩腺から塩そのものを排泄する一方，浸透圧を調整する細胞適合物質であるグリシンベタインを合成蓄積することにより，細胞質の機能を保護している。

　大阪府立大学の小澤[19]は，NaCl 濃度が0.3～0.4 Mという高い塩性湿地で良く生育し，しかもCd, Mn, Zn, Co, Cu, Niを高濃度に地上部に蓄積するアッケシソウを利用して，海岸や塩性湿地の重金属除去ができる方法を開発した。アッケシソウを1 m^{2}当たり1,600株の密度で3ヶ月間栽培した時に，1 m^{2}の土壌から回収できる重金属の最大推定量は，Mn^{2+}：17.6 g，Cd^{2+}：4.2 g，Zn^{2+}：1.7 g，Co^{2+}：4.0 gとしている。

　想定される用途としては，高濃度の重金属で汚染された塩類集積土壌からの重金属の低コスト・環境保全型回収，微量貴金属の検出および低コスト・環境保全型回収であり，具体的には，水田土壌中の汚染重金属除去，海底汚泥中の汚染重金属除去などを考えている。全てのファイトレメディエーションに共通であるが，実用化に向けた課題として，回収した植物体から重金属を分離・抽出する簡便な方法を開発すること，植物の生育速度，生育量を増大させる栽培技術を開発すること，を挙げている[19]。

3.9　海水農業

　今，ウェブ上ではhalophyte agriculture, saline agricultureという言葉が飛び交っている。「塩生植物」の定義は研究者の間で必ずしも定まったものがあるわけではないが，200 mM（約1.2％）のNaClが存在する環境で生活環を完了するものとする定義が主流である[20]。我々に興味があるのは海水そのもの（3％ NaCl）を撒水できる塩生植物である。その中でも特に大規模に栽培されているのが，上で述べたアッケシソウの仲間であるメキシコ原産の*Salicornia bigelovii*である。メキシコ，ソノラ州のコルテス海（the Sea of Cortez）に面した広大な砂漠を農場として整備し*S. bigelovii*を栽培しているが，ここでは海水をくみ上げてそのまま撒水する。根と接している水分の塩濃度は海水の3倍でも耐えるようで，その濃度を超えないようにするため，通常の農場栽

培での撒水より35％多い量を必要とするそうである。収穫した植物体はそのまま家畜の飼料となるし、種子は30％の油と35％のタンパク質を含み、大豆油と同じように絞った油はsalicornia oilと呼ばれ食用油として使われている[21]。素人の感覚では、海水を撒水などしたら塩が集積してどうしようもなくなるだろう、と心配してしまうが、海に面した砂漠なので濃縮された塩水は海に戻るのだそうだ。ソノラの圃場を運営しているGlobal Seawater社によれば、1ヘクタール（2.5 acres）で225〜250 gallonsの米国基準BQ-9000のバイオディーゼルが生産可能である。*S. bigelovii*の実験圃場は他にもサウジアラビアのRas al-Zawr、北アフリカのエリトリアにもあり、バイオディーゼル燃料の生産を目指している。

3.10 養殖漁業と海水農業の統合

地球の人口は今後も増え続けていく。飲料に適する真水の確保もままならぬ土地や砂漠化した耕地、広大な未利用の沿岸地域が世界中に拡がる。一般的に塩害に弱い穀物植物の塩耐性を高める研究は昔から精力的に行われてはいる[22,23]が、人口増加には追いつかないかもしれない。発想を転換して[24]、野生の塩生植物から穀物に適したものを選択して栽培作物として固定化し、塩類集積した土壌での食料生産ということも視野に入れておかなければならない[20]。塩生植物は数多く知られており[25]、それぞれの塩類集積土壌に、またその土地の気候に適した種を選び、海水をそのまま使うなり、塩類含有排水を使うなりし、緑化や穀物生産につなげる研究が進展するものと考えられる。

前出のGlobal Seawater社は最近、メキシコ、ソノラ州Bahia Kinoの耕作放棄地に12,000-acre（49 km^2）という広大な圃場を作った。同社のHodgesは、将来の地球温暖化とそれに伴う海水面の上昇を見据えてIntegrated Seawater Agriculture Systems（海水農業統合システム）を打ち出している[26]（http://www.seawaterfoundation.org/sea_about.htmlに動画がある）。好塩生物を単品で利用するという考えをやめて、系外には何も排出せず全て利用するという発想である。東南アジアでのウシエビなどの養殖に伴う様々な環境負荷の問題点が指摘されているが、このシステムでは養殖漁業と海水農業の統合を唱えている。海水を引き入れてまずエビの養殖、排水をティラピア等の魚の養殖池にまわし、その後*Salicornia bigelovii*の圃場、マングローブ林に引き込む。この後*Dunaliella*の培養を行った後、アルテミアを播種して濃縮海水を浄化し、最後は天日塩として塩を回収するという、まるで好塩生物たちの「明るい理想郷」のようなシステムである。砂漠化した耕作放棄地、広大な未利用の沿岸地域は世界中に無限にある。こうした場所での新たな産業を興し好塩生物に大活躍してもらう時代がすぐそこまで来ている。

3.11 おわりに

塩を好む生物を産業展開しなければ、という思いは好塩生物の研究者は皆抱いている。地中海の水深3,000 mの海底に横たわる飽和食塩無酸素暗黒の塩湖は、考えるのも怖いほどの極限環境であるが、その底泥から見つかった多細胞生物である胴甲動物Loricifera[27]など、人類に気付かれ

ずに眠っている原石はまだまだ多いに違いない。自分の専門を越えて考えていかねばならぬのであろう。

文　献

1) A. Oren, *Environ. Technol.*, **31**, 825（2010）
2) 亀倉正博，極限環境微生物学会誌，**9**, 57（2010）
3) 吉沢　淑ほか編,「醸造・発酵食品の事典」, 朝倉書店（2002）
4) 亀倉正博，醤油の研究と技術，**31**, 273（2005）
5) 古林万木夫ほか，日本醸造協会誌，**100**, 96（2005）
6) 吉中禮二ほか，日本水産学会誌，**49**, 463（1983）
7) W. Kanlayakrit *et al.*, *Kasetsart J.*（*Nat. Sci.*）, **41**, 576（2007）
8) A. V. Akolkar *et al.*, *J. Appl. Microbiol.*, **109**, 44（2010）
9) N. Udomsil *et al.*, *J. Agric. Food Chem.*, **59**, 8401（2011）
10) 北海道立釧路水産試験場ホームページ
11) A. Oren, *Saline Systems*, **1**：2（2005）
12) A. Ramos *et al.*, *Algae*, **26**, 3（2011）
13) 島村智子ほか，日本食品科学工学会誌，**55**, 619（2008）
14) C. A. Santos, *J. Chem. Technol. Biotechnol.*, **76**, 1147（2001）
15) 高畑　陽ほか，大成建設技術センター報，第38号（2005）
16) UNEP Regional Seas Reports and Studies, No. 168, p.67（1999）
17) S. Le Borgne *et al.*, *J. Mol. Microbiol. Biotechnol.*, **15**, 74（2008）
18) D. M. Al-Mailem *et al.*, *Extremophiles*, **14**, 321（2010）
19) 小澤隆司，特開2008-289954（P2008-289954A）
20) T. J. Flowers, *J. Experim. Bot.*, **55**, 307（2004）
21) E. P. Glenn *et al.*, *Scientific American*, p.76, August（1998）
22) 刑部祐里子ほか，化学と生物，**44**, 265（2006）
23) 矢倉哲夫ほか，特開2000-197420（P2000-197420A）
24) N. V. Fedoroff *et al.*, *Science*, **327**, 833（2010）
25) T. J. Flowers *et al.*, *New Phytologist*, **179**, 945（2008）
26) C. N. Hodges, lecture at "2nd Int. Symposium on Biofuels", Delhi, India, March（2010）
27) R. Danovaro *et al.*, *BMC Biology*, **8**, 30（2010）

第5章　低温・高温生物圏

1　不凍タンパク質の探索・解明と応用

近藤英昌[*1], 津田　栄[*2]

1.1　はじめに

　海水は塩化ナトリウムなど約3.5%の塩分を含み，−1.9℃で凍る。南極海の平均海水温度もおよそ−1.9℃であり，海水が凍り始める温度とほぼ同じである。そのため，偶然に塩分濃度が低い場合や海水温が低下している場所では，局所的に海水が凍結することがある。このような時に発生する氷は，海氷から垂れ下がりカーテンのように成長するが，そのカーテンの間に包まれるようにさまざまな魚類が生息している。海水魚の血液や体液中の塩類や低分子化合物の濃度は海水よりも希薄であり，それらによるモル凝固点降下はおよそ−0.7℃程度である。そのため，−1.9℃において体液の凍結を防ぐためには，さらに1℃以上凝固点を低下させる物質や機構が必要である。このため南極などの低海水温域に生息している魚類には，体液を凍結から回避させる塩類以外の物質が存在していると考えられていた。1969年に南極海に生息するノトセニア科（ナンキョクカジカ科）の魚類の血液や体液から，溶液の凝固点を低下させる糖タンパク質（不凍糖タンパク質：Antifreeze glycoprotein：AFGP）が発見された[1]。その後，AFGPとは異なる分子構造をもち，糖が結合していないタンパク質（不凍タンパク質：Antifreeze protein：AFP）が様々な魚類から見出されてきた。さらに，低温環境に生息している昆虫，植物，菌類，細菌などからも多くの種類のAFPが発見されている。

　これらのAFPやAFGPは水溶液中に発生した氷結晶の表面に対して特異的に結合する機能を有している。AFPが氷結晶表面へ結合することによって水溶液中の水分子が氷結晶へ結合することが抑制され，氷結晶の自由な成長が阻害される。その結果，氷結晶の形状が特異なものに変化する。同時に，氷結晶の成長が開始する温度（凝固点）が降下する現象が観察される。AFPのモル濃度あたりの凝固点降下は，塩類によるモル凝固点降下より100倍ほど大きい。また，AFPによって溶液の凝固点は降下するが，融点はほとんど変化しない。そのためにAFPでは氷が成長し始める温度と融け始める温度に違いが生じる。このユニークな現象は熱ヒステリシスと呼ばれ，AFPの活性の指標の一つとして用いられている。また，AFPは，水溶液を凍結させた場合に発生する多数の氷の粒子が集合し成長していく現象（氷の再結晶化）を抑制する性質も有している。また，

[*1]　Hidemasa Kondo　㈳産業技術総合研究所　生物プロセス研究部門　主任研究員；
　　　　北海道大学　大学院生命科学院　客員准教授
[*2]　Sakae Tsuda　㈳産業技術総合研究所　生物プロセス研究部門　研究チーム長；
　　　　北海道大学　大学院生命科学院　客員教授

水溶液が凍結する際には，AFPを含まない場合には氷結晶が成長するにつれて水以外の溶質が氷から排除され，氷中の一部に濃縮される（凍結濃縮）。一方，AFPを含む水溶液では微小な氷結晶粒の間に空隙が生じるため，溶質が氷結晶の中に取り込まれるように見える。これを凍結濃縮抑制と呼ぶ。

AFPの大きな特徴として，分子構造の多様性が挙げられる。現在までに発見されているAFPは約10種類以上のタイプに大別され，それぞれが異なるアミノ酸配列，分子量，立体構造，氷結晶への結合部位を持っている。また，熱に対する安定性，不凍活性（熱ヒステリシス）もそれぞれのAFPによって様々である。これらのことから，それぞれのタイプのAFPは，全く別の分子進化の結果として氷結晶へ結合するという共通の性質をもつようになったと考えられている。いくつかのAFPについては，祖先分子が明らかになっているが，不凍活性以外の機能を有する相同タンパク質が知られていないAFPも多い。

AFPを用いた産業応用研究を行うためには，大量かつ安価に不凍タンパク質を生産する技術の開発が不可欠である。さらに，用途に応じて最適な性質をもつAFPを選択すること，そのためにはそれぞれのAFPの生化学的，物理化学的な性質，氷結晶への結合機構を詳細に解析することが必要である。

本稿ではこれまでに発見されている不凍タンパク質のいくつかとその由来生物，それぞれのアミノ酸配列や立体構造などの特徴，及び氷結晶に対する結合メカニズムを述べる。さらに不凍タンパク質の性質を利用した産業応用のいくつかの例を紹介する。

1.2 不凍糖タンパク質

南極海の水深の浅い海域に生息するノトセニア科のライギョダマシ（*Dissostichus mawsoni*）の体液から見出されたAFGPは，Ala-Ala-Thrの3残基を単位とした反復配列を持っている。この配列の中のThrの側鎖の-OH基に結合している2糖（ガラクトシル-Nアセチルガラクトサミン）が不凍活性に必須であることがわかっている。また，このAFGPには，反復配列の繰り返し数が4から約50までの複数の分子が存在していることが知られている。このような変化に富んだ分子量を持っているAFGPは膵臓で発現されており，トリプシノーゲン様遺伝子が祖先遺伝子であると考えられている[2]。また，AFGPは高い熱安定性を有しており，90～95℃の熱処理後においても不凍活性の低下がほとんどないことが知られている。天然魚から精製されるAFGPは分子量の分布があるため立体構造解析が困難であったが，化学合成によって均一に調製したAFGP試料の立体構造がNMR法によって解析されている[3]。決定されたAFGPの骨格構造は，3残基ごとに一周する左巻きのヘリックス構造であり，II型のポリプロリン構造と類似していることが明らかになった。このヘリックスは，球状タンパク質中に多くみられるα-ヘリックス（3.6残基で一周）よりもやや緩んでいる。さらに，AFGPのヘリックスの周期である3残基はアミノ酸配列中の繰り返し配列の単位と同一である。そのため，糖鎖が結合しているThr残基はヘリックスの片側に直線状に配置され，側鎖の糖鎖も規則的に配置し親水性の領域を形成している。特に糖鎖の側鎖

第5章　低温・高温生物圏

に存在する水酸基の多くはヘリックスに平行に並んでいる。これらの立体構造上の特徴を反映した氷結晶との相互作用がAFGPの不凍活性の発現に関与していると考えられている。

1.3　魚類I型不凍タンパク質

I型AFPは，糖の修飾を受けていないAFPとして最初に発見された[4]。北大西洋の北部沿岸に生息しているフユヒラメ（*Pseudopleuronectes americanus*）や，亜寒帯海域に生息しているショートホーン・スカルピン（*Myoxocephalus scorpius*）から見出されており，その後同種のAFPが北海道近海で捕獲されるギスカジカ（*Myoxocephalus stelleri*），トゲカジカ（*Myoxocephalus polyacanthocephalus*），クロガレイ（*Liopsetta obscura*）などからも見出されている[5]。構成しているアミノ酸の6割以上がアラニンによって占められており，分子量は3〜4.5kDaである。アミノ酸配列中にThr-Ala-Ala-X-Ala-X-X-Ala-Ala-X-X（Xは任意）からなる11残基のモチーフが3〜6回繰り返されていることが特徴である。また，不凍糖タンパク質と同様に，高い熱安定性を示すことが知られている。フユヒラメのAFPは氷結晶のピラミダル面（2 0 $\bar{2}$ 1）へ結合し[6]，ショートホーン・スカルピンのAFPは，第二プリズム面（2 $\bar{1}$ $\bar{1}$ 0）へ結合することが知られている[7]。

フユヒラメAFPアイソフォームの一つであるHPLC6は，繰り返しのモチーフを三つもっている。結晶構造は，長さが約55 Åの1本のα-ヘリックスであった（図1）。α-ヘリックスのらせん

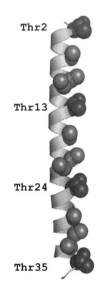

図1　フユヒラメAFPの立体構造（PDB ID：1WFA）
（左）主鎖構造をリボンモデルで示す。氷結晶結合部位を形成しているアミノ酸（ThrとAla）の側鎖を空間充填モデルで表示した。（右）11残基からなる繰り返し配列を並べて表示したアミノ酸配列。氷結晶結合残基は四角で囲って表示している。

構造は，3.6残基で一回転する（1残基あたり100度の回転）ため，11残基では1100度すなわち約3回転する。そのため，HPLC6では1本のα-ヘリックスの中に同一の立体構造が3回繰り返されている。このことによって，モチーフ内の各アミノ酸がヘリックスの軸に平行に等間隔に配置されている。図は，ヘリックス上のThrとAlaの位置を示したものである。隣り合うThr同士の距離は16.7Åであり，HPLC6が結合する氷結晶のピラミダル面上にある水分子の間隔（16.5Å）とほぼ等しい。このことから，α-ヘリックス上の立体構造の規則性と氷結晶面上の水分子の規則性が一致することがI型AFPと氷結晶との相互作用に重要であることがわかった。また，I型AFPの氷結晶への結合にはThr側鎖の水酸基による水素結合が重要であると思われていたが，さまざまな変異体実験によって現在ではThr側鎖のメチル基とAla側鎖の疎水性が氷結晶面との相互作用に強く関与していることが明らかとなっている[8]。

1.4 魚類II型不凍タンパク質

II型AFPは分子量が約13 kDaであり，AFGPやI型AFPのような繰り返し配列はもっていない。分子中には10個のCys残基が存在し，そのすべてが分子内S-S結合を形成している。アミノ酸配列やCysの位置は，カルシウム結合型（C型）レクチンのcarbohydrate-binding domainと相同性が高い。また，ヒトのPancreas stone protein（リソスタシン）との相同性も有する。また，不凍活性の発現にCa^{2+}を必要としない分子種と，Ca^{2+}を必要とする分子種に分類される。Ca^{2+}非依存型のII型AFPはケムシカジカ（*Hemitripterus americanus*）から発見された[9]。また，北海道の太平洋沿岸やオホーツク海沿岸に生息しているシチロウウオ（*Brachyopsis rostratus*）からも見出されている[5]。シチロウウオは北海道の太平洋沿岸やオホーツク海沿岸に生息しているハッカクに似た形状のトクビレ科に属する。冬季のオホーツク海の海水温は-1.2℃に達することもあり，南極や北極に生息している魚類と同様にAFPが低温環境への適応に関与していると思われる。また，Ca^{2+}依存型のII型AFPはタイセイヨウニシン（*Clupea harengus*），キュウリウオ（*Osmerus mordax*）[10]，ワカサギ（*Hypomesus nipponensis*）[11]から見出されている。

Ca^{2+}非依存型AFPの結晶構造はシチロウウオAFPを用いて決定された[12]。分子の中央にはねじれた逆平行β-シートがあり，シートの両側にα-ヘリックスが一つずつ存在している。骨格構造はレクチンやリソスタシンとほぼ同一であった。分子表面のアミノ酸残基の置換実験によって，氷結晶との結合部位はβ-シートとその近傍のループ領域であることがわかった（図2）。この部位の分子表面は平坦性が高く，氷結晶の表面との形状の相補性が高い。また，この部位の中心に位置している疎水性の残基が氷結晶との結合に大きく寄与していることがわかった。さらに，この氷結晶結合部位には多くの水和水が存在し，それらの位置が氷結晶のプリズム面（$2\bar{1}\bar{1}0$）の水分子の配列と類似していることから，プリズム面とAFPの結合モデルが作成されている。

Ca^{2+}依存型のII型AFPでは，タイセイヨウニシンAFPの結晶構造が決定されている[13]。全体の骨格構造はシチロウウオAFPやC型レクチンとほぼ同一であり，1個のCa^{2+}が，レクチン同様に分子端に存在するループ部位に結合していた。変異体実験によって氷結晶の結合に関与する残

第5章　低温・高温生物圏

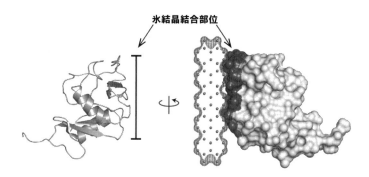

図2　シチロウウオAFPの立体構造（PDB ID：2ZIB）と氷結晶との結合モデル
（左）主鎖構造をリボンモデルで示す。（右）180度回転させた方向から表示した結合モデル。AFPの分子表面と氷結晶の第2プリズム面を表示した。氷結晶結合部位を矢印で示す。
（結合モデルの座標は，産業技術総合研究所　西宮佳志氏より提供）

基は，Ca^{2+}結合ループに存在しているAsp，Thr，Gluであることがわかった。これらの残基と結合しているCa^{2+}は平坦な分子表面を形成しており，この部分が氷結晶へ結合する領域であると考えられている。また，この部位はCa^{2+}非依存型AFPの氷結晶結合部位とは別の領域である。Yasuiらはワカサギ由来のCa^{2+}非依存型AFPを対象として，Ca^{2+}結合ループに存在するThrへ変異を導入し不凍活性の変化を解析した。その結果，Thr側鎖の水酸基が氷結晶への結合に関与していることを報告している[14]。このことは，I型AFPやCa^{2+}非依存性のII型AFPなどで提唱されている，AFPの疎水性領域が氷結晶との相互作用について重要である，という知見とは異なるものである。このことから，II型不凍タンパク質はC型レクチンを祖先分子として骨格構造を保持しながら進化し，氷結晶との相互作用様式について多様性を有していると考えられる。

1.5　魚類III型不凍タンパク質

III型AFPは北米の北東部沿岸に生息しているゲンゲ科に属するニューファンドランド・オーシャン・ポウト（*Macrozoarces americanus*）から見出された[15]。分子量は6.5〜7kDaであり，繰り返し配列や多量のCys残基は存在しないが，様々な生物のシアル酸合成酵素のC末端ドメインとの相同性を有する[16]。III型AFPでは一つの魚種からアミノ酸配列がわずかに異なる複数のAFPアイソフォームが発見されている[17]。各アイソフォームは中性pH領域におけるイオン交換樹脂への結合の仕方によって，陰イオン交換樹脂であるQAE-Sephadexに結合するQAEタイプ（塩基性側のpIを有する），陽イオン交換樹脂であるSP-Sephadexに結合するSPタイプ（酸性側のpIを有する）に大別されている。ナガガジ（*Zoarces elongatus kner*）から得られたIII型AFP（nfeAFP）には13種類のアイソフォームが存在し，それぞれの不凍活性には大きな差異があることがわかっている[18]。また，不凍活性が弱いアイソフォーム（nfeAFP6：SPタイプ）水溶液に，不凍活性が強いアイソフォーム（nfeAFP8：QAEタイプ）を1%加えると，nfeAFP8のみの溶液と同程度

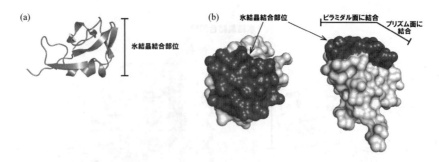

図3 オーシャン・ポウトAFPの立体構造（PDB ID：1HG7）と氷結晶結合部位
(a)主鎖構造をリボンモデルで示す。(b)正面（左）と側面（右）から見た氷結晶結合部位。右図では氷結晶のピラミダル面とプリズム面に結合する部分を分けて表示した。

の不凍活性を示すようになることが観察されている[19]。

　オーシャン・ポウトAFPのアイソフォームの一つであるHPLC12の結晶構造では，3本の短いβ-ストランドによって形成されている二組の逆平行β-シートが向かいあうように折り畳まれている[20]。二つのβ-シートによって挟まれた分子の中心部は疎水性コアを形成している。また，分子骨格の折り畳みの様子が，パンやお菓子のプレッツェルに類似していることから，pretzel foldと呼ばれている。氷結晶結合部位は1本のβ-ストランドとその近傍のループによって形成されている平面性が高い分子表面であり，親水性残基と疎水性残基の両方によって構成されている（図3）。HPLC12は氷結晶のプリズム面とピラミダル面の両方に結合することが明らかになっており，氷結晶結合面はそれぞれの氷結晶面への結合に関与している領域に分けられている[21]。アイソフォーム間で不凍活性が異なることは，それぞれが結合できる氷結晶面の種類と結合の強さが関係していると考えられている。

1.6　昆虫由来不凍タンパク質

　昆虫由来のAFPとして，チャイロゴミムシダマシ（*Tenebrio molitor*）の幼虫（ミールワーム）[22,23]や蛾の一種であるトウヒノシントメハマキ（*Choristoneura fumiferana*）の幼虫（Spruce budworm）[24,25]からAFPが見つかっている。これらのAFPはおよそ5℃の熱ヒステリシスを示し，AFPの中で最も活性が強い。これら2種類の昆虫AFPの間のアミノ酸配列の相同性はないが，ともにCysとThrを多く含んだ繰り返し配列を有している。また，両者の立体構造も同一ではないが，ともに平行β-シートが筒状に巻きついたβ-ヘリックスを形成していることがわかっている。

　チャイロゴミムシダマシAFPは分子量が約8.4 kDaであり，配列中に（Thr-Cys-Thr-X-Ser-X-X-Cys-X-X-Ala-X）からなる配列が7回繰り返されている。この繰り返し配列の単位がβ-ヘリックスの1回転を構成しており，分子全体では7回転するヘリックスを形成している[26]。また，ヘリックス内部は7つのS-S結合によって安定化されている。繰り返し配列に含まれているThr-Cys-Thrの部分によって平行β-シートが形成され，この部分の分子表面は平坦な領域となってい

第5章　低温・高温生物圏

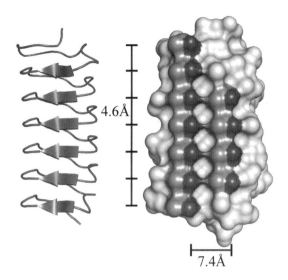

図4　チャイロゴミムシダマシAFPの立体構造（PDB ID：1EZG）
（左）主鎖構造をリボンモデルで示す。（右）分子表面モデル。氷結晶結合部位を構成している
Thr残基の側鎖の酸素原子を濃色で、炭素原子を薄色で図示した。Thr残基間の距離を表示した。

る。また、この領域にあるThrは分子の外側を向き、β-ヘリックスの軸に平行に2列に連なっている（図4）。さらに、これらのThrの側鎖のコンフォメーションはすべて同じであり、Thr側鎖の水酸基が規則的な格子を形成している。これらの水酸基の間隔はらせん軸に平行な方向では4.6Åであり、氷結晶のプリズム面（1 0 $\bar{1}$ 0）上の水分子の間隔と一致する。また、らせん軸に垂直な方向の間隔は7.4Åである。氷結晶のベーサル面（0 0 0 1）面の水分子の間隔は、4.5Åと7.8ÅでありAFPの水酸基の間隔と近似している。これらのことから、分子表面に格子状に形成されているThrがプリズム面とベーサル面に対して水素結合を形成することができることが明らかになった。また、プリズム面とベーサル面の両方に結合することによって、氷結晶の成長が強く阻害される。そのために昆虫AFPは高い不凍活性を示すと考えられる。

1.7　菌類由来不凍タンパク質

前述したAFPとは異なるタイプに属する不凍タンパク質が、好冷性の菌類、珪藻類、バクテリアなどの幅広い生物種から見出されている[27,28,29]。これらのAFPは分子サイズとアミノ酸配列に共通性を有している。これらのAFPのうち、本稿では、担子菌の一種であり積雪下に小麦や牧草などに寄生するイシカリガマノホタケ（*Typhula ishikariensis*）から見出されたAFPについて述べる。この担子菌を低温下で培養することによって分泌されるAFPは、分子量が約23kDa、223残基であり、7種類の不凍タンパク質アイソフォームが存在していることが知られている[27]。このAFPの立体構造は、β-ヘリックスからなるドメインとそれに平行に配置しているα-ヘリックスで構成されている[30]（図5）。β-ヘリックスは昆虫AFPとは異なり、一巻きあたりの残基がヘリ

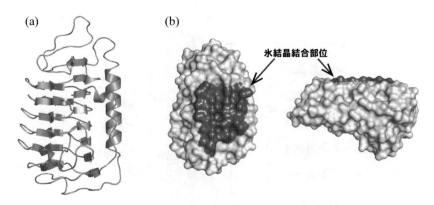

図5 イシカリガマノホタケAFPの立体構造（PDB ID：3VN3）と氷結晶結合部位
(a)主鎖構造をリボンモデルで示す。(b)分子表面モデルで描画し，正面（左）と側面（右）から見た氷結晶結合部位を濃色で表示した。

ックスの端へ行くほど多くなっていくため，分子全体としては洋梨のような形状である。さらに，イシカリガマノホタケAFPの分子表面には昆虫AFPのように規則的に配列した残基は存在しない。アミノ酸の変異実験によって決定された氷結晶結合部位は，β-ヘリックスの側面の一つであり，平面性の高い領域であった。この領域は約20残基によって構成されているが，同一タイプ内での保存性は低い。また，北極圏の氷床から単離された酵母（*Leucosporidium* sp.）もイシカリガマノホタケAFPと類似性の高い立体構造を有していることがわかっている[31]。このことから，このタイプのAFPは共通した骨格構造をもち，氷結晶結合部位のアミノ酸を変化させることによってそれぞれの生息環境に応じた不凍活性をもつように進化してきたと考えられている。

1.8 不凍タンパク質を用いた産業応用

AFPの氷結晶の成長を抑制する機能（再結晶化を抑制する機能）を応用することで，食品や細胞などの含水物を高品位で冷凍保存することができると考えられている。通常の氷は成長しながら互いに集合し氷塊となる。その際に水以外の物質を氷中から排除したり破壊したりするため，冷凍による劣化が避けられなかった。AFPを添加することで氷の粒子は小さいままに留まり，含水物を微小な氷の粒子で満たされた状態で冷凍することが可能になると考えられている。ここでは，実用化の段階にまで進展している2例について紹介する。

Unilever社は米国などにおいて魚類III型AFPを添加したアイスクリームを販売している[32]。AFPの氷の再結晶化の抑制効果を利用することによって，アイスクリーム中に生成した氷結晶の粒形が微小のまま維持することができる。そのため，食感を向上させるためにアイスクリームへ添加されている脂肪分を従来よりも少なくすることができるようになった。添加される不凍タンパク質は魚から得られる不凍タンパク質と同一のアミノ酸配列を有するものであり，遺伝子組換え技術を用いて生産発現されている。

第5章 低温・高温生物圏

　また，㈱カネカは関西大学と共同で開発した，カイワレダイコンから抽出されたAFPを冷凍食品などの品質を保持するための添加剤として市販している。本AFPを添加することによって冷凍障害が抑制され，冷凍食品のより長期にわたる品質の維持が可能となる。また，このAFP添加した冷凍麺は製麺メーカーより販売されている[33]。

文　　献

1) DeVries A. L. and Donald E., *Science*, **163**, 1073-1075（1969）
2) Cheng C.-H. C. and Chen L., *Nature*, **40**, 443-444（1999）
3) Tachibana Y., Fletcher G. L., Fujitani N., Tsuda S., Monde K. and Nishimura S., *Angew. Chem. Int. Ed.*, **43**, 856-856（2004）
4) Duman J. G. and DeVries A. L., *Pseudopleuronectes americanus. Comp. Biochem. Physiol.*, **54B**, 375-380（1976）
5) 魚類由来の不凍タンパク質（特許第4332646号）
6) Knight C. A., Cheng C. C. and DeVries A. L., *Biophys. J.*, **59**, 409-418（1991）
7) Wierzbicki A., Taylor M. S., Knight C. A., Madura J. D., Harrington J. P. and Sikes C. S., *Biophys., J.*, **71**, 8-18（1996）
8) Shruti N. Patel, Steffen P. Graether, *Biochem., Cell Biol.*, **88**, 223-229（2010）
9) Ng N. F., Trinh K. and Hew C. L., *Hemitripterus americanus. J. Biol. Chem.*, **261**, 15690-15695（1986）
10) Graham L. A., Lougheed S. C., Ewart K. V. and Davies P. L., *PLoS ONE*, **3**(7), e2616. doi:10.1371/journal.pone.0002616（2008）
11) Yamashita Y., Miura R., Takemoto Y., Tsuda S., Kawahara H. and Obata H.,(*Hypomesus nipponensis*) *Biosci, Biotechnol. Biochem.*, **67**, 461-466（2003）
12) Nishimiya Y., Kondo H., Takamichi M., Sugimoto H., Suzuki M., Miura A. and Tsuda S., *Brachyopsis rostratus. J. Mol. Biol.*, **382**, 734-746（2008）
13) Liu Y., Li Z., Lin Q., Kosinski J., Seetharaman J., Bujnicki J. M., Sivaraman J., Hew C. L., *PLoS ONE*, **2**, e548（2007）
14) Yasui M., Takamichi M., Miura A., Nishimiya Y., Kondo H. and Tsuda S., *Cryobio. Cryotech.*, **54**, 1-8（2008）
15) Li X., Trinh K. and Hew C. L., *Macrozoarces americanus. J. Biol. Chem.*, **260**, 12904-12909（1985）
16) Baardsnes J. and Davies P. L., *Trends Biochem. Sci.*, **26**, 468-469（2001）
17) Hew C. L., Wang N., Joshi S., Fletcher G. L., Scott G. K., Hayes P. H., Buettner B. and Davies P. L., *Macrozoarces americanus. J. Biol. Chem.*, **263**, 12049-12055（1988）
18) Nishimiya Y., Sato R., Takamichi M., Miura A. and Tsuda S., *Zoarces elongatus Kner. FEBS J.*, **272**, 482-492（2005）

19) Takamichi M., Nishimiya Y., Miura A. and Tsuda S., *FEBS J.*, **276**, 1471-1479 (2009)
20) Jia Z., DeLuca C. I., Chao H., Davies P. L., *Nature*, **384**, 285-288 (1996)
21) Garnham C. P., Natarajan A., Middleton A. J., Kuiper M. J., Braslavsky I., Davies P. L., *Biochemistry*, **49**, 9063-9071 (2010)
22) Schneppenheim R. and Theede H., *Comp. Biochem. Physiol.*, B, **67**, 561-568 (1980)
23) Graham L. A., Liou Y., Walker V. K. and Davies P. L., *Nature*, **388**, 727-728 (1997)
24) Tyshenko M. G., Doucet D., Davies P. L. and Walker V. K., *Nature Biotechnol.*, **15**, 887-890 (1997)
25) Gauthier S. Y., Kay C. M., Sykes B. D., Walker V. K. and Davies P. L., *Eur. J. Biochem.*, **258**, 445-453 (1998)
26) Liou, Y. C., Tocilj A., Davies P. L., Jia Z., *Nature*, **406**, 322-324 (2000)
27) Hoshino T., Kiriaki M., Ohgiya S., Fujiwara M., Kondo H., Nishimiya Y., Yumoto I., Tsuda S., *Can. J. Bot.*, **81**, 1175-1181 (2003)
28) Janech M., Krell A., Mock T., Kang J. S. and Raymond J., *J. Phycol.*, **42**, 410-416 (2006)
29) Raymond J. A., Fritsen C. and Shen K., *FEMS Microbiol. Ecol.*, **61**, 214-221 (2007)
30) Kondo H., Hanada Y., Sugimoto H., Hoshino T., Garnham C. P., Davies P. L., Tsuda S., *Proc. Natl. Acad. Sci. U S A*, **109**, 9360-9365 (2012)
31) Lee J. H., Park A. K., Do H., Park K. S., Moh S. H., Chi Y. M., Kim H. J., *J. Biol. Chem.*, **287**, 11460-11468 (2012)
32) Meldolesi A., *Nature Biotechnol.*, **27**, 682 (2009)
33) ㈱カネカ ニュースリリース 2012年3月13日

2 好冷性微生物の活用

栗原達夫*

2.1 はじめに

　地球上の生命圏のおよそ8割は極地，深海，高山など，年間を通して温度が4℃付近以下に保たれた低温環境である。このような環境には低温で良好に生育する好冷性微生物（本稿では好冷菌，低温菌を含めた総称として好冷性微生物という名称を用いる）が生息している。好冷性微生物は低温で高い活性をもつ酵素を生産するなど，学術的にも産業上の観点からも注目すべき特徴をもつ。好冷性微生物が生産する酵素の多くは低温で高い活性を示し，その一方，熱安定性が低いという特徴をもつ。このような特徴をもつ好冷性酵素は，低温で反応を行うことが望ましい場合や，使用後に酵素を穏和な条件で失活させることが望ましい場合に有用である。好冷性微生物そのものを，熱安定性の低い物質を低温で生産するプロセスに利用する試みもなされている。本稿では，好冷性微生物，および好冷性微生物の低温適応において主要な役割を果たす好冷性酵素の特徴を述べた上で，これらの利用法について概説する。

2.2 好冷性微生物のゲノムとプロテオーム

　生物が低温環境に適応する仕組みを明らかにすることや，低温環境に適応した生物の応用開発を促進することなどを目的として，さまざまな好冷性微生物のゲノム解析が進められている。全生物種のゲノム解析の状況をまとめたGenomes Online Database（http://www.genomesonline.org/cgi-bin/GOLD/index.cgi）によると，2012年5月23日現在，好冷性微生物のうち全ゲノム解析が完了して配列情報が公表されているものは41種（psychrophile：22種，psychrotroph：5種，psychrotolerant：14種）ある。もっとも解析が進んでいる*Shewanella*属細菌が，これらのうちの9種を占める。これらのゲノム情報を利用することによって，好冷性微生物の生理機能解析や分子育種，有用酵素の探索などを効率的に進めることが可能な状況となってきている。

　ゲノム情報を利用することによって，特定の生育条件で発現するタンパク質を網羅的に解析するプロテオーム解析も行われている[1~3]。異なる温度で培養した好冷性微生物のプロテオームの比較から，種々の微生物において低温で生産されるタンパク質が網羅的に同定され，それらの微生物の低温適応機構を解析する上で重要な情報が得られている。

　Methanococcoides burtonii, *Bacillus psychrosaccharolyticus*, *Psychrobacter cryohalolentis* K5, *Psychrobacter articus* 273-4, *Shewanella livingstonensis* Ac10, *Pseudoalteromonas haloplanktis* TAC125などの好冷性微生物のプロテオーム解析により，低温誘導性タンパク質の種類は，微生物の種によって異なることが示されており，低温環境に適応するためのメカニズムは，種によって異なることが示唆されている。しかしながら，異なる生物種に共通すると考えられる低温適応機構もある。例えば，RNAシャペロンとして機能するCspAは，*Arthrobacter globiformis*

＊　Tatsuo Kurihara　京都大学　化学研究所　教授

SI55, *P. cryohalolentis* K5, *S. livingstonensis* Ac10など，種々の好冷性微生物において，低温誘導的に生産されることが見いだされている。低温では核酸の塩基対が安定化されるため，不適切なRNAの二次構造が生じやすい。これを抑制するためにRNAシャペロンを生産するものと考えられる。タンパク質のフォールディングに関与するペプチジルプロリル*cis-trans*イソメラーゼも，*Shewanella* sp. SBI1, *M. burtonii*, *P. articus* 273-4, *S. livingstonensis* Ac10, *P. haloplanktis* TAC125など種々の好冷性微生物において低温誘導的に生産される[1~4]。RNAポリメラーゼやリボソームのサブユニットの中にも，種々の好冷性微生物において低温誘導的に生産されるものがあり，RNAやタンパク質の生合成に関与するこれらの装置の機能調節も，低温適応に重要であると推測される。

　可溶性タンパク質の網羅的解析に加えて，膜タンパク質の網羅的解析も行われており，グラム陰性細菌*S. livingstonensis* Ac10については，内膜と外膜を分離した上で，低温誘導性の内膜タンパク質が網羅的に同定されている[5]。これらの知見は，好冷性微生物の低温適応機構を解析するための重要な手がかりとなり，また，低温物質生産系の宿主や環境浄化などにおける生体触媒として好冷性微生物を分子育種する上でも重要な情報になるものと考えられる。

2.3　好冷性微生物の脂質

　好冷性微生物は，不飽和脂肪酸，分岐脂肪酸，炭素鎖長の短い脂肪酸などを含む脂質分子の膜での含量を高め，低温での膜の流動性を保持することによって，生体膜の正常な機能を保っている。一部の好冷性微生物では，エイコサペンタエン酸やドコサヘキサエン酸などの高度不飽和脂肪酸を含有するリン脂質が低温適応に重要な役割を果たすことが示されている。細胞分裂や酸化ストレス耐性への高度不飽和脂肪酸含有リン脂質の関与が示されており，膜全体の流動性保持以外の機能を担っているものと考えられている[6,7]。

2.4　好冷性酵素の特性

　好冷性微生物の低温適応において主要な役割を担うのは，低温で高い活性をもつ好冷性酵素である[8~11]。好冷性酵素の高い触媒能により，化学反応速度が低下する低温環境でも代謝反応がつつがなく進行する。低温で高い活性を示す好冷性酵素が触媒する反応では，反応の活性化自由エネルギー$\Delta G^{\ddagger}$の値が，中温酵素や好熱酵素の$\Delta G^{\ddagger}$の値よりも小さくなっている。$\Delta G^{\ddagger}$は，以下の式によって活性化エンタルピー$\Delta H^{\ddagger}$および活性化エントロピー$\Delta S^{\ddagger}$と関係づけられる。

$$\Delta G^{\ddagger} = \Delta H^{\ddagger} - T\Delta S^{\ddagger} \qquad \text{Tは絶対温度}$$

この式から，$\Delta H^{\ddagger}$を小さくするか$\Delta S^{\ddagger}$を大きくすれば$\Delta G^{\ddagger}$が小さくなり，反応速度が大きくなることがわかるが，大部分の好冷性酵素では，$\Delta H^{\ddagger}$を小さくすることによって$\Delta G^{\ddagger}$が小さくなっていることが示されている。好冷性酵素の多くでは，反応原系から遷移状態への移行に伴って切断される結合（切断にエンタルピー変化を伴う結合）の数が少なく，これにより$\Delta H^{\ddagger}$が小さくなっ

第5章　低温・高温生物圏

ている。このことは，酵素の活性部位が高いフレキシビリティーをもつということを意味するが，高いフレキシビリティーは酵素の熱安定性を低下させる要因にもなる。（低温での高活性と低い熱安定性は多くの好冷性酵素に見られる特徴であるが，後述するように，低温での高活性を維持したまま熱安定性を向上させることに成功した例もある。活性部位の高いフレキシビリティーと，それ以外の部分の堅牢さをあわせもつことで，低温での高活性と高い熱安定性の実現が可能な場合もあると考えられる。）

　高いフレキシビリティーを生み出す主な構造的特徴として以下のものがあげられる。①表面に電荷をもつアミノ酸残基が多い，②Arg/(Lys + Arg)の値が小さい，③芳香環−芳香環相互作用や芳香環−アミノ基相互作用が少ない，④αヘリックスが形成する双極子とヘリックス内アミノ酸残基の電荷の相互作用が弱い，⑤αヘリックス中のProが多い，⑥ループ内のProが少なく，Glyが多い，⑦Metが多い，⑧金属イオンによる二次構造間の架橋やドメイン間の架橋が少ない，⑨構造を安定化するジスルフィド結合を欠く。個々の好冷性酵素がこれらの特徴をすべて備えているわけではなく，これらのいくつかを備えることで高いフレキシビリティーを獲得し，低温での高い活性を実現している。

2.5　好冷性微生物の応用
2.5.1　好冷性微生物の物質生産への応用—タンパク質生産用宿主としての開発—

　好冷性微生物は0℃付近の低温環境で良好に生育するため，熱安定性の低い物質，特に上述の好冷性酵素のように熱安定性の低いタンパク質を生産する宿主として有用と考えられる。好冷性微生物を宿主とした生産系は，熱安定性の低いタンパク質のみならず，常温での酵素活性が宿主に対して毒性を示すようなタンパク質にも有効と考えられる。低温では酵素活性の低下による毒性緩和が期待されるからである。また，低温で生産することによる封入体形成抑制効果も期待される。このような観点から，これまでに種々の好冷性微生物を宿主とした外来タンパク質の低温生産システムが開発されている[12〜15]。

　P. haloplanktis TAC125は，最も早い時期に全ゲノム解析が行われた好冷性微生物の一つであり，本菌を宿主とした外来タンパク質生産システムも早い段階から開発されている。本菌由来のα-アミラーゼをキャリアーとした分泌発現系が構築されており，また，菌体外のプロテアーゼ活性を，プロテアーゼの分泌装置の遺伝子をノックアウトすることによって抑制し，分泌された目的タンパク質の分解を抑制できる宿主も開発されている[12]。一方，L-リンゴ酸によって発現誘導される外膜ポーリンの転写制御システムを利用することにより，制御可能な発現システムも開発され，*P. haloplanktis* TAC125由来の好冷性β-ガラクトシダーゼを活性を保った状態で発現できることが示されている[13]。

　S. livingstonensis Ac10についても全ゲノム解析やプロテオーム解析，低温環境適応機構の解析が行われるとともに，本菌を宿主とした外来タンパク質生産システムが開発されている[14]。プロテオーム解析によって見いだされた生産量の多いタンパク質の中からプロモーター活性が強いも

のが選抜され，外来タンパク質の高生産に用いられている。アルキルヒドロペルオキシドレダクターゼAhpCのプロモーター配列を用いて，*Desulfotalea psychrophila* DMS12343（生育至適温度：10℃）由来のタンパク質の生産が試みられている。オリゴエンドペプチダーゼPepFとプロリダーゼPepQに関しては，*S. livingstonensis* Ac10を宿主として18℃で培養した時の単位培養液量あたりの生産量が，*Escherichia coli*を宿主としてT7プロモーターを用いて発現した時の生産量を上回り，*S. livingstonensis* Ac10を宿主とした生産システムの有用性が示されている。

これらのほか，4℃で生育する放線菌*Rhodococcus erythropolis*を宿主とした低温発現系などが開発されている[15]。

2.5.2 好冷性微生物の環境浄化への応用

好冷性微生物は低温環境でのバイオレメディエーションにも有用と考えられる。外来のトルエン-*o*-キシレンモノオキシゲナーゼを発現させた遺伝子組換え*P. haloplanktis* TAC125が，本菌固有のラッカーゼと外来トルエン-*o*-キシレンモノオキシゲナーゼの働きによって，フェノールやトルエンなど種々の芳香族化合物の分解能を獲得することが示されており，芳香族化合物で汚染された低温環境の浄化への応用が期待される[16]。

2.6 好冷性酵素の応用[10, 11]

2.6.1 食品加工への応用

食品加工は，腐敗を防ぐ必要性や，熱安定性の低い成分や揮発性の高い成分を保持する観点から低温で行う必要のある場合があり，そのような場合，低温で高い活性をもつ好冷性酵素が有用である。また，加工後，穏和な条件で酵素を失活させて過剰な反応を防ぐ必要がある場合にも，安定性の低い好冷性酵素の使用が望ましい。このような観点から，さまざまな食品加工用の酵素が開発されている。

牛乳中には主要な糖成分としてラクトースが含まれ，ラクトース不耐症の人が摂取すると，下痢などさまざまな健康上の問題が発生する。牛乳中のラクトースをあらかじめβ-ガラクトシダーゼによって分解しておくと，ラクトース不耐症の人も問題なく摂取できるようになる。牛乳の輸送や保管は4〜8℃の低温で行われることから，このような温度範囲で活性をもつ酵素の使用が望ましい。南極海水由来の*Pseudoalteromonas haloplanktis* TAE79由来のβ-ガラクトシダーゼなど，このような目的に合致する酵素が開発されている[17]。

製パンにおいては生地の改良剤としてキシラナーゼが広く用いられている。キシラナーゼは，小麦粉中のアラビノキシランから，デンプンとグルテンの相に水分を移行させるのに寄与し，その結果，生地の柔軟性や安定性が向上するとともに，機械加工がしやすくなり，パンの体積や質感の向上に寄与すると考えられている。パンの生地作りや加工は35℃付近以下で行われることが多く，このような温度で高い活性をもつ好冷性のキシラナーゼが有用と期待される。実際，*Pseudoalteromonas haloplanktis* TAH3a由来の低温適応性キシラナーゼがパンの生地作りにおいて優れた特性を持つことが示されている[18]。

第5章　低温・高温生物圏

2.6.2　研究用試薬としての利用

遺伝子工学実験や生化学実験では核酸やタンパク質など，種々の生体分子に作用する酵素が利用される。不安定なサンプルの変性を避けるために低温で反応させることが望ましい場合，低温で高い活性をもつ好冷性酵素は有用である。また，このような実験では多段階の操作が必要になり，ある段階で使用した酵素が次の段階に残存することが問題となる場合がある。そのような場合，比較的穏和な条件で酵素を失活させることができる好冷性酵素は有用である。

Shewanella sp. SIB1は0〜20℃で生育する好冷性微生物である。本菌由来のアルカリホスファターゼはDNA末端の5'-リン酸除去用の酵素として㈱バイオダイナミクス研究所から市販されている[19]。本酵素は，ベクター分子にDNA断片を挿入する実験において，ベクター分子のセルフライゲーションを抑制するのに有用である。アルカリホスファターゼでリン酸基を除去した後には，目的DNA断片とのライゲーション反応を行う前に，酵素を完全に不活性化させておく必要がある。本酵素活性が残存していると，目的DNA断片も脱リン酸化されてしまい，ライゲーション反応が進行しなくなるからである。本菌由来のアルカリホスファターゼは，*E. coli*由来の酵素と同様の条件で脱リン酸化反応を触媒する一方，*E. coli*由来の酵素に比べて容易に熱変性させることができることから，ライゲーション反応の前処理用酵素として有用である。

南極海水から分離された*S. livingstonensis* Ac10由来のエンドヌクレアーゼも生化学実験用の試薬Cryonase™ Cold-active Nucleaseとしてタカラバイオ㈱から市販されている。本酵素はDNAおよびRNAを氷上の反応液中で分解可能である。タンパク質など熱に不安定な物質を含むサンプル中の核酸を分解する際に有用である。

2.6.3　その他の利用法

好冷性酵素には上述の用途のほか，洗剤用酵素，ファインケミカル合成酵素，環境汚染物質分解用酵素，皮革・繊維加工用酵素などとして，幅広い応用が期待されている[10, 11]。

2.7　好冷性酵素の改良

好冷性酵素の多くは，上述のように低温で高い活性を示す一方，熱安定性が低い。使用後に穏和な条件で失活させたい場合，熱安定性の低さは望ましい性質であるが，長期間の貯蔵や，過酷な条件での使用などを想定した場合，低温で高い活性を示しつつ，安定性が高い酵素が望ましいこともある。分子進化工学的な手法や，*in silico*分子設計による酵素の機能改変が試みられており，サチライシン様プロテアーゼや，*Candida antarctica*由来のリパーゼBについて，低温での活性を保持または向上させつつ，熱安定性を向上させることに成功した例が報告されている[20〜22]。

2.8　展望

本稿で概説したように，好冷性微生物やそれらが生産する好冷性酵素には大きな産業上の利用価値がある。有用な微生物や酵素を自然界からスクリーニングすることが肝要であるが，それとともに，それらを目的により良く合致するように改変することも重要である。特に，好冷性酵素

極限環境生物の産業展開

については，通常，自然界では熱安定性に関する淘汰圧がかかっていないため，分子進化工学的な手法や，構造−機能相関の解析結果に基づく合理的な分子設計などによって，熱安定性を向上できる余地が大いにあるものと思われる．低温での高い活性と高い安定性の両方が求められる局面において，このような取り組みは重要である．好冷性微生物を物質生産や環境浄化に利用するための分子育種も今後，広く行われるようになると考えられ，その基礎となる好冷性微生物の環境適応の分子基盤を解析する取り組みもますます重要になってくるものと考えられる．

文　　献

1) T. Kurihara & N. Esaki, "Psychrophiles: from Biodiversity to Biotechnology" R. Margesin *et al.* (*eds.*) p.333, Springer-Verlag Berlin Heidelberg (2008)
2) J. Kawamoto *et al.*, *Extremophiles*, **11**, 819 (2007)
3) F. Piette *et al.*, *Mol. Microbiol.*, **76**, 120 (2010)
4) C. Budiman *et al.*, *Int. J. Mol. Sci.*, **12**, 5261 (2011)
5) J. Park *et al.*, *Extremophiles*, **16**, 227 (2012)
6) J. Kawamoto *et al.*, *J. Bacteriol.*, **191**, 632 (2007)
7) H. Okuyama *et al.*, *Appl. Environ. Microbiol.*, **74**, 570 (2008)
8) G. Feller, *Cell. Mol. Life Sci.*, **60**, 648 (2003)
9) K. S. Siddiqui & R. Cavicchioli, *Annu. Rev. Biochem.*, **75**, 403 (2006)
10) J. C. Marx *et al.*, *Mar. Biotechnol.*, **9**, 293 (2007)
11) R. Cavicchioli *et al.*, *Microb. Biotechnol.*, **4**, 449 (2011)
12) E. Parrilli *et al.*, *Microb. Cell Fact.*, doi: 10.1186/1475-2859-7-2 (2008)
13) V. Rippa *et al.*, *Methods Mol. Biol.*, **824**, 203 (2012)
14) R. Miyake *et al.*, *Appl. Environ. Microbiol.*, **73**, 4849 (2007)
15) N. Nakashima & T. Tamura, *Biotechnol. Bioeng.*, **86**, 136 (2004)
16) R. Papa *et al.*, *J. Appl. Microbiol.*, **106**, 49 (2009)
17) A. Hoyoux *et al.*, *Appl. Environ. Microbiol.*, **67**, 1529 (2001)
18) T. Collins *et al.*, *J. Cereal Sci.*, **43**, 79 (2006)
19) Y. Suzuki *et al.*, *Biosci. Biotechnol. Biochem.*, **69**, 364 (2005)
20) P. L. Wintrode *et al.*, *J. Biol. Chem.*, **275**, 31635 (2000)
21) N. Zhang *et al.*, *Protein Eng.*, **16**, 599 (2003)
22) Q. A. T. Le *et al.*, *Biotechnol. Bioeng.*, **109**, 867 (2012)

3 アイスコア中の微生物解析

瀬川高弘*

3.1 はじめに

　氷河や氷床に長年にわたって堆積した雪や氷は，過去の環境情報を封印した，降水と大気のタイムカプセルである。したがって，氷河の深い部分から採取した柱状の氷サンプル（アイスコア）を取り出して分析すれば，過去の環境変動について多くの情報を得ることができる。過去の環境変動に関するデータは将来の環境変動予測に不可欠な情報であることから（IPCC第四次評価報告書），南極などで氷床アイスコア解析がおこなわれ，過去数十万年の地球環境が明らかになってきた[1,2]。

　一方，氷河などの雪氷圏は，その寒冷な環境条件から，長い間無生物的な環境と見なされてきたため，従来のアイスコアの解析では同位体比や化学成分，風送微粒子など，物理・化学的な分析のみが考慮されてきた。しかし近年，アイスコア中の生物情報を環境指標として利用することで，従来得られなかった環境情報を復元できることが報告されている。本稿では，南極氷床アイスコアの微生物研究の現状と，アイスコア中の生物解析から明らかになってきた環境復元などについて解説する。

3.2 ボストーク氷床下湖やグリーンランド氷床コアの生物解析

　現在，南極氷床下の水層と岩盤は，人類に残された最後のフロンティアの一つとされ[3]，その生態系の解明に世界的な期待が集まっている。南極氷床の下には150以上の氷床下湖が存在し，その中でも最大であるのがボストーク湖であり，琵琶湖の約20倍の広さの面積を持ち，湖の総面積は1万4,000 km^{2}である[4,5]。ボストーク基地のアイスコア掘削は地球の古環境を解析するために開始されたが，1990年代に，掘削孔の下に巨大な湖が存在していることが確認された。ボストーク湖はかなり長い間外界と隔離されていると推測されており（一説には300〜1500万年），その生態系には期待が集まるようになった。

　これまでの研究から，ボストーク湖の水が氷床に付着した氷（accretion ice）からは微生物細胞が観察され，原核生物の16S rRNA遺伝子解析の結果から，Proteobacteria，Actinobacteria，Bacteroidetesなどのバクテリアが検出された。また，LIVE/DEAD BacLight Kitによる生死判別分析の結果から，一部の細菌は生息していることが示唆された[6〜8]。しかし氷床アイスコア掘削では，掘削した穴の収縮が掘削に支障を来すため，掘削孔に氷と同等の比重を持った灯油などの不凍液を満たしておこなわれるが，不凍液は無菌的なものではない。そのため，アイスコア掘削過程や，実験過程にともなうコンタミネーションの可能性も議論されている段階である。

　ボストーク湖への汚染を防止するために，1990年代後半からボストーク湖到達まで120 mの地

---

*　Takahiro Segawa　情報・システム研究機構　国立極地研究所　新領域融合研究センター
　　特任助教

点で，掘削を中止していたが，2005年に再開され，2012年にはロシアのチームがボストーク湖由来のサンプルを採取したと発表した[9]。しかし，これは湖のaccretion iceであった可能性も指摘されており，2013年以降の掘削に期待が集まっている。また，アメリカとイギリスは，南極の別の氷床下湖でサンプルを採取する計画になっている。外界から隔離された氷床下湖には固有微生物種が存在するという指摘もあり[10]，氷床下に生息している微生物や，その進化など，氷床下水圏における生命探査が非常に注目されている。

　1980年代以降，古代試料からのDNA研究がおこなわれ，多くの論文が発表されてきた[11]。その中には数千万年～数億年という非常に古い時代の試料からも微生物が培養されたという報告もあるが，追認はされてはいない。

　アイスコアに含まれる生物学的情報を用いて古環境復元をおこなった研究として，Willerslevらによるグリーンランドの氷床底部からのDNA分析が知られている[12]。氷試料からのDNA分析により，今から45～80万年前のグリーンランドには蝶などの昆虫が生息し，常緑樹の森が広がり，グリーンランドが以前には森に覆われていたことが示された。また，検出された植物の分類により，グリーンランドの夏の平均気温は10度以上，冬はマイナス17度より暖かかったと推測している。さらにWillerslevらは本研究でアミノ酸のラセミ化や，ミトコンドリアCOI遺伝子を用いたrelatively rate testによって試料年代の推定をおこなっており，科学的な信憑性やコンタミネーションへの観点などからも非常に興味深い結果である。また，同じ試料について二つ以上の研究施設で解析をおこない，その結果のうち，施設間で同じ結果の出たデータのみを用いて議論することも，コンタミネーションの問題が付きまとう古代DNA研究の分野ではスタンダードになりつつある。

3.3　中・低緯度のアイスコアにおける微生物解析

　急激な氷河縮小が報告されている中央アジアなどにおいては，アイスコア研究が近年の地球温暖化，およびそれによって引き起こされる氷河変動を理解するための手段として有効であることから盛んに研究されている[13,14]。しかし，中央アジアなどの中・低緯度地帯では，積雪表面からの融解水の浸透により，極地のアイスコア解析で年層の指標として利用される同位体比や化学成分などの物理・化学的環境指標は，元の深度分布が乱されてしまい利用が難しいことが知られている[15]。そのため，アイスコアを用いて良質な古環境情報を復元できるのは，北極や南極の一部や高所にしか存在しない，融解がほとんど起こらない寒冷な氷河にほぼ限られてきた。一方，氷河上の雪氷微生物活動は，温暖で融解が多い氷河ほど活発になるため，これらを利用することで，これまで利用が困難だった中・低緯度に位置する氷河のアイスコアからも様々な環境情報が得られることが報告されている[16,17]。

　近年解析された研究例として，ロシア，アルタイ山脈のベルーハ山（標高4100 m）で採取されたアイスコアの分析がある。アイスコア中には5種類の花粉が含まれており，これらが飛散する季節の違いをマーカとして利用して，年代の復元が試みられた結果，48.1 mのアイスコアには88

第5章　低温・高温生物圏

年分の積雪が含まれていることが明らかとなった。大気圏内核実験により1963年にピークのあるトリチウムの結果と良く整合することから，年代決定精度は高いことが示された。そのため，同位体等の化学的環境指標が利用できないような中・低緯度山岳地からのアイスコアでも，正確に年代を復元できることが示された[18]。また，このアイスコアからは酵母が局所的に高濃度で含まれていることがわかり，これらは培養株と26S rDNAクローン解析の結果，氷河や積雪などから報告されている*Rhodotorula*属の酵母であることが明らかとなった。さらに，これらは氷層や融解の影響を受けた雪の層に多いことから，積雪内部で従属的に増殖していたことが示された[19]。アイスコア中の生物学的情報を環境指標として利用することで，中・低緯度域に多く分布する温暖氷河アイスコアから古環境情報の復元が可能になり，氷河研究や気候研究への大きな貢献が期待できるであろう。

3.4　南極沿岸域のアイスコア解析

筆者らの研究グループでは，南極アイスコア中の微生物解析を進めており，南極沿岸域から採取された氷期のヤマト山脈の氷試料と間氷期のミズホの氷試料中に含まれるバクテリアの16S rRNA遺伝子解析による群集構造解析を紹介する（図1）。試料からDNAを抽出し，原核生物の16S rRNA遺伝子プライマーを用いたPCR増幅をおこない，塩基配列の解読をおこなった。全部で45 Operational Taxonomic Unit（OTU）のバクテリアが検出され（97% similarity），間氷期のミズホのアイスコアからは33 OTU，氷期のヤマトのアイスコアからは20 OTUのバクテリアが検出され，8 OTUが両アイスコアから検出された[20]。シンプソン多様性指数（1/D）は間氷期のミズホ試料の方が高い結果となり，またミズホ試料ではBacteroidetesが優占種であったが，氷期のヤマト試料ではγ-proteobacteriaが優占種であった（図2）。得られた遺伝子情報をDNAデータベースと照合させ，アイスコア中にはどのような種類の微生物が含まれているかの推定をおこなった。ヒットしたバクテリアの生息環境を調べたところ，土壌，海水，淡水，雪氷，腸内などの様々な環境からの記載があった。氷期のヤマトの試料は間氷期のミズホの試料にくらべ，淡水，海水，高熱，氷河，植物からの記載種の割合が高くなったが，動物から記載された割合が低くなった。間氷期のミズホ試料ではバクテリアの密度と種数が多くなったことや，動物起源のバクテリアが多く検出されたこと，鳥の腸内細菌は間氷期試料からのみ検出されたことは，間氷期には海氷の張り出しが少なくなり，動物の生息域が近かったことが原因であると考えられる。その他の環境，特に遠方の環境（淡水，海水，植物など）からの記載種は氷期のヤマト試料の方が多くなったこと

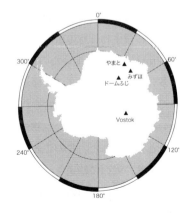

図1　南極氷床のアイスコア試料の掘削地点
（ヤマト山脈とミズホ基地）

極限環境生物の産業展開

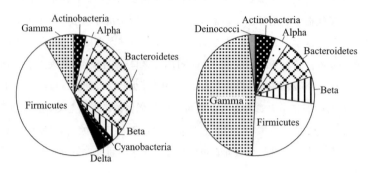

図2 ミズホ基地およびヤマト山脈から掘削されたアイスコア中のバクテリアグループの割合

は，氷期では遠方からの輸送が大きかったことを示唆している。ミズホ試料に動物起源のバクテリアが多く，ヤマト試料に遠距離輸送されたと考えられるバクテリアが多いことは，二つの試料中のバクテリア種のグループの違いにも反映されたと考えられる。本研究から間氷期と氷期で検出されるバクテリアの種類や起源に大きな違いがあることがわかり，南極氷床アイスコア中のバクテリアの古環境指標としての可能性が示された。

3.5　南極ドームふじ氷床アイスコアの微生物解析

　日本の南極基地の中で最も内陸に位置するのがドームふじ基地であり，ドームふじ基地は南極氷床の頂上部にあるため，過去の地球環境を復元するには最も理想的なアイスコアが得られる場所である。ドームふじアイスコアには過去72万年間の雪氷堆積層が連続して保存されており，過去の地球環境を解き明かす最良の試料の一つである。

　南極氷床上および，大気中に含まれる微生物を調べるために，現在の氷床表面の雪氷試料の解析をおこなった。植竹淳研究員（情報・システム研究機構国立極地研究所　新領域融合研究センター）による微生物細胞の密度測定の結果，現在の南極表面には主に球形バクテリアが多い所で700 cells/ml程度含まれていたのに対して，氷床コア中では0〜2000 cells/ml程度となり，氷床コア中の多いところでは現在の表面濃度より約3倍のバクテリア密度であることがわかった。氷床コア中では，現在の表面には含まれない放線菌の一種と考えられる細胞が多数観察され，また全微生物の総細胞体積で表した生物量（cell volume/ml）は，氷床コア中の多いところでは約30倍も高いことが示された。このことから，過去のある時点には，現在よりも多くの微生物細胞が南極氷床中央部の表面に輸送されていたことが推測された[21]。

　ドームふじ基地は南極の中央に位置するため，ヤマト試料やミズホ試料などの沿岸域の試料よりも細胞数が少ないことが予想される。近年のボストーク基地におけるアイスコア試料の解析によると，氷床表面付近のバクテリア密度は0〜0.02細胞/mlであり，深度の深いアイスコア中で

第5章　低温・高温生物圏

も0〜24細胞/mlと非常に少ないことが報告されている[22]。このように，細胞数の極めて少なく，またそのほとんどが難培養微生物である氷床アイスコア解析では，コンタミネーションの問題がクローズアップされてくる。アイスコア試料からコンタミネーションを回避しながら無菌環境下で微生物を採取するための技術開発は，氷床コアの微生物を研究するうえで最も重要なステップである。アイスコア融解の過程でコンタミネーションの可能性が否定できなければ，その後の解析結果は信頼性の得られない，価値のないものになってしまうためである。

これまでアイスコア試料の内部を採取するための融解装置は主に欧米の研究機関によって開発され，様々なアイスコアを対象に用いられてきた[23,24]。しかしこれらの研究は主に化学分析や微粒子分析であったため，遺伝子分析におけるコンタミネーションについては考慮された装置ではなかった。そこで無菌的に氷試料内部を採取する融解装置の開発をおこなった。バクテリアと同程度の大きさの蛍光ビーズを氷表面に高濃度に塗布した実験氷を作成し，検証実験をおこなった結果，外部氷試料からのみ蛍光ビーズが検出された。また，人工的に合成したDNA溶液を上記と同様に塗布した検証実験においても，氷外部試料からのみ合成DNAが検出された。これより，開発した融解装置は氷表面のコンタミネーション部分を除去し，正確に氷内部のみを採取できることがわかった。

細胞数の極めて少ない南極氷床アイスコア研究においては，融解させたサンプルから，いかにして微生物細胞を分離・回収するかも，非常に重大な課題である。メンブレンフィルター上に試料の濃縮をおこない，そこからDNA抽出をおこなう一般的な手法では，非常に高いバイアスがかかり正確な微生物群集を解明できなかったり，DNA抽出時のロスなどにより微生物が検出されなかったりする問題がある。近年，マイクロマニュピュレーションや，セルソーター，レーザーマイクロダイゼクションを用いて微量細胞を単離させて遺伝子解析をおこなう研究も報告されており[25〜27]，氷床コア微生物解析においてもこのような先端の技術が必要になってくるであろう。

ドームふじ基地での第二期深層掘削計画の最終年となった2007年に，約3035m深の氷床最下部から氷試料が掘削された。最深部の約72万年以上前の氷試料から無菌的に試料内部を抽出し，電子顕微鏡による観察により桿状バクテリアが検出された。また，氷床下部の水層試料から，各種バクテリアの遺伝子配列が検出された。岩盤が氷床に封じ込められる前の微生物である可能性があり，現在，全遺伝子情報データによる解析がおこなわれている。氷床アイスコア中の微生物を解析することは，微生物生態研究においても最も挑戦的なテーマの一つであり，地球の歴史を解明する上で非常に重要な研究分野であるため，その理解が進むことを期待する。

3.6　雪氷環境中の抗生物質耐性遺伝子の検出

雪氷環境中には，好冷ないし耐冷性の極限微生物のみならず，通常の土壌細菌や腸内細菌も頻繁に検出されることが報告されている[28〜30]。こうした通常の細菌の由来はよくわかっていないが，その可能性として鳥類など動物の糞便や[31]，大気循環による微生物の運搬などがある。後者の場合，人間の社会活動から相当の距離的隔絶があったとしても，社会活動に由来する細菌が運ばれ

てきて検出されることになる。近年，抗生物質耐性菌の伝搬は，人間の社会活動が地球環境に与えたインパクトの一つであると考えられるようになってきた[32〜34]。従って，人間の社会活動の影響から隔絶している氷河雪氷中で抗生物質耐性遺伝子の検出をおこなうことは，人間の社会活動が地球環境に与える影響や，抗生物質耐性遺伝子の地球規模での伝播や地理的な分布を評価できると期待される。

そこで，テトラサイクリン系，アミノグリコシド系，ベータラクタム系，フェニコール系，マクロライド系，グリコペプチド系およびキノロン系に属する抗生物質について，主として過去に環境試料から検出されたことのある耐性遺伝子をターゲットとしてリアルタイムPCR検出系を構築し，南極ジェームスロス島およびアラスカ氷河，中国内陸氷河より採取した表面雪氷試料を解析した。その結果，中国内陸氷河およびアラスカ氷河試料からアミノグリコシド系やベータラクタム系，テトラサイクリン系の抗生物質に対する耐性遺伝子が検出され，また南極は相対的に清浄に保たれていることを見出した[35]。

さらにフリューダイム社製BioMarkシステムを用いることで検出方法のさらなる集積化を図り，世界各地の54の雪氷試料に対して，抗生物質耐性遺伝子の網羅的検索をおこなった。抗生物質耐性遺伝子が検出された全ケース（45試料）について，16S rRNA遺伝子Ct値と抗生物質耐性遺伝子Ct値の散布図から，16S rRNA遺伝子と抗生物質耐性遺伝子には相関関係がないことがわかった（図3左）。これはバクテリア全体における抗生物質耐性遺伝子保有率はサンプルによって大きく異なっているが，個々の抗生物質耐性遺伝子の絶対量は大きく変わらないことを示唆している。また，試料から最も多く検出された*aac*(3)遺伝子について同様な相関関係を調べてみたが，有意な相関関係は見られなかった（図3右）。従って，氷河上での抗生物質耐性遺伝子の量は，抗生物耐性遺伝子が検出されれば，サンプルによって大きく異ならないことや，バクテリアの密度が高いサンプルでは多種の抗生物質耐性遺伝子が存在していることが示唆された。また，耐性遺伝子の検出のパターンに地域特性のあることや，南緯40度以南のチリ共和国氷河および南極大陸ではほとんど検出がないか全く検出されないのに対して，南緯40度線以北の地点では多数検出されることが示された。また，主要に検出される耐性遺伝子から，医療を原因（*aac 3, bla*IMP *erm*M

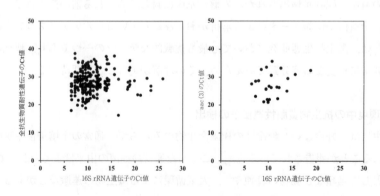

図3　16S rRNA遺伝子のCt値と抗生物質耐性遺伝子のCt値との相関関係

第5章 低温・高温生物圏

等）とするものと農業を原因（*tetW, strA*）とするものに二分できることが明らかとなった。

このような地理探索的な研究に加え，検出された抗生物質耐性遺伝子の時系列ごとの系統解析すなわち分子進化を明らかにすることは，多剤耐性菌の問題解決をはじめ産業応用上のイノベーションにも貢献すると思われるため，産業面にも大きく貢献できるであろう。

文　　献

1) Lambert F., Delmonte B., Petit J. R., Bigler M., Kaufmann P. R., Hutterli M. A. *et al., Nature*, **452**, 616-619（2008）
2) Kawamura K., Parrenin F., Lisiecki L., Uemura R., Vimeux F., Severinghaus J. P. *et al., Nature*, **448**, 912-916（2007）
3) Pearce D. A., *ISME J.*, **3**, 877-880（2009）
4) Siegert M. J., Carter S., Tabacco I., Popov S., Blankenship D. D., *Antarct. Sci.*, **17**, 453-460（2005）
5) Priscu J. C., Bell R. E., Bulat S. A., Ellis-Evans C. J., Kennicutt M. C., Lukin V. V. *et al., Polar Geography*, **27**, 69-83（2003）
6) Christner B. C., Royston-Bishop G., Foreman C. M., Arnold B. R., Tranter M., Welch K. A. *et al., Limnol. Oceanogr.*, **51**, 2485-2501（2006）
7) Priscu J. C., Adams E. E., Lyons W. B., Voytek M. A., Mogk D. W., Brown R. L. *et al., Science*, **286**, 2141-2144（1999）
8) Karl D. M., Bird D. F., Björkman K., Houlihan T., Shackelford R., Tupas L., *Science*, **286**, 2144-2147（1999）
9) Jones N., *Nature*, **482**, 287（2012）
10) Christner B. C., Skidmore M. L., Priscu J. C., Tranter M., Foreman C. M., Bacteria in Subglacial Environments Psychrophiles: from Biodiversity to Biotechnology, In: Margesin R., Schinner F., Marx J.-C., Gerday C.（eds.）, Springer Berlin Heidelberg, pp 51-71（2008）
11) Willerslev E., Cooper A., *Proceedings of the Royal Society B: Biological Sciences*, **272**, 3-16（2005）
12) Willerslev E., Cappellini E., Boomsma W., Nielsen R., Hebsgaard M. B., Brand T. B. *et al., Science*, **317**, 111-114（2007）
13) Thompson L. G., Yao T., Davis M. E., Henderson K. A., Mosley-Thompson E., Lin P.-N. *et al., Science*, **276**, 1821-1825（1997）
14) Thompson L. G., Yao T., Mosley-Thompson E., Davis M. E., Henderson K. A., Lin P.-N., *Science*, **289**, 1916-1919（2000）
15) 飯塚芳徳，五十嵐　誠，渡辺幸一，神山孝吉，渡辺興亜，雪氷，**62**, 245-254（2000）
16) Kohshima S., Takeuchi N., Uetake J., Shiraiwa T., Uemura R., Yoshida N. *et al., Global*

Planet Change, **59**, 236-244 (2007)

17) Yoshimura Y., Kohshima S., Takeuchi N., Seko K., Fujita K., *Journal of glaciology*, **46**, 335-340 (2000)
18) Okamoto S., Fujita K., Narita H., Uetake J., Takeuchi N., Miyake T. et al., *J. Geophys Res.*, **116**, D02110 (2011)
19) Uetake J., Kohshima S., Nakazawa F., Takeuchi N., Fujita K., Miyake T. et al., *J. Geophys Res.*, **116**, G01019 (2011)
20) Segawa T., Ushida K., Narita H., Kanda H., Kohshima S., *Polar Science*, **4**, 214-227 (2010)
21) 藤井理行, 本山秀明, アイスコア─地球環境のタイムカプセル(極地研ライブラリー)(2011)
22) Bulat S. A., Alekhina I. A., Marie D., Martins J., Petit J. R., *Advances in Space Research*, **48**, 697-701 (2011)
23) Cole-Dai J., Budner D. M., Ferris D. G., *Environmental Science and Technology*, **40**, 6764-6769 (2006)
24) Osterberg E. C., Handley M. J., Sneed S. B., Mayewski P. A., Kreutz K. J., *Environmental Science and Technology*, **40**, 3355-3361 (2006)
25) Hongoh Y., Sharma V. K., Prakash T., Noda S., Toh H., Taylor T. D. et al., *Science*, **322**, 1108-1109 (2008)
26) Heywood J. L., Sieracki M. E., Bellows W., Poulton N. J., Stepanauskas R., *ISME J.*, **5**, 674-684 (2010)
27) Yanagihara K., Niki H., Baba T., *Polar Science*, **5**, 375-382 (2011)
28) Segawa T., Miyamoto K., Ushida K., Agata K., Okada N., Kohshima S., *Appl. Environ. Microbiol.*, **71**, 123-130 (2005)
29) Christner B. C., Kvitko B. H., Reeve J. N., *Extremophiles*, **7**, 177-183 (2003)
30) Sheridan P. P., Miteva V. I., Brenchley J. E., *Appl. Environ. Microbiol.*, **69**, 2153-2160 (2003)
31) Sjolund M., Bonnedahl J., Hernandez J., Bengtsson S., Cederbrant G., Pinhassi J. et al., *Emerging Infectious Diseases*, **14**, 70-72 (2008)
32) Cabello F. C., *Environmental Microbiology*, **8**, 1137-1144 (2006)
33) Chee-Sanford J. C., Aminov R. I., Krapac I. J., Garrigues-Jeanjean N., Mackie R. I., *Appl. Environ. Microbiol.*, **67**, 1494-1502 (2001)
34) Goni-Urriza M., Capdepuy M., Arpin C., Raymond N., Caumette P., Quentin C., *Appl. Environ. Microbiol.*, **66**, 125-132 (2000)
35) Ushida K., Segawa T., Kohshima S., Takeuchi N., Fukui K., Li Z. et al., *Journal of General and Applied Microbiology*, **56**, 43-52 (2010)

4　高温環境下での好熱性細菌による有機廃棄物の分解

大島泰郎[*1]，森屋利幸[*2]，吉井貴宏[*3]

4.1　堆肥と有機廃棄物処理

　堆肥は古来からの有機廃棄物処理法であるが，現在，我が国の主流となっている焼却に比べ，いくつかの利点を持っている。第一は，焼却が余分の燃料を必要とするのに対し，堆肥は化学的には同じように酸化分解であるが，微生物を利用するため余分の燃料を必要としない。このため，安価であり，また余分なCO_2の放出といった環境に負担をかけることがない。第二に，堆肥化は高度な設備を必要としないので，設備の保守にも操作にも費用がかからない。この点からも堆肥は安価である。

　さらに，環境中にダイオキシンやNOx，SOxなどの有害物質を放出することもない。最終製品は，肥料として農地に還元し，炭素のリサイクルに寄与する。しかも，しばしば堆肥は農地の改良に寄与する効果が報告されている。

　このような利点があるため，また，一方では焼却に伴う環境汚染の問題が大きくクローズアップされてきたために，多くの地方自治体が生活廃棄物を中心に有機廃棄物を堆肥化して処理しようとする動きが強まっている。

　しかし，堆肥にも欠点がある。第一はプロセスが遅く，処理に長時間を必要とする。たとえば，一般の有機廃棄物（食品残渣や糞尿，雑草など）の場合，分解の終了までには3〜4ヶ月程度の時間が必要である。さらに，焼却に比べ広大な面積を必要としている。今後，環境問題がより重要になり，より多くの有機廃棄物を堆肥化したいという要望が出てくることは必須であるが，現状ですら処理場のためのスペースは深刻な問題となっており，堆肥化の技術革新による高効率の堆肥化プロセスへの社会的要望は強い。そのためには，堆肥化の生化学的，分子生物学的および微生物化学的な解析を深め，堆肥化プロセスの効率化や堆肥化場の高層ビル化など，堆肥化へ近代工学的手法を導入するなどの必要がある。

　近年，堆肥化への関心が高まり，大規模な集積型堆肥化工場が盛んになると，従来より内部の温度の高い高温型堆肥が知られるようになった。これらの高温型堆肥では，しばしば内部の温度が100℃を超える。このような従来知られていなかった高温発酵は，新たな微生物による新規発酵のためか，または単にサイズが大きく内部の保温効果が高まって高温化したかは明らかでない。本稿では，堆肥に関わる好熱菌について述べたのち，特に高温好気型堆肥に関する解析結果[1]を中心に，堆肥化過程と好熱菌の関係を概観する。

---

*1　Tairo Oshima　共和化工㈱　環境微生物学研究所　所長；東京工業大学　名誉教授；
　　東京薬科大学　名誉教授
*2　Toshiyuki Moriya　共和化工㈱　環境微生物学研究所　研究員
*3　Takahiro Yoshii　共和化工㈱　環境微生物学研究所　研究員

4.2 好熱菌と堆肥

堆肥化は無数の土壌微生物の共同作業であるが，その間に微生物の代謝に伴って放出される熱が内部に溜まり，次第に内部が高温となる．通常，24時間以内に6～80℃に達する．当初，通常の土壌細菌による有機物の分解が始まるが，堆肥の中心部は次第に高温環境の下で生育可能な菌に交代し，最終的には好熱菌を主体とする菌叢に変化していく．これまでも堆肥の微生物学的な解析は行われてきたが，遺伝子工学的な手法を欠いているため，また難培養性の細菌の存在に気づいていないため全貌を明らかにするにはほど遠い状況である[2～4]．また，20世紀前半の好熱菌の研究では，堆肥を分離源とする好熱菌の研究が行われてきたが，この場合も同様な欠陥がある．堆肥中から単離されてきた好熱菌は，主に，Bacillus属，Geobacillus属等Firmicutes門に属する好気性菌，それに嫌気性のClostridium属とアーキアに属するメタン菌類に分類される好熱菌で，生育上限温度が75～80℃以下の中等度好熱菌であった．また，常温菌もFirmicutes門に分類される胞子形成能を持つ細菌が主体で，高温期には胞子を作って堆肥中で生き延びている．

最もよく知られている堆肥中の好熱菌は*G. stearothermophilus*（かって*Bacillus stearothermophilus*と呼ばれていたが，数年前に新属Geobacillusが設けられた）．この菌は75℃付近を生育可能な温度の上限とし，胞子形成能を持つグラム陽性の桿菌である．堆肥中にはどんな堆肥にも普遍的に，また堆肥化過程のすべてのstageに存在する．

菌叢の解析は，古典的には寒天培地上のコロニー数を数え，近年はDNA解析を用いる．古典的な「生菌数」解析は，土壌や堆肥中の大部分の細菌は難培養性であるので，本来堆肥中に存在するはずの細菌類のほんの数パーセントを数えているに過ぎないが，その点を念頭に置いた上で，大まかな傾向を知ることはできる．また，DNA解析と違い，生育してきた細菌の同定は改めてコロニーからDNAを抽出しないと簡単には決められない．さらに，中等度好熱菌の中には，生菌数を数えるために希釈し，室温に置いておくと死滅していくものがあるので，注意が必要である（多くの文献ではこの点に注意を払っていないので，報告されている好熱菌生菌数はかなり低めに出ている可能性が高い）．

たとえば，一例を示すと，家畜糞尿を原料とした堆肥で，発酵開始直後は中心部の温度は20℃，25℃で生育する「常温菌」は1g当たり10^9オーダーを数え，55℃で生育する中等度好熱菌は10^6オーダーで，常温菌の1/1000以下に過ぎないが，2日後には内部は70℃を超え，常温菌は1/100以下に減少し（しかも，数えているのは大部分が胞子と思われる），一方，好熱菌は10^8オーダーに増加して人口比で常温菌の10倍になり，かなり速やかに菌叢の主役は好熱菌に置き換わることがわかる．過去に多くの類似の結果が報告されているが，上述のように数値そのものには意味がない．大まかな傾向をつかむにとどめるべきである．なお，大腸菌はほぼ正確に数えられていると思われ（厳密には用いた選択培地，多くはデオキシコール酸を含む栄養培地に生育可能な常温菌を数えている），堆肥化開始とともに急激に減少し，2日後には事実上滅菌（検出されてもg当たり数百個以下）されていることが多い．

第5章　低温・高温生物圏

4.3　好気性高温型堆肥化プロセスの概要

　高温型堆肥の代表例として、㈱山有が開発した鹿児島市の下水処理場における堆肥を解析した[1]。この堆肥は堆積型で規模が大きく、床面積は80〜100平米に達する。開始時の高さは約3メートル、高さは発酵が進行するに伴い全体の容積が減少するので、次第に低下する。

　床下から通気するので好気発酵であり、通常、発酵分解が順調に推移している限り嫌気性菌、メタン菌は検出されない。発酵に伴い、全炭素量、全窒素量が減少していくが、窒素はほとんどがアンモニアとして放出され、従来の堆肥と異なり硝酸態窒素はほとんど検出されない。温度は混合後、1〜2日後にピークに達し、中心部はしばしば100℃を超える。表層から数センチ下で、約70℃あるので、ほぼ全ての部分が70℃以上の高温となるが、2〜3日後に温度は低下し始める。1週間ごとに切り返しが行われ、堆肥発酵は通常、10週間程度行われる。この間、pHはほとんど変化しない。EC（電気伝導度、塩濃度の指標である）は僅かに上昇する。これらの解析結果の詳細は、文献1を参照されたい。

　いわゆる「難分解性」有機廃棄物の分解活性は高く、われわれは実験室内用のモデルコンポスターを作製し、強制的に内部を保温して堆積型堆肥過程の再現を試みたが、ラットの死骸が、最速では1日のうちに目視できる骨、皮膚がない状態にまで分解が進む[1]。野外の堆積型でも、500kg程度の牛の遺骸が4週間程度で同様に骨、皮膚など肉眼では認められない状態まで分解される。

4.4　高温好気型堆肥から単離された新規高度好熱菌Calditerricola satsumensis YMO81株及びC. yamamurae YMO722株

　高温好気型堆肥は、中心付近が100°C程度と従来の堆肥よりも高温で発酵する。従って、この高温好気堆肥には新規の高度好熱菌が生育しており、発酵に関与していると推定できる。そこで、著者らは高温好気型堆肥から新規の高度好熱菌の単離を試み、YMO81株、YMO722株の単離に成功した[5]。この株は長桿菌（0.2×3 μm）、グラム陰性、芽胞の形成が見られず、運動性も観察されない。80℃で生育可能な高度好熱菌である（図1）。YMO81株のゲノムDNAのG＋C含量は70.0％であった。16S rDNA塩基配列約1500 bpに基づくBLAST相同性検索からは、*Planifilum yunnanense* LA5^{T}株と最も高い相同性を示したが、その相同性は91％であった[6]。図2にYMO81株及びYMO722株、さらにBacillaceae科の微生物の16S rDNAに基づく近隣結合系統樹を示す。系統学的な解析及び微生物学的な特徴を考慮し、YMO81株及びYMO722株は新しい属の高度好熱菌と判定し、属名をCalditerricolaと命名し、国際規約に従って正式に記載登録された[5]。DNA-DNAハイブリダイゼーションの結果、YMO81株とYMO722

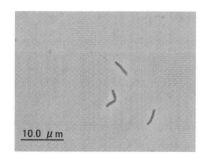

図1　*C. satsumensis* YMO81^{T}の位相差顕微鏡像

極限環境生物の産業展開

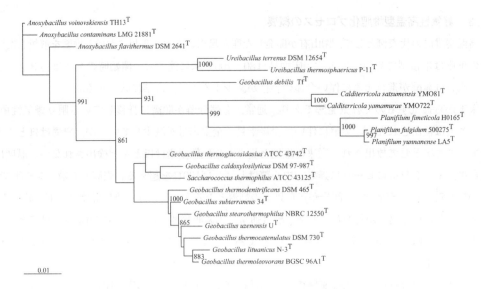

図2　16S rDNA塩基配列（1409 nt）に基づく近隣結合系統樹

株の相同性は51％であり，この結果から，YMO81とYMO722は別種であると判定され，それぞれ，C. satsumensis YMO81^{T}及びC. yamamurae YMO722^{T}と命名した。またCalditerricola属の標準種をC. satsumensis, C. satsumensisの標準株をC. satsumensis YMO81株，C. yamamuraeの標準株をC. yamamurae YMO722株とした。これらの株は理化学研究所 Bioresource Center Japan Collection of Microorganisms（JCM），German Collection of Microorganisms and Cell Cultures（DSMZ），American Type Culture Collection（ATCC）にそれぞれ寄託されている。

4.5　Calditerricola属細菌の特異な性質

これらの新規好熱菌は，生育には必須アミノ酸や比較的高濃度の金属イオンを要求したり，コロニー形成能が著しく低いなど，従来の好熱菌とは異なった細菌学的な性質を持っている。上記の微生物の培養に用いたCYS培地1リットル当たりの組成は以下の通りである。NZ case（和光純薬工業㈱），3.0 g；Yeast Extract（BD, Sparks, Maryland），2.0 g；可溶性デンプン（BD, Sparks, Maryland），1.0 g；NaCl, 30.0 g；MgCl$_2$, 0.125 g；CaCl$_2$, 0.025 g。さらに以下の組成の金属溶液を培地1リットルに対して100 μl添加し，室温でpHを7.5に調製した。金属溶液1リットル当たりの組成は以下の通り。Na$_2$MoO$_4$.2H$_2$O, 12 g；VOSO$_{4 \cdot x}$H$_2$O, 1 g；MnCl$_2$, 5 g；ZnSO$_4$.7H$_2$O, 0.6 g；CuSO$_4$.5H$_2$O, 0.15 g；CoCl$_2$.6H$_2$O, 8 g；NiCl$_2$.6H$_2$O, 0.2 g。培地組成が示すように，弱好塩性細菌である。

平板培地にコロニーを形成させることができるが，コロニー形成率は異常に低い。10^8/ml程度の菌体懸濁液であれば，希釈しなくても孤立したコロニーが得られるほどである。寒天は80℃でゲルを維持できないのでゲランガムをゲル化剤として使用した。ゲランガムのゲル化には，二価

第5章 低温・高温生物圏

のカチオンが必要であるため,上記の培地組成に加え,終濃度が1 mmol/lになるようにCaCl$_2$を添加した培地で平板培地を調製した。YMO722の培養には上記CYS培地のNaClの濃度を30 g/lから3.0 g/lに変更したものを使用した。YMO81やYMO722の倍加時間は,至適環境下でおよそ30分。また,CYS培地で2日間,80℃で培養すると継代できなくなるため,継代には24時間ごとに行う必要がある。CYS培地に100 μg/lのFeSO$_4$と2 mg/lのVOSO$_4$を加えた培地を調製するとコロニー形成効率が1000倍程度上昇するが理由は不明である。Calditerricola属細菌は堆肥中では安定に存在し,長期間野積みで放置された堆肥試料中からでも分離できる。

　C. satsumensis YMO81はLysogeny BrothやSoybean-Casein Digest Mediumに代表されるような栄養豊富な培地では増殖することができない。しかし,この菌は70℃以上の高温で培養する際にGln, Met, His, Ile, Leu, Lys, Phe, Ser, TrpおよびValの計10種の必須アミノ酸を要求する。堆肥は,蛋白質が分解しアミノ酸を容易に手に入れることができるため,これらアミノ酸の生合成経路を失ったと思われ,事実,ロイシン生合成系の酵素は耐熱性が低く,少なくともロイシンは高温下においてのみ必須アミノ酸のメンバーである。

　C. satsumensis YMO81^{T}と*C. yamamurae* YMO722^{T}のポリアミン組成も特異的である。分岐型であるN^4-aminopropylspermine（NH$_2$(CH$_2$)$_3$N((CH$_2$)$_3$NH$_2$)(CH$_2$)$_4$NH(CH$_2$)$_3$CH$_2$）が主要ポリアミンであり,1,3-diaminopropane, Putrescine, Agmatineなどが微量成分として検出された。細胞の培養温度とN^4-aminopropylspermineの細胞内濃度は相関があり,高温になるほどその濃度が上がり,低温側の60℃での培養では検出限界以下となった。このことはN^4-aminopropylspermineが,*Calditerricola*の高温環境下での生育にとってカギとなる重要な物質であることを示唆している。

　Calditerricola属細菌の保存法も,通常の凍結乾燥などの手法が使えない。単離株はグリセロールを保護剤として添加して-80℃で凍結保存しても,しばしば保存に失敗していることがあった。そこで,Calditerricolaの保存ではこの手法を用いず,以下の二つの方法で保存している。長期保存ではL乾燥法を採用している[7]。分散媒はSodium glutamate 3.0 g, Adonitol 1.5 g, Cysteic acid 0.005 g, 0.1 mol/l Potassium phosphate（pH 7.0）100 mlの組成である。通常のL乾燥では,分散媒で再懸濁された細胞をアンプルに入れ,真空ポンプで減圧して,細胞を乾燥させるが,*Calditerricola*ではアンプル中に濾紙を入れ,濾紙に再懸濁液を染み込ませて減圧した方が,高い生存率が得られた。簡便な短期保存用として,Microbank® Bacterial and Fungal Preservation System（Pro-Lab Diagnostics Inc, Round Rock, TX）を用いることができる。これは,ビーズと保存用溶媒が含まれたプラスチックチューブの形で販売されている。保存アンプルの調製には,培養液をチューブに添加し,懸濁後,液を取り除き,-80°で保存する。細胞は,ビーズ表面に付着している。復元には,チューブからビーズを一つ無菌的に摘みとり,新しい培地に移して培養する。

4.6 高温好気型堆肥発酵における微生物群集構造

土壌や堆肥などの環境の微生物のほとんどは培養ができない、もしくは培養が困難であることが知られている[8,9]。すなわち、環境中の培養できる微生物だけを解析しても、そこにどんな微生物が生息し、どんな酵素反応が行われているのか、それら全体像を捉えることはできない。このため、最近では遺伝子を標的とした方法、例えば変性濃度勾配ゲル電気泳動法（DGGE法）[10]やメタゲノムシーケンシング法などを用いた解析が行われている[11]。

原理の詳細は省略するが、DGGE法を用いて例えば環境中の微生物群集構造を解析する場合、全細菌の16S rDNAをPCRで増幅したのち、PCR産物中の各16S rDNAの塩基配列の差異を電気泳動により分離・検出する。DGGE法の利点は微生物集団や機能遺伝子の構成をバンドパターンとして視覚的に比較できることであり、またバンドが帰属する微生物を塩基配列解析により推定することもできる。一方で死菌のDNAをも検出してしまうなど本手法の欠点も報告されているが[12,13]、ここではDGGE法を用いた高温好気型堆肥発酵の微生物群集構造の解析例について述べる。

高温好気型堆肥から発酵の時系列ごとに試料を採取して、16S rDNAのV3-V5領域を標的としたPCR-DGGEを実施した（図3）。発酵開始から菌叢のダイナミックな変化が観察され、前述のC. satsumensisは発酵の初期にかけて最も多く、発酵初期の優占種の一つと示唆された。発酵の中盤ではThermus thermophilusが多数を占めるようになり、発酵後半期に入るとSphaerobacter thermophilusやSaccharomonospora viridis, Planifilum属細菌と相同性の高い菌が多く出現した。Thermaerobacter属（T. compostiまたはT. marianensisの近縁種）は発酵期間全体を通じて検出された。このような時系列における菌叢の変化は、蒸発による堆肥水分の低下や微生物が利用可

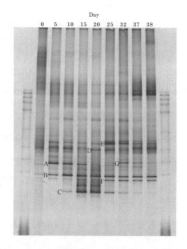

図3 高温好気型堆肥発酵における時系列ごとの微生物群集構造と主要な好熱菌群
Calditerricola satsumensis（A）, *Thermaerobacter* sp.（B）, *Thermus thermophilus*（C）, *Planifilum* sp.（D, E）, *Sphaerobacter thermophilus*（F）, *Saccharomonospora viridis*（G）

第5章 低温・高温生物圏

能な有機物の枯渇などが影響していると推測される。

一方，高温好気型堆肥は高さ3mに達するほどの大きさがあり，空間的位置の差異がもたらす影響も少なからず存在する[1]。発酵中の堆肥を切り崩して断面を作製し，底面から上に向かって高さの異なる試料を採取して解析した結果，微生物群集の多様性は高温の中心部で減少する傾向が見られたが，天頂や底面付近では多様性に富んでいた。一方，温度は堆肥の中心部分に近いほど高く100℃近くに達するが，天頂部や底面では約80℃とやや低いことがわかった。堆肥の天頂部は外気と接しており，また底面は床下から通気されているため，これらは中心部分よりも好気的な環境である。空間的位置の違い，すなわち温度や酸素濃度の違いも微生物群集の多様性に多大な影響を与えている。

4.7 堆肥中の酵素

環境中の酵素活性に関する研究でもDGGEやメタゲノム解析が活かされており，例えばアンモニア酸化酵素遺伝子*amoA*を指標としたDGGE法は窒素循環に関与する微生物群集構造の解析に用いられている[14]。一方，古典的ではあるが，酵素活性の強さおよび酵素の種類を網羅的に解析することができる活性染色法（ザイモグラフィーとも呼ばれる）も有効な手法の一つである[15~17]。活性染色法の原理は酵素の基質を染み込ませたポリアクリルアミドゲルでタンパク質を電気泳動し，ゲル上で酵素反応を行い，基質を染色することにより酵素活性を有するタンパク質のみを検出する。本方法の利点は目的とする酵素を活性により直接検出するため，遺伝情報が全く未知のタンパク質であっても見落とすことなく解析できることである。

高温好気型堆肥発酵の時系列ごとに試料から酵素を抽出し，酵素反応温度を70℃と設定した活性染色法により耐熱性の有機物加水分解酵素の活性を解析した（図4）。ゼラチンを分解するゼラチナーゼは分子量の大きい種類のいくつかが発酵前半に検出されたのに対し，分子量がより小さいタイプは発酵期間全体を通じて検出された。一方，カルボキシメチルセルラーゼは発酵前半よりも後半に活性が強く，種類も多い傾向が見られた。油脂の分解に関与するエステラーゼは発酵の中期にかけて強く検出され，発酵初期や発酵終盤ではほとんど検出されなかった。*T. thermophilus*が発酵中期において優勢となる好熱菌の一種であることは上述したが，本菌はエステラーゼの一種であるリパーゼを多く産生することが報告されている[18,19]。*T. thermophilus*は堆肥発酵における油脂分解に関与する可能性がある。

しかしながら現段階の活性染色法では，検出された酵素全ての由来を推測することは非常に困難である。中村ら[17]は堆肥から分離した好熱菌のゼラチナーゼと堆肥から直接精製したゼラチナーゼのN末端アミノ酸配列を解析し，二つがほぼ同一であることを示したが，アミラーゼに関しては由来を明らかにするには至らなかった。環境中の微生物群集と酵素活性の関連性をより詳細に解明するには，環境からの効率的な酵素の精製方法やアミノ酸配列解析の改良に加えて，難培養性微生物群のゲノムデータベースの充実が必要である。

極限環境生物の産業展開

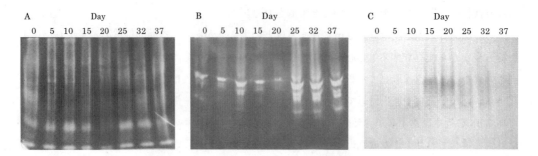

図4　活性染色法による堆肥発酵過程における酵素活性の変遷
ゼラチナーゼ（A），カルボキシメチルセルラーゼ（B）及びエステラーゼ（C）

文　献

1) T. Oshima and T. Moriya, *Ann. New York Acad. Sci.*, **1125**, 338-344 (2008)
2) M. S. Finstein and M. L. Morris, *Adv. Appl. Microbiol.*, **19**, 113-151 (1975)
3) C. G. Golueke, Composting: A Study of the Process and its Principles, Rodale Press Inc., Emmaus, Pennsylvania (1972)
4) R. P. Poincelot, *Conn. Agric. Exp. Sta. Bull*, **754**, New Haven (1975)
5) T. Moriya et al., *Int. J. Syst. Evol. Microbiol.*, **61**, 631-636 (2011)
6) Z. Yan, D. Chen and B. Shen, *Int. J. Syst. Evol. Microbiol.*, **57**, 1851-1854 (2007)
7) K. A. Malik, *J. Mirobiol. Methods*, **12**, 125-132 (1990)
8) V. Torsvik et al., *Appl. Environ. Microbiol.*, **56**, 776-781 (1990)
9) J. D. van Elsas, J. T. Trevors and E. M. H. Wellington ed., "Modern Soil Microbiology", Marcel Dekker, New York (1997)
10) B. M. Duineveld et al., *Appl. Environ. Microbiol.*, **67**, 172-178 (2001)
11) H. Suenaga, *Environ. Microbiol.*, **14**, 13-22 (2012)
12) K. L. Josephson et al., *Appl. Environ. Microbiol.*, **59** (10), 3513-3515 (1993)
13) F. von Wintzingerode, U. B. Göbel and E. Stackebrandt, *FEMS Microbiol. Rev.*, **21**, 213-229 (1997)
14) M. H. Nicolaisen and N. B. Ramsing, *J. Microbiol. Methods.*, **50**, 189-203 (2002)
15) P. Béguin, *Anal. Biochem.*, **131**, 333-336 (1983)
16) R. B. Miller and R. C. Karn, *J. Biochem. Biophys. Methods*, **3**, 345-354 (1980)
17) K. Nakamura et al., *Appl. Environ. Microbiol.*, **70**, 3329-3337 (2004)
18) T. Beffa et al., *Appl. Environ. Microbiol.*, **62**, 1723-1727 (1996)
19) P. Fuciños et al., *Biotechnol. Prog.*, **21**, 1198-205 (2005)

5 高温バイオプロセスのための好熱菌宿主の開発

鈴木宏和[*1], 大島敏久[*2]

5.1 はじめに

バイオプロセスに有用な常温微生物（大腸菌，枯草菌，放線菌，コリネ型細菌，および酵母など）において，遺伝子工学技術の開発やミニマムゲノム工場を志向した研究が進展している。これら微生物を利用した常温バイオプロセスに対し，好熱性微生物を利用した高温バイオプロセスには様々な利点が期待されている。高温バイオプロセスを広く活用するための基盤整備を目的として，これまでに我々は好熱菌 *Geobacillus kaustophilus* HTA426の遺伝子工学技術の開発に取り組んできた。本稿では，我々の研究成果を紹介すると共に，高温バイオプロセスと好熱菌の遺伝子工学技術についても概説する。

5.2 高温バイオプロセスの有用性

精製酵素を利用した酵素プロセスや微生物生細胞を利用した微生物プロセスは，発酵食品や繊維染色などにおける伝統産業から，立体選択的化成品合成や発酵医薬品生産などの近代産業，そしてバイオエタノール生産などの新興産業に至る様々な産業分野で広く利用されている。プロセス温度に注目した場合，バイオプロセスは常温条件下（45℃未満）で進行する常温バイオプロセスと高温条件下（45℃以上）で進行する高温バイオプロセスの二つに大別される。常温バイオプロセスに対する高温バイオプロセスの優位性を以下にまとめた[1]。それらは主として微生物プロセスに関するものであるが，耐熱性酵素を用いた高温酵素プロセスについても該当する項目は多い。

①高い代謝活性により，目的産物の生成速度が向上する。②病原菌を含む雑菌が死滅する。既知の病原菌およびウィルスは高温環境下（65℃以上）で増殖できないことから，少なくとも病原菌増殖は抑制される。③プロセス温度の制御において過剰な冷却が必要ない。常温バイオプロセスでは発酵熱によるプロセス温度の上昇に対して冷却が必要になるが，高温バイオプロセスでは発酵熱を有効に活用できる。④室温程度（20℃）への冷却により，プロセス反応を停止できる。⑤化合物の水溶性，拡散率，およびイオン化率が上昇する。⑥培地の密度，表面張力，および粘度が低下することにより，攪拌に要するエネルギーを削減できる。⑦エタノールなどの揮発性生成物を効率よく回収できる。結果として培地中の生成物濃度が減少し，生成物による細胞毒性やフィードバック阻害が抑制される。⑧一般に好熱菌は常温菌よりも細胞維持にエネルギーを要するため，細胞増殖が低く抑えられる場合がある。これは目的産物の収率向上や副産物生成の抑制などに有効である。⑨高温条件下では分子状酸素の溶解度が低いため，嫌気培養が容易となる。

[*1] Hirokazu Suzuki 九州大学 大学院農学研究院 極限環境微生物ゲノム機能開発学 准教授

[*2] Toshihisa Ohshima 九州大学 大学院農学研究院 生命機能科学部門 教授

⑩安定性の高い酵素が生産できる。

　端的に言えば，プロセス効率が同等であるならばプロセス温度は（適度に）高温であるに越したことはない。場合によっては，プロセス効率を多少犠牲にしてでも高温化する利点があるかもしれない。エネルギー問題や地球環境問題を主な理由として，バイオマス資源からの生物生産（バイオプロダクション）技術や微生物を用いた環境浄化（バイオレメディエーション）技術が注目されているが，これら技術開発においてプロセス温度の高温化は考慮すべき課題の一つであることを，上述した高温バイオプロセスの特長は示唆している。

5.3　好熱性微生物の遺伝子工学技術

　好熱性微生物の遺伝子工学技術は，高温微生物プロセスの効率向上や副産物抑制などにおいて極めて重要な役割を果たす。近年報告された *Thermoanaerobacterium saccharolyticum* および *Geobacillus thermoglucosidasius* の遺伝子組換え体による高温エタノール発酵[2~4]は，好熱性微生物の遺伝子工学技術が高温バイオプロセスの応用性を飛躍的に拡大することを示したよい例である。しかし好熱性微生物の遺伝子工学技術は，特定の細菌やアーキアにおいて一定の進展が見られ，近年においても活発に研究されているが，多くの好熱菌においては未だ発展途上の段階にある。とりわけ好気性のグラム陽性菌については *Geobacillus* 属細菌のプラスミド形質転換が早期から取り組まれてきたにも関わらず[5~7]，十分な遺伝子工学技術は未だ確立されていない。これまでに報告された好熱性微生物の遺伝子工学技術を表1にまとめた。我々は，高温バイオプロセスに利用できる汎用的微生物として *G. kaustophilus* HTA426に注目し，その遺伝子工学技術の開発に

表1　好熱性微生物の遺伝子工学技術

好熱性微生物	分類	遺伝子工学技術[a]	文献
Clostridium thermocellum	嫌気性グラム陽性細菌	P, H, C	23, 24
Geobacillus stearothermophilus	好気性グラム陽性細菌	P	5~7
Geobacillus thermoglucosidasius	通性嫌気性グラム陽性細菌	P, H	2, 15
Thermoanaerobacter sp. X514	嫌気性グラム陽性細菌	P	26
Thermoanaerobacterium saccharolyticum	嫌気性グラム陽性細菌	P, H, C	3, 25
Thermotoga maritima	嫌気性グラム陰性細菌	P	27
Thermotoga neapolitana	嫌気性グラム陰性細菌	P	27
Thermus thermophilus	好気性グラム陰性細菌	P, H, C, R	16
Pyrococcus abyssi	嫌気性アーキア	P, C	28
Pyrococcus furiosus	嫌気性アーキア	P, H, C	29, 30
Sulfolobus acidocaldarius	好気性アーキア	P, H	31
Sulfolobus solfataricus	好気性アーキア	P, H, R	31
Thermococcus kodakarensis	嫌気性アーキア	P, H, C, R	17

[a] 各記号は以下の遺伝子工学技術を示す：P, プラスミド形質転換；H, 相同組換え；C, *pyrE* および *pyrF* 遺伝子を利用したカウンター選択システム；R, レポーターシステム。

第5章　低温・高温生物圏

取り組んでいる。本好熱菌はバイオプロセス利用における様々な利点を兼ね備えており，その遺伝子工学技術は高温バイオプロセスの活用を拡大するうえで高い有用性が期待できる。次項にHTA426株の諸特性とバイオプロセス利用における利点をまとめた。

5.4　G. kaustophilus HTA426

G. kaustophilus HTA426はマリアナ海溝深海から単離された好熱性のグラム陽性桿菌で[8]，適度な高温条件下で好気的に生育する（生育可能温度，42～74℃；生育至適温度，60℃；生育可能pH，4.5～8.0)[9]。生育速度が速く，例えばLB Millar培地中での培養（60℃）では，大腸菌や枯草菌と同程度の倍加時間（20 min以下）をもって増殖する。本好熱菌は3～4％程度の塩化ナトリウム存在下でも生育でき，海水（塩分濃度，約3.5％）を用いたバイオプロセスにも適用可能と考えられる。栄養要求性は低く，塩化アンモニウム，D-グルコース，および無機塩類から構成される最少培地中で増殖できる。その一方で様々な有機物を炭素源にでき，ヘキソース（D-グルコース，D-ガラクトース，D-マンノース，myo-イノシトール），ペントース（L-アラビノース，D-キシロース），オリゴ糖（セロビオース，マルトース，スクロース，キシロオリゴ糖，可溶性デンプン），グリセロール，エタノール，およびカザミノ酸等を，幅広く資化できる。胞子形成能は低く，有害性も認められていない。ゲノム配列[10]が公開されている点も大きな長所である。染色体DNAのGC含量は中程度（52 mol％）で，様々な生物種由来の異種遺伝子の発現が期待できる。グラム陽性桿菌であることから，遺伝子工学技術を駆使することで異種タンパク質を高度に分泌生産することも期待できる。Geobacillus属は2001年にBacillus属から再分類された属で[11]，系統学的，生物学的，および遺伝学的に枯草菌と近縁であるため，枯草菌に関して蓄積された生物学的知見がHTA426株の遺伝子機能の予測に極めて有用であり，この点もHTA426株の長所と言える。

5.5　G. kaustophilus HTA426の遺伝子工学技術

本項では，これまでに確立されたG. kaustophilus HTA426の遺伝子工学技術について紹介する。HTA426株に導入するDNAは，HTA426株が保有するDNA制限修飾系を回避するために，異種メチル化を施したhost-mimicking DNA[12,13]を使用している。当該host-mimicking DNAは，DNAメチル化酵素遺伝子を改変した大腸菌BR408株を用いて生産する（図1）。DNA導入法については，大腸菌BR408株からの接合伝達が利用できる。接合伝達では，接合伝達因子を発現する核酸供与体が接合伝達起点oriTを含有するプラスミドを核酸受容体に伝達する。大腸菌BR408株は接合伝達プラスミドpUB307[14]を有しており，これにより接合伝達因子を発現する。伝達プラスミドは，oriTを含有していれば理論上どのようなプラスミドでも伝達される。実際の操作は極めて簡便で，任意のoriT含有プラスミドを導入した大腸菌BR408株（核酸供与体）の培養液と，HTA426株（核酸受容体）の培養液を混合し，フィルターろ過もしくは遠心分離により細胞同士を密着させるだけで，接合伝達が進行する。形質転換体は，回収した混合細胞を適切な選択培地

極限環境生物の産業展開

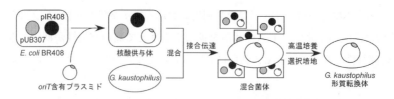

図1　*G. kaustophilus*へのプラスミド導入法

接合伝達起点*oriT*を含有するプラスミドが，大腸菌BR408から*G. kaustophilus*に導入される。pIR408は異種メチル化のためのプラスミドで，pUB307は接合伝達に必須なプラスミドである。

上で高温培養することで得られる。接合伝達によるDNA導入では，核酸供与体と核酸受容体の区別が，しばしば困難となるが，大腸菌からHTA426株への接合伝達では，高温培養するだけで核酸供与体を除去できる。このように接合伝達の操作は極めて簡便で再現性も高い。スケールアップが容易な点も接合伝達の長所である。なお*Geobacillus*属細菌へのDNA導入法としてはプロトプラスト法と電気穿孔法が報告されているが[2,5〜7,15]，電気穿孔法によるHTA426株へのDNA導入は成功していない。

自律複製プラスミドとしては，既報の大腸菌-*Geobacillus*シャトルプラスミドpUCG18[15]およびpSTE33[6]に*oriT*を導入したプラスミドpUCG18TおよびpSTE33Tが利用できる[13]。pUCG18TはHTA426株中におけるコピー数が低いものの形質転換効率が高く，ライブラリー構築などに利用できる。一方，pSTE33Tは形質転換効率が低いという欠点をもつが，コピー数が高く，異種遺伝子の高発現に有効と考えられる。

相同組換えを利用した遺伝子破壊も可能である。様々な微生物において*pyrE*と*pyrF*はピリミジン系化合物（ウラシルなど）の生合成に必須であることから（図2A），相同組換えを利用してHTA426株の*pyrF*遺伝子を破壊したところ，得られた遺伝子破壊株MK54（$\Delta pyrF$）は期待通りウラシル要求性を示し，その相補株（MK54［*pyrF*］）はウラシル原栄養性を示した（表2）。本結果は，*pyrF*遺伝子がMK54株中で選択マーカーとして利用できることを示している。なお，重要なこととして，PyrEとPyrFが協同的に5-フルオロオロチン酸（FOA）を細胞毒性化合物5-フルオロ-UMPに変換することが挙げられる（図2A）。これを利用すると，*pyrF*遺伝子を有する株中から*pyrF*遺伝子が消失した株を正選択によって効率よく選別できる（カウンター選択）。このような選択マーカーをカウンター選択マーカーとよび，*pyrF*遺伝子と*pyrF*遺伝子破壊株を利用したカウンター選択システムは*Thermus thermophilus*や*Thermococcus kodakarensis*などにおいても利用されている（表1）。しかしながら，MK54の相補株はウラシル存在下でFOAに耐性を示し，*pyrF*遺伝子はMK54株中でカウンター選択マーカーとしては利用できなかった（表2）。そこで枯草菌において，UMPやUTPの存在量を感受しながら*pyr*遺伝子群の発現を負に制御している転写調節因子PyrR[18]（図2A）のホモログ遺伝子を破壊したところ，得られたMK72株（$\Delta pyrF$ $\Delta pyrR$）はウラシル要求性ならびにFOA耐性を，その相補株（MK72［*pyrF*］）はウラシル原栄養性ならびにFOA感受性を示した（表2）。つまりMK72株において*pyrF*遺伝子はカウンター選

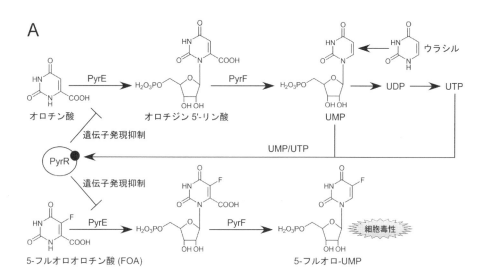

図2 pyrF遺伝子を利用したカウンター選択システム
(A) ピリミジン系化合物の生合成におけるPyrE, PyrF, およびPyrRの機能。PyrEおよびPyrFは, オロチン酸からUMPへの変換, ならびにFOAから5-フルオロ-UMPへの代謝に関与する。転写調節因子PyrRは, UMPおよびUTPと結合することで, pyr遺伝子群の発現を負に制御する。(B) *G. kaustophilus* MK72を利用したカウンター選択システム。MK72株は*pyrF*遺伝子を欠失しているためウラシル要求性を示し, *pyrF*遺伝子マーカーを有するMK72株はウラシル原栄養性を示す。MK72株は*pyrR*遺伝子も欠失しているため, ウラシル存在下においてもFOAを5-フルオロ-UMPに代謝し, FOA感受性を示す。

表2 *G. kaustophilus* 変異株のウラシル原栄養性ならびにFOA耐性

	野生株	MK54	MK54 [*pyrF*]	MK72	MK72 [*pyrF*]
ウラシル欠失最少培地	｜		｜	｜	
ウラシル含有最少培地	+	+	+	+	+
ウラシル/FOA含有最少培地	+	+	+	+	−

+, 生育する；−, 生育しない。

択マーカーとして使用でき（図2B）, これは多重遺伝子破壊や複数遺伝子の染色体挿入などに極めて有用と言える。

さらに異種遺伝子の機能的発現も可能である。耐熱性β-galactosidaseをコードする*bgaB*遺伝子[19]や耐熱性α-amylaseをコードする*amyE*遺伝子[20]をMK72株に導入したところ, いずれの遺伝子もシグマAプロモーターの制御下において効率よく発現し, *amyE*遺伝子の発現産物は細胞外

に分泌生産された。以上の結果は，HTA426株において様々な異種タンパク質を細胞内もしくは細胞外に高生産できる可能性を示唆している。高発現プロモーターとしては，推定マルトース代謝遺伝子群上流の内在性プロモーターが利用できる。本プロモーターは，bgaBレポーター遺伝子を用いたスクリーニングによって見出されたもので，マルトース存在下で高発現する。

5.6 期待される応用展開

これまでに十分な遺伝子工学技術が確立された好熱性微生物としては，超好熱性アーキア T. kodakarensis と高度好熱性グラム陰性細菌 T. thermophilus が挙げられるが（表1），G. kaustophilus HTA426はこれらにはない多くの優位性を備えており，上述した遺伝子工学技術の確立によって様々な応用展開が可能となりつつある。とりわけ高温バイオプロセス利用における優位性は高く，例えば，様々な有用耐熱性酵素遺伝子群をHTA426株に導入することで，高温バイオマス分解などといった実用的プロセスの創出が期待できる。ある種の耐熱性セルラーゼは結晶性セルロースを単独で分解できるという特長をもつことから[21]，本酵素遺伝子を高発現するHTA426株はセルラーゼ分解に利用できるだろう。また，耐熱性エステラーゼや耐熱性リパーゼ遺伝子を発現するHTA426株は，常温では固化もしくはミセル化する油脂成分の高温分解プロセスに利用できるかもしれない。さらには，常温生物由来の酵素遺伝子のランダム変異ライブラリーからの耐熱化酵素の迅速スクリーニングにも活用できるはずである[22]。好熱性微生物由来の有用酵素遺伝子は数多く報告されているが，それらを異種好熱菌に導入して活用したという研究例は決して多くはない。HTA426株の遺伝子工学技術は，それら有用耐熱性酵素群を好熱菌細胞内もしくは細胞外で活用することを容易にするものである。高温バイオプロセス，耐熱性酵素，そしてHTA426株の特長が結集された実用的バイオプロセスの創出が今後に期待される。

文　献

1) J. Wiegel & L. G. Ljungdahl, *Crit. Rev. Biotechnol.*, **3**, 39 (1984)
2) R. E. Cripps *et al.*, *Metab. Eng.*, **11**, 398 (2009)
3) A. J. Shaw *et al.*, *Proc. Natl. Acad. Sci. USA*, **105**, 13769 (2008)
4) M. P. Taylor *et al.*, *Trends Biotechnol.*, **27**, 398 (2009)
5) T. Imanaka *et al.*, *J. Bacteriol.*, **149**, 824 (1982)
6) I. Narumi *et al.*, *Biotechnol. Lett.*, **15**, 815 (1993)
7) L. J. Wu *et al.*, *J. Gen. Microbiol.*, **135**, 1315 (1989)
8) H. Takami *et al.*, *FEMS Microbiol. Lett.*, **152**, 279 (1997)
9) H. Takami *et al.*, *Extremophiles*, **8**, 351 (2004)
10) H. Takami *et al.*, *Nucleic Acids Res.*, **32**, 6292 (2004)

11) T. N. Nazina *et al.*, *Int. J. Syst. Evol. Microbiol.*, **51**, 433 (2001)
12) H. Suzuki *et al.*, *J. Microbiol. Biotechnol.*, **21**, 675 (2011)
13) H. Suzuki *et al.*, *J. Microbiol. Biotechnol.*, **22**, 1279 (2012)
14) P. M. Bennett *et al.*, *Mol. Gen. Genet.*, **154**, 205 (1977)
15) M. P. Taylor *et al.*, *Plasmid*, **60**, 45 (2008)
16) F. Cava *et al.*, *Extremophiles*, **13**, 213 (2009)
17) T. Sato *et al.*, *Appl. Environ. Microbiol.*, **71**, 3889 (2005)
18) C. L. Turnbough Jr. *et al.*, *Microbiol. Mol. Biol. Rev.*, **72**, 266 (2008)
19) H. Hirata *et al.*, *J. Bacteriol.*, **166**, 722 (1986)
20) R. Nakajima *et al.*, *J. Bacteriol.*, **163**, 401 (1985)
21) S. Ando *et al.*, *Appl. Environ. Microbiol.*, **68**, 430 (2002)
22) H. Liao *et al.*, *Proc. Natl. Acad. Sci. USA*, **83**, 576 (1986)
23) M. V. Tyurin *et al.*, *Appl. Environ. Microbiol.*, **70**, 883 (2004)
24) S. A. Tripathi *et al.*, *Appl. Environ. Microbiol.*, **76**, 6591 (2011)
25) A. J. Shaw *et al.*, *Appl. Environ. Microbiol.*, **77**, 2534 (2011)
26) L. Lin *et al.*, *PLoS One*, **5**, e12582 (2010)
27) J.-S. Yu *et al.*, *Extremophiles*, **5**, 53 (2001)
28) S. Lucas *et al.*, *Appl. Environ. Microbiol.*, **68**, 2258 (2002)
29) I. Waege *et al.*, *Appl. Environ. Microbiol.*, **76**, 3308 (2010)
30) G. L. Lipscomb *et al.*, *Appl. Environ. Microbiol.*, **77**, 2232 (2011)
31) S. Berkner & G. Lipps, *Arch. Microbiol.*, **190**, 217 (2008)

6 耐熱性糖代謝酵素の解析と応用

河原林　裕*

6.1 はじめに

　糖は生体内で，様々な役割を担っている。嫌気性微生物では，Embden-Meyerhof経路（EM経路）・Entner-Doudoroff経路（ED経路）等の解糖系を用いて分解することで糖をエネルギー源として用いている。好気性微生物では，これらの解糖系に引き続いてTCA回路を用いることで，糖からの効率的なエネルギー獲得を行っている[1]。また微生物・植物等では，糖は細胞壁を構成する重要な要素物質となっており，細胞や組織と外界との境界構造を構成している。さらに遺伝を担う核酸分子の中では，骨格をなす構造は糖によって形作られており，遺伝・情報伝達に関しても重要な機能を担っていると言える。これらエネルギーの供給，外界との隔離，遺伝物質の構成，情報の伝達という生物で最も重要な現象を担う物質の中で，糖分子は重要な役割を果たしていると言える。

　さらに糖は，血液型の違いの原因として見出されるように，細胞表面において自他認識のためのマーカーとしての機能を担っていたり[2,3]，微生物の細胞表層のペプチドグリカンやSレーヤー構造を形作り[4]，移動のために用いられるフラジェラの一部も構成する[5]。タンパク質やリン脂質等と結合することによる修飾を行うことにより，各物質の安定化や活性の促進等の調節にも寄与している[6]。

　生体内の大部分の現象において重要な役割を果たしている分子の一つである糖について，その代謝及び各反応を触媒する酵素に関する研究は古くから取り組まれてきて，既に多くの知見が蓄積されている。しかし，耐熱性酵素や好熱性アーキアの糖代謝経路に関しては，ゲノム情報が明らかになってもまだまだ理解が少ない。そこで，本節では好熱性アーキアが有する耐熱性糖代謝関連酵素に関する最近の知見をまとめてみたい。

6.2 超好熱アーキアゲノムから見える糖代謝

　現在，100種類を超す好熱性微生物のゲノム全塩基配列が公開されている。特に，好熱性アーキアのゲノム情報は，相同性を基盤に構築されたものだが，モデル微生物で確立されている糖代謝経路を構成する酵素の大部分が見出されてこない。各生物の代謝経路，及び代謝経路を構成する酵素の情報を網羅的に収集しているデータベースKEGG（http://www.kegg.or.jp）においても，好熱性アーキアの代謝経路，特に糖代謝経路ではゲノム情報から見出される遺伝子を可能な限り当てはめても，代謝経路を構成する酵素遺伝子の大多数が見出されてこない。つまり，ゲノム情報から推定される各遺伝子・酵素の機能をつなぎあわせるだけでは，既知の代謝経路を完結させ

---

*　Yutaka Kawarabayasi　九州大学　大学院農学研究院
　　　　　　　　　　　極限環境微生物ゲノム機能開発学講座　教授；
　　　　　　　　　　　㈱産業技術総合研究所

第5章 低温・高温生物圏

ることはできないのである。この好熱性アーキアのゲノム情報だけでは，糖の代謝経路が完結しないという点について二つの理由が考えられる。一つは，これまでにモデル（微）生物で解析されてきた代謝経路とは異なる代謝経路を好熱性アーキアは有しているので，モデル（微）生物で明らかにされている情報を利用するだけでは代謝経路を見出すことができないという理由である。もう一つは，モデル（微）生物で解析されてきた代謝経路と同様の代謝経路を好熱性アーキアも有しているが，構成する個々の酵素・遺伝子の配列が既知の酵素や遺伝子のものと全く異なるという理由である。代謝経路そのものの違いの有無に関わらず，未知酵素・遺伝子を探索することは容易なことではない。今後，未知酵素・遺伝子の解析を効率的に進める手法の開発がポストゲノム解析のさらなる有効性につながると思われる。

6.3 好熱性微生物で明らかになっている糖代謝酵素

一方で，好熱性微生物から多数の糖代謝関連酵素が既に単離・解析されてきている。特に，ゲノム情報を利用し大腸菌等の異種宿主を用いて発現させた酵素・タンパク質の機能解析も世界中で行われている。そこでまず，既に機能が解析された耐熱性糖代謝酵素について，そのEC番号ごとに集計してみた（表1）。53種類の耐熱性糖代謝酵素が好熱性微生物から見出されて既に解析されている。それらの内，バクテリア・アーキアの両方の好熱性微生物から酵素活性が確認・解析されているのは，16種類である。一方，好熱性アーキア由来の酵素活性のみが確認・解析されている耐熱性糖代謝酵素は26種類である。逆に好熱性バクテリア由来の酵素活性のみが確認・解析されている糖代謝酵素は，11種類に過ぎない。このことは，元々糖代謝酵素等は，病原菌を含むバクテリアで詳しく解析されてきたので，たとえ好熱性バクテリアであっても研究対象にされにくいためではないかと思われる。一方，好熱性アーキアは，一般的なモデル生物と異なる代謝経路を有していたり，有している酵素が耐熱性を持つだけでなく，有機溶媒や重金属等を含む反応液であっても活性を示すなど，様々なストレスに対して耐性を有していることから，その性質の解析を行うことで基礎科学にも貢献し，応用への期待も高いものと推察される。

また，既に単離・解析されている耐熱性糖代謝酵素について，その由来する好熱性バクテリア・アーキア種・株ごとに集計した結果もまとめてみた（表2）。どの微生物種から糖代謝関連酵素が解析されているかを示している。糖代謝関連酵素が単離・解析されている好熱性バクテリアは13種である。その中で，複数の耐熱性糖代謝関連酵素が単離・解析されているのは，主に4種であり，*Bacillus stearothermophilus*, *Thermotoga maritima*, *Thermus caldophilus*, *Thermus thermophilus*等が代表的なバクテリア種として，様々な耐熱性糖代謝酵素が単離されている。

一方，好熱性アーキア24種から糖代謝関連酵素が単離・解析されている。中でも，糖分解関連酵素は*Aeropyrum pernix*, *Pyrococcus horikoshii*等から複数の酵素が単離・解析されている。一方，修飾糖・糖ヌクレオチド合成酵素については，*Sulfolobus tokodaii*, *Sulfolobus solfataricus*, *Methanocaldococcus jannaschii*から多数の耐熱性酵素が単離・解析されてきている。

このことは，耐熱性バクテリア・アーキア共にゲノム配列の解読がなされているモデルとなる

極限環境生物の産業展開

表1　耐熱性糖代謝酵素のEC番号によるリスト

EC番号	酵素名	種名	Domain*	文献
1.1.1.1	Alcohol dehydrogenase	Aeropyrum pernix	A	T001
		Pyrococcus furiosus	A	T002 T003 T004
		Sulfolobus solfataricus	A	T005
		Sulfolobus tokodaii	A	T006
		Thermococcus hydrothermalis	A	T007
		Thermoanaerobacter ethanolicus	B	T008
		Thermoanaerobium brockii	B	T009
1.1.1.27	L-Lactate dehydrogenase	Methanococcus jannaschii	A	T010
		Bacillus stearothermophilus	B	T011
		Thermotoga maritima	B	T012
		Thermus aquaticus	B	T013
		Thermus caldophilus	B	T014
1.1.1.47	Glucose 1-dehydrogenase	Sulfolobus solfataricus	A	T015
		Sulfolobus tokodaii	A	T016
1.1.1.49	Glucose-6-phosphate dehydrogenase	Aquifex aeolicus	B	T017 T018
		Thermotoga maritima	B	T019
1.1.1.158	UDP-N-acetylmuramate dehydrogenase	Thermus caldophilus	B	T020
1.1.1.266	dTDP-4-dehydro-6-deoxyglucose reductase	Geobacillus tepidamans	B	T021
1.2.1.12	Glyceraldehyde-3-phosphate dehydrogenase	Haloarcula vallismortis	A	T022
		Methanocaldococcus jannaschii	A	T023
1.2.7.6	Glyceraldehyde-3-phosphate dehydrogenase（ferredoxin）	Pyrococcus furiosus	A	T024
2.3.1.157	Glucosamine-1-phosphate N-acetyltransferase	Sulfolobus tokodaii	A	T025
2.4.1.11	Glycogen synthase	Pyrococcus abyssi	A	T026
		Pyrococcus furiosus	A	T027
		Sulfolobus acidocaldarius	A	T028
2.4.1.14	Sucrose-phosphate synthase	Halothermothrix orenii	B	T029
2.4.1.15	Trehalose-phosphate synthase	Thermus thermophilus	B	T030
2.4.1.21	Starch synthase	Bacillus stearothermophilus	B	T031
2.4.1.217	Mannosyl-3-phosphoglycerate synthase	Palaeococcus ferrophilus	A	T032
		Thermus thermophilus	B	T033
2.6.1.16	Glutamine-fructose-6-phosphate transaminase	Thermus thermophilus	B	T034
2.7.1.1	Hexokinase	Thermoproteus tenax	A	T035
		Sulfolobus tokodaii	A	T036
2.7.1.2	Glucokinase	Aeropyrum pernix	A	T037
		Thermoproteus tenax	A	T035
		Bacillus stearothermophilus	B	T038
2.7.1.4	Fructokinase	Aeropyrum pernix	A	T037
		Thermococcus litoralis	A	T039
		Thermoproteus tenax	A	T035
2.7.1.6	Galactokinase	Pyrococcus horikoshii	A	T040
2.7.1.7	Mannokinase	Aeropyrum pernix	A	T037
		Thermoproteus tenax	A	T035
2.7.1.11	6-Phosphofructokinase	Aeropyrum pernix	A	T041 T042
		Desulfurococcus amylolyticus	A	T043
		Thermotoga maritima	B	T044
		Thermus thermophilus	B	T045
2.7.1.31	Glycerate kinase	Picrophilus torridus	A	T046
		Pyrococcus horikoshii	A	T047
		Sulfolobus tokodaii	A	T048
		Thermoproteus tenax	A	T049
		Thermotoga maritima	B	T050
2.7.1.40	Pyruvate kinase	Aeropyrum pernix	A	T051
		Archaeoglobus fulgidus	A	T051
		Pyrobaculum aerophilum	A	T051
		Thermoproteus tenax	A	T052
		Thermotoga maritima	B	T051 T053
2.7.1.45	2-Dehydro-3-deoxygluconokinase	Sulfolobus solfataricus	A	T054
		Sulfolobus tokodaii	A	T055
		Thermotoga maritima	B	T056
		Thermus thermophilus	B	T057
2.7.1.146	ADP-specific phosphofructokinase	Archaeoglobus fulgidus	A	T058
		Methanococcus jannaschii	A	T059 T060 T061
		Pyrococcus horikoshii	A	T062
		Thermococcus litoralis	A	T063
		Thermococcus zilligii	A	T064
2.7.1.147	ADP-specific glucokinase	Archaeoglobus fulgidus	A	T065
		Methanococcus jannaschii	A	T060
		Pyrococcus furiosus	A	T066 T067
		Pyrococcus horikoshii	A	T068
		Thermococcus litoralis	A	T067
		Thermoproteus tenax	A	T035

第5章　低温・高温生物圏

表1　耐熱性糖代謝酵素のEC番号によるリスト（続き）

EC番号	酵素名	種名	Domain*	文献
2.7.2.3	Phosphoglycerate kinase	Methanothermus fervidus	A	T069
		Bacillus stearothermophilus	B	T070
		Thermus thermophilus	B	T071
2.7.7.9	Glucose-1-phosphate uridylyltransferase	Sulfolobus tokodaii	A	T072
2.7.7.10	Hexose-1-phosphate uridyltransferase	Methanococcus jannaschii	A	T073
		Sulfolobus tokodaii	A	T072
2.7.7.13	Mannose-1-phosphate guanylyltransferase	Pyrococcus furiosus	A	T074
		Sulfolobus solfataricus	A	T075
2.7.7.24	Glucose-1-phosphate thymidylyltransferase	Sulfolobus tokodaii	A	T072
		Aneurinibacillus thermoaerophilus	B	T076
		Thermus caldophilus	B	T077
2.7.7.27	Glucose-1-phosphate adenylyltransferase	Sulfolobus tokodaii	A	T072
		Bacillus stearothermophilus	B	T031
		Thermus caldophilus	B	T078
2.7.7.33	Glucose-1-phosphate cytidylyltransferase	Sulfolobus tokodaii	A	T072
2.7.7.34	Glucose-1-phosphate guanylyltransferase	Sulfolobus tokodaii	A	T072
3.1.3.11	Fructose-bisphosphatase	Archaeoglobus fulgidus	A	T079
		Methanococcus janaschii	A	T080
		Pyrococcus furiosus	A	T081
		Sulfolobus tokodaii	A	T082
		Thermococcus kodakaraensis	A	T083
		Thermus thermophilus	B	T084
3.1.3.12	Trehalose-phosphatase	Thermus thermophilus	B	T030
3.1.3.70	Mannosyl-3-phosphoglycerate phosphatase	Palaeococcus ferrophilus	A	T032
		Thermus thermophilus	B	T033
4.1.2.13	Fructose-bisphosphate aldolase	Methanocaldococcus jannaschii	A	T085
		Pyrococcus furiosus	A	T086
		Thermoproteus tenax	A	T086
		Bacillus stearothermophilus	B	T087
		Thermus caldophilus	B	T088
4.1.2.14	2-Dehydro-3-deoxyphosphogluconate aldolase	Sulfolobus solfataricus	A	T089
		Thermoproteus tenax	A	T090
		Thermotoga maritima	B	T091
4.2.1.11	Phosphopyruvate hydratase	Methanococcus jannaschii	A	T092
		Pyrococcus furiosus	A	T093
4.2.1.39	Gluconate dehydratase	Sulfolobus solfataricus	A	T089 T094
		Thermoproteus tenax	A	T089
4.2.1.46	dTDP-glucose 4,6-dehydratase	Aneurinibacillus thermoaerophilus	B	T095
5.1.3.2	UDP-glucose 4-epimerase	Thermus thermophilus	B	T096
5.1.3.13	dTDP-4-dehydrorhamnose 3,5-epimerase	Methanobacterium thermoautotrophicum	A	T097
5.3.1.1	Triose-phosphate isomerase	Methanocaldococcus jannaschii	A	T098
		Pyrococcus woesei	A	T099
		Thermoproteus tenax	A	T100
		Bacillus stearothermophilus	B	T101
5.3.1.5	Xylose isomerase	Caldanaerobacter subterraneus	B	T102
		Clostridium thermohydrosulfuricum	B	T103
		Thermus thermophilus	B	T104
5.3.1.8	Mannose-6-phosphate isomerase	Aeropyrum pernix	A	T105
		Pyrobaculum aerophilum	A	T106
		Pyrococcus furiosus	A	T074
		Thermoplasma acidophilum	A	T105
5.3.1.9	Glucose-6-phosphate isomerase	Aeropyrum pernix	A	T105
		Methanococcus jannaschii	A	T107
		Pyrobaculum aerophilum	A	T106
		Pyrococcus furiosus	A	T108 T109
		Thermococcus litoralis	A	T110
		Thermoplasma acidophilum	A	T105
5.4.2.1	Phosphoglycerate mutase	Methanococcus jannaschii	A	T111 T112
		Pyrococcus furiosus	A	T112
		Pyrococcus horikoshii	A	T113
		Sulfolobus solfataricus	A	T114
		Thermoplasma acidophilum	A	T115
5.4.2.2	Phosphoglucomutase	Pyrococcus horikoshii	A	T116
		Thermococcus kodakaraensis	A	T117
GADH	Glyceraldehyde dehydrogenase	Picrophilus torridus	A	T118
		Thermoplasma acidophilum	A	T118 T119
GAPN	NAD-dependent glyceraldehyde-3-phosphate dehydrogenase	Thermoproteus tenax	A	T120
KD(P)G Aldolase	2-Keto-3-deoxy-gluconate aldolase	Sulfolobus acidocaldarius	A	T121
		Sulfolobus solfataricus	A	T122 T015 T089
		Sulfolobus tokodaii	A	T121
		Thermoproteus tenax	A	T089

＊：Aはアーキア，Bはバクテリアを示す。

表2 耐熱性糖代謝酵素の由来種によるリスト

Domain	種名	EC番号	酵素名	文献
アーキア（Archaea）				
	Aeropyrum pernix	1.1.1.1	Alcohol dehydrogenase	T001
		2.7.1.11	6-Phosphofructokinase	T041 T042
		2.7.1.2	Glucokinase	T037
		2.7.1.4	Fructokinase	T037
		2.7.1.7	Mannokinase	T037
		2.7.1.40	Pyruvate kinase	T051
		5.3.1.8	Mannose-6-phosphate isomerase	T105
		5.3.1.9	Glucose-6-phosphate isomerase	T105
	Archaeoglobus fulgidus	2.7.1.40	Pyruvate kinase	T051
		2.7.1.146	ADP-specific phosphofructokinase	T058
		2.7.1.147	ADP-specific glucokinase	T065
		3.1.3.11	Fructose-bisphosphatase	T079
	Desulfurococcus amylolyticus	2.7.1.11	6-Phosphofructokinase	T043
	Haloarcula vallismortis	1.2.1.12	Glyceraldehyde-3-phosphate dehydrogenase	T022
	Methanobacterium thermoautotrophicum	5.1.3.13	dTDP-4-dehydrorhamnose 3,5-epimerase	T097
	Methanocaldococcus jannaschii	1.1.1.27	L-Lactate dehydrogenase	T010
		1.2.1.12	Glyceraldehyde-3-phosphate dehydrogenase	T023
		2.7.1.146	ADP-specific phosphofructokinase	T059 T060 T061
		2.7.1.147	ADP-specific glucokinase	T060
		2.7.7.10	UTP-hexose-1-phosphate uridyltransferase	T073
		3.1.3.11	Fructose-bisphosphatase	T080
		4.1.2.13	Fructose-bisphosphate aldolase	T085
		4.2.1.11	Phosphopyruvate hydratase	T092
		5.3.1.1	Triose-phosphate isomerase	T098
		5.3.1.9	Glucose-6-phosphate isomerase	T107
		5.4.2.1	Phosphoglycerate mutase	T111 T112
	Methanothermus fervidus	2.7.2.3	Phosphoglycerate kinase	T069
	Palaeococcus ferrophilus	2.4.1.217	Mannosyl-3-phosphoglycerate synthase	T032
		3.1.3.70	Mannosyl-3-phosphoglycerate phosphatase	T032
	Picrophilus torridus	2.7.1.31	Glycerate kinase	T046
		GADH	Glyceraldehyde dehydrogenase	T118
	Pyrobaculum aerophilum	2.7.1.40	Pyruvate kinase	T051
		5.3.1.8	Mannose-6-phosphate isomerase	T106
		5.3.1.9	Glucose-6-phosphate isomerase	T106
	Pyrococcus abyssi	2.4.1.11	Glycogen synthase	T026
	Pyrococcus furiosus	1.1.1.1	Alcohol dehydrogenase	T002 T003 T004
		1.2.7.6	Glyceraldehyde-3-phosphate dehydrogenase (ferredoxin)	T024
		2.4.1.11	Glycogen synthase	T027
		2.7.1.147	ADP-specific glucokinase	T066 T067
		2.7.7.13	Mannose-1-phosphate guanylyltransferase	T074
	Pyrococcus furiosus	3.1.3.11	Fructose-bisphosphatase	T081
		4.1.2.13	Fructose-bisphosphate aldolase	T086
		4.2.1.11	Phosphopyruvate hydratase	T093
		5.3.1.8	Mannose-6-phosphate isomerase	T074
		5.3.1.9	Glucose-6-phosphate isomerase	T108 T109
		5.4.2.1	Phosphoglycerate mutase	T112
	Pyrococcus horikoshii	2.7.1.6	Galactokinase	T040
		2.7.1.31	Glycerate kinase	T047
		2.7.1.146	ADP-specific phosphofructokinase	T062
		2.7.1.147	ADP-specific glucokinase	T068
		5.4.2.1	Phosphoglycerate mutase	T113
		5.4.2.2	Phosphoglucomutase	T116
	Pyrococcus woesei	5.3.1.1	Triose-phosphate isomerase	T099
	Sulfolobus acidocaldarius	2.4.1.11	Glycogen synthase	T028
		KD(P)G Aldolase	2-Keto-3-deoxy-gluconate aldolase	T121
	Sulfolobus solfataricus	1.1.1.1	Alcohol dehydrogenase	T005
		1.1.1.47	Glucose 1-dehydrogenase	T015
		2.7.1.45	2-Dehydro-3-deoxygluconokinase	T054
		2.7.7.13	Mannose-1-phosphate guanylyltransferase	T075
		4.1.2.14	2-Dehydro-3-deoxyphosphogluconate aldolase	T084
		4.2.1.39	Gluconate dehydratase	T089 T094
		5.4.2.1	Phosphoglycerate mutase	T114
		KD(P)G Aldolase	2-Keto-3-deoxy-gluconate aldolase	T015 T089 T112
	Sulfolobus tokodaii	1.1.1.1	Alcohol dehydrogenase	T006
		1.1.1.47	Glucose 1-dehydrogenase	T016
		2.3.1.157	Glucosamine-1-phosphate N-acetyltransferase	T025
		2.7.1.1	Hexokinase	T036
		2.7.1.31	Glycerate kinase	T048
		2.7.1.45	2-Dehydro-3-deoxygluconokinase	T055
		2.7.7.9	Glucose-1-phosphate uridylyltransferase	T072
		2.7.7.10	Hexose-1-phosphate uridyltransferase	T072
		2.7.7.24	Glucose-1-phosphate thymidylyltransferase	T072
		2.7.7.27	Glucose-1-phosphate adenylyltransferase	T072

第5章 低温・高温生物圏

表2 耐熱性糖代謝酵素の由来種によるリスト（続き）

Domain	種名	EC番号	酵素名	文献
		2.7.7.33	Glucose-1-phosphate cytidylyltransferase	T072
		2.7.7.34	Glucose-1-phosphate guanylyltransferase	T072
		3.1.3.11	Fructose-bisphosphatase	T082
		KD(P)G Aldolase	2-Keto-3-deoxy-gluconate aldolase	T121
	Thermococcus hydrothermalis	1.1.1.1	Alcohol dehydrogenase	T007
	Thermococcus kodakaraensis	3.1.3.11	Fructose-bisphosphatase	T083
		5.4.2.2	Phosphoglucomutase	T117
	Thermococcus litoralis	2.7.1.4	Fructokinase	T039
		2.7.1.146	ADP-specific phosphofructokinase	T063
		2.7.1.147	ADP-specific glucokinase	T067
		5.3.1.9	Glucose-6-phosphate isomerase	T110
	Thermococcus zilligii	2.7.1.146	ADP-specific phosphofructokinase	T064
	Thermoplasma acidophilum	5.3.1.8	Mannose-6-phosphate isomerase	T105
		5.3.1.9	Glucose-6-phosphate isomerase	T105
		5.4.2.1	Phosphoglycerate mutase	T115
		GADH	Glyceraldehyde dehydrogenase	T118 T119
	Thermoproteus tenax	2.7.1.1	Hexokinase	T035
		2.7.1.2	Glucokinase	T035
		2.7.1.4	Fructokinase	T035
		2.7.1.7	Mannokinase	T035
		2.7.1.31	Glycerate kinase	T049
		2.7.1.40	Pyruvate kinase	T052
		2.7.1.147	ADP-specific glucokinase	T035
		4.1.2.13	Fructose-bisphosphate aldolase	T086
		4.1.2.14	2-Dehydro-3-deoxyphosphogluconate aldolase	T090
		4.2.1.39	Gluconate dehydratase	T089
		5.3.1.1	Triose-phosphate isomerase	T100
		GAPN	NAD-dependent glyceraldehyde-3-phosphate dehydrogenase	T120
		KD(P)G Aldolase	2-Keto-3-deoxy-gluconate aldolase	T089
バクテリア（Bacteria）				
	Aneurinibacillus thermoaerophilus	2.7.7.24	Glucose-1-phosphate thymidylyltransferase	T076
		4.2.1.46	dTDP-glucose 4,6-dehydratase	T095
	Aquifex aeolicus	1.1.1.49	Glucose-6-phosphate dehydrogenase	T017 T018
	Bacillus stearothermophilus	1.1.1.27	L-Lactate dehydrogenase	T011
		2.4.1.21	Starch synthase	T031
		2.7.1.2	Glucokinase	T038
		2.7.2.3	Phosphoglycerate kinase	T070
		2.7.7.27	Glucose-1-phosphate adenylyltransferase	T031
		4.1.2.13	Fructose-bisphosphate aldolase	T087
		5.3.1.1	Triose-phosphate isomerase	T101
	Caldanaerobacter subterraneus	5.3.1.5	Xylose isomerase	T102
	Clostridium thermohydrosulfuricum	5.3.1.5	Xylose isomerase	T103
	Geobacillus tepidamans	1.1.1.266	dTDP-4-dehydro-6-deoxyglucose reductase	T021
	Halothermothrix orenii	2.4.1.14	Sucrose-phosphate synthase	T029
	Thermoanaerobacter ethanolicus	1.1.1.1	Alcohol dehydrogenase	T008
	Thermoanaerobium brockii	1.1.1.1	Alcohol dehydrogenase	T009
	Thermotoga maritima	1.1.1.27	L-Lactate dehydrogenase	T012
		1.1.1.49	Glucose-6-phosphate dehydrogenase	T019
		2.7.1.11	6-Phosphofructokinase	T044
		2.7.1.31	Glycerate kinase	T050
		2.7.1.40	Pyruvate kinase	T051 T053
		2.7.1.45	2-Dehydro-3-deoxygluconokinase	T056
		4.1.2.14	2-Dehydro-3-deoxyphosphogluconate aldolase	T091
	Thermus aquaticus	1.1.1.27	L-Lactate dehydrogenase	T013
	Thermus caldophilus	1.1.1.27	L-Lactate dehydrogenase	T014
		1.1.1.158	UDP-*N*-acetylmuramate dehydrogenase	T020
		2.7.7.24	Glucose-1-phosphate thymidylyltransferase	T077
		2.7.7.27	Glucose-1-phosphate adenylyltransferase	T078
		4.1.2.13	Fructose-bisphosphate aldolase	T088
	Thermus thermophilus	2.4.1.15	Trehalose-phosphate synthase	T030
		2.4.1.217	Mannosyl-3-phosphoglycerate synthase	T033
		2.6.1.16	Glutamine-fructose-6-phosphate transaminase	T034
		2.7.1.11	6-Phosphofructokinase	T045
		2.7.1.45	2-Dehydro-3-deoxygluconokinase	T057
		2.7.2.3	Phosphoglycerate kinase	T071
		3.1.3.11	Fructose-bisphosphatase	T084
		3.1.3.12	Trehalose-phosphatase	T030
		3.1.3.70	Mannosyl-3-phosphoglycerate phosphatase	T033
		5.1.3.2	UDP-glucose 4-epimerase	T096
		5.3.1.5	Xylose isomerase	T103

ものから，特徴的な酵素や遺伝子が優先的に解析対象となっていることを示している。次項からは，好酸性超好熱アーキア S. tokodaii 由来の糖代謝関連酵素を例にゲノム情報を有効に利用した新規活性発見の実際を示していきたい。

6.4 超好熱アーキアのユニークな糖代謝酵素
6.4.1 S. tokodaii について

別府温泉から単離された S. tokodaii は[7]，生育可能温度が70～85℃で至適生育温度は80℃，生育可能pHは2～5で至適生育pHは2.5～3.0という酸性条件を好み，陸上温泉から単離されたことから好気性を示し，系統的には Crenarchaeota に分類される好酸性好気性超好熱アーキアである。また，本アーキアの生育は従属栄養的で，独立栄養的に生育できる他の Sulfolobus 属アーキア種とは異なる性質を示す。また，16S rDNA塩基配列の比較，16S rDNA塩基配列による系統解析，ゲノムDNAのハイブリダイゼーションによる解析の結果，最も近縁の種は Sulfolobus yangmingensis strain YM1 であった。

また，Sulfolobus 属では，リン酸化を伴わない変形ED経路によってグルコース及びガラクトースが代謝されることが知られている[8～10]。この反応経路では，グルコースはリン酸化されずにGlucose Dehydrogenase により Gluconate に，さらに Gluconate Dehydratase により 2-keto-3-deoxygluconate に代謝され，その後 2-keto-3-deoxygluconate aldolase により Pyruvate と Glyceraldehyde に分解される。これら三つの酵素は既に単離され，活性も確認されている。この Sulfolobus 属特有の代謝系を S. tokodaii も有している。

本 S. tokodaii は，ゲノムの全塩基配列も解読されており[11]，その結果幾つかの特徴が新たに見出されてきた。最もユニークな特徴は，S. tokodaii の大部分のtRNA遺伝子には，アミノ酸を結合するためのCCA配列が遺伝子中にはコードされておらず，tRNA転写産物にCCAを付加するtRNA nucleotidyltransferase 遺伝子の存在が確認されたことである。他の大部分のバクテリア・アーキアのtRNA遺伝子にはCCAが既に含まれているので，転写されたRNAがそのままtRNAとして機能しアミノ酸を結合することができる。一方，真核生物のtRNA遺伝子には，CCA配列が含まれておらず，転写産物に後からCCA配列が付加される。この真核生物のtRNAシステムとの類似性から，S. tokodaii は好熱性アーキアの中でも特に真核生物と系統的に近いと考えられる。さらに，同属の異なる種はプラスミドを有しているが，本 S. tokodaii はそのプラスミドの配列をゲノム中に組込み，その後組換えや重複により現在のゲノムの形に変化していったことがゲノム情報から推定された。

これら多数のユニークな特徴を有する超好熱アーキア S. tokodaii のゲノム情報を有効に利用して有用糖代謝酵素の探索・獲得に取り組んだ。

6.4.2 ラムノース（Rhamnose）合成系酵素

L-Rhamnose は，植物では細胞壁等の構成成分として利用されており，微生物特に病原菌では細胞表面の糖鎖構造に含まれ，その病原性と深い関連があることが知られている[12]。このL-Rhamnose

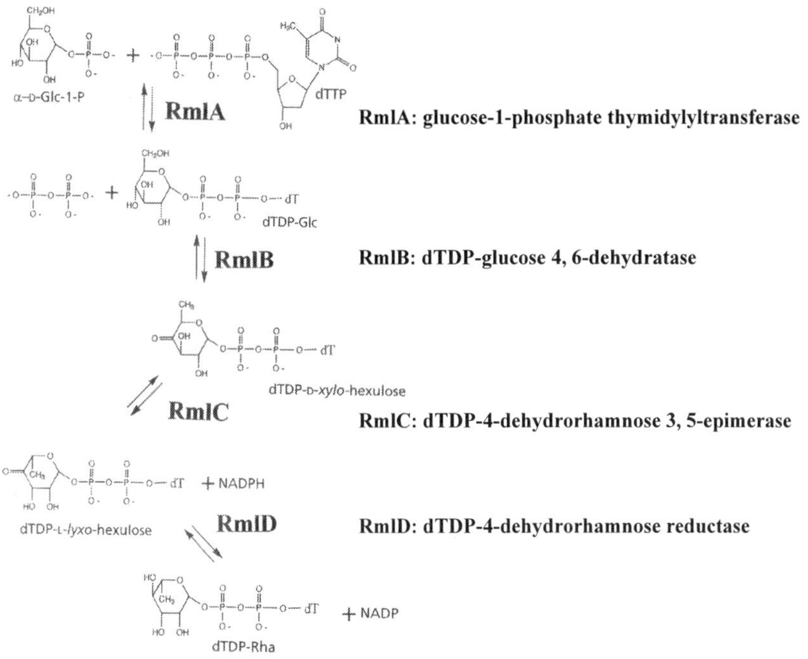

第 5 章 低温・高温生物圏

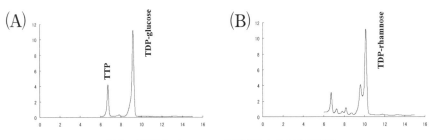

図1 TDP-L-rhamnose生合成経路
RmlAからRmlDの四つの酵素が触媒する4段階の反応でTDP-L-rhamnoseは合成される。各段階を触媒する酵素名を横に示す。

図2 TDP-L-rhamnoseの酵素による合成の確認
Glucose-1-リン酸とTTPを基質として用いた。(A)RmlAによる反応後の反応産物の分析結果, (B)RmlA-D及びNADPHを加えた反応後の反応産物の分析結果, TDP-rhamnoseのピークが確認された。

は, Glucose-1-リン酸とTTPから4段階の反応で, TDP-Rhamnoseという糖ヌクレオチドの形で合成されることが知られている。図1に示すようにGlucose-1-リン酸とTTPをGlucose-1-phosphate thymidylyltransferase（RmlA, EC 2.7.7.24）が結合してTDP-Glucoseを合成し, その後TDP-D-Glucose 4,6-dehydratase（RmlB, EC 4.2.1.46）及びTDP-4-dehydrorhamnose 3,5-epimerase（RmlC, EC 5.1.3.13）が作用し, 最後にNADPHと共にTDP-4-dehydrorhamnose reductase（RmlD, EC 1.1.1.133）が働いて最終産物TDP-L-rhamnoseが合成される代謝経路

の存在が病原菌等で明らかにされている[13〜15]。このRmlAからRmlDまでの4種類の酵素が，超好熱アーキアのゲノム情報中に一つのクラスターを構成して存在していることが見出された。そこで，S. tokodaii のゲノム中に見出されたこの4種類の酵素をコードする遺伝子をそれぞれ大腸菌内で発現させ，その機能を in vitro で解析したところ，確かに4種類の酵素によるTDP-L-rhamnose合成が確認された（図2）[16]。この結果は，好熱性アーキア内でもTDP-L-rhamnoseが合成されていることを示唆する。今後は，本好熱性アーキアの細胞中でのL-Rhamnoseの機能や生理的役割の解明が重要だと考えられる。

6.4.3 糖ヌクレオチド合成酵素

S. tokodaii のゲノム情報中には，TDP-L-rhamnose合成経路の初発酵素であるRmlAと相同な酵素をコードする遺伝子が幾つか見出されてきた。その中で最も長いC-末領域を有する酵素としてST0452酵素は見出された。そこで，本酵素を大腸菌で発現させ，その詳細な活性・機能の解析に取り組んだ[17]。まず，Glucose-1-リン酸とTTPとを結合してTDP-glucoseを合成できる糖-1-リン酸ヌクレオチド転移活性の存在を確認したところ，本順方向の反応を本ST0452酵素が触媒できることが確認された。さらにTDP-glucoseとピロリン酸からTTPとGlucose-1-リン酸を合成する逆方向の反応も触媒できることが確認された（図3）。そこで次に，本酵素反応の温度依存性・pH依存性について解析したところ，反応の至適温度は95℃で，至適pHは8.5であった。本ST0452酵素の熱安定性に関して確認したところ，80℃での半減期は180分で，95℃での半減期は60分と，

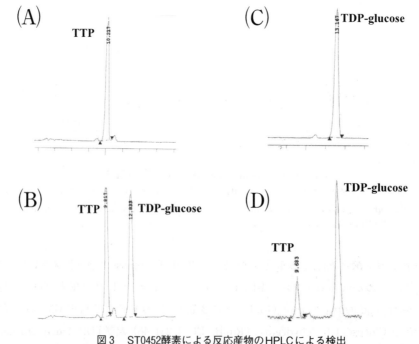

図3　ST0452酵素による反応産物のHPLCによる検出
(A)(B)順反応：TTPとGlucose-1-リン酸を基質とした反応，(C)(D)逆反応：TDP-glucoseとピロリン酸を基質とした反応，(A)(C)反応前，(B)(D)反応後

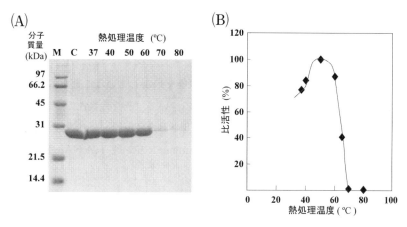

図4　C-末欠失変異体の熱安定性の解析
(A)各温度で5分間処理後の可溶性タンパク質のSDSポリアクリルアミドゲル電気泳動，M：マーカー，C：熱処理なし，(B)各温度で5分間処理後の酵素を用いて測定した活性の比活性，50℃の時に得られた活性を100%とした．

表3　ST0452酵素の糖-1-リン酸ヌクレオチド転移活性の基質特異性

基質A (0.1 mM)	基質B (10 mM)	比活性 (%)
dTTP	a-D-glucose-1-phosphate	100
dATP		35
dCTP		7
dGTP		1
UTP		130
ATP/CTP/GTP		ND
dTTP	N-acetyl-D-glucosamine-1-phosphate	320
	a-D-glucosamine-1-phosphate	ND
	a-D-Galactose-1-phosphate	ND
	a-D-mannose-1-phosphate	ND
UTP	N-acetyl-D-glucosamine-1-phosphate	540
	a-D-glucosamine-1-phosphate	ND
	a-D-Galactose-1-phosphate	ND
	a-D-mannose-1-phosphate	ND

活性はglucose-1-リン酸とTTPを基質にした場合の活性を100%とした比活性で表示
ND: 検出限界以下

非常に高い熱安定性が確認された．本ST0452酵素の糖-1-リン酸ヌクレオチド転移活性には，二価金属イオンが必須で，一般的によく用いられるMg^{2+}よりもCo^{2+}あるいはMn^{2+}の存在下の方が高い活性が検出された．他の類似酵素と比して長い，本ST0452酵素のC-末領域の機能を解明するために232番目のアミノ酸残基よりC-末の領域を欠失させた変異体酵素を作成し，その耐熱性

と活性を解析した。その結果，元のST0452酵素は90℃の処理後でも安定で酵素活性を示すが，本欠失変異体は60℃での加熱処理では可溶性だが70℃での処理では変性して不溶性になった。さらに，活性も70℃では非常に低下することが明らかとなった（図4）。これらの結果は，本ST0452酵素のC-末領域は本酵素全体の熱安定性に重要な機能を果たしていることを示している。次に，本ST0452酵素の糖-1-リン酸ヌクレオチド転移活性について，基質特異性の解析を行った。その結果を表3に示すが，本ST0452酵素は，相同性で予想されたGlucose-1-リン酸とdNTP及びUTPとの結合を触媒するだけでなくN-Acetyl-D-glucosamine-1-リン酸（GlcNAc-1-P）とTTP及びUTPとの結合も触媒することが明らかとなった。

6.4.4 UDP-N-アセチルグルコサミン生合成経路

本ST0452酵素にGlcNAc-1-PとUTPを結合してUDP-GlcNAcを合成する活性が見出されたことで，本酵素がFructose-6-リン酸からUDP-GlcNAcを生合成する代謝経路の最後の反応を触媒している可能性が推定された。そこで，本ST0452酵素のC-末領域のアミノ酸配列を再検討したところ，図5に示すような（L/I/V）-（G/A/E/D）-XX-（S/T/A/V）-Xという繰り返しモチーフが見出された。このモチーフはアセチル基やアシル基を転移する酵素等で見出されるモチーフである。本酵素にはグルコサミン-1-リン酸にアセチル基を転移する活性を有する可能性が推定された。そこで，アセチルCoAからグルコサミン-1-リン酸へのアセチル基の転移活性を，アセチルCoAから生成したCoAをDTNB試薬と反応させ412 nmの吸収の増大で検出する方法で検討したところ，反応の進行によって確かにCoAへの変化が確認された[18]。この結果だけでは，アセチルCoAからアセチル基が遊離してCoAに変化したことは確認されるが，このアセチル基が確かにグルコサミン-1-リン酸に結合してGlcNAc-1-Pが合成されているかは不明である。本ST0452酵素が有する糖-1-リン酸ヌクレオチド転移活性には，グルコサミン-1-リン酸とUTPを結合する活性はないが，アセチル化されたGlcNAc-1-PとUTPを結合してUDP-GlcNAcを合成する活性を有する。そこで，本ST0452酵素の糖-1-リン酸ヌクレオチド転移活性とアセチル基転移活性を共役させた反応で確認を行った。グルコサミン-1-リン酸，UTP，アセチルCoA，ST0452酵素を含む反応液中で反応を行ったところ，図6(B)に示すように，UDP-GlcNAcのピークが検出された。この結果から，確かにST0452酵素はグルコサミン-1-リン酸をアセチル化してGlcNAc-1-Pを合成す

```
235  V E D N V K    I K G K V I    I E E D A E
253  I K S G T Y    I E G P V Y    I G K G S E
271  I G P N S Y    L R P Y T I    L V E K N K
289  I G A S V E    V K E S V      I M E G S K
306  I P H L S Y    V G D S V      I A E D V N
323  F G A G T L    I A N L R F    D E K E V K  (VNVKGKRISSGRRKLGAF)
359  I G G H V R    T G I N V T    I L P G V K
377  I G A Y A R    I Y P G A V    V N R D V G
```

図5　ST0452酵素のC-末領域に見出されたモチーフ配列

モチーフ配列（L/I/V）-（G/A/E/D）-XX-（S/T/A/V）-Xの中の（L/I/V）は枠内で，（G/A/E/D）は太字で，（S/T/A/V）は塗りつぶし枠で示す。モチーフ以外の配列はカッコ内に示した。

第5章　低温・高温生物圏

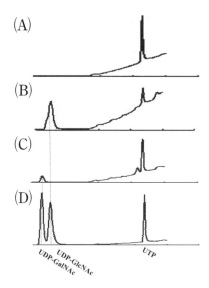

図6　ST0452酵素のUDP-GlcNAc，UDP-GalNAcの合成反応の検出
UTP，アセチルCoA，ST0452酵素を含む反応液に(B)グルコサミン-1-リン酸を，(C)ガラクトサミン-1-リン酸を加えた反応の生成物をHPLCで分析した。
(A)反応前，TTPのみが検出される。(D)UDP, UDP-GlcNAc, UDP-GalNAcの標準物質。

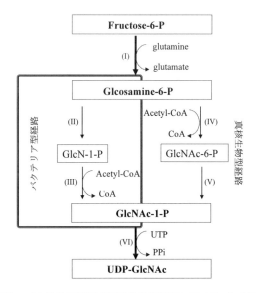

図7　バクテリア型及び真核生物型UDP-GlcNAc合成経路
超好熱アーキア *S. tokodaii* に推定されるUDP-GlcNAc合成経路を二重枠で示す。(I)-(VI)は以下に示す酵素を表す。
(I) glutamine:fructose-6-phosphate amidotransferase, (II) phosphoglucosamine mutase, (III) glucosamine-1-P acetyltransferase, (IV) glcuosamine-6-P acetyltransferase, (V) phosphoacetylglucosamine mutase, (VI) GlcNAc-1-P uridyltransferase

ることが確認された．また，本ST0452酵素はグルコサミン-6-リン酸をアセチル化できないことも明らかとなった．このことは，S. tokodaiiでは，バクテリア型のUDP-GlcNAc合成経路が存在することを示している（図7）．好熱性アーキアにおける本代謝経路の確認は，初めてである[18]．

6.4.5 UDP-N-アセチルガラクトサミン生合成経路

本ST0452酵素に見出されたアセチル基転移活性の基質特異性を調べたところ，ガラクトサミン-1-リン酸を基質にした時にもCoA由来の412 nmの吸光度の増加が確認された．そこで，先で述べたと同様のST0452酵素が有する糖-1-リン酸ヌクレオチド転移活性との共役反応によって産物の同定を試みた．ガラクトサミン-1-リン酸，UTP，アセチルCoA，ST0452酵素による反応を進行させて，産物をHPLCで確認した．その結果，UDP-N-アセチルガラクトサミン（UDP-GalNAc）のピークが検出されたことから（図6(C)），本ST0452酵素はグルコサミン-1-リン酸だけでなくガラクトサミン-1-リン酸にもアセチル基を転移させる活性を有することが確認された．このガラクトサミン-1-リン酸にアセチル基を転移する活性はこれまでどの生物からも見出されていない活性で，超好熱アーキア由来ST0452酵素に今回世界で初めてその存在が確認された．さらにGalNAc-1-リン酸とUTPを結合する活性も本ST0452酵素に存在することが示唆されるので，本活性の確認にも取り組もうとした．しかし，世界中のどの試薬会社からもGalNAc-1-リン酸は試薬として販売されていないので，逆反応であるUDP-GalNAcとピロリン酸からUTPとGalNAc-1-リン酸が合成される反応を確認した．図8にあるように，反応時間に従って，UDP-GalNAcの減少とUTPの増加が確認されたことから，予想されたGalNAc-1-リン酸とUTPを結合する活性も本ST0452酵素に存在することが確認された[18]．これらの結果は，本ST0452酵素はUDP-GlcNAcの生合成に関与することを示すだけでなく，今まで存在が確認されていない新たなUDP-GalNAc合成経路が超好熱アーキアに存在することを示唆する．今後は，本ST0452酵素と基質との複合体の立体構造を解明することで，他の類縁酵素との基質認識機構の違いについての解明や詳細な反応機構の解明を進めたい．また，他の生物からは見出されていない新規な代謝経路の存在が示されたことで，今後本新規代謝経路の解明にも取り組んでいきたい．

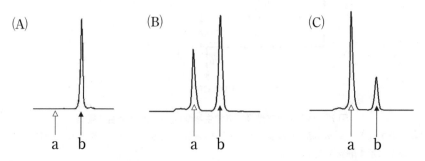

図8　ST0452酵素の糖-1-リン酸ヌクレオチド転移活性の検出
基質としてUDP-GalNAcとピロリン酸を用いて逆反応を検出した．(A)反応前，(B)5分反応後，(C)10分反応後．矢印aはUTPの溶出ピーク，bはUDP-GalNAcの溶出ピーク

第5章　低温・高温生物圏

6.5　今後の展望

本節で記したST0452酵素はこれまでどの生物からも見出されていなかった活性を有していることが明らかとなった。このことは新たな代謝経路の存在が示唆されるだけでなく，糖代謝酵素の進化の解明や，酵素の基質認識機構の解明等の基礎科学に貢献できる情報を獲得できる可能性が大きい。また，これまで市販されていないN-アセチルガラクトサミン-1-リン酸を大量に合成することが可能なので，これまで供給されていない試薬の供給等，応用面での利用価値も高いと思われる。

本節で示した例のように，相同性から予想される活性以外の新規な活性や機能を有している酵素・遺伝子が超好熱アーキアのゲノム情報中には多数潜んでいることが推定される。これらの酵素は全て安定性が高いので，新規活性や機能を見出すことができれば様々な応用への可能性が広がる。現在，1,200を超える微生物のゲノム全塩基配列が解読されているが，これらゲノム情報中には多数の宝が存在する可能性を本研究は示している。今後ますます，有用な研究材料として多くの研究者の方にゲノム情報を利用して頂きたい。

謝辞

張　子蓮，辻村昌也，阿久津純一，佐々木真由美，Md. Murad Hossain各博士の努力により得られた結果を本稿で示した，感謝したい。本著に示す成果は，文部科学省タンパク3000プロジェクト及びNEDO知的基盤創成技術研究開発による援助を受けた成果である。

文　献

1) F. Vaningelgen *et al.*, *Appl. Environ. Microbiol.*, **70**, 900（2004）
2) F. I. Yamamoto and S. I. Hakomori, *J. Biol. Chem.*, **265**, 19257（1990）
3) F. I. Yamamoto *et al.*, *Nature*, **345**, 229（1990）
4) P. Messner *et al.*, *FEMS Microbiol. Rev.*, **20**, 25（1997）
5) S. Y. Ng *et al.*, *J. Mol. Microbiol. Biotechnol.*, **11**, 167（2006）
6) D. Skropeta, *Bioorg. Med. Chem.*, **17**, 2645（2009）
7) T. Suzuki *et al.*, *Extremophiles*, **6**, 39（2002）
8) H. J. Lamble *et al.*, *J. Biol. Chem.*, **278**, 34066（2003）
9) H. J. Lamble *et al.*, *FEBS Letters*, **576**, 133（2004）
10) A. Theodossis *et al.*, *J. Biol. Chem.*, **279**, 43886（2004）
11) Y. Kawarabayasi *et al.*, *DNA Res.*, **8**, 123（2001）
12) M. F. Giraud and J. H. Naismith, *Curr. Opin. Struct. Biol.*, **10**, 687（2000）
13) Y. Ma *et al.*, *Antimicrob. Agents Chemother.*, **45**, 1407（2001）
14) M. Graninger *et al.*, *Appl. Environ. Microbiol.*, **68**, 3708（2002）
15) W. Li *et al.*, *Biochem. Biophys. Res. Commun.*, **342**, 170（2006）

16) M. Teramoto et al., *Advances in Applied Biotechnology*, 225 (2011)
17) Z. Zhang et al., *J. Biol. Chem.*, **280**, 9698 (2005)
18) Z. Zhang et al., *J. Bacteriol.*, **192**, 3287 (2010)

表1及び表2の参考文献

T001) H. Hirakawa et al., *Biochim. Biophys. Acta*, **1748**, 94 (2005)
T002) J. van der Oost, *Eur. J. Biochem.*, **268**, 3062 (2001)
T003) J. Kube et al., *Extremophiles*, **10**, 221 (2006)
T004) R. Machielsen et al., *Appl. Environ. Microbiol.*, **72**, 233 (2006)
T005) S. Ammendola et al., *Biochemistry*, **31**, 12514 (1992)
T006) H. Yanai et al., *Appl. Environ. Microbiol.*, **75**, 1758 (2009)
T007) E. Antoine et al., *Eur. J. Biochem.*, **264**, 880 (1999)
T008) P. J. Holt et al., *FEMS Microbiol.*, **190**, 57 (2000)
T009) Z. Zhang et al., *J. Mol. Biol.*, **230**, 353 (1993)
T010) B. I. Lee et al., *J. Mol. Biol.*, **307**, 1351 (2001)
T011) F. Zülli et al., *Biol. Chem. Hoppe. Seyler*, **368**, 1167 (1987)
T012) R. Ostendorp et al., *Eur. J. Biochem.*, **216**, 709 (1993)
T013) M. Machida et al., *J. Biochem.*, **97**, 899 (1985)
T014) H. Taguchi et al., *Eur. J. Biochem.*, **145**, 283 (1984)
T015) H. J. Lamble et al., *J. Biol. Chem.*, **278**, 34066 (2003)
T016) T. Ohshima et al., *J. Mol. Catal. B*, **23**, 281 (2003)
T017) R. B. Iyer et al., *Extremophiles*, **6**, 283 (2002)
T018) M. Nakka et al., *Protein*, **25**, 17 (2006)
T019) T. Hansen et al., *FEMS Microbiol. Lett.*, **216**, 249 (2002)
T020) M. K. Kim et al., *Proteins*, **66**, 751 (2007)
T021) S. Zayni et al., *Glycobiology*, **17**, 433 (2007)
T022) B. Prüss et al., *Arch. Microbiol.*, **160**, 5 (1993)
T023) A. D. Malay et al., *Acta Crystallogr. Sect. F Struct. Biol. Cryst. Commun.*, **165**, 1227 (2009)
T024) S. Mukund and M. W. Adams, *J. Biol. Chem.*, **270**, 8389 (1995)
T025) Z. Zhang et al., *J. Bacteriol.*, **192**, 3287 (2010)
T026) C. Horcajada et al., *J. Biol. Chem.*, **281**, 2923 (2006)
T027) C. J. Zea et al., *J. Am. Chem. Soc.*, **125**, 13666 (2003)
T028) S. Cardona et al., *Appl. Environ. Microbiol.*, **67**, 4773 (2001)
T029) T. K. Chua et al, *Plant Cell*, **20**, 1059 (2008)
T030) Z. Silva et al., *Extremophiles*, **9**, 29 (2005)
T031) H. Takata et al., *J. Bacteriol.*, **179**, 4689 (1997)
T032) C. Neves et al., *Appl. Environ. Microbiol.*, **71**, 8091 (2005)
T033) N. Empadinhas et al., *Appl. Environ. Microbiol.*, **69**, 3272 (2003)
T034) M. A. Badet-Denisot et al., *Arch. Biochem. Biophys.*, **337**, 129 (1997)
T035) C. Dörr et al., *J. Biol. Chem.*, **278**, 18744 (2003)
T036) H. Nishimasu et al., *J. Bacteriol.*, **188**, 2014 (2006)
T037) T. Hansen et al, *J. Bacteriol.*, **184**, 5955 (2002)
T038) S. D'Auria et al., *Anal. Biochem.*, **303**, 138 (2002)

第 5 章　低温・高温生物圏

T039) Q. Qu *et al.*, *Extremophiles*, **8**, 301（2004）
T040) E. Inagaki *et al.*, *Acta Crystallogr. Sect. F Struct. Biol. Cryst. Commun.*, **62**, 169（2006）
T041) T. Hansen and P. Schönheit, *Arch. Microbiol.*, **177**, 62（2001）
T042) R. S. Ronimus *et al.*, *FEMS Microbiol. Lett.*, **202**, 85（2001）
T043) T. Hansen and P. Schönheit, *Arch. Microbiol.*, **173**, 103（2000）
T044) T. Hansen *et al.*, *Arch. Microbiol.*, **177**, 401（2002）
T045) M. Ishida *et al.*, *Extremophiles*, **1**, 157（1997）
T046) M. Reher *et al.*, *FEMS Microbiol. Lett.*, **259**, 113（2006）
T047) B. Liu *et al.*, *Extremophiles*, **11**, 733（2007）
T048) B. Liu *et al.*, *Biotechnol. Lett.*, **31**, 1937（2009）
T049) D. Kehrer *et al.*, *BMC Genomics*, **8**, 301（2007）
T050) C. Yang *et al.*, *J. Bacteriol.*, **190**, 1773（2008）
T051) U. Johnsen *et al.*, *J. Biol. Chem.*, **278**, 25417（2003）
T052) A. Schramm *et al.*, *J. Bacteriol.*, **182**, 2001（2000）
T053) Y. R. Ding *et al.*, *J. Bacteriol.*, **183**, 791（2001）
T054) S. Kim and S. B. Lee, *Biosci. Biotechnol. Biochem.*, **70**, 1308（2006）
T055) T. Ohshima *et al.*, *Protein Expr. Purif.*, **54**, 73（2007）
T056) I. I. Mathews *et al.*, *Proteins*, **70**, 603（2008）
T057) N. Ohshima *et al.*, *J. Mol. Biol.*, **340**, 477（2004）
T058) T. Hansen and P. Schönheit, *Extremophiles*, **8**, 29（2004）
T059) J. E. Tuininga *et al.*, *J. Biol. Chem.*, **274**, 21023（1999）
T060) H. Sakuraba *et al.*, *J. Biol. Chem.*, **277**, 12495（2002）
T061) F. Merino and V. Guixé, *FEBS J.*, **275**, 4033（2008）
T062) M. A. Currie *et al.*, *J. Biol. Chem.*, **284**, 22664（2009）
T063) J. J. Jeong *et al.*, *Acta Crystallogr. D Biol. Crystallogr.*, **59**, 1327（2003）
T064) R. S. Ronimus *et al.*, *Biochim. Biophys. Acta*, **1517**, 384（2001）
T065) A. Labes and P. Schönheit, *Arch Microbiol.*, **180**, 69（2003）
T066) S. W. Kengen *et al.*, *J. Biol. Chem.*, **270**, 30453（1995）
T067) S. Koga *et al.*, *J. Biochem.*, **128**, 1079（2000）
T068) H. Tsuge *et al.*, *Protein Sci.*, **11**, 2456（2002）
T069) S. Fabry *et al.*, *Gene*, **91**, 19（1990）
T070) G. J. Davies *et al.*, *Proteins*, **15**, 283（1993）
T071) D. Bowen *et al.*, *Biochem. J.*, **254**, 509（1988）
T072) Z. Zhang *et al.*, *J. Biol. Chem.*, **280**, 9698（2005）
T073) S. C. Namboori and D. E. Graham, *J. Bacteriol.*, **190**, 2987（2008）
T074) R. M. Mizanur and N. L. Pohl, *Org. Biomol. Chem.*, **7**, 2135（2009）
T075) S. Sacchetti *et al.*, *Gene*, **332**, 149（2004）
T076) M. Graninger *et al.*, *Appl. Environ. Microbiol.*, **68**, 3708（2002）
T077) N. Parajuli *et al.*, *Biotechnol. Lett.*, **26**, 437（2004）
T078) J. H. Ko *et al.*, *Biochem. J.*, **319**, 977（1996）
T079) K. A. Stieglitz *et al.*, *J. Biol. Chem.*, **277**, 22863（2002）
T080) B. Stec *et al.*, *Nat. Struct. Biol.*, **7**, 1046（2000）
T081) C. H. Verhees *et al.*, *J. Bacteriol.*, **184**, 3401（2002）
T082) H. Nishimasu *et al.*, *Structure*, **12**, 949（2004）

T083) N. Rashid et al., *J. Biol. Chem.*, **277**, 30649 (2002)
T084) T. Soulimane, *Protein Expr. Purif.*, **74**, 175 (2010)
T085) A. K. Samland et al., *FEMS Microbiol. Lett.*, **281**, 36 (2008)
T086) B. Siebers et al., *J. Biol. Chem.*, **276**, 28710 (2001)
T087) C. De Montigny et al., *J. Biochem.*, **241**, 243 (1996)
T088) J. H. Lee et al., *Biochem. Biophys. Res. Commun.*, **347**, 616 (2006)
T089) H. Ahmed et al., *Biochem. J.*, **390**, 529 (2005)
T090) A. Pauluhn et al., *Proteins*, **72**, 35 (2008)
T091) J. S. Griffiths et al., *Bioorg. Med. Chem.*, **10**, 545 (2002)
T092) H. Yamamoto and N. Kunishima, *Acta Crystallogr. Sect. F Struct. Biol. Cryst. Commun.*, **64**, 1087 (2008)
T093) M. J. Peak et al., *Arch. Biochem. Biophys.*, **313**, 280 (1994)
T094) S. Kim and S. B. Lee, *Biochem. J.*, **387**, 271 (2005)
T095) A. Pfoestl et al., *J. Biol. Chem.*, **278**, 26410 (2003)
T096) Y. K. Niou et al., *Biochem. Biophys. Res. Commun.*, **390**, 313 (2009)
T097) D. Christendat et al., *J. Biol. Chem.*, **275**, 24608 (2000)
T098) P. Gayathri et al., *Acta Crystallogr. D Biol. Crystallogr.*, **63**, 206 (2007)
T099) M. Kohlhoff et al., *FEBS Lett.*, **383**, 245 (1996)
T100) H. Walden et al., *J. Mol. Biol.*, **342**, 861 (2004)
T101) F. Rentier-Delrue, *Gene*, **134**, 137 (1993)
T102) B. C. Kim et al., *Biotechnol. Lett.*, **32**, 929 (2010)
T103) K. Dekker et al., *Agric. Biol. Chem.*, **55**, 221 (1991)
T104) K. Dekker et al., *J. Bacteriol.*, **173**, 3078 (1991)
T105) T. Hansen et al., *J. Biol. Chem.*, **279**, 2262 (2004)
T106) M. K. Swan et al., *J. Biol. Chem.*, **279**, 39838 (2004)
T107) B. Rudolph et al., *Arch. Microbiol.*, **181**, 82 (2004)
T108) T. Hansen et al., *J. Bacteriol.*, **183**, 3428 (2001)
T109) M. K. Swan et al., *J. Biol. Chem.*, **278**, 47261 (2003)
T110) J. J. Jeong et al., *FEBS Lett.*, **535**, 200 (2003)
T111) D. E. Graham et al., *FEBS Lett.*, **517**, 190 (2002)
T112) J. van der Oost et al., *FEMS Microbiol. Lett.*, **212**, 111 (2002)
T113) N. K. Lokanath et al., *Acta Crystallogr. Sect. F Struct. Biol. Cryst. Commun.*, **62**, 788 (2006)
T114) M. B. Potters et al., *J. Bacteriol.*, **185**, 2112 (2003)
T115) U. Johnsen et al., *Extremophiles*, **11**, 647 (2004)
T116) J. Akutsu et al., *J. Biochem.*, **138**, 159 (2005)
T117) N. Rashid et al., *J. Bacteriol.*, **186**, 6070 (2004)
T118) M. Reher and P. Schönheit, *FEBS Lett.*, **580**, 1198 (2006)
T119) J. H. Jung and S. B. Lee, *Biochem. J.*, **397**, 131 (2006)
T120) N. A. Brunner et al., *J. Biol. Chem.*, **273**, 6149 (1998)
T121) S. Wolterink-van Loo et al., *Biochem. J.*, **403**, 421 (2007)
T122) C. L. Buchanan et al., *Biochem. J.*, **343**, 563 (1999)

7 超好熱菌KOD1株由来ポリメラーゼの特性と応用

小林哲大[*1], 北林雅夫[*2]

7.1 PCR酵素としての耐熱性DNAポリメラーゼの産業利用

特定のDNA断片だけを増幅するPCR法は,遺伝子の研究分野のみならず,感染症や遺伝子検査といった診断分野や親子鑑定といった法医学分野など,様々な分野で広く産業利用されている。このPCR法の酵素として用いられるのが耐熱性DNAポリメラーゼである。DNAの複製や修復を行うDNAポリメラーゼは生物にとって必須な酵素であり,そのアミノ酸配列をもとに5つのファミリー(A, B, C, X, Y)に分類されている。近年,アーキアでは細菌,真核生物ともに類似配列が見られない新規DNAポリメラーゼの配列が見出され,新しくファミリーD DNAポリメラーゼとの分類も提唱されている。

PCR法にはDNA伸長能力が高いという点から,通常,*Taq* DNAポリメラーゼおよび*Tth* DNAポリメラーゼといった高度好熱性細菌 *Thermus aquaticus*, *Thermus thermophilus*由来のファミリーA DNAポリメラーゼが使用されてきた。しかし,これらの酵素は,合成の間違いを校正するための3'-5'エキソヌクレアーゼ(プルーフリーディング)活性を保有していないため,PCR中に誤った塩基を連結してしまった場合は,そこで反応を停止するか,あるいは,それを乗り越えてDNA合成反応が進み,最終的に誤ったDNA配列が増幅されてしまう(図1)。

一方,ファミリーB DNA

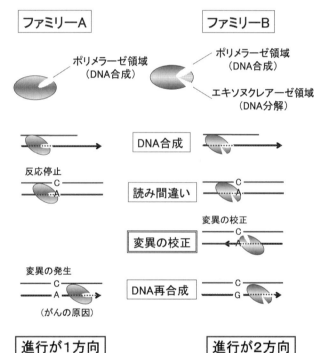

図1 DNA合成モデル

ファミリーA DNAポリメラーゼとファミリーB DNAポリメラーゼのDNA合成法を表す模式図。ファミリーAは進行方向が1方向しかなく,誤った塩基を導入しても,それを切除できない。ファミリーBは誤った塩基を校正する機能を有するため,正確なDNA合成産物を得ることができる。

---

*1 Tetsuhiro Kobayashi 東洋紡績㈱ 敦賀バイオ研究所 研究員
*2 Masao Kitabayashi 東洋紡績㈱ バイオケミカル事業部

ポリメラーゼは，その酵素分子内にポリメラーゼ領域とエキソヌクレアーゼ領域を保持しており，間違った塩基を連結してしまった場合には，これをエキソヌクレアーゼ領域で除去し，正しい塩基に校正してDNA合成を継続することができる（図1）。

超好熱性アーキアに属する*Pyrococcus furiosus*と*Thermococcus litoralis*由来のファミリーB DNAポリメラーゼ（*Pfu* DNAポリメラーゼ，*Tli* DNAポリメラーゼ）は，その3'-5'エキソヌクレアーゼ活性に基づく高いPCR正確性（*Pfu* DNAポリメラーゼの正確性は*Taq* DNAポリメラーゼの32倍）を保持し，遺伝子のクローニング用途などで使用されていた。

しかし，これらのファミリーB DNAポリメラーゼは，DNA合成とDNA除去の2つの進行方向の反応を行うために，ファミリーA DNAポリメラーゼと比べてDNA伸長能力が低く（*Pfu* DNAポリメラーゼのDNA合成速度は*Taq* DNAポリメラーゼの約1/2），PCRの増幅性能が劣るため，PCR時間が長くなる，PCRの成功率が低下するなどの問題点があった。

7.2 KOD DNAポリメラーゼの酵素特性

我々が研究を始めた当初，PCR酵素を題材にした総説には，DNA合成時の正確性が高いアーキアのファミリーB DNAポリメラーゼは伸長能力が低いことが常識として記載されていた。これを常識とせず，アーキア由来の耐熱性DNAポリメラーゼのクローニング，タンパク質の発現精製，特性評価を重ねた結果，今までに類を見ない高いDNA伸長能力を保持するファミリーB DNAポリメラーゼを発見した。

そのポリメラーゼは大阪大学今中教授（現立命館大学；京都大学名誉教授）の研究グループにより，鹿児島県小宝島の硫気孔から分離された超好熱性アーキア*Thermococcus kodakarensis* KOD1株に由来する。本菌は，60～100℃で生育し，有機物をエネルギー源および炭素源とし，硫黄を電子受容体にした嫌気的従属栄養生育が確認されていた。その菌体の生理特性は，既報の*P. furiosus*, *T. litoralis*と極めて類似している。しかし，KOD1株からクローニングされた新規なファミリーB DNAポリメラーゼ（KOD DNAポリメラーゼ）は，*Pfu* DNAポリメラーゼ，*Tli* DNAポリメラーゼとアミノ酸レベルにおいて高い相同性（約80％）を有しているものの，その酵素特性は大きく異なっていた。このKOD DNAポリメラーゼは，表1に示すように，プロセッシビティー（DNAポリメラーゼが基質DNAに結合してから離れるまでに合成できるヌクレオチドの数）が，既報の耐熱性DNAポリメラーゼの中で最高水準の特性を持っていた。また，そのDNA合成速度は，*Pfu* DNAポリメラーゼの約7倍，*Taq* DNAポリメラーゼの約2.5倍と，例外的に高いDNA伸長性能が認められた[1]。

KOD DNAポリメラーゼは，その特長を明らかにするため，X線結晶構造解析が行われ，立体構造が明らかにされている[2]。DNAポリメラーゼにはPalm領域とFingers領域と呼ばれる領域があり，基質となるdNTPの取り込みに関与している。KOD DNAポリメラーゼのFingers領域にはリジン，アルギニンなどの塩基性アミノ酸がPalm側に向かって数多く並んでおり，これが効率的なdNTPの取り込みに関与していることが示唆されている。

第5章 低温・高温生物圏

表1 KOD DNAポリメラーゼの特性

DNAポリメラーゼ	KOD	*Pfu*	*Taq*
起源	*Thermococcus kodakarensis* KOD1	*Pyrococcus furiosus*	*Thermus aquaticus*
分子量	90.0 kDa	90.1 kDa	93.9 kDa
至適温度	75℃	75℃	75℃
至適pH（at 75℃）	6.5	6.5	8.0-8.5
熱安定性（半減期）	95℃, 12 hr	95℃, 6 hr	95℃, 1.6 hr
変異導入率（PCR）	0.10%	0.15%	4.80%
3'-5'エキソヌクレアーゼ活性	+	+	−
ターミナルトランスフェラーゼ活性	−	−	+
プロセッシビティー（塩基数/反応）	>300	<20	n.t.
DNA合成速度（塩基/秒）	100-130	20	54

7.3　KOD DNAポリメラーゼのPCRへの応用

　KOD DNAポリメラーゼはPCRの正確性が高く，かつDNA伸長能力が高い，非常にユニークな酵素であった。しかし，その高いDNA伸長能力や強すぎる3'-5'エキソヌクレアーゼ活性のため，PCRに使用するには制御が難しく，使いづらいという欠点があった。我々は，KOD DNAポリメラーゼをPCRで使い易い酵素とするため，以下に示すような様々な取り組みを行った。

7.3.1　KOD DNAポリメラーゼの機能改変

　まず，PCR成功率を向上するため，タンパク質工学技術を用いたKOD DNAポリメラーゼの酵素特性の改変を試みた。PCRにおいて3'-5'エキソヌクレアーゼ活性は正確性を保つため重要となる。しかし，KOD DNAポリメラーゼの強すぎる3'-5'エキソヌクレアーゼ活性は伸長を阻害する原因になっていた。そこで，ファミリーB DNAポリメラーゼのエキソヌクレアーゼ活性領域に共通して存在するExo Iドメインそのものを改変することにより，3'-5'エキソヌクレアーゼ活性の強弱を制御することを試みた。その結果，3'-5'エキソヌクレアーゼ活性が様々な強さを持った変異体を取得でき，幾つかの変異体ではPCRの成功率を格段に向上することができた。しかし，その3'-5'エキソヌクレアーゼ活性の強さに応じて，PCRでの正確性が低下する現象が見られた（表2）。Exo Iドメインそのものを改変するとExo IドメインのDNAとの親和性が変化して，3'-5'エキソヌクレアーゼ活性が低下する。それがPCRでの正確性のダウンに繋がっていることが推測された。そこで，このExo Iドメインそのものではなく，近接するアミノ酸を改変してEクレフト（校正の際にDNAが入る溝）の構造変化により，3'-5'エキソヌクレアーゼ活性を制御することを考えた。その結果，3'-5'エキソヌクレアーゼ活性が1/3〜1/4に低下してPCR成功率を向上

表2 KOD DNAポリメラーゼ変異体の特性

変異箇所		エキソヌクレアーゼ /ポリメラーゼ活性比	変異導入 相対比
ドメイン	部位		
Exo I	WT	1.0	1.0
	I142E	0.76	2.4
	I142D	0.52	3.8
	I142R	0	31.6
Exo I 周辺	H147A	0.30	0.96
	H147E	0.25	1.0
	H147K	4.0	0.26
	H147R	3.0	0.36

変異導入相対比：WT（野生型）の変異導入率を1として相対比を表している。

でき，しかもPCR正確性が低下しない変異体の取得に成功した[3]。

7.3.2 PCR反応Buffer組成の最適化検討

　KOD DNAポリメラーゼは，その高いDNA伸長能力から，もともとGCリッチなどDNA配列の影響を受けにくく，夾雑する阻害物質の持込みにも耐性がある。しかし，その高い伸長能力のため，誤って結合したPrimerからも遺伝子を増幅してしまい，非特異的な増幅が多かった。

　このような非特異的な増幅を防ぐには，PCRの反応組成が最も重要になる。一般的には，核酸と相互作用する陽イオンの検討が行われ，Primerの結合状態を安定化するイオンと不安定化するイオンのバランスや組み合わせにより，非特異的な増幅を防ぐことが行われている。KOD DNAポリメラーゼの反応組成も様々な検討を行い，陽イオンだけでなく陰イオンも反応の特異性に関与することを見出した。また，DMSOやホルムアミドなどPrimerの結合状態を調節する添加剤も検討されている。我々はグリコール類が酵素を不安定化させることなく，特異的な増幅のみを促進させることを見出した。このような反応組成の至適化によって，KOD DNAポリメラーゼの優れた伸長能力を維持したまま，特異性が高いPCRを実現させた。

　その他，標的核酸とともにPCRに持込まれる阻害物質がPCRの成功率に影響することが知られている。阻害物質はDNAポリメラーゼの失活や，核酸に結合しポリメラーゼの伸長阻害を引き起こす。トレハロース，BSAなどの添加は，阻害物質から核酸やDNAポリメラーゼを安定化させることや，PCRの阻害物質を吸着し阻害効果を弱めることが報告されており，阻害物質の持込みの影響を緩和させる[4,5]。我々はこのような阻害物質に強い反応組成の検討とKOD DNAポリメラーゼの高い安定性，伸長能力を組み合わせることにより，今までは増幅が不可能であった阻害物質が多く含まれるクルードなサンプルからもPCRを可能とした。

7.3.3 アクセサリータンパク質の利用

　生体内ではDNAポリメラーゼが連続的に効率良くDNA合成を行うため，様々なタンパク質と共同して働いている。このようなDNAポリメラーゼに協力して働くアクセサリータンパク質をPCRに利用する動きも見られている。

アクセサリータンパク質には，ポリメラーゼの阻害を抑制するものや伸長能力を向上させるものなど様々なものが存在する。ポリメラーゼの阻害を抑制するものの一例としては，dUTPaseが挙げられる。ファミリーB DNAポリメラーゼは，その酵素特性としてdTTPの代わりにdUTPを取り込んだ場合，その塩基でDNA伸長反応が止まる現象が見られる。PCR反応中にはdCTPが熱分解して微量のdUTPが産生されるため，dUTPの取り込みがPCRの成功率を悪化させる原因となっていた。そこで，反応系にdUTPaseを添加してdUTPを除去することにより，DNAポリメラーゼの反応停止を防ぎ，伸長能力を改善することが報告されている[6]。

また，伸長能力を向上させるものの例としては増殖細胞核抗原（proliferating cell nclear antigen：PCNA）が挙げられる。真核生物ではPCNAがDNAポリメラーゼをDNA鎖状にとどめておくクランプ分子として働いており，DNAポリメラーゼと結合して，ポリメラーゼのDNA鎖上のスムーズな移動を助けると考えられている。実際，我々はKOD DNAポリメラーゼにこれらの因子を添加することで，DNA伸長速度が増加することを見出している[7]。

他にも一本鎖DNAを安定化することが知られているsingle strand DNA binding proteinについてもPCRに添加することで，DNAポリメラーゼのDNAへの結合を促進し，さらにPrimerの非特異的な結合を防ぎ，DNAポリメラーゼの伸長能力を向上させることが報告されている[8]。

このようなPCRに利用されるアクセサリータンパク質は他にも数多く報告されており，DNAポリメラーゼ単独でのPCRよりも効率の良い遺伝子増幅を可能としている。我々も独自のアクセサリータンパク質を開発し，その添加によりPCRの増幅効率を向上することに成功した。

7.4　最新のKOD DNAポリメラーゼのPCR事例

KOD DNAポリメラーゼにおいて，上述したような様々な検討を行い，用途別に2種類のPCR用酵素を開発した。1つはKOD DNAポリメラーゼの高い正確性を維持したまま，PCRの成功率を上げた『KOD-Plus-Neo』（正確性はTaq DNAポリメラーゼの80倍）である（図2，3）。もう1つが，KOD DNAポリメラーゼの安定性，伸長能力を最大限に活かし，マウステールや植物葉などを精製せずにPCRに持込むことが可能になった『KOD FX Neo』（正確性はTaq DNAポリ

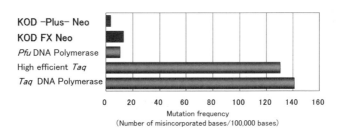

図2　KODシリーズの正確性
ファミリーAのTaq DNAポリメラーゼに比べ高い正確性を持ち，一般的なクローニングでは変異が入ることはほとんどないと考えられる。

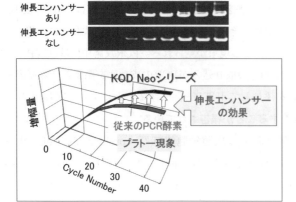
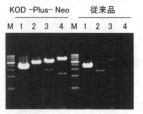

図3　KOD-Plus-Neoの事例

我々が開発したアクセサリータンパク質（伸長エンハンサー）の効果を示した。PCRはサイクル後半で増幅量が伸びなくなるプラトー現象が生じる。我々のアクセサリータンパクはこのプラトー現象を抑える働きがあり，このアクセサリータンパクの添加により，サイクル後半まで増幅を持続させることを可能にしている。このアクセサリータンパク質を利用し，正確性が必要なクローニング用途に開発したのが『KOD-Plus-Neo』である。KOD-Plus-Neoはアクセサリータンパク質の添加により，通常，Nested PCRをしなければならないような低コピーのテンプレートからでも正確かつ迅速に目的産物を増幅することが可能になっている。伸長性も他の正確性酵素より格段に向上しており，ヒトゲノムから24kbを増幅することができる。

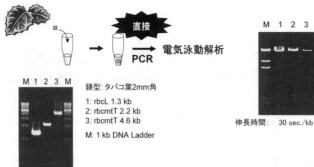
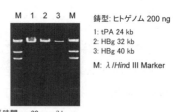

図4　KOD FX Neoの事例

『KOD FX Neo』は，クルードなサンプルからの直接PCRや難配列からのPCRなど，主に検出用途に開発した。
KOD FX NeoはPCR反応組成の改良により，PCR成功率を大きく向上させ，クルードなサンプルからでも増幅が可能である。PCRの成功率は市販されているPCR酵素の中でトップレベルといえる。特殊なBufferを使用しており，細胞壁が厚く通常は精製が必要なカビや酵母，その他，マウステールや植物葉などのサンプルをPCRに直接持込み，増幅することができる。このように精製工程を省けることはハイスループットな対応が必要な診断や検査としても大いに利用できると考えられる。また，KOD FX Neoでは増幅効率が大幅に向上しており，ヒトゲノムから40kbの増幅を可能としている。

第5章 低温・高温生物圏

メラーゼの10倍）である（図2, 4）。それぞれの反応液組成を最適化し，抗KOD抗体を用いたホットスタートPCR技術を採用している。また，独自のアクセサリータンパク質を混合することにより，特異性の高いPCRを，正確かつ優れた増幅効率で実施することが可能になっている。

7.5 今後の展望

耐熱性DNAポリメラーゼを用いたPCR基本技術は，その発表から四半世紀以上の歳月を経た。その用途は多岐に渡り，DNAのクローニングやシーケンシングに始まり，遺伝子組み換え作物などの品質管理，SNP（Single nucleotide polymorphism）の遺伝子診断など，様々な局面で利用されるようになった。

我々が発見したKOD DNAポリメラーゼは研究用途のみならず，遺伝子診断でも利用されている（東洋紡績㈱GENECUBE®の反応試薬として販売）。KOD DNAポリメラーゼは，正確性が高く伸長能力が優れた初めてのファミリーB DNAポリメラーゼであり，その優れた伸長速度を活かし，素早く正確な判定が必要な診断の用途でも大いに活躍することが期待される。KOD DNAポリメラーゼはこれからもPCR酵素の1つの理想形として進化を続けていく。また，KOD DNAポリメラーゼの発見のように，さらに，バイオテクノロジーの研究および産業に貢献できる生命システムを駆使した応用研究の発展が期待されている。

文　　献

1) Takagi M. *et al., Appl. Environ. Microbiol.*, **63**, 4504-4510（1997）
2) Hashimoto H. *et al., J. Mol. Biol.*, **306**, 469-77（2001）
3) Kuroita T. *et al., J. Mol. Biol.*, **351**, 291-298（2005）
4) Abu Al-Soud W. *et al., J. Clin. Microbiol.*, **38**, 4463-4470（2000）
5) Zhang Z. *et al., J. Mol. Diagn.*, **12**, 152-61（2010）
6) Hogrefe H. H. *et al., Proc. Natl. Acad. Sci. USA*, **99**, 596-601（2002）
7) Kitabayashi M. *et al., Biosci. Biotechnol. Biochem.*, **66**, 2194-2200（2002）
8) Rapley R., *Mol. Biotechnol.*, **2**, 295-8（1994）

8 超好熱菌による水素生産

金井　保*

8.1　はじめに

　分子状水素（以下，水素もしくはH_2）は重量あたりの燃焼エネルギーが高く，また燃焼に際して水のみが生成する究極のクリーンエネルギーである。さらに水素は，燃料電池の動力源として，高効率で電気エネルギーへと変換が可能であるため，次世代型エネルギーとして大きな期待を集めている。一方で水素は，地球上で天然資源として産出されることはなく，現在は主に天然ガスの水蒸気改質により生産されている。したがって，水素を基盤とする「クリーン」な社会を文字通りに実現するためには，再生可能エネルギーによる水素生産法の確立が急務といえる。本稿では，そのような方法の一つである，超好熱菌 Thermococcus kodakarensis を用いた水素生産法について紹介する。

8.2　微生物水素生産

　水田や地下環境などの嫌気的環境下において，嫌気性菌の一部は有機物分解により得た高エネルギー電子をプロトン（H^+）に受け渡すことにより生育し，その際に水素が生成する。このような嫌気性水素生成菌を利用した水素生産は発酵水素生産と呼ばれる。他方で，光合成細菌や藻類・藍藻による水素生成も知られており，これらを利用した系は光合成水素生産と呼ばれる。両者の水素発生原理は大きく異なる。これは水素生成に関与する酵素が，発酵水素生産ではヒドロゲナーゼ（分子状水素の可逆的な酸化還元反応を触媒）であるのに対し，光合成水素生産ではニトロゲナーゼ（分子状窒素をアンモニアに変換する反応を触媒：副生成物として水素が生成）であることからも明白である。英語では，これらの微生物の生育における光の必要性に着目して，光合成水素生産を photofermentation，発酵水素生産を dark fermentation と呼ぶ。光合成微生物の多くは，生育に伴い二酸化炭素を固定することから，光合成水素生産は環境負荷低減により大きく寄与する技術であるといえる。一方で発酵水素生産は，光合成水素生産よりも高い水素発生速度が得られ，さらには光の有無にかかわらず安定的に水素生産が可能であることから，生産の大規模化に適するという特徴をもつ。

8.3　超好熱菌 Thermococcus kodakarensis による発酵水素生産

　超好熱菌は至適生育温度が80℃以上である微生物の総称であり，その多くは真核生物や細菌とは異なる生物界であるアーキア（始原菌）に属する。Thermococcus kodakarensis（以前は Thermococcus kodakaraensis と記載）は鹿児島県小宝島の硫気孔から単離された超好熱性アーキアである[1]。本菌の生育温度範囲は60℃付近〜100℃で，至適生育温度は85℃である。本菌はゲノム解析が完了しており[2]，さらにはゲノム上の遺伝子に対する遺伝子操作系が確立している[3〜5]。こ

＊Tamotsu Kanai　京都大学　大学院工学研究科　合成・生物化学専攻　講師

とから，超好熱菌研究におけるモデル生物として位置づけられる．本菌は従属栄養性絶対嫌気性菌であり，人工海水塩・酵母エキス・トリプトンを含む基本培地に元素硫黄（S^0）を添加することで，これを最終電子受容体として生育し，硫化水素を生成する．一方で，本菌はS^0非添加条件でもピルビン酸や可溶性デンプンを添加することで生育することから，水中のH^+を電子受容体としてH_2を生成していることが予想された．そこで筆者らは T. kodakarensis が生産するバイオガスの成分測定を行った[6]．

まずは培養槽を用いた回分培養系で上記の基本培地（MA-YT培地）を用いて T. kodakarensis KOD1株（野生株）を培養した．培養温度を85℃に設定し，槽内に連続的に窒素ガスを導入して排出ガスをガスクロマトグラフィーにより経時的に測定した．MA-YT培地にピルビン酸ナトリウム（0.5% w/v，MA-YTP培地）や可溶性デンプン（0.5% w/v，MA-YTS培地）を添加して培養を行ったところ，いずれの場合にもバイオガス中に水素（と二酸化炭素）が含まれていることが確認された．水素の最大発生速度はピルビン酸添加時で3.88 mmol H_2 L^{-1} h^{-1}（培養時間11 h），デンプン添加時では3.17 mmol H_2 L^{-1} h^{-1}（同22 h）に達した（図1）．これら二種類の培養条件では，水素と二酸化炭素の発生割合は大きく異なる．MA-YTP培地では水素：二酸化炭素＝1：1であるのに対し，MA-YTS培地では2：1である．一方で，培養後の培地成分の分析結果から，どちらの場合も酢酸とアラニンが蓄積していることが判明した．本菌より発生したバイオ

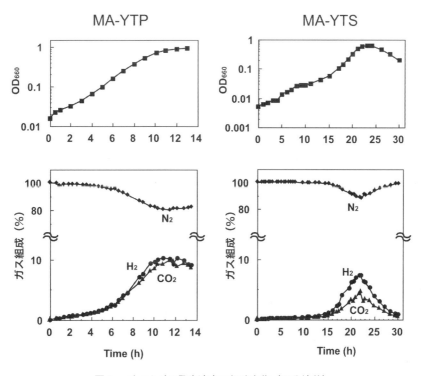

図1　バイオガス発生速度の経時変化（回分培養）

バイオガス導入前　　　　　　　バイオガス導入後

図2　*T. kodakarensis* のバイオガスによる発電実験

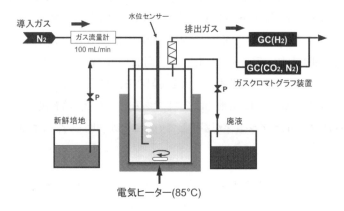

図3　連続培養の培養フロー図

ガス（MA-YTP培地）を採取して小型燃料電池の水素源とする簡易的な発電実験を行った。その結果，バイオガスを直接用いて発電が可能であることが確認された（図2）。

T. kodakarensis が生成するバイオガスは，定常期に入ると発生量が急速に減少することから，本菌のバイオガスは，菌体の増殖とリンクした一次代謝産物であることが分かる。そこで水素連続生産系の構築を目的として，本菌の連続培養実験を行った[6]。MA-YTP培地およびMA-YTS培地を用いて，培養温度85℃，希釈率 $D=0.2\,h^{-1}$ の条件で *T. kodakarensis* の連続培養を行った（図3）。連続培養の定常状態においてバイオガス発生速度を測定した結果，単位体積あたり水素発生速度は，MA-YTP培地で9.46 mmol H_2 L^{-1} h^{-1}，MA-YTS培地で6.70 mmol H_2 L^{-1} h^{-1}に達した。これらの値を単位乾燥菌体重量あたりに換算すると，それぞれ24.9, 14.0 mmol H_2 g-dcw^{-1} h^{-1}となった。この値は，高い水素生産能力をもつ常温性細菌 *Enterobacter cloacae* IIT-BT 08株の水素発生速度（29.6 mmol H_2 g-dcw^{-1} h^{-1}）[7]と同程度であったことから，本菌が非常に高い水素生産能力を有することが明らかとなった。

一般に，連続培養状態の菌体において，その比増殖速度 μ と希釈率 D との間には比例関係があ

ることが知られている。そこで，連続培養時の希釈率を徐々に上昇させ，菌体の増殖速度を増加させた状態での水素発生速度を測定した[6]。培養にはMA-YTP培地を使用し，培養温度85℃で連続培養を行い，希釈率を$D=0.4\,h^{-1}$より0.1ずつ上昇させた。その結果，単位菌体あたりの水素発生速度は$D=0.6\,h^{-1}$まで徐々に上昇し，その後$D=0.8\,h^{-1}$までほぼ一定値を示した（図4）。水素発生速度の最大値は$59.6\,mmol\,H_2\,g\text{-}dcw^{-1}\,h^{-1}$を記録し，これは$E.$

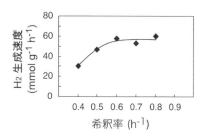

図4 連続培養における希釈率と単位菌体重量あたりの水素生成速度の関係

$cloacae$の菌体あたり水素発生速度の約2倍であった。なお希釈率$D=0.9\,h^{-1}$では，菌体の生育が希釈に追いつかなくなる，いわゆるwashout状態となり，培養を続けることが不可能となった。

本菌はバイオフィルム形成能力が比較的高い菌体であることが判明しているので，引き続いて担体（スポンジ）を培養槽に設置し，高い菌体密度を維持した状態で連続培養を試みた。その結果，水素発生速度は担体がない場合と比べて約2倍に増加し，さらに希釈率$D=1.0\,h^{-1}$を超えてもwashoutは見られなかった。単位培養液あたりの水素発生速度の最大値は，約50 mmol（=1.1 L）$H_2\,L^{-1}\,h^{-1}$を記録した。

8.4　遺伝子組換えによる水素高生産 T. kodakarensis 株の育種

続いて筆者らは，$T.\ kodakarensis$の水素発生代謝機構の遺伝子工学的強化に基づく水素高生産株の分子育種を試みた。生体内で水素の発生や吸収（$2H^+ + 2e^- \rightleftarrows H_2$）に関与する酵素であるヒドロゲナーゼは，活性中心にニッケルと鉄を含む［NiFe］型と，鉄のみから成る［Fe］型に大別される。$T.\ kodakarensis$には2種類の［NiFe］型ヒドロゲナーゼが存在し，その局在により細胞質型ヒドロゲナーゼ（Hyh）と膜型ヒドロゲナーゼ（Mbh）と呼ばれる。本菌より精製したHyhは主としてH_2を基質として$NADP^+$を還元しNADPHを生成することが判明している[8]。一方，Mbhは，$T.\ kodakarensis$の類縁菌における解析から，還元型ferredoxinを電子伝達体としてH^+よりH_2を生成し，その際に細胞膜のイオン濃度勾配を形成することで，細胞内のATP生産に関与することが知られている（水素呼吸）[9]。実際に$T.\ kodakarensis$のmbh破壊株（Δmbh株）を作成して生育測定を行った結果，H_2発生条件での生育が完全に見られなくなったことから，Mbhは本菌の水素発生を主体的に担う唯一のヒドロゲナーゼであることが明らかとなった[10]。

これまでの実験結果やゲノム情報を元に，$T.\ kodakarensis$の水素発生時に予想される代謝経路図を作成した（図5）。培地中に排出される酢酸はピルビン酸の酸化的脱炭酸反応を経て生成し，その過程で還元型ferredoxin，二酸化炭素，ATPが産生する。Mbhはこの還元型ferredoxinとH^+より水素生成を行う。一方でアラニンはピルビン酸へのアミノ基転移反応により生成するが，アミノ基供与基質であるグルタミン酸の再生（＝アンモニア固定）過程では還元力としてNADPHが必要となる。このNADPHの供給源として，HyhによるH_2の酸化反応が考えられる。つまりは

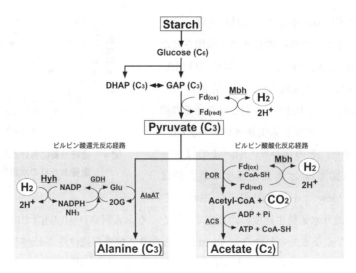

図5 *T. kodakarensis*の水素発生に関係する代謝経路

発生した水素の一部がHyhにより再吸収され,アラニン生成のための還元力として利用されている可能性が予想された。そこで水素高生産株の作製に向けて,まずは本菌のアラニン生成反応を抑える育種株の作成を進めた。

遺伝子操作の対象遺伝子としては,アラニン生成反応を触媒するalanine aminotransferase (AlaAT) とHyhをコードする両遺伝子である。*T. kodakarensis*のウラシル要求性株であるKU216株をホストに,*pyrF*をマーカー遺伝子に用いたダブルクロスオーバー相同組換えによる遺伝子破壊操作を行い,AlaAT遺伝子(*aat*)破壊株であるPAT1株,およびHyh遺伝子(*hyh*)破壊株であるPHY1株を作製した。また*aat*と*hyh*の両遺伝子が破壊されたDPHA1株も作成した。

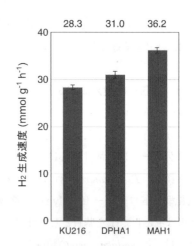

図6 *T. kodakarensis*の宿主株 (KU216) および組換え株 (DPHA1, MAH 1 株) の単位菌体重量あたりの水素生成速度

これらの株について,MA-YTP培地を用いた連続培養 ($D = 0.25\,h^{-1}$) を行い,定常時におけるバイオガス発生量を測定した。各菌体の水素発生速度と二酸化炭素発生速度の比を算出した結果,PHY1株では,二酸化炭素に対する水素の発生割合 (0.96) がKU216株 (0.88) よりも上昇していたことから,実際にHyhがH_2の再吸収に関与していることが明らかとなった[10]。一方,PAT1株 (0.92) でもH_2の発生割合が上昇していたことから,水素はアラニン生成のための還元力として利用されていることが示された。水素発生速度の比は二重破壊株であるDPHA1株 (0.97)

第5章 低温・高温生物圏

で最も高い値を示し，その乾燥菌体重量あたりの水素発生速度はKU216株よりも約10％上昇した（図6）。

次に水素発生に直接関与するMbhの遺伝子発現を増強させる戦略をとった。方法としては*aat*と*hyh*の両遺伝子破壊株であるDPHA1株を宿主として，Mbh遺伝子を*T. kodakarensis*内で構成的にはたらく強力な*csg* promoter（cell surface glycoprotein）の支配下においた。これにより得られた組換え株（MAH1株）の水素生産能力をKU216株およびDPHA1株と比較した。その結果，希釈率$0.25\,h^{-1}$においてはMAH1株の菌体重量あたりの水素発生速度はDPHA1株よりさらに26％増加した（図6）。希釈率を$0.8\,h^{-1}$まで上昇させると，MAH1株の乾燥菌体重量あたりの水素発生速度は$120.4\,mmol\,H_2\,g\text{-}dcw^{-1}\,h^{-1}$に達し，これまでに生物的水素生産に用いられてきた微生物の中ではトップレベルの値を記録した。

8.5 最後に

筆者らの研究により超好熱菌*T. kodakarensis*が高い水素生産能力をもつことが明らかとなった。また最近では，高度好熱菌を用いた水素生産の報告[11,12]も行われている。このような（超）好熱菌を利用した高温領域での発酵水素生産では，①バイオマスなど混入微生物を多く含む栄養源を使用した場合でも，培養槽内のコンタミネーションの可能性が低く，安定した生産系が構築可能である，②高温ではデンプンなどの高分子基質の可溶性が向上することから，複雑な前処理操作が不要となる，③培養温度を上下することにより水素発生をコントロール可能である，など多くの利点が挙げられることから，今後もさらなる研究の発展が期待される。

文　　献

1) H. Atomi *et al.*, *Archaea*, **1**, 263-267（2004）
2) T. Fukui *et al.*, *Genome Res.*, **15**, 352-363（2005）
3) T. Sato *et al.*, *J. Bacteriol.*, **185**, 210-220（2003）
4) T. Sato *et al.*, *Appl. Environ. Microbiol.*, **71**, 210-220（2005）
5) R. Matsumi *et al.*, *J. Bacteriol.*, **189**, 2683-2691（2007）
6) T. Kanai *et al.*, *J. Biotechnol.*, **116**, 271-282（2005）
7) N. Kumar and D. Das, *Enzyme Microb. Technol.*, **29**, 280-287（2001）
8) T. Kanai *et al.*, *J. Bacteriol.*, **185**, 1705-1711（2003）
9) R. Sapra *et al.*, *Proc. Natl. Acad. Sci. U. S. A.*, **100**, 7545-7550（2003）
10) T. Kanai *et al.*, *J. Bacteriol.*, **193**, 3109-3226（2011）
11) E. W. J. van Niel *et al.*, *Int. J. Hydrogen Energy*, **27**, 1391-1398（2002）
12) A. E. Mars *et al.*, *Int. J. Hydrogen Energy*, **35**, 7730-7737（2010）

第6章　海洋生物圏

1　深海微生物由来有用酵素の探索と応用

秦田勇二[*1]，小西正朗[*2]，大田ゆかり[*3]

1.1　はじめに

　地球上で生物の存在を可能にしている最も重要な要素は水である。地球に存在する水の総量は13億7千万km^{3}あり，そのほとんど（97%）は海洋に集中する。海洋の平均水深は何と3,800 mであり，海洋の約9割の部分は水深1,000 mを超えている。世界で最も深いマリアナ海溝の水深は約10,900 mに及ぶ。水深200 mまでを表層，200〜1,000 mの範囲が中層，1,000〜3,000 mを漸深海層，3,000〜6,000 mを深海層，6,000 m以深を超深海層と言う。「光」という観点から言えば，有光層は光合成の総生産から呼吸を引いた値が＋（プラス）となる領域のことであり，深層は光の届かない暗黒の世界である。「水温」に関しては，例えば低緯度領域では表面の海水温度は30℃近くまで到達するが，海の大部分である1,000 m以深の部分は概ね5℃以下という低温である。「水圧」に目を向けると，水中では10 m深くなるにつれ約0.1 MPa（1 atm＝1 kg/cm^2）ずつ水圧が高くなるから，世界で最も深いマリアナ海溝チャレンジャー海淵の水深約10,900 mポイントでは実に109 MPa（1 cm^{2}当たり1.1 t）の水圧が掛かっている。以上のように深海が浅海と大きく異なる点として，暗黒，低温，高水圧の3点が挙げられる。

　一般に海洋域は生物の世代交代が速く，陸域に比べて241倍ほど世代交代時間が短いと計算される。海洋の生物による一次生産は光合成環境と化学合成環境で行われており，これらを合わせると海洋の年間一次生産は陸域とほぼ等しいと考えられている。表層域の植物プランクトンなどによって作られた有機物は微生物に分解されて無機化され栄養塩になる（海水中には10^{6}個/ml程度の微生物が存在すると考えられている）。栄養塩は再び植物プランクトンに取り込まれ，「微生物ループ」と呼ばれる循環を辿る。海藻に代表される植物や海洋を遊泳している動物などといった

[*1]　Yuji Hatada　㈱海洋研究開発機構　海洋・極限環境生物圏領域
　　　　　　海洋生物多様性研究プログラム
　　　　　　海洋有用物質の探索と生産システム開発研究チーム　チームリーダー

[*2]　Masaaki Konishi　㈱海洋研究開発機構　海洋・極限環境生物圏領域
　　　　　　海洋生物多様性研究プログラム
　　　　　　海洋有用物質の探索と生産システム開発研究チーム　研究員

[*3]　Yukari Ohta　㈱海洋研究開発機構　海洋・極限環境生物圏領域
　　　　　　海洋生物多様性研究プログラム
　　　　　　海洋有用物質の探索と生産システム開発研究チーム　主任研究員

第6章　海洋生物圏

海洋生物も死滅後は微生物が分解の役を担う。比較的分解されにくい成分は海底に沈降し，海底に棲息する微生物の格好の栄養源になると予想できる。深海の熱水噴出域や酸素の欠乏した海底などの還元的な環境には光の代わりに硫化水素，イオウ，アンモニアなどを酸化することでエネルギーを得て炭酸同化（一次生産）する微生物が存在する（化学合成環境）。深海は多種多様な環境を有しており（インド洋の深海底には360℃の熱水を噴出する場所も存在する），そこに棲息する微生物も非常に多様である。従って，これら深海微生物の生産する酵素もまた多岐に渡っている。本稿では深海微生物から検出された有用酵素，特に海藻成分由来の多糖に関連する酵素について幾つか紹介したい。

1.2　深海微生物由来アガラーゼの探索

海洋性の植物には褐藻類（コンブなど），紅藻類（テングサなど），緑藻類（アオノリなど）と海産顕花植物（アマモなど）などがある。紅藻類は5,000〜6,000種も報告されている。紅藻類の細胞壁や細胞間に含まれる多糖類のうち，テングサ目（マクサなど），オゴノリ目（オゴノリなど），イギス目（エゴノリなど）の種には寒天の原料であるアガロースが，またスギノリ目（ツノマタなど）の種にはカラギーナンが含まれており，古くから日本では寒天（アガロース）やカラギーナンは食品原料などとして利用されている。アガロースやカラギーナンの構造的特徴はガラクタンと総称されるガラクトースを構成糖の基本としている点である。アガロースは，図1に示した通り，D-ガラクトースと3,6-アンヒドロ-L-ガラクトースがα-1,3，β-1,4結合で交互に繋がったヘテロ多糖である。アガロースを分解する酵素はアガラーゼと呼ばれる。α-1,3結合を切断する酵素をα-アガラーゼ，β-1,4結合を切断する酵素をβ-アガラーゼと言う。アガロースを分解して得られるオリゴ糖には，がん抑制効果，免疫機能調節，保湿，美白効果など様々な生理的機能があることが報告され[1]，注目され始めている。筆者らは深海微生物を対象にアガラーゼ生産菌の探索を行った。その結果，分離株には新種と考えられる菌が多く含まれており多様なアガラーゼの発見に繋がっている。ここではそれらアガラーゼの幾つかを紹介する。

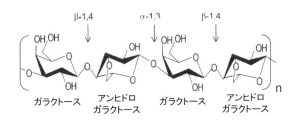

図1　アガロースの構造

1.2.1　耐熱性β-アガラーゼ

駿河湾深度2,406mの位置から単離された*Microbulbifer*属に属する微生物より耐熱性アガラー

極限環境生物の産業展開

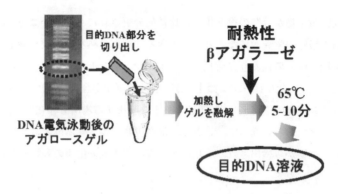

図2　耐熱性β-アガラーゼによる電気泳動アガロースゲルからのDNAの回収

ゼを発見した（特許登録4441486号）。本微生物は52℃という高温まで生育が可能であった。アミノ酸配列解析結果から、本酵素はGlycoside hydrorase（GH）family 16に属すると推定された。また、C末端側にはカーボハイドレートバインディングモジュール（CBM）と考えられる領域（約100アミノ酸から成る）が認められた。本酵素は60℃で15分間処理してもほとんど活性が低下しないという高い耐熱性を有していた。また、酵素比活性は高く517 units/mg proteinであった。本酵素でアガロースを分解した場合、最終生成物はネオアガロ4糖（アガロース（図1参照）のβ-1,4結合部分を切断した際に得られる4糖オリゴ糖）が主成分となる。本酵素の活性は共存する塩濃度に対してほとんど依存せず、また高濃度の界面活性剤やキレート剤に対しても高い安定性を示した。例えば100 mMのEDTAや30 mMのSDSを共存させても活性の低下は見られない。本酵素は、寒天（アガロース）のゲル化温度である約40℃よりも15℃ほど高い温度での効率の良いアガロース分解反応が可能であること、さらにキレート剤耐性であるという特徴を有することから、分子生物学研究領域に頻繁に用いられるDNAアガロースゲル電気泳動後のアガロースゲルからの目的DNAの回収などが効率良く行えることが明らかとなった（図2）。本酵素は2009年4月から分子生物学研究用試薬会社である㈱ニッポンジーンより酵素試薬として販売されている。物理的損傷を与える操作を含まないため、本酵素を用いることで高分子（160 kbpまで確認済み）のDNAもアガロースゲルから効率良く回収できる。

1.2.2　ネオアガロ2糖生成β-アガラーゼ

千島海溝南端、深度4,152 mの海底泥より分離したAgarivorans sp. JAMB-A11株からネオアガロ2糖（アガロース（図1参照）のβ-1,4結合部分を切断した際に得られる2糖）を効率良く生成するβ-アガラーゼを発見した[2]。本菌株は寒天を分解する速度がとても速い微生物であった。ネオアガロ2糖は美白作用を持ち、化粧品の素材原料等として期待される。図3にTLC解析結果を示した通り、本酵素を用いてアガロースを分解させた際の生成物のほとんどはネオアガロ2糖となる。反応生成物の90 mol%以上の収率でネオアガロ2糖を得ることが可能であった。アミノ酸配列解析結果から本酵素はGH family 50に属すると判断される。JAMB-A11株から本酵素をコードする遺伝子（agaA11）をクローニングし、これを利用して宿主を枯草菌として組換え酵素（分子量

第6章 海洋生物圏

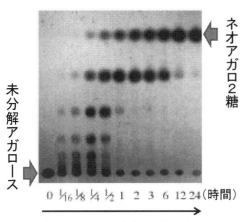

図3 ネオアガロ2糖生成β-アガラーゼによるアガロース分解反応（TLC解析結果）

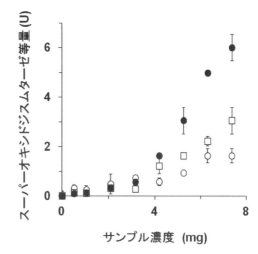

図4 α-アガラーゼ処理によるポルフィランの活性酸素除去能の向上

ポルフィランの示す活性酸素除去能をスーパーオキシドジスムターゼ（SOD）単位に換算。未処理のポルフィラン（○），α-アガラーゼで処理したポルフィラン（●），β-アガラーゼで処理したポルフィラン（□）の持つ活性酸素除去能を比較

105 kDa）の生産を行った。本酵素は比較的幅広いpH範囲（pH 5.0-9.0）で効率良くアガロースを分解する酵素であった。酵素活性最適温度は40℃であった。大変効率良くアガロースを低分子糖にまで分解することから，紅藻類多糖からのバイオエタノール生産に応用できる可能性がある。

1.2.3　α-アガラーゼの探索とその利用

深度230 mの海底泥より分離した*Thalassomonas*属細菌JAMB-A33株がα-アガラーゼ（85 kDa）を多量に生産していることを発見した[3]。本酵素はアガロースのα-1,3結合を切断する。報告済みアガラーゼのほとんどはβ-1,4結合を切断する酵素β-アガラーゼである。α-結合のみを切断する酵素に関する論文はこれまでにも稀であった。本菌は培地中に寒天を添加することでα-アガラーゼを誘導生産する。本酵素は弱アルカリ性で比較的高い活性を示し，寒天分解反応の最適pHは8.5であった。また最適温度は45℃であった。本酵素はエンド型分解様式で寒天を分解し，その最終生成物の主成分はアガロ4糖（アガロース（図1参照）のα-1,3結合を切断した際に得られる4糖オリゴ糖）であった。本酵素の一つの特徴としてポルフィランを効率良く分解した。ポルフィラン（海苔などに含まれる多糖であり，（D-ガラクトースβ1→3-アンヒドロ-L-ガラクトースα1→3-Dガラクトースβ1→3-L-ガラクトース-6-硫酸→）nという繰り返し構造を基本とし，さらに変則的な硫酸基置換を有するヘテロ硫酸化多糖）は抗酸化能を有することが以前から報告されているが，図4に見られるように本酵素で処理したポルフィラン分解物は，活性酸素除去能等の抗酸化能が著しく向上した[4]。

1.3 深海微生物由来カラギナーゼの探索

　カラギーナンは硫酸化多糖であり，ガラクトースやアンヒドロガラクトースがα-1,3，β-1,4結合で交互に繋がった2糖を繰り返し単位とする直鎖状骨格を基本構造としている点では，アガロースと良く似ている。カラギーナンの特徴は硫酸基置換を多く受けている点にあり，その硫酸基パターンに基づき，3タイプに大別され，繰り返し2糖単位当たりにして，カッパ型では1個，イオタ型では2個，ラムダ型では3個の硫酸基を持つ（図5）。カラギーナンは，原料藻の品種や採取地，生育段階によって，その置換基パターンが多種多様に変化するため，いわゆるカラギーナンという名称で市場に流通している物は，実際には非常にヘテロな構造を有している。一般的に，糖の構造解析ではIRやNMRが用いられることが多いが，カラギーナンの場合，構造が複雑な高分子であるために，精密な構造解析はかなり困難となる。また酸加水分解やメタノリシスによる低分子化を行っても，一部の構造が不安定で本来の糖構造を反映することができず，正確な構造や組成は不明なままである。一方，ヒト細胞の表面には，グリコサミノグリカン（GAG）と呼ばれる硫酸化糖が存在しており，生命にとって重要な役割を果たしていることが知られている。このGAGの構造とカラギーナンには構造上の類似性が認められることから，カラギーナンの予期せぬ生理機能には留意が必要である。そこで我々は原料藻中あるいは食品中などの多くの夾雑物が存在する場合でもカラギーナンの構造を簡便に見極めることができる手法として，酵素の基質特異性を生かした分析手法の開発に取り組んだ。

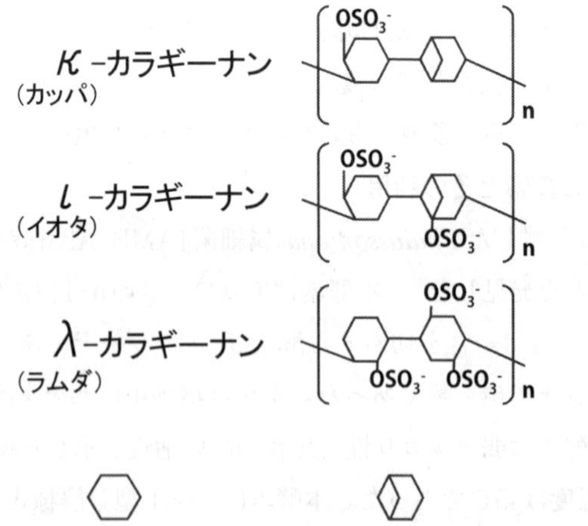

図5　主要3タイプのカラギーナンにおける基本繰り返し2糖単位の構造

1.3.1　高い特異性を持つ3種の深海微生物由来カラギナーゼ

　前述のカラギーナン分析手法の確立には，主要3タイプのカラギーナンそれぞれに対して各構造を厳密に区別して認識する機能，すなわち高い基質特異性を持つカラギナーゼを利用できることが重要な鍵となる。そこで筆者らはこれらの酵素を深海微生物から取得することを試みた。駿

第6章　海洋生物圏

河湾,水深2,409mの底泥から分離した*Pseudomonas*属細菌からカッパカラギナーゼ遺伝子を取得し,大腸菌を用いて組換え酵素として生産させた。本酵素はアミノ酸配列の相同性からGH family 16に属すると考えられた。同じGH family 16に属するアガラーゼとはアミノ酸配列全体では,約30-40％程度の低い相同性に留まるが,GH family 16に特徴的な活性中心を形作るアミノ酸配列部分には高い保存性が見られた。本酵素はカッパカラギーナン中のβ-1,4結合を切断し,カッパカラギーナンオリゴ4糖を生成する。

続いて,駿河湾水深2,406mの底泥から分離した新種の*Microbulbifer*属細菌からイオタカラギナーゼを発見した[5]。枯草菌を宿主として本酵素を培養上清中に分泌生産させ,1L当たり2.3g程度の高生産を達成した（図6）。酵素反応により得られた主生成物はイオタカラギーナン4糖であった。本酵素のアミノ酸配列は,既報告のイオタカラギナーゼに対して30％程度の低い相同性を示した。既報酵素と1次配列における相同性はそれほど高くないが,2次構造から判断して全体としては同じ折りたたみ構造を持っていると予想された。しかしながら驚いたことに,活性中心を形成すると考えられる近接する二つの酸性アミノ酸残基の間に6個のアミノ酸の挿入を持つという非常にユニークな配列をしていた（図7）。

さらに,深海由来の*Pseudomonas*属細菌CL19株の培養上清からラムダカラギナーゼを発見した[6]。本酵素はラムダカラギーナン中のβ-1,4結合を切断し,ラムダカラギーナンオリゴ4糖を生成する。本酵素のアミノ酸配列は報告当時,他の登録データのいずれにも相同性を示さず,新規酵素としてInternational union of biochemistry and

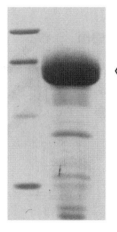

図6　枯草菌を宿主に用いたイオタカラギナーゼ組換え酵素の高生産

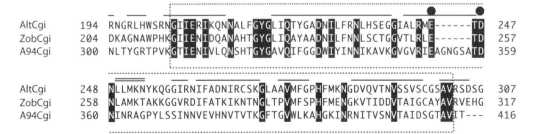

図7　深海微生物由来イオタカラギナーゼと既報酵素との活性中心付近のアミノ酸配列のアライメント
AltCgi：*Alteromonas*属細菌由来イオタカラギナーゼ,ZobCgi：*Zobellia*属細菌由来イオタカラギナーゼ,
A94Cgi：深海*Microbulbifer*属細菌由来イオタカラギナーゼ

biology (IUBMB) に認められ，本酵素には新しいECナンバー3.2.1.162が付与された。以上3種のカラギーナン分解酵素は高い基質特異性を有していた。例えば，イオタカラギナーゼはイオタカラギーナンを分解するが，カッパタイプやラムダタイプのカラギーナンは分解しない。残り2種の酵素も同様に別のタイプのカラギーナンは全く分解しない。

1.3.2 カラギナーゼ群を利用したカラギーナン組成分析

これら3種の深海由来のカラギナーゼを利用した未知カラギーナンの分析法の開発を行った[7]。この手法は，未知カラギーナンに対し，3種の特異的分解酵素をそれぞれ作用させ，認識部位で限定的に切断して得られるカラギーナンオリゴ糖をHPLC分析でマッピングすることにより，未知カラギーナンの組成を分析するというものである（図8）。イオン交換カラム，カーボングラファイトカラム，ゲルろ過カラムの3種分離モードを用いて各分析条件の検討を行った。その結果，

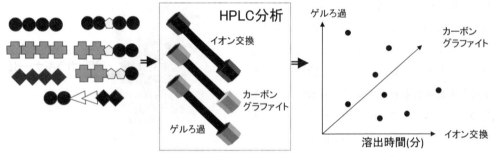

図8 深海微生物由来酵素群を用いたカラギナーゼ簡易分析法（フィンガープリント分析法）の概要

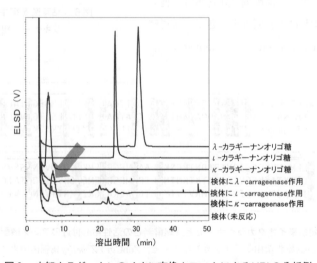

図9 未知カラギーナンのイオン交換クロマトによるHPLC分析例

第6章　海洋生物圏

各オリゴ糖が固有の溶出時間を示す条件を見出すことができた。この方法により，未知の組成を持つカラギーナンの大まかな組成を簡便に求める（フィンガープリント分析法）ことができるようになった（図9）。そこで実際に商品として販売されている飲料に含まれる未知カラギーナンに対する分析を行った結果，飲料中に含まれる10 ppm以上のカラギーナンを特異的に検出することができた。飲食品に含まれる未知カラギーナンに対しては，糖質に代表される多量の夾雑物からの妨害を受けるため，有効な特異的分析手段がこれまでなかったが，筆者らの開発した特異的酵素群を用いるこの手法は，飲食品中のカラギーナンの検出・組成分析に極めて有効である。

1.4　好熱性α-グルコシダーゼの糖転移活性と新規配糖体合成技術への応用

深海の最深部であるチャレンジャー海溝から得られた*Geobacillus stearothermophilus* HTA-462株が生産するα-グルコシダーゼの特異な性質ならびに，それを用いた新規配糖体の合成について紹介する。1996年3月2日，チャレンジャー海溝（北緯11度21.111分，東経142度25.949分，水深10,897 m）において，無人探査機「かいこう」を用いて，採集された深海堆積物から微生物の分離が試みられた[8]。HTA-462株は好熱菌であり，55-75℃と高い生育温度を示した[9]。

HTA-462株が生産するα-グルコシダーゼ（GSJ）はGH family 13に分類される酵素であり，その分子量は65 kDa，低イオン強度（10 mMのリン酸バッファー中）中では，ホモ二量体を形成していると推定された。熱安定性は60℃において，半減期が13.4 hであり，60℃，pH9.0で最大活性を示す[10]。本酵素はマルトース（α-1,4），トレハロース（α-1,1），コージビオース（α-1,2），ニゲロース（α-1,3），イソマルトース（α-1,6）などグルコース-グルコースから成る2糖（α結合体）を効率良く分解する。その他にも*p*-Nitrophenyl（*p*-NP）化糖などへの分解活性も示す。Beet seedや*Aspergillus*属真菌のα-グルコシダーゼと比べて，オリゴ糖に対する触媒効率を示す指標k_{cat}/K_mの値は同等だが，*p*-NP化糖に対する触媒効率が高い。また，この酵素は高い糖転移活性を有する。表1に示したようにマルトースやマルトオリゴ糖，その*p*-NP化物を糖供与体として，水酸基を含む様々な物質に糖転移させる活性を示す。抗生物質であるクロラムフェニコールも効率良く配糖体を形成した。本酵素のもう一つの特徴は有機溶媒存在下でもその活性を維持できることである。30%v/vのジメチルスルホキシド，15%v/vのアセトン，15%v/vのアセトニトリル，15%v/vのエタノール存在下でも活性に影響がなかった。有機溶媒耐性が高いことから，比較的疎水性の高い糖受容体に対して，グルコシル化反応を行うことができ，新規の配糖体を簡便に合成することが可能である。疎水性物質を配糖体化することで，親水性の向上，におい物質のマスキング効果，生物吸収性の向上が期待できるだけでなく，適当な疎水基となりうる疎水性物質へ，糖もしくは糖鎖を導入した場合，糖部分が親水基となり，糖脂質型の界面活性剤を合成することも可能である。GSJを用いた配糖体合成の一例として，自己集合するリシノール酸配糖体の合成に関する研究例を挙げる[11]。微生物由来の糖脂質（図10）は優れた界面科学的性質のみならず，様々な生理活性が報告されている[12]。例えば，子嚢菌真菌*Starmellela bombicola*が生産するソホロリピッドは，生分解性が高く，低気泡性で，洗浄力が高いなど優れた界面活性に加えて[13]，

表1 GSJの加水分解と糖転移反応の基質特異性

基質	$logP_{ow}$	加水分解	糖転移反応
Maltose		+	供与体, 受容体
Maltotriose		+	供与体, 受容体
Maltotetraose		+	供与体
Maltopentaose		+	供与体
Maltohexaose		+	供与体
Maltoheptaose		+	供与体
Maltooctaose		+	供与体
pNP-α-D-glucopyranoside		+	供与体, 受容体
pNP-α-D-maltoside		+	供与体, 受容体
pNP-α-D-maltotrioside		+	供与体
pNP-α-D-maltotetraoside		+	供与体
pNP-α-D-maltopentanoside		+	供与体
Soluble starch		+	
Sucrose		+	供与体, 受容体
Chroramphenicol	1.02		受容体
Cortisone	1.47		受容体
Sorbose			受容体
Salicin			受容体
Phenolphthalein			受容体
一級アルコール（C_1〜C_8）	-0.77〜3		受容体
Curcmine	3.29		受容体
2-phenylethanol	1.36		受容体
Cyclopentanol	0.71		受容体
Cyclooctanol			受容体
1,4-Cyclohexanediol			受容体
Catecol	0.88		受容体

　食道がん細胞への細胞障害活性などが報告され，抗がん効果も期待できる[14]。そこで筆者らは，微生物型の界面活性物質の構造を模倣して，GSJを用いてヒドロキシ脂肪酸へのグルコシドの導入について検討した[11]。リシノール酸を糖受容体として，糖転移反応を行った結果，リシノール酸の水酸基がα-グルコシル化した配糖体，12-O-α-D-glucopyranosyl-9-hexadecenoic acidとマルトシル化した配糖体，12-O-α-D-glucopyranosyl-(4'-O-α-D-glucopyranosyl)-9-hexadecenoic acidが得られた（図11）。本グルコシル化物は界面活性剤として高い表面張力低下能を示し，その臨界ミセル濃度（CMC）は6.8×10^{-5}M，表面張力値は40.1 mN/mまで低下させた。この表面張力値は，一般に洗剤として使用される直鎖アルキルスルホン酸塩（LAS）と同等であり，CMCは基本構造を模倣した微生物由来糖脂質と同様，LASより1桁程度低い値を示した。すなわち，リシノール酸グルコシル化物は，界面活性剤として優れた機能を有する可能性が高いことを意味し

第6章　海洋生物圏

ている。この化合物は糖型の非イオン系界面活性剤として，化粧品，医薬品等の分野での応用が期待できる。さらに，マルトシル化配糖体は水中で容易に自己集合化し，細胞の脂質二重膜と同様

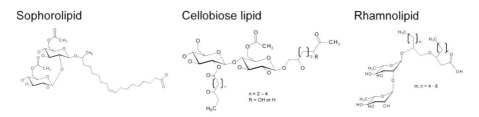

図10　微生物由来の糖脂質の分子構造例

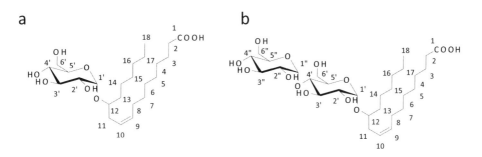

図11　リシノール酸配糖体の分子構造
a：グルコシル化リシノール酸，b：マルトシル化リシノール酸

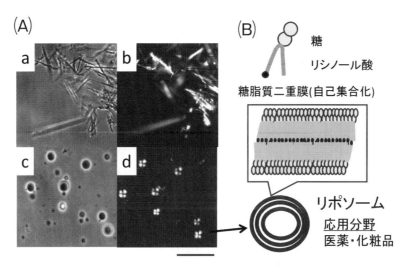

図12　(A) 水溶液中におけるリシノール酸配糖体の顕微鏡観察像，(B) マルトシル化リシノール酸の自己集合の概略図
a：グルコシル化リシノール酸の位相差観察像，b：グルコシル化リシノール酸の偏光観察像，
c：マルトシル化リシノール酸の位相差観察像，d：マルトシル化リシノール酸の偏光観察像

の自己集合構造であるユニラメラベシクルを形成できることがわかった。図12は1 mg/mlの糖脂質を水に分散させた場合の顕微鏡観察像である。グルコシル化配糖体は水への溶解度が低く,針状の結晶構造を示した。一方,マルトシル化配糖体は球状のベシクルを形成した。偏光観察で,クローバー状の特徴的な像（クロスニコル）が確認されたため,このベシクルは多層の脂質二重膜構造をしたリポソーム構造であることが推定される。このようなベシクル構造を形成できる物質は,リン脂質リポソームに代表されるような,脂質カプセルとして活用できる可能性があり,ドラックデリバリーシステムや食品加工技術への応用が期待できる。GSJは比較的簡単な反応系で,配糖化反応を行えるため,新規の配糖体合成や配糖体の機能解析のツールとして有用と考えられる。

1.5　おわりに

これまでに筆者らは深海微生物から,海藻中の難分解性多糖類を分解する酵素を中心にこれらの発見と解析,それらの応用を手掛けてきた。海洋には海洋中で一次生産される有機物のほか,陸域から流入する有機物も存在する。その一つに難分解物質の代表であるリグニンがある。リグニンは木材やイネなどの草本に多量に含まれる芳香族ヘテロポリマーポリマーであり,セルロースに次ぐ多大なバイオマスである。最近,筆者らはリグニン変換能を持つ深海微生物の探索を開始した。リグニンを有用な化成品に変換することで,未利用バイオマスの有効利用を目標とするものである。

文　献

1) Y. Yoshizawa *et al., Biosci. Biotechnol. Biochem.*, **60**, 1667-1671 (1996)
2) Y. Ohta *et al., Biotechnol. Appl. Biochem.*, **41**, 183-191 (2005)
3) Y. Ohta *et al., Curr. Microbiol.*, **50**, 212-216 (2005)
4) Y. Hatada *et al., J. Agric. Food Chem.*, **54**, 9895-9900 (2006)
5) Y. Hatada *et al., Marine Biotechnology*, **13**, 411-422 (2011)
6) Y. Ohta and Y. Hatada *et al., J. Biochem.*, **140**, 475-481 (2006)
7) 秦田勇二,大田ゆかり,(財)アサヒビール学術振興財団研究紀要, 22, 23-28 (2009)
8) H. Takami *et al., FEMS Microbiol. let.*, **152**, 279-285 (1997)
9) H. Takami *et al., Extremophiles*, **8**, 351-356 (2004)
10) V. S. Hung *et al., Appl. Microbiol. Biotechnol.*, **68**, 757-765 (2005)
11) M. Konishi *et al., Biotechnol. Let.*, **33**, 139-145 (2011)
12) D. Kitamoto *et al., Curr. Opin. Colloid. Interface. Sci.*, **14**, 315-328 (2009)
13) Y. Hirata *et al., J. Biosci. Bioeng.*, **108**, 142-146 (2009)
14) L. Shao *et al., J. Surgical Res.*, **173**, 286-291 (2012)

2　深海熱水系由来の発酵細菌—メタン菌栄養共生の解析とメタン・n-アルカン生産への応用

桑原朋彦[*1], 五十嵐健輔[*2], 松山　茂[*3], 山根國男[*4]

2.1　はじめに

発酵細菌（H_2放出）とメタン菌（H_2利用）との栄養共生は嫌気環境における普遍的な共生であり，地球生命が存在するほとんどの温度領域でその存在が示唆されている。本研究では，独自に開発した現場培養装置を用いて水曜海山（小笠原諸島）の熱水から単離した細菌 *Thermosipho globiformans*[1]（発酵細菌）と東太平洋海膨の熱水噴出孔のチムニー基部から単離されていたアーキア *Methanocaldococcus jannaschii*[2]（メタン菌）による，好熱菌の栄養共生系を構築し，その特性を解析するとともに，メタン・n-アルカンを主成分とするバイオ燃料の生産を試みた。

2.2　栄養共生のメカニズム

発酵細菌によって生産されるH_2は代謝の副産物である。発酵細菌は発酵産物を作ることにより，ATP合成の過程で生じたNADHからNAD$^+$を再生産して，持続的なATP合成を可能にする（図1，①）。*Thermotogales*目の細菌の多くは，元素状イオウ（S^0）から生じたpolysulfide（S_n^{2-}）を環境から取り込んで電子受容体とするイオウ呼吸によりNAD$^+$を再生産することができる（図1，②）。一方，電子受容体の非存在下ではH^+に電子を渡してNAD$^+$を再生産する（図1，③）。しかし，この反応は熱力学的には逆方向に傾いているので，H_2による生産物阻害が生じやすく，ATP合成が遅延して増殖阻害が起こる。ところが，メタン菌（H_2をエネルギー源としてCO_2呼吸によ

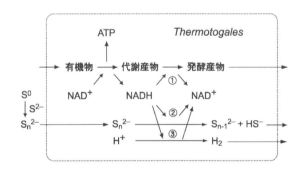

図1　*Thermotogales*におけるNAD$^+$の再生産
*Thermotogales*目では反応②，③はともにsulfhydrogenaseによる[5]。

[*1]　Tomohiko Kuwabara　筑波大学　生命環境科学研究科　准教授
[*2]　Kensuke Igarashi　筑波大学　生命環境科学研究科　生物科学専攻
[*3]　Shigeru Matsuyama　筑波大学　生命環境科学研究科　講師
[*4]　Kunio Yamane　筑波大学　生物科学系　名誉教授

りエネルギーを得る（式1））が共存すると，H_2を消費するために発酵細菌にかかるH_2阻害が緩和される。

$$4H_2 + CO_2 \rightarrow CH_4 + 2H_2O \quad \Delta G_0' = -131 \text{kJ/mol } CH_4 \tag{1}$$

このように，発酵細菌にとっては老廃物ともいえるH_2をメタン菌がエネルギー源として利用するのがこの共生のメカニズムである。S_n^{2-}とH^+はNADHを競合するので，還元電位がより高いS_n^{2-}[3]が存在するとH^+が還元されず，栄養共生は成立しない[4]。

超好熱性発酵細菌 *Thermotoga maritima* とメタン菌 *M. jannaschii* との栄養共生では，両菌を透析チューブで仕切って培養すると共生が成立しない[4]。この事実から栄養共生には両菌の「密接なコンタクト」が必要と考えられている。

2.3　*T. globiformans* と *M. jannaschii* の栄養共生系によるメタン生産

T. globiformans のH_2生産能は高くない。嫌気ワークステーションガス（$N_2 : H_2 : CO_2$（80 : 10 : 10））の下，$Tc-S^0$（Tc培地[1]からS^0を除いた）培地で単独培養するとH_2濃度はわずかしか上昇しなかった。しかし，H_2を唯一のエネルギー源とする *M. jannaschii*[2]（至適気相，$H_2 : CO_2$（80 : 20））は *T. globiformans* との共培養（68℃，24 h）により初期菌密度10^5 cells/mlから3×10^7 cells/mlまで増殖し，これに伴って気相のメタンは約5％（v/v）まで蓄積した（図2）。低H_2濃度下におけるメタン菌の増殖は両菌の「密接なコンタクト」を示唆する[4]。$Tc-S^0$培地にイースト抽出物とトリプトンをそれぞれ0.7％（w/v）上乗せ（終濃度1％）して共培養し，定常期に達した後

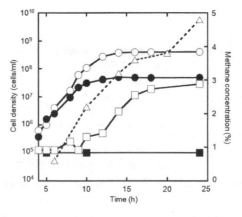

図2　*T. globiformans* と *M. jannaschii* の栄養共生

両菌を$Tc-S^0$培地に接種（ともに10^5 cells/ml）して，$N_2 : H_2 : CO_2$（80 : 10 : 10）気相下，68℃で共培養あるいは単独培養し，4時間目から（*T. globiformans* はアクリジンオレンジの，*M. jannaschii* は補酵素F_{420}のケイ光により）直接計数法で菌密度を求めた。メタン濃度はガスクロマトグラフィーで定量した。○，●，□，■は，それぞれ，*T. globiformans* の共培養，単独培養，*M. jannaschii* の共培養，単独培養の菌密度を，△はメタン濃度を示す。

第6章 海洋生物圏

に気相を$H_2:CO_2$(80:20)に置換して1週間培養すると,メタン濃度は約50%(v/v)まで蓄積した。この値が本栄養共生系によるメタン生産の最大値と思われる。

2.4 栄養共生系のバイオフィルム形成

*T. globiformans*と*M. jannaschii*の共培養により対数増殖期初期から黒色の凝集体が生じた。Fluorescent brightener 28とアクリジンオレンジを用いてケイ光顕微鏡観察すると,エキソポリサッカライド(EPS)のマトリックス[6]に両菌が結合していた。*T. maritima*と*M. jannaschii*の共培養系では凝集体は対数増殖期特異的に形成され定常期には壊れる[7]のに対し,本共培養系では定常期後期まで持続した。SEMガラスプレートを培養液に沈め,その上に形成された凝集体のバイオフィルムを電界放射型走査電子顕微鏡(FE-SEM)で観察すると,両菌間にフィラメントが形成されていた(写真1)。同様なフィラメントは*T. maritima*と*M. jannaschii*の共培養では報告されていない。EPSとフィラメントによるバイオフィルム形成が本栄養共生系における「密接なコンタクト」の実体と思われる。このフィラメントは浮遊性細胞(低速遠心上清のNucleporeフィルター(ポアサイズ$0.2\,\mu m$)の濾別試料)には見られないことから,バイオフィルムに特異的な構造であることが示唆された。形態的に類似のフィラメントは*Bacillus subtilis*のバイオフィルムでも認められ,遺伝子導入した緑色ケイ光タンパク質が内部に観察されることから,ナノチューブと名づけられている[8]。本栄養共生系においても,メタン生産を促進する物質(H_2やメタン菌体内に入れば代謝されると予想されるギ酸[2])がフィラメントを介して*M. jannaschii*へ輸送されているのかも知れない。

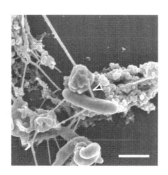

写真1 *T. globiformans*(桿菌)と*M. jannaschii*(球菌)が形成するバイオフィルムのFE-SEM像
矢頭は(EPS粒子(直径=$\sim 0.1\,\mu m$)の集合体に結合した)両菌間のフィラメントを示す。FE-SEM[9]では四酸化オスミウムによる固定を省略した。スケールバー=$1\,\mu m$

2.5 栄養共生系に対するS^0とFe(III)の効果

Tc-S^0培地に,S^0,アモルファスFe(III),あるいは両者を加えて両菌の静置共培養を行った。培養液を遠心操作により沈殿と上清に分け,それぞれのsulfide(HS^-とS^{2-}の和)とFe(II)を定

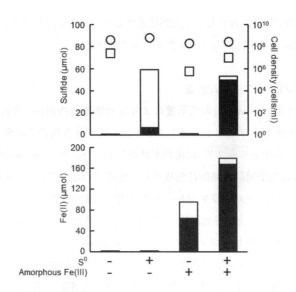

図3 栄養共生のS^0による阻害とアモルファスFe（III）による回復

*T. globiformans*と*M. jannaschii*の共培養（68℃，32h）を，Tc-S^0培地（12ml）にS^0（10g/l），アモルファスFe（III）[10]（15mmol/l），あるいは両方を添加して行った。均一化した培養液を一部とり，手回し遠心後，上清の菌密度を直接計数法により測定した。○は*T. globiformans*を，□は*M. jannaschii*を表す。*M. jannaschii*は＋S^0-アモルファスFe（III）の条件では検出されなかった（＜10^5cells/ml）。残りの培養液を遠心分離（3000 rpm，1 min）して上清を得た。遠心分離前の培養液と遠心分離後の上清について，メチレンブルー法[11]でsulfideを，フェロジン法[12]（0.5N HClで抽出後）でFe（II）を定量した。バーの上段（白）は上清中の，下段（黒）は沈殿中の総量（培養液中の総量と上清中の総量との差）を示す（ダブレット測定の平均値）。

量した。S^0のみを加えた共培養では*T. globiformans*の代謝によって生じたsulfideは主に上清に認められ，メタン菌は顕微鏡観察で検出されなかった（図3）。S_n^{2-}が存在するのでH_2が生産されないためと考えられる[4]。アモルファスFe（III）のみを加えた時には両菌とも増殖レベルは若干下がった。ところがS^0とアモルファスFe（III）を両方加えると，S^0のみを加えた時に比べ，劇的に栄養共生が回復した（図3）。この時sulfideとFe（II）は主に沈殿に検出され，沈殿表層には両者の化合物と思われる黒色のフィルム様物質が形成された。これらの事実から，sulfideがアモルファスFe（III）を還元して黒色のフィルム様物質を形成し，それが培養液とS^0との接触を妨げることが示唆された。これを確かめるため同条件下で攪拌共培養を行うと，予想どおり共生は成立しなかった。両添加物を加えない攪拌共培養では共生は成立した。これらの事実は，攪拌によりS^0が培養液に接触することが栄養共生を妨げることを示唆している。アモルファスFe（III）と同様な効果はFe_2O_3でも見られたのでFe（III）の効果と思われる。メタン生産の産業展開時には予期しないS^0の混入もあり得る。そのような場合にもFe（III）を投入し，かつ攪拌しなければ，メタン生産は可能になると期待される。＋S^0＋アモルファスFe（III）の条件（図3）では約1％

第6章　海洋生物圏

(v/v) のメタンが気相に蓄積した。メタン生産が完全に回復しないのは，過剰のFe (II) が両菌の増殖を阻害するためかも知れない（図3，$-S^0$＋アモルファスFe (III)）。

深海熱水系のチムニーにはS^0とFe (II) が共存することが多く，表面のFe (II) は海水中の酸素によりFe (III) に酸化される。チムニー全体では，sulfideによりFe (III) が還元される嫌気環境の反応と，酸素によりFe (II) が酸化される好気環境の反応が，酸化還元サイクルを形成する可能性がある。もしそうならば，本研究の結果から，S^0が存在していても栄養共生は可能であると予想される。このことは，メタン菌にとっては毒である酸素が，Fe (II) 酸化を通して，メタン菌のニッチ拡大に寄与する可能性を示唆しており，生態学的に興味深い。

2.6　メタン生産の産業展開

本栄養共生系の特徴は増殖速度が速いことである。常温性の栄養共生系では共培養開始から24 hではメタンを検出するのさえ難しい。嫌気培養にはsulfideを使用するので，培養槽には密閉性の他に耐腐食性が要求される。産業展開には連続培養系の確立が不可欠であるが，本栄養共生系のバイオフィルム形成は菌のロスの少ない培養液交換を可能にすると期待される。

2.7　発酵細菌―メタン菌栄養共生系の導入による藻類からのn-アルカン生成の増大

藤原らは特殊なサンプラーを用いて，74℃の原油地層から直接原油混合物を採取し，水画分からバイオマスを得て，DNAを抽出した。山根らはこのDNAを用いてPCRで増幅させた16S rRNA遺伝子の配列の解析から原油地層に存在していたと推定される細菌（15種）とアーキア（5種）を検出した。その中で最も多く検出された細菌は*Thermacetogenium phaeum*の16S rRNA遺伝子と92％の相同性をもつ未知微生物であり，またアーキアは*Methanothermobacter thermautotrophicus*の16S rRNA遺伝子と96％の相同性を示すものであった[13]。これらの微生物の単離を試みたが取得することができなかった。一方，*T. phaeum*と*M. thermautotrophicus*は酢酸を利用した栄養共生をすることが服部らによって報告されている[14]。このことから原油地層における主要微生物は水素や酢酸を利用した栄養共生をすることによって個体数を増大させていると考えた。これらの菌は55℃と60℃のリアクターから分離されていること，また培養期間が25〜30日と長いために原油生成実験には適していないと考えた。反応を短縮して大気圧で行わせることを目的に生育の最適温度が68℃であり，しかも生育が非常に速い*T. globiformans*と*M. jannaschii*の栄養共生系をモデル系として利用し，栄養共生微生物が原油の生産に関係するか否かを検討した。

石油は地下の高温・高圧・嫌気性条件下で形成されると予想され，n-アルカンが主成分である。Tc-S^0培地で*T. globiformans*と*M. jannaschii*を増殖させ，菌体を得て，脂質を抽出後5％塩酸メタノール処理し，解析したが，n-アルカンは検出されなかった。また菌体を真空中で加熱処理（300℃，4日）して得たクロロホルム可溶画分にも少量のn-アルカンしか存在しなかった。これらのことから菌体自身が原油の起源にはならないと推定した。一方，微細藻類を加熱処理した場合にはn-アルカンが形成されることが報告されている[15]ので，微細藻類*Arthrospira platensis*

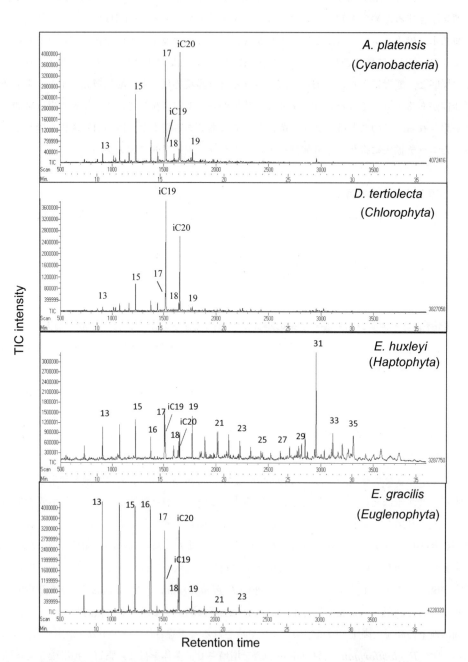

図4 GC-MSによるA. platensis, D. tertiolecta, E. huxleyi, E. gracilisから得られる石油画分（ヘキサン画分）に含まれるn-アルカン，イソプレノイド成分の比較
数字はn-アルカンの炭素数，iC19, iC20はイソプレノイドpristane, phytaneを示す．TIC, Total ion current.

第6章　海洋生物圏

(*Cyanobacteria*), *Dunaliella tertiolecta* (*Chlorophyta*), *Euglena gracilis* (*Euglenophyta*), *Emiliania huxleyi* (*Haptophyta*) の乾燥粉末をTc-S^{0}培地に懸濁後，凍結融解・超音波処理し，pHを調整して，*T. globiformans*と*M. jannaschii*を増殖させた。増殖は68℃，$N_2:H_2:CO_2$ (80:10:10) 気相下で2日間と$H_2:CO_2$ (80:20) 気相下で7日間行った。不溶物を凍結乾燥し，真空中で加熱処理 (300℃，4日) を行った。脂質をクロロフォルムで抽出し，*n*-アルカンを含むヘキサン画分 (石油画分) を得て，ガスクロマトグラフィー－マススペクトロメトリー (GC-MS) で解析した。図4に示すように，藻類の種類によって炭化水素成分の含有量が異なっていた。*A. platensis, D. tertiolecta, E. gracilis*から得られる石油画分からは炭素数13～19の*n*-アルカンと炭素数19 (iC19) と20 (iC20) のイソプレノイドが主要成分として検出された。また*E. huxleyi*からは炭素数が13～35の*n*-アルカンが主要である石油画分が得られ，天然の原油との類似点も多かった。得られた画分の回収率は*A. platensis*と*D. tertiolecta*では乾燥重量の2～3％，*E. gracilis*では5～6％，*E. huxleyi*では8～9％であった。*T. globiformans*と*M. jannaschii*の培養によって*n*-アルカンの収量は1.5～2倍に増大するだけでなく，不純物質が減少した。さらに詳しい解析が必要ではあるが，栄養共生微生物は微細藻類などの分解と原油の形成に関わっていると予想された。

文　　献

1) T. Kuwabara *et al., Int. J. Syst. Evol. Microbiol.*, **61**, 1622 (2011)
2) W. J. Jones *et al., Arch. Microbiol.*, **136**, 254 (1983)
3) O. Klimmek *et al.*, "Respiration in Archaea and Bacteria: Diversity of Prokaryotic Respiration Systems", p.217, Springer (2004)
4) V. Muralidharan *et al., Biotechnol. Bioeng.*, **56**, 268 (1997)
5) S. E. Childers and K. M. Noll, *Appl. Environ. Microbiol.*, **60**, 2622 (1994)
6) M. R. Johnson *et al., Mol. Microbiol.*, **55**, 664 (2005)
7) M. R. Johnson *et al., Appl. Environ. Microbiol.*, **72**, 811 (2006)
8) G. P. Dubey and S. Ben-Yehuda, *Cell*, **144**, 590 (2011)
9) M. Yoshida *et al., Protists*, **157**, 213 (2006)
10) D. R. Lovley and E. J. P. Phillips, *Appl. Environ. Microbiol.*, **51**, 683 (1986)
11) J.-S. Chen and L. E. Mortenson, *Anal. Biochem.*, **79**, 157 (1977)
12) L. L. Stookey, *Anal. Chem.*, **42**, 779 (1970)
13) K. Yamane *et al., FEMS Microbiol. Ecol.*, **76**, 220 (2011)
14) S. Hattori *et al., Int. J. Syst. Evol. Microbiol.*, **50**, 1601 (2000)
15) Q. Wu *et al., Mar. Biotechnol.*, **1**, 346 (1999)

3 海洋微生物によるセレン・テルル回収

阪口利文*

3.1 はじめに

海水や深海底泥には金，バナジウム，タングステン，ニッケル，イットリウムなど多くのレアエレメント，有用元素の存在が確認されている[1]。また，深海底には天然ガスやメタンハイドレートのようなエネルギー資源をはじめ，マントルや火山由来と考えられるマンガン団塊，ブラックスモーカーのように地球深部からの元素・物質を放出・供給する海底熱水鉱床が多数存在し，多くのエネルギー・メタル・元素資源の存在・含有が予想されている[2]。従って，その特異的な環境やメタル・メタロイド元素の含有の多様性を考えれば，メタル・メタロイド元素やその化合物を呼吸や代謝物質として利用できる微生物種の存在が予想されている。本稿では，メタロイド（金属様）元素であるセレン（テルル）の酸化物であるセレン（テルル）オキサニオン還元性微生物に着目し，高塩濃度の存在下におけるセレン除去・回収に利用できうるセレンオキサニオン還元性微生物の獲得についての研究を紹介したい。また，深海底からセレン（テルル）オキサニオンイオンをセレン（テルル）ナノ結晶として回収，変換できる海洋性微生物の分離・培養に関する研究内容について述べたい。

3.2 セレン（テルル）を取り巻く状況

セレンは若返りの元素とも呼ばれ，人を含む多くの生物において重要な栄養素である。また，セレノシステインやグルタチオンペルオキシターゼなどの生体物質にも含まれる元素である[3]。動物では，グルタチオンペルオキシターゼなどの構成アミノ酸としてセレノシステインやセレノメチオニンが含まれていることが知られており，セレンなしでは生命反応は立ち行かない。近年では，円石藻をはじめとする藻類，植物種においてもセレノプロテインが見つかっており[4]，幅広い生物種においてセレンは必須元素であることが明らかになってきている。加えて，地殻における多様な分布が明らかになっており，多くの水圏・岩石圏での存在が確認されている[2,5,6]。そのため，他の戦略元素に比して，その存在比率は少なくない元素であるといえる。しかしながら，セレンには専用鉱がなく，銅精錬やスクラップ・電解スライム精錬に伴って生産されている。このことは同じカルコゲン元素であるテルルにおいても同様である。ちなみにセレンの日本での生産量は2010年時点で804 tに及び，その7～8割は海外に輸出されている[7]。そのため日本はセレンの最大の生産国となっている[7,8]。また，これらの状況はテルルにおいてもほぼ同じで[9]，セレン・テルルとも半導体，電子材料や顔料，無機系着色料，化学薬品などとして活用範囲も多いことから，今後も国内での生産量，需要量は増加すると予想されており，必然的に環境への排出量は増加傾向である。加えて，両元素とも材料への添加量の少なさや電解スライムの精錬によって国内で比較的安定に供給され，戦略性のある元素にしてはその供給に余裕がみられるため，ほと

---

* Toshifumi Sakaguchi 県立広島大学 生命環境学部 環境科学科 准教授

第6章 海洋生物圏

んどリサイクルされていないのが現状である[7~10]。しかし，粗銅鉱や精錬対象となっている原料鉱物の入手が完全に海外輸入に依存している現状があり，セレン（テルル）は厳密には確保の急がれるレアアース元素ではないが，生産業にとっては欠くことのできない有用元素である[7,9,10]。そのため，国内における希少元素の確保といった観点からも今後，セレン（テルル）元素の資源回収，リサイクルが重要課題になると予想される。

さらに環境汚染の観点からみると，セレンは石油や石炭などの化石燃料にも含まれており，燃焼に伴って環境中に排出されている[11]。テルルにおいてはその希少性故に大規模な環境汚染例は極めて少ないが，工業的利用の廃棄物や鉱山開発などに伴って排出されたセレン化合物，例えばそのアニオン性酸化物質であるセレンオキサニオンは高い毒性を有するため広範囲な水圏を汚染し，生体に対し，多くの弊害をもたらす可能性がある[6]。米国のStewart Lake[12]やSan Joaquin Valley（Kesterson Retservoir）[13]をはじめとして，多くの地域（水圏・土壌）でセレンによる汚染が報告されている[6]。また，これらの水圏における微生物によるセレンの変換・循環の可能性が確認されている[14~17]。そのため，環境に流出したセレンオキサニオンのバイオレメディエーションや資源回収に微生物を利用する動きが盛んである[18]。

3.3 微生物によるセレン（テルル）オキサニオン還元

セレンオキサニオンの微生物還元・変換はかなり古くから明らかになっており，亜セレンは菌体増殖抑制因子を利用して菌種識別を目的に培地などに添加された物質でもあった[19]。また，1960～1970年代にかけて相次いで*Salmonella heidelberg*[20]，*Neurospora crassa*[21]，*Candida albicans*[22]，*Micrococcus lactilyticus*（*Veillonella alcalescens*）[23]など多くの腸内細菌類や酵母・菌類において亜セレン酸の還元と元素体セレン結晶の生物合成が観察されている。また，古くは1920年代から微生物によるセレン化合物の変換と耐性についての報告がみられる[24]。亜セレン酸などのセレンオキサニオンは生育のための基質として利用されるわけはなく，微生物がこれら毒性物質に対する耐性の一環として生物還元を行い，原子価の少ない形態をとることで毒性の低減や無毒化を行うものであると考えられていた。テルルの場合においてもほぼ同様に菌体増殖抑制因子として亜テルル酸やテルル酸が用いられ，いくつかの微生物においてその還元の結果生じた黒色の元素体テルル結晶の生成が確認されている[25]。環境中に生息する多くの微生物種にもセレンオキサニオンに対する還元能があることが判明しており[14,26]，ある種の微生物は嫌気条件下で，毒性の高いセレン酸(SeO_4^{2-})や亜セレン酸(SeO_3^{2-})などを最終電子受容体として生体活動のエネルギーを獲得できる[26,27]。これらは（亜）セレン酸還元菌と呼ばれ，セレン化合物をより毒性の低い単体セレン($Se^{(0)}$)や亜セレン酸などの酸化度の低いイオン種にまで還元することができる[26]。現在では様々な環境中の微生物がセレン酸還元能を持つことが知られているが，詳細な研究が実施された微生物種は*Escherichia coli*[28]，*Enterobacter cloacae*[29]，*Thauera selenatis*[30]など限られたものである。コスモポリタン的にあらゆる環境，様々な属種において見出されているにもかかわらず[26]，（亜）セレン酸還元菌に関しては代謝機構や種系統などの詳しい特性において不明な

点も多い。近年，いくつかのセレンオキサニオン還元能を有する微生物に対する還元酵素の候補が判明しつつあり，例えばγ-proteobacteriaである*Enterobactercloacae*（SLD1a-1株）からはモリブドプテリンのセレン酸還元酵素遺伝子が見つかっている。これらの生体分子によって特異的なセレン酸還元を行うと考えられ，硝酸還元反応とは独立した膜結合性タンパク質であることが明らかにされている[29]。また，グラム陽性菌については，*Bacillus selenatarsenatis*（SF-1株）においてもセレン酸還元酵素をコードする遺伝子群（*srdBCA*）が解析され，グラム陽性菌では初めてセレン酸還元酵素の様相が明らかにされている[31]。今後，バイオレメディエーションや材料合成への利用を促進させるためにも，菌体内外へのセレン粒子の合成過程やその分子メカニズムに関する知見の集積が望まれるところである。一方，光合成微生物が光合成によって生じた電子をセレン（テルル）オキサニオンなどの酸化物アニオンの還元に利用できることが報告されており[32~34]，光エネルギーによるセレン（テルル）オキサニオンの還元回収の可能性が明らかになっている。また，海洋由来の光合成細菌によるセレン・テルルオキサニオンの元素体セレン・テルル微粒子への変換・回収が達成されている[35,36]。現在まで多くのセレン（テルル）オキサニオン還元性微生物，セレン（テルル）オキサニオン呼吸を行う微生物の発見が相次いでおり，ほぼすべての微生物種にセレン（テルル）オキサニオン還元機構が存在していると考えられている。

3.4 高塩環境に適した微生物によるセレン回収と除去

製塩，ガラス工場などの産業活動や砂漠，乾燥気候地帯における農業では塩濃縮に伴う有害イオン種の濃縮の問題が指摘されている[37,38]。高塩濃度環境では塩化ナトリウムの濃縮と同時に重金属や毒性アニオン種も濃縮されるため農業では塩と濃縮有害元素との二重汚染に悩まされることになる。また，塩業では有害イオン種の混入，製造業では高塩濃度における有害イオン種の選択的除去の困難さが問題となっている[37]。これらのことは有害アニオン種であるセレンオキサニオンの場合においても該当することであり，塩濃度に左右されないセレンオキサニオンの除去，回収が望まれている。そこで，塩濃度に依存しないセレンオキサニオンの還元回収が期待できる海洋環境や高塩環境における微生物によるセレンオキサニオン還元回収の可能性についてみてみると，前記した一部の光合成微生物については海洋由来であり[35,36]，多くの海洋性光合成細菌でのセレンオキサニオン還元の存在が予想できうる状況である。さらにはセレンの場合と同様に，テルルオキサニオンの回収の可能性が期待できる。また，イスラエルの死海の泥質からDSSe-1と名付けられた好塩性セレン酸還元菌が分離されており[39]，極限環境から好塩性セレン酸還元菌が見出されている。この他にも，米国カリフォルニア州の塩湖であるMono Lakeからはセレン酸呼吸によって元素体セレンを生成できる好アルカリ性好塩性*Bacillus*[40,41]やSan Joaquin Valleyに存在する乾燥によって生じた高塩濃度池から*Halomonas*をはじめ多くの*Proteobacteria*のサブクラスに属するセレン（テルル）オキサニオン還元が可能な多様な好塩性微生物の存在が明らかになっている[42]。これらの結果は，種々の高塩（極限）環境をはじめ，海洋，海洋底など幅広い領域から塩耐性を備えたセレンオキサニオン還元性微生物の存在や高塩環境に適したセレン回収用

第6章 海洋生物圏

の生物素材として利用可能な微生物が期待できることを表している。また，高塩濃度環境におけるテルルオキサニオン還元微生物についても高温の極限環境を由来とする*Thermus thermophilus*から亜テルル酸の還元活性の存在とその酵素の抽出が行われており[43]，塩濃度が高い高温の極限環境からテルルの変換・回収に使用可能な微生物株が得られる可能性がある。

3.5　海洋生物からのセレンオキサニオン還元菌の探索

我々の研究室ではこれまで淡水，海洋泥質などからいくつかのセレンオキサニオン還元性微生物の探索，分離，培養を行ってきた。セレン酸などのセレンオキサニオンを最終電子受容体に，乳酸もしくは酢酸を電子供与体物質とする集積培地を作製した。さらに日本各地の河川，湖沼，塩田，炭坑・鉱山跡地，原油湧出地などから泥質，水質を採取して接種試料として使用した。接種後，静置培養しながら培地色の変化や沈殿物の形成を観察した。その後，継代しても安定に変化がみられた集積培養体を選出し，集積培養体からプレート法を用いてセレン酸還元菌の純化を実施してきた。これまで得られた海洋由来の菌株については，有明海の底泥から*Citrobacter*属に属するセレン酸還元菌が分離できた（図1）。分離株（ARM-1,3）は嫌気状態でセレン酸，硝酸を還元しながら生育でき，好気呼吸をも有している通性嫌気性菌であることが判明した。分離株は菌体内外やその近傍に粒径50～200 nm程度のほぼセレンで構成されるナノ微粒子を合成でき，海水の通常条件でのセレン除去・回収への利用が期待できる微生物素材であると考えられた[44]。また，同種の微生物で淡水泥質由来の*Citrobacter* sp. strain JSA株についてはトランスポゾンによる挿入変異によるセレン酸還元欠損変異株の創製が達成されている。この変異株解析からそのセレン酸還元が硝酸還元などの嫌気呼吸鎖とは独立していることが明らかになっており，*Citrobacter* sp.におけるセレン酸還元機構の分子レベルからの解明を進展中である[45]。*Citrobacter*属に属するセレン酸還元微生物の存在はいくつか明らかになっているが，その還元機構に関する分子情報は不明であることから，今後，JSA株はじめ海洋由来株ARM-1,3株を用いた研究の進展が期待されている。

さらに，海洋環境の塩濃度である3％ NaClや高塩環境の塩濃度である5％，10％において生育可能なセレンオキサニオン還元性微生物株の分離について検討した。その結果，一般的な海洋環境の塩濃度である3％のNaClを含む培地に長崎県福島の泥質を接種した試料からセレン酸，亜セレン酸を単体セレンまで還元できるNZ3-1株（図2）を，亜セレン酸を還元し，単体セレンを生成できるNZ3-2，NZ3-3株が分離できた。これらの株は16S rDNA系統分類解析の結果，すべて*Vibrio*属

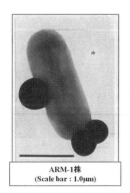

ARM-1株　(Scale bar : 1.0μm)　　ARM-3株　(Scale bar : 1.0μm)

図1　有明海の泥質から分離されたセレン酸還元菌*Citrobacter* sp. ARM-1,3株

に属する微生物であり，既存の基準株との間に高い相同性で合致するものがなく（最高値で約99.2％の相同性），Vibrio属の新種微生物であると考えられた。また，これまでVibrio属においてセレンオキサニオン還元を有する菌種の報告がなく，Vibrio属におけるセレンオキサニオン還元活性の存在が初めて明らかになった。この他にも，ホタテ（Patinopecten yessoensis）のウロ（中腸線）から高塩濃度条件で生育可能なセレンオキサニオン還元性菌の分離について検討したところ，HU-1, HU-2株などの好塩性菌株が分離された（図3（A1））．さらにシロギス（Sillago japonica）の体表面や貝類のタマキビ（Littorina (Littorina) brevicula (Philippi, 1844)）から少なくともSK3-1, SK4-2株など5株の（亜）セレン酸還元菌が分離された（図3（B1））。これらはいずれも大きさが2～3 μmのグラム陰性のやや湾曲を伴った短桿菌であり，塩要求性を有していた。5 mMのセレンオキサニオン存在下，10%程度の塩濃度までセレンオキサニオン還元を伴った生育が観察された。これらの結果，及び一部菌株に対する部分的な系統分類解析の結果から，これらの分離株もVibrio属の微生物ではないかと考えられた。他にも有明海，日本海，瀬戸内海，太平洋沿岸から採取された泥質から同様に多くの（合計20数株）グラム陰性短桿菌のセレンオキサニオン還元性微生物の分離株を獲得できた。全体的な傾向として，これらの分離株の多くが，セレン酸よりも亜セレン酸に対して強い還元能を有しており，海洋泥質において亜セレン酸を単体セレンまで還元できる微生物が多く分布していることが示唆された。さらに，これらの菌体を透

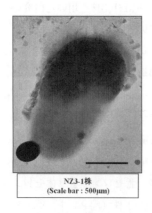

図2 長崎県の海洋泥質から分離されたセレン酸還元菌 Vibrio sp. NZ3-1 株

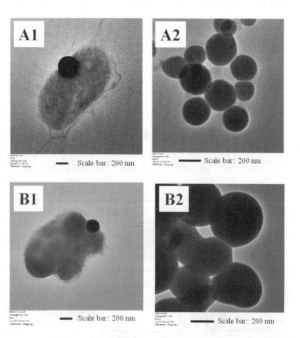

図3 タマキビウロから分離された亜セレン酸還元菌（HU-2株（A1））とそのセレンナノ微粒子（A2），及びシロギスから分離されたセレン酸還元菌（SK4-2株（B1））とそのセレンナノ微粒子（B2）の透過型電子顕微鏡写真

第6章　海洋生物圏

過型電子顕微鏡で観察を行ったところ，菌体には電子線を通さない約100～300 nmセレンのみで構成される球状微粒子が形成されていた（図3（A2），（B2））。セレンオキサニオンの還元代謝によって，ナノサイズのセレン単体結晶粒子の形成が行われていることが明らかになった。さらに抽出された微粒子から回折像が得られたことから，結晶～アモルファス体の微粒子であると示唆された。また，不溶性である単体セレンの形成が確認されていることから，少なくとも海水や10％程度の高塩濃度条件からのセレンの選択的回収は可能であり，遠心分離などによって容易にセレンを除去できることが確認された。そこで，得られた海洋性セレンオキサニオン還元菌（亜

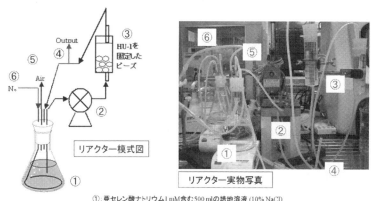

図4　菌体固定化，循環型バイオリアクターによる含塩溶液からのセレン回収

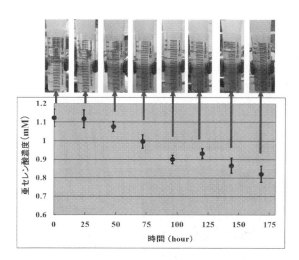

図5　HU-1株固定リアクターの経時変化と循環液における亜セレン酸濃度の減少（3％アルギン酸ナトリウムゲルで固定化）

極限環境生物の産業展開

セレン酸還元菌HU-1株)をアルギンサンゲルで固定した循環型バイオリアクターを作製した（図4）。この連続型バイオリアクターを用いた高濃度NaCl（10％）からの亜セレン酸回収を行ったところ，10％ NaCl存在下から亜セレン酸（1 mM）を微生物還元によって選択的に回収できることが明らかになった（図5）。

3.6 深海底からのセレン（テルル）オキサニオン還元菌の探索

次に，深海底より採取された泥質，海水試料から，セレン（テルル）オキサニオンの回収，及び単体セレン（テルル）元素への変換が可能な微生物の分離・培養，さらに得られた菌株によって合成されたセレン（テルル）微粒子の観察を行った。深海底サンプルの収集については，平成19年度において実施された深海調査研究かいこう7000II調査潜航に参加し，無人探査機かいこう7000IIによって三陸沖の日本海溝水深6500～7000m級の深海底より泥質，海水試料を採取した（図6）。採取した試料をセレン（テルル）オキサニオンを含む嫌気的な培地に植菌して菌体の増殖の有無などについて観察した。その結果，少なくとも20以上の集積培養体に変色，沈殿物の生成などの変化が観察された。そこで，これらの集積培養体から寒天プレート法によって微生物を純化したところ，水深6983mから採取された泥質，及び水深6957mから採取した海水の混合試料などから乳酸や酢酸を炭素源に亜セレン酸の還元が可能な菌株（NA-1，SA-3株など）を少なくとも5株の純化株を獲得できた。これらの菌株はシリコ栓を用いた通気・振とう（120 rpm）条件で1mMの亜セレン酸を還元して生育し，培地に元素体セレンによるものと考えられる赤色沈殿物の形成が多数観察された（図7）。次に，純化株において合成されたナノ微粒子について透過型電子顕微鏡，及びエネルギー分散型X線分析による観察，元素解析を行ったところ，菌体の内部や外部周辺に，粒径が100～300nm程度のナノ微粒子の存在が明らかになった（図8（A））。形成されたセレンナノ微粒子は球形でほぼセレンのみで構成されていた。この結果から深海底から分

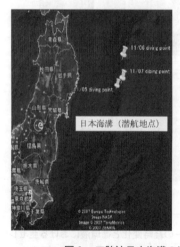

図6　三陸沖日本海溝の深海底試料の採取場所

第6章　海洋生物圏

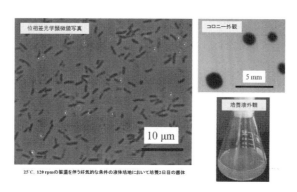

図7　深海底から分離された亜セレン酸還元菌の純化株（NA-1株）

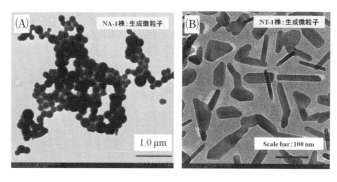

図8　深海底から分離された分離株によって合成されたセレン（(A) NA-1株），テルル（(B) NT-1株）ナノ微粒子の透過型電子顕微鏡写真

離された亜セレン酸還元菌は乳酸，酢酸を用いながら，振とう（25℃，120 rpm）を伴う好気条件下で亜セレン酸を還元し，嫌気処理などを施すことなく容易に元素体セレンの球形ナノ微粒子に変換できることが明らかになった。また，テルルオキサニオン還元性微生物株の分離については，同様の深海底からテルル酸を還元しながら元素体のテルルを生成できるNT-1株など3株の分離株が得られており，テルルオキサニオンを還元してテルルナノ結晶（図8（B））に変換・回収できうることが明らかになっている。これらの結果から，深海底泥にはセレン・テルルの変換・資源化回収に使用できるような微生物の存在が判明してきている。今後，これら分離株の系統分類や資源回収のための最適化やその評価・比較を行うことで，セレン（テルル）オキサニオン回収生物素材としての可能性を明らかにする予定である。

3.7　おわりに

　本稿では，海洋微生物のセレン・テルル元素のバイオレメディエーションや資源回収・変換への利用を踏まえ，様々な海洋環境，海洋生物からNaCl耐性を有し，セレン（テルル）オキサニオンを還元できる微生物株の獲得，並びにその還元機構を利用したセレンナノ微粒子の形成の可能

性に関する研究について紹介した。今後もさらにスクリーニングを継続させることで多様な性質を有する目的株の獲得を目指したい。深海底だけでなく琵琶湖などの深湖底や河川底質からも単体セレンやテルル微粒子を合成できるカルコゲン酸化物の酸化還元菌の獲得に成功しており，同様の性質を有する既存菌種や光合成細菌にみられるセレン（テルル）還元能などと比較を行っている。さらには，単体元素化によるセレン・テルル還元変換回収のみならず，セレン・テルルを含む化合物半導体の微生物合成の可能性[46]についても探っていきたいと考えている。

謝辞

本稿の研究における電子顕微鏡観察，並びに元素分析は，文部科学省先端研究施設供用イノベーション創出事業【ナノテクノロジー・ネットワーク】，京都・先端ナノテク総合支援ネットワークの支援を受けて実施されました。特に，TEM観察，EDX解析等を担当されました北陸先端科学技術大学院大学ナノテクノロジーセンター東嶺孝一先生，片山まどか技官，池田愛技官に厚く御礼申し上げます。また，深海底からの泥質採取，並びに分離微生物に関して有益な御助言を賜りました海洋研究開発機構・極限環境生物圏研究センター加藤千明先生，近畿大学工学部教授仲宗根薫先生に心より感謝申し上げます。

文　献

1) Y. Kato et al., *Nature Geoscience*, **4**, 535-539 (2011)
2) 石油天然ガス・金属鉱物資源機構, 金属資源レポート, JOGMECの海底熱水鉱床の開発に向けた取り組みの状況と国際状況, 293-308 (2011); http://mric.jogmec.go.jp/public/kogyojoho/2011-11/MRv41n4-01.pdf
3) T. C. Stadman, *Annu. Rev. Biochem.*, **59**, 111-127 (1990)
4) H. Arie et al., *J. Biol Chem.*, **283**, 35329-35336 (2008)
5) J. E. Conde and M. Sanz Alaejos, *Chem. Rev.*, **97**, 1979-2003 (1997)
6) A. D. Lemly, *Ecotoxicology and Environmental Safety*, **59**, 44-56 (2004)
7) 石油天然ガス・金属鉱物資源機構, 鉱物資源マテリアルフロー 2011, 32セレン（Se), 1-4 (2012); http://mric.jogmec.go.jp/public/report/2012-03/32Se (11)20110208.pdf
8) 環境省, 242.セレン及びその化合物,リスクコミュニケーションのための化学物質ファクトシート (pdf), PRTR政令番号1-242, 529-533 (2007)
9) 石油天然ガス・金属鉱物資源機構, 鉱物資源マテリアルフロー 2011, 33テルル（Te), 1-4 (2011); http://mric.jogmec.go.jp/public/report/2012-03/33Te (11)20120315.pdf
10) 石油天然ガス・金属鉱物資源機構, 金属資源開発調査企画グループ, 鉱物資源マテリアルフロー分析調査, 129-267 (2005); http://mric.jogmec.go.jp/public/kogyojoho/2005-07/MRv35n2-13.pdf
11) H. J. Schroeder著, 桜井治彦, 土屋健三郎訳, 環境汚染物質の生体への影響4 セレン, 4. 循環, pp.44, 東京化学同人 (1978)
12) R. C. Rowland et al., Selenium contamination and remediation at Stewart Lake waterfowl

第 6 章　海洋生物圏

management area and Ashley creek, Middle green river basin, Utah. U. S. Geological Survey Fact Sheet, 031-03（2003）
13) E. Marhall, *Science*, **229**, 144-146（1985）
14) J. W. Doran, *Adv. Microb. Ecol.*, **6**, 17-32（1982）
15) D. T. Maiers *et al.*, *Appl. Environ. Microbiol.*, **54**, 2591-2593（1988）
16) R. S. Oremland *et al.*, *Appl. Environ. Microbiol.*, **57**, 615-617（1991）
17) T. S. Presser and H. M. Ohlendorf, *Environmental Management*, **11**, 805-821（2005）
18) 池　道彦, メタルバイオテクノロジーによる環境保全と資源回収, pp.27-33, シーエムシー出版（2009）
19) S. P. Lapage and S. Bascomb, *J. Appl. Bact.*, **31**, 568-580（1968）
20) R. G. McCready *et al.*, *Can. J. Microbiol.*, **12**, 703-714（1966）
21) M. Zalokar, *Arch. Biochem. Biophys.*, **44**, 330-337（1952）
22) G. Falcone and W. J. Nickerson, *J. Bacteriol.*, **85**, 763-771（1963）
23) C. A. Woolfolk and H. R. Whiteley, *J. Bacteriol.*, **84**, 647-658（1962）
24) V. E. Levine, *J. Bacteriol.*, **10**, 217-263（1925）
25) F. L. Tucker *et al.*, *J. Bacteriol.*, **83**, 1313-1314（1962）
26) J. F. Stolz and R. S. Oremland, *FEMS Microbial Rev.*, **23**, 615-627（1999）
27) D. R. Lovley, *Annu. Rev. Microbiol.*, **47**, 263-290（1993）
28) M. Bébien *et al.*, *Microbiology*, **148**, 3865-3872（2002）
29) H. Ridley *et al.*, *Appl. Environ. Microbiol.*, **72**, 5173-5180（2006）
30) T. Krafft *et al.*, *DNA Sequence*, **10**, 365-377（2000）
31) M. Kuroda *et al.*, *J. Bacteriol.*, **193**, 2141-2148（2011）
32) J. Kessi *et al.*, *Appl. Environ. Microbiol.*, **65**, 4734-4740（1999）
33) M. D. Moore and S. Kaplan, *J. Bacteriol.*, **174**, 1505-1514（1992）
34) R. Borghese *et al.*, *Appl. Environ. Microbiol.*, **70**, 6595-6602（2004）
35) A. Yamada *et al.*, *Appl. Microbiol. Biotechnol.*, **48**, 367-372（1997）
36) A. Yamada *et al.*, *Marine Biotechnol.*, **5**, 46-49（1997）
37) 仲山英樹, 生物工学会誌, **84**, 335（2006）
38) 仲山英樹, 極限環境微生物学会誌, **8**, 77-84（2009）
39) J. S. Blum *et al.*, *Arch. Microbiol.*, **175**, 208-219（2001）
40) S. M. Baesman *et al.*, *Extremophiles*, **13**, 695-705（2009）
41) J. S. Blum *et al.*, *Arch. Microbiol.*, **171**, 19-30（1998）
42) M. P. de Souza *et al.*, *Appl. Environ. Microbiol.*, **67**, 3785-3794（2001）
43) M. Chiong *et al.*, *J. Bacteriol.*, **170**, 3269-3273（1988）
44) T. Sakaguchi *et al.*, Selenium biomineralization by selenate-reducing bacteria, Biomineralization BIOM2001: formation, diversity, evolution and application, Proceedings of the 8th International Symposium on Biomineralization, pp. 259-262, Tokai University Press（2003）
45) T. Sakaguchi *et al.*, *Curr. Microbiol.*, **59**, 88-94（2009）
46) 阪口利文, メタルバイオテクノロジーによる環境保全と資源回収, pp.157-165, シーエムシー出版（2009）

4 海洋圏微生物の生理生態の研究と応用

中川　聡*

4.1 はじめに

　海洋の平均水深は3800mに達し，海洋圏のほとんどは暗黒・高圧・低温の極限的環境である。海洋圏に存在する全微生物細胞は10^{29}個を超えると見積もられているが[1]，海洋のどこに，どのような微生物が，どのくらい棲息しているのか，かつてない規模と速度で研究が進んでいる。海洋圏の代表的な極限環境である深海底熱水活動域においても，国内外において掘削船や無人探査機など様々なハードウェアが整備され，科学的アクセスの機会・質ともに向上してきている。深海底熱水活動域の発見から35年を迎え，現場の生態系を過去から現在にいたる地質背景を加味して総合的に理解するとともに，産業展開を図ることが現実的に可能となりつつある。

　近年，海洋圏において長らく難培養とされ，性状未知であった優占微生物の一部が分離培養され，全ゲノムが解読されるなど生理生態学的研究のブレークスルーが相次いでいる[2]。加えて，分子生物学的解析技術の革新的進歩により，絶対共生微生物のような難培養微生物に関しても，その生理機能やゲノム進化に関する知見が蓄積している[3,4]。海洋圏微生物の生理・生態学的研究は，伝統的手法から最先端の手法までを駆使することで各手法の限界を補いながら，あらゆる海洋圏微生物の特殊能力をかつてない解像度とスピードで解き明かし，応用展開する段階へと昇華する時期を迎えている。海洋の極限環境微生物分野における近年の研究成果は，生命科学の諸分野のみならず関連する地質・地球科学分野にパラダイムシフトをもたらしつつあるのみでなく，海洋圏微生物が有するほぼ無限の可能性を約束し，海洋国家日本にとって本未開拓資源の持続的利用と保護に向けた継続的な取り組みが喫緊の課題であると認識させるに足るものである。

　本稿では，主に深海底熱水活動域に棲息する微生物の生理生態と応用展開の可能性について概説する。

4.2 深海底熱水活動域に棲息する微生物の生理生態

　深海底熱水活動域は，暗黒・高圧かつ時に350℃を超える酸性熱水の噴出する極限環境でありながら，噴出熱水中に含まれる還元物質をエネルギー源とする化学合成微生物の一次生産に立脚した豊かな生態系を育んでいる。深海底熱水活動域が発見されて以来，稀有な性状を有する新規微生物が次々と分離培養されてきた。特に，噴出する熱水と周辺海水が混合する領域では極めて急峻な物理化学勾配が形成されるため，生理学的・系統学的に極めて多様な微生物が分離培養されている（図1）[5,6]。中でも（超）好熱菌は生物の増殖温度限界を引き上げるとともに，その特異な生存戦略を可能とする分子機構に関する画期的な知見を次々ともたらしてきた[7]。例えば近年，深海底熱水活動域に広く分布している好熱性発酵アーキア *Thermococcus* 属が，一酸化炭素資化的[8]あるいはギ酸発酵により単独増殖する能力を有していることが見いだされ[9]，その生化学的基

---

*　Satoshi Nakagawa　北海道大学　大学院水産科学研究院　准教授

第 6 章　海洋生物圏

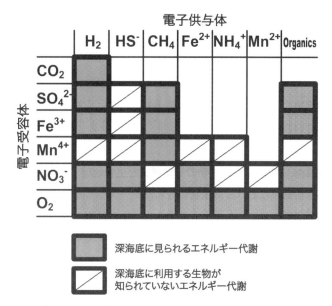

図1　深海底熱水活動域および冷水湧出域に見られるエネルギー代謝[6]を改変
系統からの推定およびインキュベーション実験により検出されたものを含む。
地球上に知られているほぼ全てのバリエーションが揃う。

盤も解明されている。また，現在知られている微生物の最高増殖温度（122℃）および最高窒素固定温度（92℃）は，ともに深海底熱水活動域から分離された超好熱性メタン生成アーキアにより記録されている[10,11]。近年では分類学的に高次の新規系統群が培養されることは稀だが，DHVE2と呼ばれる系統群に属する高度好酸性・好熱性発酵アーキアが分離培養され，既に全ゲノム配列も解読された[12]。なお，これまでに深海底熱水活動域から分離された微生物のほとんどは増殖に圧力を必要とせず，偏性好圧性超好熱菌は1株が知られているのみである[13]。近年では，噴出孔から放射される遠赤外領域の光に特化した光合成細菌が分離され[14]，嫌気的アンモニア酸化細菌の存在も示唆されるなど[15]，未だ系統学的および生理生態学的に新規性の高い微生物が未培養であると考えられる。これまで，深海底熱水活動域に由来する分離株から，特異な二次代謝産物が数多く同定されている[16]。これらの研究においてスクリーニングされた微生物は培養が容易なものに限られているため，今後は現場の微生物群を広く対象とし，生理活性を有する天然化合物のリザーバーとして創薬探索等の目的で研究開発されるべきであろう。

　分子生物学的手法を用いた群集構造解析において，世界各地の深海底熱水活動域に棲息する細菌・アーキアの多くが，性状未知の多様な新規系統群に属することが突き止められている[17,18]。次世代シーケンサーを用いた高解像度解析では，深海底熱水活動域やその周辺海水に存在する微生物群集のmicrodiversityが極めて高いことが判明し，「レアバイオスフェア」としてその成因や生命史における意義が議論されている[19]。近年，現場に検出される未知微生物の生理生態学的性状を解明するため，GeoChipと呼ばれるマイクロアレイ技術を用いた機能遺伝子の解析や[20]，メタ

ゲノム解析が行われている[21,22]。メタゲノム解析においては，トランスポゼースや化学走性に関与する遺伝子の見つかる頻度が高く，現場のダイナミックな物理化学的環境変動に対応するために微生物が進化・獲得してきた生存戦略を反映したものと捉えられている[23]。今後，より大規模なメタゲノム解析や，メタトランスクリプトームあるいはシングルセルゲノムといった解析が進めば，未培養優占微生物の生理機能の解明に直結すると同時に，新規有用酵素や代謝産物の取得に資すると期待されている[24]。

4.3 深海底熱水活動域に棲息する微生物の分布様式と生物地理

これまで個々の熱水活動域における微生物の分布パターンや，それを規定する環境要因さらにはエコタイプの有無が解析されてきた[25〜28]。筆者らは，中部沖縄トラフの深海底熱水活動域における微生物活動を解析し，海底下の水理構造に規定されたローカルなバリエーションを見いだしている[29]。中央海嶺や沈み込み帯に沿った島弧・背弧系以外の知見は少ないが，海嶺翼部の人工的熱水活動域には他に類を見ない微生物群集が見つかっている[30]。近年では世界各地の熱水活動域を多角的かつグローバルに比較し，特にアーキア群集に見いだされる傾向やその成因を熱水活動域の地質学的セッティングを加味して総合的に理解する試みも活発化している[31,32]。先駆的研究として，Takaiらはインド洋中央海嶺の熱水活動域海底下にメタン生成アーキアや発酵アーキアを中心とする生態系「Hyper SLiME」が存在することを示し[33]，本生態系を初期生命の存在様式や地球と生命の共進化過程を解明するためのモダンアナログとして位置づけた研究を進めている[34,35]。

近年，未探査であった深海底熱水活動域において，新規性の極めて高い大型生物が発見されるなど[36]，深海底熱水活動域に棲息する大型生物の分布様式には地理的隔離の影響が強く見られる。一方，現場に優占する化学合成微生物をグローバルな生物地理学的観点から解析した研究例はなかった。筆者らは，世界各地の深海底熱水活動域に優占する難培養性化学合成細菌 *Epsilonproteobacteria* を網羅的に分離培養し，多遺伝子座配列解析法を確立することにより，本微生物群が多様な代謝特性や高い突然変異率を有すること，および各熱水活動域の *Epsilonproteobacteria* 群集が地理的に隔離されていることを突き止めている[37,38]。

4.4 深海底熱水活動域と我々の生活圏をつなぐ共生系

深海底熱水活動域に優占する *Epsilonproteobacteria* は，様々な無脊椎動物に細胞内あるいは細胞外共生するものや，チムニー構造物等において自由生活するものなど多様なライフスタイルを有している[39]。本微生物群は常温性から中等度好熱性で，水素や硫黄化合物を電子供与体とする化学合成微生物である[38,40]。全ゲノム解析の結果，本微生物群は *Helicobacter pylori*（胃潰瘍や胃がんの原因菌）や *Campylobacter jejuni*（腸炎等の原因菌）といった人類に蔓延する病原性近縁種の祖先的性質を有することが明らかとなっている（図2）[41]。本微生物群は，特異な糖鎖の生合成系を有するなど創薬分野での応用展開が期待される。

第6章　海洋生物圏

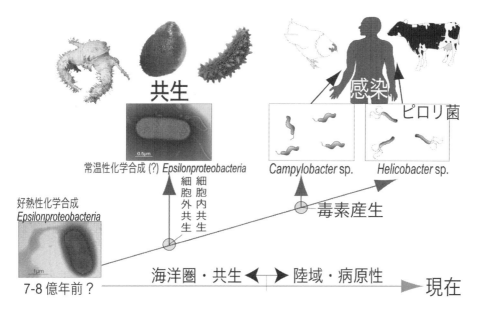

図2　全ゲノム解析から示唆されたEpsilonproteobacteriaの進化のシナリオ[39,40]

　上述した非病原性化学合成Epsilonproteobacteriaは，主に深海底熱水活動域に特異的に優占すると考えられてきたが[39]，近年その近縁種が浅海に棲息する貧毛類に細胞外共生していることが示された[42]。浅海域における共生Epsilonproteobacteriaの生理機能は解明されていないが，筆者らは沿岸域に棲息する棘皮動物の体腔液中にも，Epsilonproteobacteriaが特異的に優占して棲息していることを見いだしている[43]。

4.5　産業展開に向けた今後の展望

　浅海域に棲息する海洋性無脊椎動物は，抗マラリアペプチドや抗がん剤といった重要な生理活性物質の分離源であるが，近年それらの多くは無脊椎動物に共生している微生物が生産していると考えられている[4]。深海性無脊椎動物からも様々な生理活性物質が発見されており[44]，海洋圏全域に見られる様々な無脊椎動物とその共生微生物は，未開拓資源として高い価値を有している。深海底熱水活動域に棲息する無脊椎動物は，共生させている硫黄・メタンあるいは水素酸化細菌にほぼ全栄養を依存していることが特徴的である[3,45]。これら共生微生物の性状は未解明な点が多いが，何らかの生理活性物質によりホスト生物を捕食者から防御していることが示唆されており[46]，全ゲノム・プロテオーム解析[47]，トランスクリプトーム解析も行われている[48]。これらの生理活性物質は，一般にその構造の複雑さのため化学合成することが難しいが，微生物により生産されているとすれば商業規模での持続的生産が可能であろう。

　本国は地震国家である引き換えに，沖縄トラフや伊豆小笠原等に大規模な深海底熱水活動域を有している。さらに島嶼性（国家面積あたりの海岸延長）では米国の1.5倍，中国の2倍以上に達

するなど，沿岸環境も豊かである．それらの環境に棲息する海洋性無脊椎動物ならびにその共生微生物は，①生物資源として，②水産資源として，③最先端の研究素材として，④自然・歴史・文化的資源として極めて重要である．これらは気候変動や人為的影響により未開拓のまま失われつつあり，生理生態学的研究成果を集約し持続的開発を図ることが喫緊の課題である．

文　　献

1) Whitman W., Coleman D. and Wiebe W., *Proc. Natl. Acad. Sci. USA*, **95**, 6578 (1998)
2) Giovannoni S. and Stingl U., *Nat. Rev. Microbiol.*, **5**, 820 (2007)
3) Dubilier N., Bergin C. and Lott C., *Nat. Rev. Microbiol.*, **6**, 725 (2008)
4) Taylor M., Radax R., Steger D. and Wagner M., *Microbiol. Mol. Biol. Rev.*, **71**, 295 (2007)
5) Nakagawa S. and Takai K., *Methods Microbiol.*, **35**, 55 (2006)
6) Raghoebarsing A. *et al.*, *Nature*, **440**, 918 (2006)
7) Stetter K., "Extremophiles Handbook", p.403, Springer-Verlag (2011)
8) Lee H. *et al.*, *J. Bacteriol.*, **190**, 7491 (2008)
9) Kim Y. *et al.*, *Nature*, **467**, 352 (2010)
10) Mehta M. and Baross J., *Science*, **314**, 1783 (2006)
11) Takai K. *et al.*, *Proc. Natl. Acad. Sci. USA*, **105**, 10949 (2008)
12) Reysenbach A. *et al.*, *Nature*, **442**, 444 (2006)
13) Zeng X. *et al.*, *ISME J.*, **3**, 873 (2009)
14) Beatty J. *et al.*, *Proc. Natl. Acad. Sci. USA*, **102**, 9306 (2005)
15) Byrne N. *et al.*, *ISME J.*, **3**, 117 (2009)
16) Pettit R., *Mar. Biotechnol.* (*NY*), **13**, 1 (2011)
17) Takai K. and Horikoshi K., *Genetics*, **152**, 1285 (1999)
18) Takai K., Nakagawa S., Reysenbach A. -L. and Hoek J., "Back-arc spreading systems-Geological, biological, chemical, and physical interactions", p.185, American Geophysical Union (2006)
19) Sogin M. *et al.*, *Proc. Natl. Acad. Sci., USA*, **103**, 12115 (2006)
20) Wang F. *et al.*, *Proc. Natl. Acad. Sci., USA*, **106**, 4840 (2009)
21) Brazelton W. and Baross J., *ISME J.*, **3**, 1420 (2009)
22) Grzymski J. *et al.*, *Proc. Natl. Acad. Sci. USA*, **105**, 17516 (2008)
23) Xie W. *et al.*, *ISME J.*, **5**, 414 (2011)
24) Kennedy J. *et al.*, *Mar. Drugs.*, **8**, 608 (2010)
25) Harmsen H., Prieur D. and Jeanthon C., *Appl. Environ. Microbiol.*, **63**, 2876 (1997)
26) Kato S. *et al.*, *Appl. Environ. Microbiol.*, **76**, 2968 (2010)
27) Kaye J., Sylvan J., Edwards K. and Baross J., *FEMS Microbiol. Ecol.*, **75**, 123 (2011)
28) Nunoura T. *et al.*, *Appl. Environ. Microbiol.*, **76**, 1198 (2010)

第6章　海洋生物圏

29) Nakagawa S. *et al.*, *FEMS Microbiol. Ecol.*, **54**, 141 (2005)
30) Nakagawa S. *et al.*, *Appl. Environ. Microbiol.*, **72**, 6789 (2006)
31) Flores G. *et al.*, *Environ. Microbiol.*, **13**, 2158 (2011)
32) Perner M. *et al.*, *Environ. Microbiol. Rep.*, **3**, 727 (2011)
33) Takai K. *et al.*, *Extremophiles*, **8**, 269 (2004)
34) Takai K. and Nakamura K., *Curr. Opin. Microbiol.*, **14**, 282 (2011)
35) Takai K. *et al.*, *Palaeontological Res.*, **10**, 269 (2006)
36) Rogers A. *et al.*, *PLoS Biol.*, **10**, e1001234 (2012)
37) Nakagawa S., *IFO Res. Commun.*, **25**, 31 (2011)
38) Nakagawa S. *et al.*, *Environ. Microbiol.*, **7**, 1619 (2005)
39) Nakagawa S. and Takaki Y., Encyclopedia of Life Sciences, a0021895 (2009)
40) Nakagawa S. and Takai K., *FEMS Microbiol. Ecol.*, **65**, 1 (2008)
41) Nakagawa S. *et al.*, *Proc. Natl. Acad. Sci. USA*, **104**, 12146 (2007)
42) Ruehland C. and Dubilier N., *Environ. Microbiol.*, **12**, 2312 (2010)
43) Enomoto M., Nakagawa S. and Sawabe T., *Microbes. Environ.*, in press (2012)
44) Skropeta D., *Nat. Prod. Rep.*, **25**, 1131 (2008)
45) Petersen J. *et al.*, *Nature*, **476**, 176 (2011)
46) Kicklighter C., Risher C. and Hay M., *Mar. Ecol. Prog. Ser.*, **275**, 11 (2004)
47) Markert S. *et al.*, *Science*, **315**, 247 (2007)
48) Bettencourt R. *et al.*, *BMC Genomics*, **11**, 559 (2010)

第7章　有機溶媒生物圏

1　油汚染土壌のバイオレメディエーション

髙松邦明[*1]，今中忠行[*2]

1.1　はじめに

　土壌汚染は環境への負荷という問題だけではなく，土地売買の際にトラブルになるなど社会問題としても解決の急がれる重要な問題である。特に石油類による汚染は，ガソリンスタンドやボイラー設備の跡地などで近年頻繁に発生しており，切実な問題となっている。これまで，油汚染土壌の処理には掘削除去法が多く採用されてきたが，昨今の経済情勢や環境意識の高まりを受け，掘削除去に代わる低コスト・低環境負荷の浄化技術が切望されており，微生物による浄化に期待が集まっている。

　微生物に汚染物質を分解させることで汚染を浄化する方法（バイオレメディエーション）には，土着の微生物を活性化する方法（バイオスティミュレーション）と汚染物質の分解に優れた微生物を外部から投入する方法（バイオオーグメンテーション）がある。バイオオーグメンテーションを意識した汚染物質分解菌に関する研究は数多くの報告があり，主に新規微生物の分離や分解機構の解明，分解に関する遺伝子の解析などの研究が行われている。最終的にはこれらの研究成果を実際の汚染現場に適用することが期待されているが，微生物の安全性や環境への影響を十分検討する必要があり，その評価手法・基準の確立が望まれていた。こうした背景から，国は平成17年に「微生物によるバイオレメディエーション利用指針」を策定し，バイオオーグメンテーションに利用する微生物の安全性および環境への影響評価について一定の評価手法や考え方を示した[1]。この指針では，利用する微生物の安全性の評価には，動物を用いた病原性・毒性試験等の直接的評価の他に，近縁種の病原性調査，温度・pH等の好適生育環境の検討，土壌中の利用微生物数の把握，土壌微生物に与える影響の解析などによる多面的な評価の必要があるとしている。

1.2　微生物の分離および同定

　油汚染した土壌の修復には油分解菌が必要である。一般的に油分解菌は油分耐性を持っているのが普通である。そこでまず静岡県，新潟県，山形県，秋田県の油田（跡地）や油汚染した工場跡地などから多数の土壌試料を採取し，そこから重油を主な炭素源とする無機塩重油培地でのスクリーニングにより，約200株の微生物を分離した。これらを再び無機塩重油培地で培養し，菌体の生育のよい10株を選抜しそれぞれNo.1株〜No.10株と名付けた。16S rRNA遺伝子の塩基配列

　[*1]　Kuniaki Takamatsu　立命館大学　生命科学部
　[*2]　Tadayuki Imanaka　立命館大学　生命科学部　教授

第7章 有機溶媒生物圏

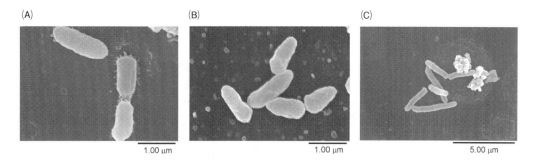

図1 (A) *Novosphingobium* sp. strain No.2, (B) *Pseudomonas* sp. strain No.5, (C) *Rhodococcus* sp. strain No.10

解析によりNo.1株〜No.10株の同定を行い，近縁種の病原性を調査した。病原性菌の判定は病原体等安全取扱・管理指針（日本細菌学会）のバイオセーフティ指針に沿った[2]。近縁種に病原性菌のいないNo.2株，No.5株およびNo.10株の3株を以降の研究対象とした。電子顕微鏡（Hitachi S-4700）で撮影した3株の写真を図1に示した。No.2株図1(A)，No.5株図1(B)，No.10株図1(C)はそれぞれ*Novosphingobium capsulatum*（99％），*Pseudomonas citronellolis*（99％），*Rhodococcus boritolerans*（99％）と最も相同性が高く，系統樹上でこれらの属の細菌が形成するクラスターに位置した。

1.3 安全性の確認

No.2株，No.5株およびNo.10株の安全性を確かめるため，動物を用いた病原性・毒性試験を行なった。ラットを用いた単回経口投与試験においては，2週間の観察期間中どの群においても死亡は見られず，一般状態，体重推移および剖検においても異常は認められなかった。ヒメダカを用いた水中暴露試験においては，2週間の観察期間中，対照区との差異は観察されず，供試魚への影響は認められなかった。

1.4 三菌株の特性解析

No.2株，No.5株，No.10株の3菌株について，生育特性を検討した。No.2株は20〜40℃，pH5〜7が生育に好適な環境であった。No.5株は20〜40℃，pH5〜7が生育に好適な環境であった。No.10株は20〜30℃，pH5〜8が生育に好適な環境であった。また各種基質の利用性も検討した。3株ともアルカンをよく資化し，特にNo.10株は広い範囲のアルカンを資化することができた。No.2株とNo.5株はNo.10株が資化できない炭素数30や31のアルカンを資化することができた。さらにNo.10株はフェノールを資化することができた。

1.5 土壌中での微生物の検出と定量

土壌中での菌数モニタリングのために，種または株ごとに特異的な塩基配列を持つとされる16S

極限環境生物の産業展開

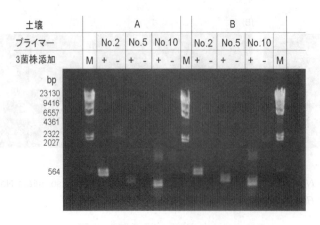

図2　土壌中での3菌株のモニタリング

-23S intergenic spacer領域の塩基配列に基づいた特異的プライマーを設計し，PCR法を行った。

実験には二種類の油汚染土壌A（砂質土，中質油汚染）およびB（粘性土，潤滑油汚染）は国内のガソリンスタンド跡地および工場跡地より取得した。No.2株，No.5株およびNo.10株を実際の油汚染土壌に添加し，それぞれの検出を試みた。すなわち滅菌していない2種類の油汚染土壌AおよびBにこれら3株をそれぞれ約10^5 cells/g乾土となるように添加し，よく混合した。3株を添加した土壌AおよびBを1 gずつ採取し，それぞれに滅菌生理食塩水9 mlを加えて希釈，懸濁したのち，その100 μlを試験管に調製した5 mlの最確数法用培地に別々に添加した。30℃で4日間振盪培養し，生育した微生物のゲノムを抽出した。抽出したゲノムをテンプレートとし，No.2株，No.5株およびNo.10株検出用の特異的プライマーを用いてPCRを行った。比較対象として，3株を添加しない土壌AおよびBでも同様の操作を行った。アガロースゲル電気泳動の結果，3株を添加した土壌AおよびBからはNo.2株，No.5株およびNo.10株の検出を示すバンドが予想された位置に現れ，3株を添加しない土壌AおよびBからはバンドは現れなかった（図2）。

さらにPCR法と最確数法（Most Probable Number（MPN）法）を組み合わせたPCR-MPN法[3]による検出・定量が可能であることを確認した。

1.6　油汚染土壌を用いた実証実験（油分分解試験および菌相解析）

バイオオーグメンテーションにNo.2株，No.5株およびNo.10株を適用する前に，油汚染土壌を用いた実証実験を行なった。3株を添加しない場合と比較して，添加した場合の油分濃度の減少が速く，3株による油分分解効果が認められた（図3）。3株を添加しない場合においても油分濃度の減少が見られたが，揮発や土着菌による分解の効果があったと考えられる。また，二種類の土壌のどちらでも，No.2株，No.5株およびNo.10株は試験開始直後に増加が見られ，油分濃度の減少も初期が最も速かった。その後は各株によって挙動が異なるが，おおまかな傾向として菌数の減少が見られ，油分濃度の減少速度も遅くなっていた。菌数の増減と油分の減少速度は相関が

第7章　有機溶媒生物圏

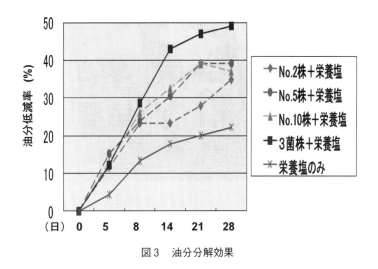

図3　油分分解効果

あると考えられ，実際のバイオオーグメンテーションではこれらのデータを突き合わせることでより精密なモニタリングができると考えられる。

　バイオオーグメンテーションでは窒素やリンなどの塩を栄養物質として微生物と一緒に土壌に添加する場合が多いが，栄養物質により土壌微生物の異常繁殖が起こる可能性がある。「微生物によるバイオレメディエーション利用指針」に沿ったバイオオーグメンテーション工事では必ず事前試験が求められ，本番同様の処理を施した場合に病原性菌の顕著な増加がないこと，病原性菌でなくとも土壌微生物の異常な増殖がないことを確認する必要がある。実証実験において，16SrRNA遺伝子のT-RFLP解析とクローン解析により，増加した微生物が特定できた。増加した微生物はすべてバイオセーフティレベル1（BSL1）の微生物であった。また，土壌微生物は初期に数十倍の増殖が確認されたが，栄養物質や給水，攪拌の効果であると考えられ，異常と思われる増殖は確認されなかった。これらの方法によりバイオオーグメンテーションで必要とされる土壌微生物のモニタリングが可能であることを確認できた。

1.7　微生物によるバイオレメディエーション利用指針

　No.2株，No.5株およびNo.10株がバイオオーグメンテーションに適用できる安全・有効な微生物であるということが認められ，平成21年に経済産業省および環境省より「微生物によるバイオレメディエーション利用指針」に適合した微生物であるとの確認を受けた。これは国内で初の認可であった。

1.8　油汚染土壌浄化工事モニタリング

　通常，油汚染土壌の修復には，ランドファーミング法と注入工法がある。ランドファーミング法とは，土壌を掘り返してマットの上に置き，水・栄養塩と微生物を混合し，時々土壌を攪拌し

図4 ランドファーミング工法

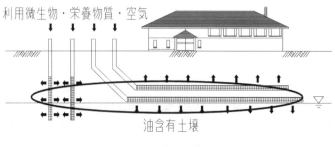

図5 注入工法

図6 水平ドリルによる注入

て酸素供給する方法である（図4）。一方，注入工法とは，建物が立っているためその地下を掘り起こすことができず，水・栄養塩と微生物を注入井から入れ，揚水井から水をくみ出し，循環させる方法である（図5，6）。今回国内の重油汚染サイトにおいてNo.2株，No.5株およびNo.10株を用いた浄化工事が8ヶ月間にわたって行なわれた。対象土量は約3,000 m^3で，油汚染は帯水層に存在したため，地下水循環方式が採用された。No.2株，No.5株およびNo.10株を浄化開始時

第7章　有機溶媒生物圏

にそれぞれ約 1×10^5 cells/g となるように添加し，以降は添加しなかった。浄化工事開始前から8ヶ月目までのNo.2株，No.5株およびNo.10株の菌数と土壌油分濃度を調べた。菌数は代表的な1地点をPCR-MPN法で測定し，油分濃度は21地点・深度の平均をとった。また，6段階（油臭）または5段階（油膜）で21地点・深度の油臭・油膜強度を評価した。浄化工事開始前の平均油臭強度，平均油膜強度はそれぞれ4.23，3.47であったが，8ヶ月目には平均油臭強度2.66，平均油膜強度2.05となり，浄化目標である油臭強度3，油膜強度2をほぼ達成していた。

文　　献

1) 経済産業省・環境省，微生物によるバイオレメディエーション利用指針，経済産業省環境省告示第四号（2005）
2) 篠田純男（編集代表者），病原体等安全取扱・管理指針，p.13-35，日本細菌学会（2008）
3) Miwa N., Nishina T., Kubo S. and Atsumi M., *J. Vet. Med. Sci.*, **59**, 89-92（1997）

2 有機溶媒耐性細菌の利用技術と応用

加藤純一*

2.1 有機溶媒耐性細菌

炭化水素をはじめとする有機溶媒はその疎水性の故，脂質二重膜から成る細胞質膜に蓄積する。そして，脂質膜の流動性の低下により細胞質膜の透過バリア機能を破壊したり，膜蛋白質の変性・失活によりエネルギー変換や物質輸送等の重要な生物機能に障害を与えることにより，生物毒性を発揮する。有機溶媒の毒性評価もしくは微生物の有機溶媒耐性は，よく水相（培地）に当該有機溶媒を重層した二相系で行われる。二相系では有機溶媒の水溶解度も毒性に影響を及ぼすので，厳密に毒性を評価する系としては適当とは言えない。しかし，後述の二相反応系などの応用技術とつながるところがあるので，頻繁に用いられている。二相系での増殖を指標に毒性を評価すると，疎水度の指標の一つである1-オクタノール/水分配係数の対数値，$\log P_{O/W}$が低いほど概ね毒性効果が強いことが分かる。もちろん，有機溶媒の分子構造や官能基の種類も毒性に影響を持つので，$\log P_{O/W}$だけで毒性を正確に予測するのは無理であるが，二相系における毒性の強さを大まかに予測するにはよい指標と言えよう。$\log P_{O/W}$が低いほど毒性が強いのは，$\log P_{O/W}$が低いほど水への溶解度が高くなるためと考えられる。脂質二重膜への分配を考えるならば，$\log P_{O/W}$が高い方が膜へ分配しやすいが，$\log P_{O/W}$が高い分水溶解度が低くなり，結果的には二相系においては毒性効果が低くなる。特に毒性が強いのは，$\log P_{O/W}$が1〜4の有機溶媒である。これには，n-ブタノール（$\log P_{O/W}=0.8$），クロロフォルム（2.0），ベンゼン（2.0），トルエン（2.5），キシレン（3.0），ヘキサン（3.5）などが含まれる。

毒性の強い有機溶媒（$\log P_{O/W} = 1〜4$）を炭素源として資化する微生物は古くから知られていた。しかし，それも有機溶媒濃度が極く低濃度であるときに資化するのであって，さすがに有害有機溶媒が高濃度存在する環境で生存しうる生物はいないであろうと考えられてきた。その常識を打ち破ったのが，Inoue & Horikoshiの報告である[1]。彼らは，トルエンを10〜90%（v/v）重層した条件でも増殖可能な*Pseudomonas putida* IH-2000株を単離した。IH-2000株はトルエン以外の有機溶媒に対しても耐性を示したが，その有機溶媒の$\log P_{O/W}$はすべてトルエンの$\log P_{O/W}$（2.5）より大きい値であった。彼らはIH-2000株以外の菌株について有機溶媒耐性/感受性のスペクトルを調べたところ，それぞれの菌株に閾となる有機溶媒があり，その有機溶媒の$\log P_{O/W}$よりも大きい$\log P_{O/W}$を持つ有機溶媒には耐性で，より小さい$\log P_{O/W}$の有機溶媒には感受性であるというルールを見い出している。*P. putida* IH-2000株単離の報告以降，世界各地で各種の有機溶媒耐性細菌が分離されている（表1）。Inoue & Horikoshiの研究の流れを受けたため，芳香族や脂肪族炭化水素の耐性菌がほとんどである。それに加え，物質生産の観点から酢酸エチルやブタノールの耐性菌も分離されている。

---

* Junichi Kato　広島大学　大学院先端物質科学研究科　分子生命機能科学専攻　教授

第 7 章　有機溶媒生物圏

表 1　これまで報告されている有機溶媒耐性細菌

菌株	酢酸エチル	ブタノール	クロロフォルム	ベンゼン	ペンタノール	トルエン	スチレン	p-キシレン	エチルベンゼン	シクロヘキサン	ヘキサン	文献
Acinetobacter Tol5						○						2
Flavobacterium sp. DS-711				○		○		○				3
Pseudomonas putida IH-2000						○	○	○	○	○	○	1
Pseudomonas putida Idaho						○	○	○	○	○	○	4
Pseudomonas putida S12						○	○	○	○	○	○	5
Pseudomonas putida DOT-T1E						○						6
Pseudomonas putida T57						○		○	○	○	○	7
Pseudomonas aeruginosa ST-001						○		○	○	○	○	8
Arthrobacter ST-1				○								9
Bacillus OS-1906				○						○	○	10
Bacillus sp. BC1			○									11
Bacillus subtilis GRSW1-B1		○										12
Brevibacillus agri 13	○	○								○		13
Deinococcus geothermalis T27	○				○							14
Kocuria rhizophilas DC2201	○				○							15
Rhodococcus strain 33				○								16
Rhodococcus rhodochrous S-2										○	○	17
Rhodococcus opacus B4				○		○	○	○	○	○	○	18

2.2　有機溶媒耐性細菌を活用する疎水性有用物質の生産

　疎水性の有用物質の微生物生産は，原料および生産物の生物毒性が障害となって，工業化されているものは極めて限られている。有機溶媒耐性細菌は疎水性有用物質生産の障害となっている生物毒性を克服するものとして着目され，疎水性物質生産の応用研究が早くから行われた。本項では，二つの反応形態（二相反応系と非水系反応系）に分けていくつか研究例を紹介する。

2.2.1　二相反応系

　二相反応系とは，反応液に有機溶媒を重層して生物変換反応を行う反応系である。有機相を重層するメリットとして次のことが考えられる。

① 　有機相が原料である疎水性物質のリザーバーとして機能する。
② 　水相で生産された反応産物の抽出。これにより水相中の生産物濃度を低く保ち，生産物に起因する毒性を軽減することができる。また生産物精製が容易になる。
③ 　反応産物の安定化。たとえば水相に存在すると加水分解しやすい生産物でも，有機相に存在

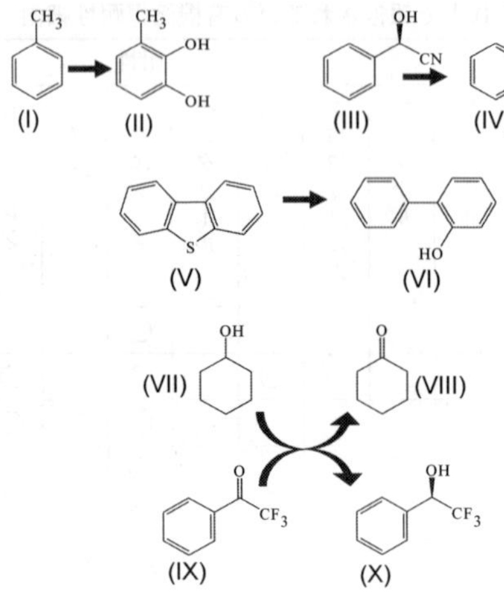

極限環境生物の産業展開

図1 有機溶媒耐性細菌を用いた物質変換（詳細は本文に記載）

することで安定性が増す。

　疎水性有用物質生産でバイオプロセスに大きな期待がかかっているものの一つは，不活性炭素への酸素の付加である。その結果生じる生産物の抽出に適した有機溶媒のlog $P_{O/W}$はおおよそ1〜4であると言われている。すなわち，生物毒性が高い領域である。ここで有機溶媒耐性細菌の優位性が出てくる。

　Faizalらは活性汚泥から分離した*P. putida* T57株を用いてトルエン（図1(I)）からの3-メチルカテコール（図1(II)）の生産を検討した[7]。T57株はトルエンジオキシゲナーゼ経路を持ち，トルエン→トルエン*cis*-グリコール→メチルカテコールと酸化，さらにカテコール2,3-ジオキシゲナーゼ（*todE*の遺伝子産物）で分解して資化する。メチルカテコールを蓄積させるために*todE*を破壊し，物質変換試験を行った。まず，種々の炭素源の添加効果を検討したところ，ブタノールの添加が有効であることを見い出した。そこでブタノール存在下で変換反応を行ったところ12.1 mMのメチルカテコールが蓄積した。次いで有機相として10%（v/v）のオレイルアルコールを重層し二相反応系で変換反応を行ったところ，メチルカテコールの生産量は2倍（24.4 mM）に向上した。さらに反応の条件を検討した結果，有機相；1-デカノール，水相：有機相＝1：1，pH 7.0で至適であることが分かった。この至適条件で変換反応を行ったところ，97 mMのメチルカテコールを50時間で生産することができた[19]。

　通常の細菌を高濃度の有機溶媒に曝すと細胞が溶解してしまう。放線菌*Kocuria rhizophila* DC2201株はアルコール類，炭化水素類，酢酸エステル類およびケトン類に曝しても溶菌しない極めて強固な細胞を有する[15]。それ故，DC2201株は二相反応系での物質生産の格好な宿主と考えられる。ダイセル化学工業（現ダイセル）の研究チームは，DC2201株を生体触媒の宿主として利用するために，近縁の菌株のプラスミドを用いてプラスミドベクターを構築した。そして*Arthrobacter*

第7章　有機溶媒生物圏

由来のニトリラーゼ遺伝子をDC2201株に導入し，マンデルニトリル（図1(III)）→(R)-マンデル酸（図1(IV)）の生体触媒を構築した。このニトリラーゼは基質阻害を受けるために一相系の反応ではある程度の量までしか(R)-マンデル酸を生産できないが，二相系の採用により基質阻害を軽減することができ，211 g/Lもの(R)-マンデル酸を生産することができた[20]。

石油の重質油をディーゼル燃料として利用するためには，重質油に高濃度含まれる硫黄分を除去する必要がある。一般的な脱硫法である水素化脱硫法は高温・高水素圧条件を必要とするエネルギー大量消費型のプロセスであるとともにジベンゾチオフェン（図1(V)）が脱硫しにくい。それに対し，ある種の微生物は常温・常圧の穏和な条件でジベンゾチオフェンを含む原油硫黄成分を脱硫する活性を有することから，微生物機能を活用した脱硫プロセスの開発が行われている。このバイオプロセスは基質が重質油の二相反応系となるので，有機溶媒耐性細菌をベースとした生体触媒が有利と考えられる。Kawaguchiらは*Rhodococcus erythropolis* IGTS8株のジベンゾチオフェン分解系の遺伝子*dszABC*をプラスミドで有機溶媒耐性*Rhodococcus opacus* B-4株（図2）に導入し，ジベンゾチオフェンを脱硫しヒドロキシビフェニル（図1(VI)）に変換する生体触媒を構築した[21]。B-4株の組換え体は，一相反応系でIGTS 8株よりも高いジベンゾチオフェン変換速度を示し，1 mMのジベンゾチオフェンを8時間でほぼ完全に脱硫した。次いで*n*-ヘキサデカンを有機相とした二相反応系で変換反応を行ったところ，有機相：水相＝1：3のとき最も変換速度が高く，一相系より80%変換速度が向上した。これは有機相が存在することで細胞内のジベンゾチオフェンおよびヒドロキシビフェニルの蓄積濃度が低下し，変換反応への阻害効果が低減したためと考えられる。

二相系で反応を行う場合，菌株によって局在する部位がまちまちである。親水性の細胞表層を持つ*P. putida*の細胞はほとんど水相に局在するのに対し，*Rhodococcus*属細菌は極めて高い疎水度の細胞表層のため有機相/水相の界面や有機相に局在する。堀らのグループは二相反応系を行う場合，菌体の局在様式が反応効率に影響を及ぼすことを報告している。トルエン分解菌*Acinetobacter* sp. Tol5[2]は疎水性の細胞表層を持ち，自己凝集を起こしつつ有機相/水相の界面に局在する。この自己凝集は細胞表層ナノファイバー蛋白質に起因している[22]。面白いことに細胞

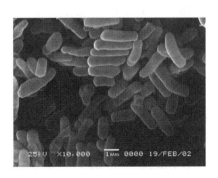

図2　*Rhodococcus opacus* B-4株

表層ナノファイバー蛋白質を欠く変異株（T1株）は自己凝集を起こさず，単層で有機相／水相界面に局在する。このような局在を示す細胞は有機相中の基質へ効率的にアクセスできるので，二相反応系では有利であると考えられる。事実，シリコンオイルにトルエンを添加した二相系でトルエンの分解反応を行ったところ，T1株は3.1 g/L/hもの高い分解速度を示した[23]。

2.2.2 非水反応系

上述のように*Rhodococcus*属細菌は疎水度が高いので，容易に有機溶媒に懸濁される。Yamashitaらは*R. opacus* B-4株（図2）がテトラデカン，オレイルアルコール，ビス（2-エチルヘキシル）フタレートなどの有機溶媒中で少なくとも5日間生存するだけでなく，ほとんど水を含まない有機溶媒中でトルエンジオキシゲナーゼ活性を発揮することを見い出した[24]。トルエンジオキシゲナーゼが触媒する反応にはNADHの供給が必要であるが，B-4株はオレイルアルコールをエネルギー源としてNADHを再生する代謝活性を有機溶媒中でも保持することが分かった。疎水度が高い化合物へのアクセスは有機溶媒中の方が断然効果的であるので，疎水度の高い基質の物質変換には有機溶媒中で触媒機能を発揮できるB-4株が有利であると考えられる[25]。本田らは，B-4株の高い疎水性を活用した斬新な生体触媒の構築を行っている。B-4株に好熱性菌由来の酵素遺伝子を導入・発現させた後70℃程度の熱処理を施すと，好熱性菌由来の酵素は活性を保持するがB-4株自体の代謝機能はすべて失活する。すなわち，好熱性菌由来の酵素のみが機能する「触媒パーティクル」ができる。この触媒パーティクルは，①基礎代謝に起因する副産物の生成は起こらない，②複数の酵素を導入することで望みの反応経路を構築できる，③化学触媒並に簡便に扱うことができる，といった利点を持つ。もちろん，B-4株の細胞を用いているので有機溶媒に懸濁しての反応も容易に行える。本田らはこのアイデアを検証すべく*Thermus*属細菌の2種のアルコールデヒドロゲナーゼ遺伝子をB-4株に導入して触媒パーティクルを構築した。アルコールデヒドロゲナーゼの一つはシクロヘキサノール（図1（Ⅶ））をシクロヘキサノン（図1（Ⅷ））に酸化しNADHを生じる。もう一方はNADHによりトリフルオロフェノン（図1（Ⅸ））を還元し光学活性な（R)-α-（トリフルオロメチル）ベンジルアルコール（図1（Ⅹ））を生成する。この二つの酸化還元反応を共役させればシクロヘキサノールと（図1（Ⅸ））から（図1（Ⅹ））を生産することができる。本田らは，構築した触媒パーティクルを基質溶媒（図1（Ⅶ＋Ⅸ））に懸濁して反応を行い71.8 g/Lの（図1（Ⅹ））の生産に成功している（本田ほか，未公表データ）。これは有機溶媒耐性の機能よりも細胞の疎水性に主眼を置いたアプローチであるが，疎水性ケミカルのバイオ生産の有効な選択肢になると期待される。

2.3 今後の課題

1989年の最初の報告から多数の有機溶媒耐性細菌が分離され，そのいくつかは疎水性ケミカル生産の宿主として有望視されている。今後有機溶媒耐性細菌を活用したケミカル生産プロセスを実用化するためには，効率的な異種遺伝子発現系の確立，二相反応のためのバイオリアクターの構築が必要であろう。

第7章　有機溶媒生物圏

文　　献

1) A. Inoue and K. Horikoshi, *Nature*, **338**, 264（1989）
2) H. Watanabe *et al.*, *J. Biosci. Bioeng.*, **106**, 226（2008）
3) K. Moriya and K. Horikoshi, *J. Ferment. Bioeng.*, **76**, 168（1993）
4) D. L. Cruden *et al.*, *Appl. Environ. Microbiol.*, **58**, 2723（1992）
5) F. J. Weber and J. A. M. de Bont, *Appl. Environ. Microbiol.*, **59**, 3502（1993）
6) J. L. Ramos *et al.*, *J. Bacteriol.*, **177**, 3911（1995）
7) I. Faizal *et al.*, *J. Ind. Microbiol. Biotechnol.*, **32**, 542（2005）
8) R. Aono *et al.*, *Biosci. Biotechnol. Biochem.*, **56**, 145（1992）
9) C. Kato *et al.*, *Trends Biotechnol.*, **14**, 6（1996）
10) A. Abe *et al.*, *Mar. Biotechnol.*, **2**, 182（1995）
11) Y. N. Sardessai and S. Bholsles, *Biotechnol. Prog.*, **20**, 655（2004）
12) N. Kataoka *et al.*, *AMB Express*, **1**（2011）
13) A. Kongpol *et al.*, *FEMS Microbiol. Lett.*, **297**, 225（2009）
14) A. Kongpol *et al.*, *FEMS Microbiol. Lett.*, **286**, 227（2008）
15) K. Fujita *et al.*, *Enzyme Microb. Technol.*, **39**, 511（2006）
16) M. L. F. Paje *et al.*, *Microbiology*, **143**, 2975（1997）
17) N. Iwabuchi *et al.*, *Appl. Environ. Microbiol.*, **66**, 5073（2000）
18) K.-S. Na *et al.*, *J. Biosci. Bioeng.*, **99**, 378（2005）
19) 竹下慎一ほか，日本生物工学会第60回大会要旨集，p. 68（2008）
20) 松村栄太郎ほか，日本農芸化学会2011年度大会要旨集，p. 120（2011）
21) H. Kawaguchi *et al.*, *J. Biosci. Bioeng.*, **113**, 360（2012）
22) K. Hori *et al.*, *J. Biosci. Bioeng.*, **111**, 31（2011）
23) H. Watanabe *et al.*, *J. Biosci. Bioeng.*, **106**, 226（2008）
24) S. Yamashita *et al.*, *Appl. Microbiol. Biotechnol.*, **74**, 761（2007）
25) T. Hamada *et al.*, *J. Biosci. Bioeng.*, **108**, 116（2009）

3 疎水性有機溶媒耐性微生物の耐性機構と応用

道久則之*

3.1 はじめに

　生体触媒は通常，常温・常圧，中性の水溶液中で触媒機能を発揮し，基質特異性や反応特異性が高く，副産物を生じることなく反応を進行させることができる。また，生体触媒を用いた反応プロセスでは，立体特異的な反応により光学活性な化合物を高効率に合成することもできる。化学製品の製造プロセスに生体触媒を導入すると，多段階の反応工程を必要とする製造プロセスを簡略化することができるため，省資源・省エネルギー化や廃棄物の低減が図れる。疎水性物質を基質として生体触媒により変換反応を実施する場合には，基質を有機溶媒に溶解して反応系に添加する方法がある。しかし，疎水性有機溶媒の中には微生物に対して毒性を示すものがあり，用いる有機溶媒の種類によっては微生物の生育を著しく阻害する。このため，NAD（P）Hなどの補酵素やATPなどの補因子の再生を必要とするような生菌体を用いた生体触媒反応を，有機溶媒存在下で実施すると，有機溶媒の生育阻害効果により補酵素が再生されなくなることから，反応効率は著しく低下する。そこで，有機溶媒存在下で効率よく変換反応を行うためには，有機溶媒存在下でも生育可能な有機溶媒耐性の微生物が有用である。トルエンなどの有機溶媒は微生物の生育を著しく阻害することが知られていたが，1989年に，井上と掘越により，培地と等量のトルエンが存在する環境でも良好な生育を示す*Pseudomonas putida* IH-2000株が報告された[1]。この発見以降，多数の有機溶媒耐性菌が分離されている。有機溶媒耐性菌は，有機溶媒を液体培地に多量に重層することにより，有機溶媒相と水相（培養液相）が二相を形成する条件でも生育することができる。このため，有機溶媒耐性菌を用いた有機溶媒-水の二相反応系における有用物質生産が期待されている。

3.2 疎水性有機溶媒耐性微生物の耐性機構

3.2.1 疎水性有機溶媒の毒性

　疎水性有機溶媒は生体膜に蓄積することで，微生物の生育を阻害すると考えられる。疎水性有機溶媒に曝露された大腸菌の透過型電子顕微鏡観察の結果から，広範囲にわたって内膜が外膜から遊離した構造が認められている（図1）[2,3]。有機溶媒が生体膜に多量に蓄積すると膜構造の破壊により，透過障壁としての機能が失われる。また，イオンポンプやATPaseなどの膜に結合したタンパク質の機能が失われ，RNA，リン脂質，タンパク質などの菌体内成分が漏出し，膜電位やプロトン濃度勾配の減少が起こり，細胞は生命活動を維持できなくなることが考えられる。

　疎水性有機溶媒を重層した寒天培地や液体培地における微生物の生育能が，有機溶媒の毒性評価に用いられている。疎水性有機溶媒が培地と二相を形成するまで大量に重層されている系において，微生物の生育能は，有機溶媒の$\log P_{ow}$と負に相関することが示されている[1]。$\log P_{ow}$とは，

---

*　Noriyuki Doukyu　東洋大学　生命科学部　教授

第7章 有機溶媒生物圏

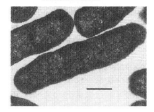 

図1 有機溶媒に曝露された大腸菌の電子顕微鏡写真
図の左は，溶媒無添加で培養した場合の大腸菌，右はn-ヘキサンを重層して培養した大腸菌を示す。Scale barは，左は0.5μm，右は0.25μmを示す。（出典：文献2）

水とn-オクタノールとの二相間における任意の物質の分配係数P_{ow}の常用対数であり，物質の極性を示すパラメーターの一つである。ある物質を等量のオクタノール／水の二相系に溶かした場合，溶質はオクタノール相と水相に分配する。この場合の分配比がP_{ow}であり，P_{ow} = C_o（オクタノール相における濃度）／C_w（水相における濃度）として算出される。$\log P_{ow}$は分配係数P_{ow}の常用対数である。疎水性度が低い（極性が大きい）有機溶媒ほど，$\log P_{ow}$は小さい値となり，微生物の生育を強く阻害する。塚越と青野は，$\log P_{ow}$値の異なる様々な種類の有機溶媒を添加した二相系における大腸菌細胞内への有機溶媒蓄積量を調べた[4]。この結果，$\log P_{ow}$値の小さい有機溶媒ほど細胞内蓄積量は多く，生育阻害効果も大きいことが示されている。ここで注意が必要なのは，この毒性の評価方法は，「有機溶媒が培地と二相を形成するまで大量に重層されている系」を用いて行われている点である。有機溶媒の毒性評価を，50％増殖を阻止する濃度（EC50）により評価すると，有機溶媒の毒性は$\log P_{ow}$値に正に相関する結果が得られている[5]。つまり，疎水性度の高い（$\log P_{ow}$値が大きい）有機溶媒の方が膜に蓄積しやすく毒性が強い。しかし，大量に有機溶媒を重層するような系では，疎水性度の低い有機溶媒（$\log P_{ow}$値が小さい）の方が水溶性が高いため培養液中に高濃度に存在することになる。この結果，疎水性度の低い有機溶媒の方が，生体膜に多量に蓄積し，生育阻害効果は大きくなる。一般的に，$\log P_{ow}$値が2〜4の有機溶媒が生体膜に蓄積しやすく，多くの微生物に対して毒性が強い。$\log P_{ow}$値が2よりも小さい有機溶媒は，生体膜を容易に通過することができ，膜に蓄積しにくくなるため，毒性は低くなる。また，$\log P_{ow}$値が4よりも大きい有機溶媒は，水溶性が著しく低いため，毒性は低い。

微生物の有機溶媒耐性は，微生物の種類によって大きく異なる[6]。先に述べた$P.$ $putida$ IH-2000株は，$\log P_{ow}$が2.6（トルエン）以上の有機溶媒存在下において生育できる。また，大腸菌JA300株は，$\log P_{ow}$が3.9（ヘキサン）以上の有機溶媒に耐性であり，$\log P_{ow}$が3.4（シクロヘキサン）以下の有機溶媒に感受性である。このように，個々の微生物は，ある値以上の$\log P_{ow}$を示す有機溶媒存在下において生育が可能である。この生育阻害-$\log P_{ow}$の相関則は経験則であり，例外も存在する。

表1 有機溶媒耐性に関与するRND型排出ポンプ

細菌	アダプター蛋白質	内膜トランスポーター	外膜タンパク質	文献
Escherichia coli	AcrA	AcrB	TolC	4)
Escherichia coli	AcrE	AcrF	TolC	7)
Pseudomonas putida DOT-T1E	TtgA	TtgB	TtgC	8)
Pseudomonas putida DOT-T1E	TtgD	TtgE	TtgF	8)
Pseudomonas putida DOT-T1E	TtgG	TtgH	TtgI	8)
Pseudomonas putida S12	SrpA	SrpB	SrpC	9)
Pseudomonas aeruginosa	MexA	MexB	OprM	10)

3.2.2 微生物の疎水性有機溶媒耐性機構

これまでに，トルエン，キシレン，スチレンなどに耐性の*Pseudomonas putida*や*Pseudomonas*属細菌に準じて有機溶媒耐性度の高い大腸菌の有機溶媒耐性機構が研究されている。これらの有機溶媒耐性機構について，以下にまとめた。

3.2.3 RND型薬剤排出ポンプ

細菌の薬剤排出システムはその構造および共役するエネルギーの違いから大きく五つのファミリー（ABC型，RND型，MF型，SMR型，MATE型）に分類されるが，*Pseudomonas*属細菌や大腸菌などのグラム陰性細菌の有機溶媒耐性には，RND（resistance-nodulation-cell division）ファミリーに属する薬剤排出ポンプが主要に寄与していることが考えられている。RND型の排出ポンプは，内膜コンポーネント，外膜コンポーネントおよびそれらをつないでいるアダプター蛋白質からなる。有機溶媒耐性に関与することが報告されている細菌のRND型薬剤排出ポンプについて表1にまとめた。大腸菌の場合には，この薬剤排出ポンプとしてAcrAB-TolCが知られている。AcrBは内膜に存在するトランスポーターであり，TolCは外膜に存在しチャネルを形成する。AcrAは，AcrBとTolCとの複合体の周辺部にあって，内膜と外膜を引きつけることで複合体形成を補強する役割をしていると考えられている。これら3者複合体は膜貫通型の薬剤排出ポンプを形成し，プロトン駆動力をエネルギー源として薬剤を菌体外へ排出する。AcrAB-TolC排出ポンプは抗生物質，色素，界面活性剤などの多様な物質を排出し，これらに対する耐性を付与するが，シクロヘキサン，*n*-ヘキサン，ヘプタンなどの疎水性有機溶媒を排出することによって有機溶媒耐性にも寄与する。また，*acrB*欠損により溶媒に感受性となった菌株から，有機溶媒耐性が向上したサプレッサー変異株が取得された。この菌株は，AcrEFを高発現していた。これらの結果から，AcrAB-TolCポンプ以外に，AcrEF-TolCポンプによっても溶媒耐性化することが示された[7]。この変異株では*acrEF*オペロンの上流に挿入配列IS2が挿入され，*acrEF*オペロンの発現が増加していた。

大腸菌の場合と同様なRND型排出ポンプが*Pseudomonas*属細菌にも存在する。*P. putida* S12株では，RND型排出ポンプのSrpABCが有機溶媒耐性に関与することが報告されている。また，*P. putida* DOT-T1E株では，TtgABC, TtgDEF, TtgGHIの三つのポンプが報告されている。

第7章　有機溶媒生物圏

TtgABCとTtgGHIは，トルエン，スチレン，キシレン，エチルベンゼン，プロピルベンゼンなどを排出するが，TtgDEFはトルエンとスチレンのみの排出に関与する。さらに，*P. aeruginosa*では，MexAB-OprM多剤排出ポンプが有機溶媒耐性に関与することが報告されている。これら*Pseudomonas*属細菌由来のRND型排出ポンプは，大腸菌のAcrAB-TolCポンプとアミノ酸レベルで58〜77%の相同性がある。

3.2.4　RND型薬剤排出ポンプの発現制御

大腸菌JA300株はシクロヘキサンに感受性である。JA300株由来のシクロヘキサン耐性変異株の耐性付与遺伝子は，ミスセンス変異した*marR*遺伝子であった[3]。*marR*遺伝子に変異が生じたことにより，*marRAB*発現が脱抑制され，MarAタンパクが高発現される。MarAは*mar-sox*レギュロンと呼ばれる一連の遺伝子群の転写を活性化する。この遺伝子群の中で*acrAB*, *tolC*が高発現化することにより，薬剤排出ポンプとして知られるAcrAB-TolCが高生産化され，有機溶媒耐性化することが知られている。また，*mar-sox*レギュロン発現はMarAだけでなくSoxS，Robによっても活性化される。したがって，*marA*, *soxS*, *robA*遺伝子をそれぞれ高発現させると*acrAB*, *tolC*の発現が活性化され，大腸菌はシクロヘキサン耐性を獲得する。また，*acrAB*はTetRファミリーのAcrRによっても発現が制御されている。

P. putida DOT-T1E株の三つの排出ポンプをコードする遺伝子（*ttgABC*, *ttgDEF*, *ttgGHI*）は，それぞれ単一のオペロンを構成している[8]。このうち，TtgABCは，TetRファミリーのTtgRによって発現が制御されている。TtgDEFは，IclRファミリーのTtgTによって発現が制御されている。TtgGHIは，TetRファミリーのTtgWとIclRファミリーのTtgVによって発現が制御されていると考えられている。

3.2.5　その他の薬剤排出ポンプ

大腸菌のMFファミリーに属するEmrAB-TolC排出ポンプは様々な薬剤耐性に関与することが知られている。*emrAB*遺伝子をオクタン感受性の*acrAB*欠損株で高発現化させたところ，オクタン耐性となった[4]。したがって，EmrAB-TolC排出ポンプは少なくともオクタン耐性に関与していることが示唆された。

3.2.6　リン脂質

*Pseudomonas*属細菌を用いた研究では，有機溶媒に細菌を曝した場合に，リン脂質の組成が変化することが報告されている[8]。有機溶媒が膜に蓄積すると膜の流動性が増加すると考えられるが，有機溶媒に曝された菌株は，トランス型の不飽和脂肪酸の割合がシス型よりも増加し，膜の流動性を低下させている。*P. putida* DOT-T1E株のCti（不飽和脂肪酸のシス体からトランス体への異性化酵素）欠損株では，有機溶媒耐性が低下していた。また，*P. putida* S12株では，トルエン存在下において，リン脂質のカルジオリピン（CL）が増加し，ホスファチジルエタノールアミン（PE）が低下することが報告されている。CLの相転移温度はPEよりも高いことから，この変化により，膜の流動性が低下し，膜構造が安定化したことが考えられている。また，*P. putida* Idaho株では，*o*-キシレン存在下において，ホスファチジルグリセロール（PG）が減少し，PEが

増加した。PEはPGよりも融点が高く，膜が安定化したことが考えられる。

3.2.7 リポ多糖

グラム陰性細菌のリポ多糖（LPS）は外膜の主要な構成成分であり，物質透過を制限する障壁となる。大腸菌の有機溶媒耐性化した変異株ではLPSの増加が認められている。しかし，有機溶媒に曝露した後の*P. putida*のLPSの変化が調べられているが，この場合，LPSが溶媒の侵入を低減させる効果は認められていない[11]。

大腸菌や*Pseudomonas*属細菌の有機溶媒耐性度は，Mg^{2+}やCa^{2+}などの二価カチオンを5～10 mM添加することによって顕著に向上する[1,3]。これら二価カチオンは，膜表層の陰性分子（リポ多糖，リン脂質など）間の電気的反発を消去して表層構造を安定化することによって溶媒耐性度を向上させると考えられている。

3.2.8 炭素代謝系

トランスクリプトーム解析によって大腸菌の有機溶媒耐性に関与する遺伝子が調べられている。この結果，glycerol-3-phosphate dehydrogenase をコードする*glpC*や糖の輸送に関与する*manXYZ*などの炭素代謝に関与する複数の遺伝子が有機溶媒耐性に関与することが報告されている[12,13]。また，炭素代謝に関わる転写制御因子の有機溶媒耐性への関与が調べられた結果，*crp*や*cyaA*などのカタボライト制御に関わる転写制御因子の溶媒耐性への関与が明らかとなっている[14]。

3.2.9 ProUトランスポーターの破壊

著者らは，大腸菌の浸透圧調節に関与する*proV*を欠損させた大腸菌変異株の有機溶媒耐性度が向上することを見出した[15]。*proV*は*proU*（*proVWX*）オペロンを構成する遺伝子の一部であり，ProVWXは高浸透圧下における適合溶質として知られるグリシンベタインなどの取り込みに関わるトランスポーターである。一方，その他の浸透圧調節に関与する遺伝子である*proP*, *putP*, *betT*を欠損させた株では有機溶媒耐性の向上は認められなかった。グリシンベタインの培地への添加量を変えても，有機溶媒耐性に影響しなかったことから，ProVWXによって取り込まれる何らかの培地成分が有機溶媒に対する感受性を高めていることが示唆された。また，*marR*と*proV*の両方の遺伝子を欠損させた菌株では，有機溶媒耐性が著しく向上した。*marR*遺伝子が欠損すると，前述のように，AcrAB-TolCポンプが高発現化し溶媒耐性が向上するが，さらに*proV*遺伝子を欠損させることにより，AcrAB-TolCポンプと*proV*欠損による耐性機構の相乗効果により有機溶媒耐性がさらに向上したことが考えられる。

3.3 疎水性有機溶媒耐性微生物の応用

3.3.1 有機溶媒-培養液の二相反応系

生体触媒を用いた水系の反応系において疎水性基質の変換反応を実施すると，基質の溶解性

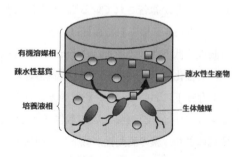

図2　有機溶媒-培養液の二相反応系

第7章　有機溶媒生物圏

表2　有機溶媒-培養液の二相反応系における有機溶媒耐性微生物の応用

微生物	変換反応	変換反応の内容	文献
Burkholderia cepacia ST-200	コレステロールの酸化修飾	ジフェニールメタンとp-キシレンの混合溶媒やシクロオクタンのような様々な有機溶媒を重層した培地においてST-200株はコレステロールを6β-hydroxycholest-4-en-3-oneとcholest-4-ene-3,6-dioneに変換した。	16～18)
Pseudomonas putida ST-491	リトコール酸からのステロイドホルモン前駆体の生産	20% (vol/vol) のジフェニールエーテルを重層した培地においてST-491株はリトコール酸をandrosta-1,4-dien-3,17-dioneやandrosta-4-dien-3,17-dieneを変換できる。	19)
Burkholderia cepacia ST-200	インドールからインジゴの生産	20% (vol/vol) のジクロロオクタン、ジフェニールメタンやプロピルベンゼンを重層した培地においてST-200株はインドールからインジゴを生産した。	20, 21)
Acinetobacter sp. ST-550	インドールからインジゴの生産	3-30% (vol/vol) のジフェニールメタンを重層した培地においてST-550株は効果的にインドールからインジゴを生産した。	22)
Escherichia coli 変異体	インドールからインジゴの生産	10% (vol/vol) のジフェニールメタンを重層した培地においてAcinetobacter sp. ST-550由来のフェノールドロキシラーゼ遺伝子が導入されたクロロヘキサン耐性大腸菌変異株はtodC1C2BAD変異体はインドールからインジゴをMC2株はトルエンから3-メチルカテコールを生産した。	23)
Pseudomonas putida MC2	トルエンから3-メチルカテコールの生産	50% (vol/vol) のオクタノールを重層した培地においてtodC1C2BAD遺伝子が導入されたMC2株はトルエンから3-メチルカテコールを生産した。	24)
Pseudomonas putida S12	トルエンから3-メチルカテコールの生産	40% (vol/vol) のオクタノールを重層した培地においてtodC1C2BAD遺伝子が導入されたS12株はトルエンから3-メチルカテコールを生産した。	25)
Pseudomonas putida S12	グルコースからフェノールの生産	16% (vol/vol) のオクタノールを重層した培地においてPantoea agglomerans由来のチロシンフェノールリアーゼ遺伝子が導入されたS12株はグルコースからフェノールを生産した。	26)
Flavobacterium sp. DS-711	様々なn-アルカンや石油の分解	DS-711株は効果的に様々なn-アルカンや石油を分解した。	27)
Bacillus sp. DS-1906	多環式芳香族化合物の分解	10% (vol/vol) のn-ヘキサンを重層した培地においてDS-1960株はナフタレン、フェナントレン、アントラセン、ピレン、クリセン、1,2-ベンゾピレンなどの多環式芳香族化合物を効率的に分解した。	28)
Bacillus sp. DS-994	有機硫黄化合物の分解	50% (vol/vol) の石油のような有機溶媒を重層した培地においてDS-994株はジベンゾチオフェン、チオフェン、エチルメチルスルフィドのような有機硫黄化合物を分解した。	29)
Arthrobacter sp. ST-1	コレステロールからのステロイドホルモン前駆体の生産	50% (vol/vol) のドデカン、n-ヘキサン、トルエン、ベンゼンなどの有機溶媒を重層した培地においてST-1株はコレステロールをandrosta-1,4-diene-3,17-dioneを生産した。	30)
Pseudomonas putida A4	ジベンゾチオフェンの分解	10% (vol/vol) のn-ヘキサンを重層した培地においてdszABCDが導入されたA4株はジベンゾチオフェンを効率的に分解した。	31)
Moraxella sp. MB1	シトリニン（マイコトキシン）からデカルボキシシトリニンの生産	50% (vol/vol) の酢酸エチルを重層した培地においてMB1株はシトリニンをデカルボキシシトリニンに変換した。	32)
Bacillus sp. BC1	コレステロールからのコレスト-4-エン-3,6-ジオンの生産	50% (vol/vol) のクロロホルムを重層した培地においてBC1株はコレステロールをcholest-4-en-3,6-dioneに変換した。	33)

が低いため反応速度は一般的に遅い。また，基質が凝集塊となって沈殿することから，変換効率は低い。このような場合，変換速度や変換効率を向上させるために，界面活性剤を用いて乳化させるなどの工夫がなされている。しかし，界面活性剤を用いた場合には，反応液からの産物の抽出や回収操作が煩雑になる。疎水性基質の溶解性を高めるため，生体触媒反応を行う反応系に有機溶媒を添加した。有機溶媒-培養液の二相反応系を用いる方法がある。有機溶媒-培養液の二相反応系について図2に示した。この二相反応系には次のような利点がある。

- 基質を高濃度に有機溶媒に溶解して反応液に添加することができるため，反応規模の縮小ができる。
- 生産物が親油性である場合には有機溶媒相から容易に回収でき，濃縮あるいは精製操作も有機溶媒相から容易に行うことができる。
- 微生物の生育あるいは酵素活性に対する基質および生成物による阻害などが解除される。
- 基質や生産物の加水分解が抑制できる。
- 微生物汚染が防止できる。
- 発泡が抑制できる。

一方，欠点として，以下の点が挙げられる。
- 有機溶媒により微生物の生育あるいは酵素活性が阻害される。
- 有機溶媒を使用するリアクターの安全性確保のための装置を必要する。
- 有機溶媒に汚染された廃棄物に対する処理が必要となる。

欠点の「有機溶媒により微生物の生育あるいは酵素活性が阻害される」については，有機溶媒耐性微生物を用いることにより，解決することができる。また，二相反応系に用いる有機溶媒については，基質や生産物の溶解性が高く，微生物分解性がなく，危険性が低く，安価であり，微生物に対する毒性が低いものを選択する必要があるが，有機溶媒耐性微生物を用いることにより，使用できる有機溶媒種の選択肢が増えるため，効率的な変換反応系が構築しやすくなる。

3.3.2 有機溶媒-培養液の二相反応系の応用例

これまでに，有機溶媒耐性微生物を有機溶媒-培養液の二相反応系の生体触媒として用いる研究がなされている。応用例として，ステロイドホルモン前駆体やフェノールなどの有用物質生産や石油や環境汚染物質の分解などが実施されている。これら幾つかの報告例について表2にまとめた。

3.4 まとめ

大腸菌や*Pseudomonas*属細菌の様々な有機溶媒耐性機構が報告されている。これらのうちRNDファミリーに属する薬剤排出ポンプが，これらグラム陰性細菌の有機溶媒耐性に重要な役割を果たしている。また，薬剤排出ポンプ以外にも，有機溶媒耐性機構が数多く存在するものと思われるが，薬剤排出ポンプ以外の要因による有機溶媒耐性化には未だ不明な点が多い。このような未知の溶媒耐性機構が明らかになれば，有機溶媒耐性度の高い細菌の作出が可能になり，有機溶媒-

第7章　有機溶媒生物圏

培養液の二相反応系への応用に有用である。

文　　献

1) A. Inoue, H. Horikoshi, *Nature*, **338**, 264-266 (1989)
2) R. Aono, H. Kobayashi, K. N. Joblin, H. Horikoshi, *Biosci. Biotechnol. Biochem.*, **58**, 2009-2014 (1994)
3) R. Aono, *Extremophiles*, **2**, 239-248 (1998)
4) N. Tsukagoshi, R. Aono, *J. Bacteriol.*, **182**, 4803-4810 (2000)
5) N. Kabelitz, P. M. Santos, H. J. Heipieper, *FEMS Microbiol. Lett.*, **220**, 223-227 (2003)
6) N. Doukyu, Extremophiles Handbook, K. Horikoshi, G. Antranikian, K. O. Stetter (Eds.), Springer, 8.4, 991-1011 (2010)
7) K. Kobayashi, N. Tsukagoshi, R. Aono, *J. Bacteriol.*, **183**, 2646-2653 (2003)
8) J. Ramos, E. Duque, M. Gallegos, P. Godoy, M. Ramos-Gonzalez, A. Rojas, W. Teran, A. Segura, *Annu. Rev. Microbiol.*, **56**, 743-768 (2002)
9) J. Kieboom, J. J. Dennis, J. A. de Bont, G. J. Zylstra, *J. Biol. Chem.*, **273**, 85-91 (1998)
10) X.-Z. Li, Z. Li, K. Poole, *J. Bacteriol.*, **180**, 2987-2991 (1998)
11) H. C. Pinkart, J. W. Wolfram, R. Rogers, D. C. White, *Appl. Environ. Microbiol.*, **62**, 1129-1132 (1996)
12) M. Okochi, M. Kurimoto, K. Shimizu, H. Honda, *Appl. Microbiol. Biotechnol.*, **73**, 1394-1399 (2007)
13) K. Shimizu, S. Hayashi, T. Kako, M. Suzuki, N. Tsukagoshi, N. Doukyu, T. Kobayashi, H. Honda, *Appl. Environ. Microbiol.*, **71**, 1093-1096 (2005)
14) M. Okochi, M. Kurimoto, K. Shimizu, H. Honda, *J. Biosci. Bioeng.*, **105**, 389-394 (2008)
15) N. Doukyu, K. Ishikawa, R. Watanabe, H. Ogino, *J. Appl. Microbiol.*, **112**, 464-474 (2012)
16) R. Aono, N. Doukyu, H. Kobayashi, H. Nakajima, K. Horikoshi, *Appl. Environ. Microbiol.*, **60**, 2518-2523 (1994)
17) R. Aono, N. Doukyu, *Biosci. Biotech. Biochem.*, **60**, 1146-1151 (1996)
18) N. Doukyu, H. Kobayashi, H. Nakajima, R. Aono, *Biosci. Biotech. Biochem.*, **60**, 1612-1616 (1996)
19) Y. Suzuki, N. Doukyu, R. Aono, *Biosci. Biotechnol. Biochem.*, **62**, 2182-2188 (1998)
20) N. Doukyu, R. Aono, *Extremophiles*, **1**, 100-105 (1997)
21) N. Doukyu, T. Arai, R. Aono, *Biosci. Biotech. Biochem.*, **62**, 1075-1080 (1998)
22) N. Doukyu, T. Nakano, Y. Okuyama, R. Aono, *Appl. Microbiol. Biotechnol.*, **58**, 543-546 (2002)
23) N. Doukyu, K. Toyoda, R. Aono, *Appl. Microbiol. Biotechnol.*, **60**, 720-725 (2003)
24) L. Hüsken, M. Dalm, J. Tramper, J. Wery, J. de Bont, R. Beeftink, *J. Biotechnol.*, **88**, 11-19 (2001)

25) J. Wery, D. Mendes da Silva, J. de Bont, *Appl. Microbiol. Biotechnol.*, **54**, 180-185 (2000)
26) N. Wierckx, H. Ballerstedt, J. de Bont, J. Wery, *Appl. Environ. Microbiol.*, **71**, 8221-8227 (2005)
27) K. Moriya, K. Horikoshi, *J. Ferment. Bioeng.*, **76**, 168-173 (1993)
28) A. Abe, A. Inoue, R. Usami, K. Moriya, K. Horikoshi, *Biosci. Biotechnol. Biochem.*, **59**, 1154-1156 (1995)
29) K. Moriya, K. Horikoshi, *J. Ferment. Bioeng.*, **76**, 397-399 (1993)
30) K. Moriya, S. Yanagitani, R. Usami, K. Horikoshi, *J. Mar. Biotechnol.*, **2**, 131-133 (1995)
31) F. Tao, B. Yu, P. Xu, C. Ma, *Appl. Environ. Microbiol.*, **72**, 4604-4609 (2006)
32) P. Devi, C. Naik, C. Rodrigues, *Mar. Biotechnol.* (NY), **8**, 129-138 (2006)
33) Y. Sardessai, S. Bhosle, *Mar. Biotechnol.* (NY), **5**, 116-118 (2003)

第8章　乾燥生物圏

1　ネムリユスリカの解析と産業応用

奥田　隆*

1.1　はじめに

　水は生命活動には不可欠な分子である。実際，人間は体重のわずか10〜12%の脱水で危篤状態に陥る。一方で，ほぼ完全に生体水を失っても死なない生き物たちが存在する。120年前に作成したコケの乾燥標本を水に戻したら，標本に付着していたワムシ（輪形動物門），線虫（線形動物門），クマムシ（緩歩動物門）などの微小な生物が動き出したという現象は，既にレーベンフックの時代の18世紀初頭から知られており，その後の19世紀に提唱される自然発生説の根拠となった。この無代謝状態での活動休止現象をクリプトビオシス（Cryptobiosis：潜んだ生命）と呼び，低代謝状態の休眠（Dormancy：広義の休眠）とは区別して定義した[1]。クリプトビオシス現象で着目すべき点は，多細胞生物の細胞および組織が，蘇生可能な乾燥状態で10年あるいは100年というタイムスケールで「常温」で保存が可能であるという事実である。この驚異的な環境耐性の分子機構，すなわち極限的な乾燥に伴って生じる様々なストレスから生体成分，細胞，組織を保護する仕組みを明らかにできれば，それを模倣することで，既存の大量のエネルギーを必要とする冷蔵や冷凍保存ではなく，未来型の「常温保存」が実現できるはずである。約60年前にクリプトビオシスを行う生物の中で最も高等で大型なネムリユスリカ（*Polypedilum vanderplanki*）という昆虫がアフリカに生息していることが報告された[2]。クリプトビオシス研究に理想的な素材であるこの昆虫のことは不思議なことに50年近く忘れ去られていた。著者はネムリユスリカの飼育系を確立し，その乾燥耐性機構の解明研究を10年ほど前から本格的に開始した。本稿ではネムリユスリカ研究を通して得られた「常温保存」の実現に向けてヒントとなる情報を紹介する。

1.2　極限的な乾燥耐性を持つネムリユスリカ

　熱帯アフリカの半乾燥地帯の花崗岩の岩盤の窪みにできた小さな水たまりにネムリユスリカ幼虫は棲む（図1）。8ヶ月におよぶ長い灼熱の乾季の間，干上がった水たまりの底に溜まった乾いた土の中でカラカラに乾燥した幼虫は次の雨季を待つ。日中の岩盤の表面温度は50℃にも達する。通常，温度が10℃上昇すると生体の代謝速度は2倍に増加する。このような過酷な環境で彼らが生き延びるために「無代謝」での休眠能力を獲得していった。実際，常温で17年間保存した乾燥幼虫を再水和させたら蘇生したという記録があること[3]，また，国際宇宙ステーションの船外（宇宙真空）に2年半暴露したネムリユスリカ乾燥幼虫が水戻し後に蘇生したことからも[4]，乾燥幼

---

*　Takashi Okuda　㈳農業生物資源研究所　昆虫機能研究開発ユニット　上級研究員

極限環境生物の産業展開

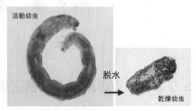

矢印：生息場所である岩盤上の水溜まり

図1　ネムリユスリカの生息場所
アフリカ半乾燥地帯の花崗岩の岩盤にできた小さな水たまり。8ヶ月間におよぶ乾季の間，幼虫は乾燥して次の雨季を待つ。乾季の日中の岩盤表面温度は50℃に達する。

虫が「無代謝」状態にあることがうかがえる。雨季がきて水たまりに水が溜まると幼虫は吸水し，何事もなかったように1時間ほどで蘇生し発育を再開する。さらに驚いたことに，ネムリユスリカ幼虫は，乾燥と蘇生を何度も繰り返すことができる。また，一旦クリプトビオシス状態になると，極限温度（100℃，−270℃），高圧（12,000気圧），放射線ストレス（7,000 Gy）等にも耐える。しかし，厳密にはネムリユスリカは本書で扱う「極限環境生物」すなわち「極限環境で生命活動を営むことができる生物」ではない。例えば好熱性細菌のタンパク質などは高温下で機能するよう構造が特化している。一方，ネムリユスリカが持つタンパク質のほとんどが好熱性を示さず，クリプトビオシス状態下でのみ熱に耐性となる。好熱性のないタンパク質に耐熱性を付与する仕組みがネムリユスリカの系の面白いところである。

1.3　乾燥耐性関連因子
1.3.1　トレハロース

　クリプトビオシス生物の多くは，水の代替分子である「適合溶質」と呼ばれる低分子物質（アミノ酸や糖など）を蓄積している。例えば，甲殻類のブラインシュリンプ（*Artemia*）の休眠卵は，乾燥重量当たり14％のトレハロースと6％のグリセロールを貯めている。クリプトビオシスをするニセネグサレセンチュウも同様にトレハロースとグリセロールを合わせて約20％蓄積するが，種によってその含量比は異なる。クマムシは概してトレハロース含量が低く，多い種でも2.5〜3％のトレハロース含量である。クリプトビオシスの植物版であり復活植物と呼ばれるイワヒバもトレハロースを高濃度で蓄積している。乾燥に強い高等植物は主にスクロースを適合溶質としている。

　ネムリユスリカ幼虫を48時間かけてゆっくり乾燥させた幼虫（Slowと呼ぶ）は乾燥重量当り20％に相当する大量のトレハロースを合成し，水に戻すとすべて蘇生するが，数時間で急速に乾燥した幼虫（Quickと呼ぶ）を再水和後，蘇生する個体は皆無であった（図2A）。顕微赤外吸収スペクトル解析によって前者のSlowサンプル体内全体にトレハロースが均一に分布していることが

第 8 章　乾燥生物圏

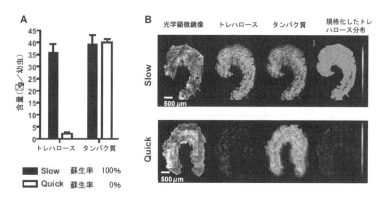

図2　顕微赤外吸収スペクトル測定によるトレハロースの体内局在
Slowは乾燥重量当り20％に相当する大量のトレハロースを合成蓄積し，水戻し後すべての
幼虫が蘇生した（A）。トレハロースはSlow幼虫の体内全体に均一に分布していた（B）。

判明した（図2B）。一方，Quickサンプルの体内には，わずかなトレハロースの存在しか認められなかった。次にこれら蘇生率の異なる両サンプルの体内の物理化学的な状態の把握を示差走査熱量計（Differential scanning calorimeter, DSC）を用いて試みた。0～100℃の範囲で5℃/min.でスキャンしたところ，蘇生可能なトレハロースを蓄積しているSlowでは明瞭なガラス転移挙動が観測されたが，トレハロースをほとんど持たない蘇生不可能なQuickではガラス転移が確認されなかった（図3下）[5]。Slow幼虫を80℃以上の温度処理をすると再水和後の蘇生率が急速に低下した（図3上）。トレハロースの生体成分の保護機能は，ガラス状態からラバー状態への相転移に伴い失われた。ちなみに転移の開始点は56℃，転移中点は65℃，終了点は72℃であった。自然界では，ネムリユスリカが生息する岩盤の表面温度は乾季の日中には50℃にも達するが，乾燥幼虫のガラス転移温度以下なのでクリプトビオシスは問題なく維持される。トレハロースは糖類の中でもガラス化しやすく，ガラス転移温度が高いという性質を持つ。これが，ネムリユスリカが適合基質としてトレハロースを選択して乾季で生き残ることに成功した理由の一つかもしれない。一方でネムリユスリカの弱点も見えてきた。湿気はガラス状態を保持するには不利な条件であることが物質科学の分野でよく知られている。そこでSlowサンプルがガラス状態であることと，それが蘇生可能であることの関係をより明確にするため吸湿試験も行った（表1）。ネムリユスリカ乾燥幼虫（相対湿度5％に保存）を相対湿度98％の条件に移し5日間置くと，含水量3％だったのが吸水して36％になり，DSCで計測するとガラス転移曲線が確認できなかった。体内に大量のトレハロースを蓄積していても，それがガラスでなくなると生体成分の保護機能は失われ，幼虫は水に戻しても蘇生しなかった。ネムリユスリカのクリプトビオシスはアフリカの乾いた大地でのみ成立する。実際，ネムリユスリカの生息はアフリカ大陸に限定されている。

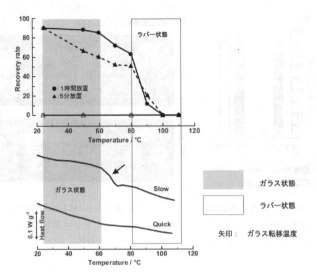

図3　DSC解析によるガラス転移温度（上）と熱耐性（下）との関係
蘇生可能なトレハロースを蓄積しているSlowでは明瞭なガラス転移挙動が観測されたが，トレハロースをほとんど持たない蘇生不可能なQuickではガラス転移が確認されなかった。Slow幼虫を80℃以上の温度処理をすると再水和後の蘇生率が急速に低下した。

表1　湿度処理の蘇生率とガラス転移温度（Tg）への影響

条件	水分含量 % by mass	トレハロース mg/mg larva	蘇生率 %	Tg（mid pt） ℃
Slow	3	276.7	91	65
Quick	3	4.2	0	nd
5日間の湿度処理				
RH 38%	7	244.2	90	35
RH 60%	10	246.2	93	32
RH 98%	36	285.1	0	nd

蘇生率は水戻し48時間後に測定
nd：Not detected

1.3.2　乾燥耐性関連因子：LEAタンパク質

遺跡から発見された植物の種子が数千年のタイムスリップをして発芽したという話がある。この種子休眠はクリプトビオシスと言ってよいかもしれない。概して植物の種子は，乾燥に強い。種子が休眠に入っていく時，すなわち水分を失う後期胚発生期に大量に合成蓄積されるタンパク質が約30年前に報告された。LEA（late embryogenesis abundant）タンパク質と命名され，や

第8章　乾燥生物圏

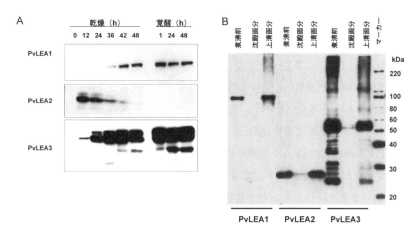

図4　クリプトビオシスに伴うLEAタンパク質の発現と性質

ネムリユスリカのLEAタンパク質（PvLEA1, PvLEA2, PvLEA3）は，乾燥ストレスによって発現が誘導された（A）。LEAタンパク質を15分間，煮沸処理しても沈殿・凝集しなかったことから，LEAタンパク質の高い親水性を示す（B）。

はり乾燥耐性のある花粉の中にも大量に蓄積されることから，乾燥耐性に関連したタンパク質と考えられている。その後，種子や花粉以外の葉や根などの植物体全体からも乾燥や塩ストレスで誘導されることが分かった。LEAタンパク質は，一次構造と発現パターンの違いからGroup 1〜6に分類されている[6]。これらグループ間で相同な配列は認められないが，共通して高い親水性を示す。また，通常は構造を持たず，乾燥ストレスを与えるとα-ヘリックスのコイル状に構造化する。乾燥ストレスを受けて構造を失う一般的なタンパク質とは逆の挙動を示す。その後LEAタンパク質が，クリプトビオシスする線虫，すなわち動物にも存在することが報告された[7]。ネムリユスリカ幼虫からも乾燥に伴って発現するLEAタンパク質をコードする三つのcDNA, PvLea1, PvLea2, PvLea3が単離された（図4A）。それらをバキュロウィルスを用いて合成し，15分間煮沸したところ沈殿凝集しなかった（図4B）[8]。ネムリユスリカ幼虫が脱水していく過程で，細胞内外に存在するタンパク質の濃縮が起こり，当然それらの疎水アミノ酸残基同士が接触すれば不可逆的なタンパク質の凝集，すなわちタンパク質変性の危険性が高まる。LEAタンパク質は両親媒性であるため，生体膜やタンパク質などの生体成分の疎水性の高い領域に結合することで乾燥に伴う凝集変性を防いでいる。さらに，ヘリックスの疎水表面同士が結合して多量体を形成することから，細胞骨格のような構造に変化し，あたかも鉄筋コンクリートの様にガラス化したトレハロースによるマイクロカプセル様の構造を強化することで，乾燥に伴う細胞の過剰な収縮を防いでいること，さらにイオンスカベンジャーとして塩ストレス緩和機能も発揮していることがわかった[9]。

1.4 常温保存は可能か？

1.4.1 第1段階：有用タンパク質等の常温保存

　乳酸脱水素酵素（LDH）は多量体を形成し，フリーズドライは困難とされている。試験管内で線虫由来の天然LEAタンパク質とLDHの混合液を作製し，乾燥させた後に再水和させると，LEAタンパク質を加えなかった場合に比べて，有意にLDHの活性が残存し，タンパク質の凝集も抑えられていた。このタンパク質抗凝集効果は，トレハロースの共存によって，さらに相乗的に増加した[10]。実用化する時に天然LEAタンパク質を大量に得るにはコストがかかる。そこで，東工大の桜井グループと共同でLEAタンパク質のモチーフから22marのLEAペプチドを合成し，それが天然LEAタンパク質と同様にタンパク質抗凝集機能があることがわかった[11]。両分子を使って例えばワクチンなどの常温保存が可能になれば冷蔵庫のないアフリカ僻地の人々の健康管理に貢献するものと期待される。この場合，LEAペプチドの副作用が懸念されるが，早急に対応策が講じられ実用化されることを期待する。

1.4.2 第2段階：ネムリユスリカ由来培養細胞の常温保存

　クリプトビオシスのできる動物の体内では，個々の細胞は完全な乾燥状態から回復しているわけだから，これらの動物から樹立した細胞系ならば完全な乾燥に耐える能力を持っていると期待できる。そこで，ネムリユスリカの細胞系の構築を試み，その樹立（Pv11）に成功した（図5）[12]。トレハロースを添加した培地に細胞を懸濁して乾燥させ，再水和後にCalcein-AMとPIで染めてみると，数は少ないながらも生存細胞が確認できた（図5左側下段）。現在，細胞の生存率と，生存した細胞の増殖能力を高める条件を検討中である。近い将来，普通郵便で郵送が可能な培養細胞が誕生することになる。この培養細胞が乾燥耐性の仕組みを明らかにするための有効なツールとなることはまちがいない。

1.4.3 第3段階：動物細胞の常温保存の試み

　(1)米国のCroweらの研究グループは，トレハロースの高い生体高分子保護機能を利用した輸血用血液の乾燥保存法の開発を行なった。その結果，無核細胞である血小板については，エンドサイトーシスによるトレハロースの細胞導入法と凍結乾燥処理によって，約2年間の乾燥保存に成功している[13]。ピノサイトーシス能が細胞の種類に強く依存するため一般化が困難とされ，赤血球や白血球の常温保存は実現していない。最近，イスラエルの研究グループが胎児臍帯血のフリーズドライに成功したと報告している。彼らはトレハロースに抗酸化因子（エピガロカテキン）を添加して乾燥ストレスを緩和している[14]。

　(2)細胞膜は，水を透過させるにも水チャンネル（アクアポリン）が必要で，水分子より大きなトレハロースは通さない。米国のLevineらのグループは大腸菌由来のトレハロース合成酵素遺伝子を人間の培養細胞に導入，発現させ，トレハロースを合成させた後，蘇生可能な状態で細胞を3日間乾燥保存することに成功した[15]。これは，トレハロースを利用することによって，3日間という短い間ではあるが人間の細胞が完全に脱水しながらも蘇生可能な状態で保存が可能であることを証明したことになる。同様に作物にトレハロース合成酵素遺伝子を導入したところ，確か

第8章　乾燥生物圏

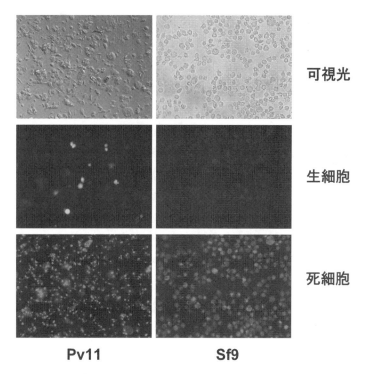

図5　乾燥耐性のあるネムリユスリカ胚子由来培養細胞（Pv11）の構築
左側：ネムリユスリカ由来培養細胞（Pv11）：中段の白点は乾燥，水戻し後に蘇生した細胞。
右側：ヨトウ由来培養細胞（Sf9）：乾燥，水戻し後に生存細胞は確認されなかった。

に乾燥耐性や低温耐性が高まったものの，花序の構築が乱れたり，矮性化したりと未だに思わしい結果が得られていない。本来壊されるべき（損傷を受けた）タンパク質をもトレハロースが保護してしまっているのが一因のようだ[16]。トレハロースが必要でないときにいかにして細胞から排除するかが重要課題である。

(3)米国のTonerらのグループは，細胞に穴をあける機能を持ったタンパク質遺伝子（α-hemolysin）を導入してトレハロースを細胞に取り込ませ乾燥耐性を高めることに成功した[17]。しかしポアやチャネルの基質選択性が極めて低いため，トレハロース以外の物質が容易に細胞内外に流入，流出してしまい実用化に至っていない。

(4)トレハロースを細胞内に選択的に透過させ，速やかにかつ容易に細胞質内のトレハロース濃度を制御するためには，細胞膜局在性のトレハロース特異的なトランスポーターを単離し利用できれば理想的である。ネムリユスリカ幼虫は乾燥に伴いトレハロースを大量に合成・蓄積することから，トレハロースの合成器官である脂肪体の細胞膜にはトレハローストランスポーターが多く存在することが予想された。実際，独自に作製したネムリユスリカESTデータベースの中から[18]，糖トランスポーターにアノテーションされたESTクローンが見つかった。それをアフリカツメガル卵母細胞の発現系で解析をした結果，その遺伝子の翻訳産物にトレハロース輸送活性が

認められた。PvTRET1（Trehalose transporter of *P. vanderplanki* の意味）と命名し，それがハムスターやマウス，ヒトの培養細胞でもトレハロース輸送活性を発揮したことから，PvTRET1 の活性は，発現する細胞の種類に依存しないこと等がわかった[19, 20]。これらの特性からPvTRET1 が，食品や細胞や臓器の常温での乾燥保存技術の開発のためのツールとして大いに貢献するものと期待されている。

1.5 常温保存の問題点

常温保存はトレハロースとLEAタンパク質を活用することで容易に実現が可能だと単純に考えていた。しかし，クリプトビオシスに伴う活性酸素の発生，すなわち酸化ストレスによるタンパク質のカルボニル化やDNA損傷の程度が，我々の予想を遥かに超えていた。すなわちトレハロースとLEAタンパク質だけではネムリユスリカの生体成分を完全に保護できていないことが明らかとなった。ネムリユスリカから脂肪体細胞（我々の肝臓に相当）を摘出し，クリプトビオシスに伴うDNA損傷の頻度をコメットアッセイ法（DNAが断片化すると電気泳動によって，それが核膜を通過して流出しコメットのテールのようになる）を用いて解析したところ，乾燥幼虫の脂肪体細胞の90％のDNAに切断が生じていた（アルカリ条件下なのでDNA一本鎖の切断）[21]。しかし，再水和後，修復作業を行い，4日後には正常状態にまで回復させた（図6A）。小規模のDNA損傷の修復に関わる酵素遺伝子（*Rad23*）は乾燥過程で既に発現していた。水戻し直後にはDNAの2重鎖切断を修復する遺伝子（*Rad51*）が発現していたことから，再水和に伴う活性酸素の発生によって大規模なDNA損傷が生じていることが予想された（図6B）。実際，乾燥した植物体

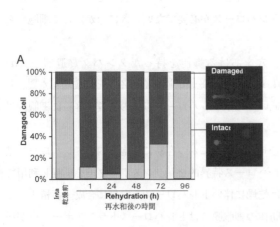
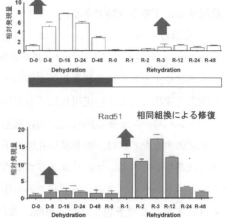

図6 クリプトビオシスに伴う脂肪体細胞のDNA損傷と修復
A：クリプトビオシスに伴うDNA損傷と修復，B：クリプトビオシスに伴うDNA修復酵素遺伝子の発現

第8章　乾燥生物圏

（コケ）や種子においても，再水和させた直後に活性酸素の発生が確認されている[22,23]。乾燥に伴う酸化ストレスによる影響を緩和するための抗酸化因子，そして損傷を受けた時に，それらを修復する因子も付加する必要がありそうだ。特に，わずかなDNA損傷によってアポトーシスが誘導される動物細胞の常温保存を実現するためには，一過的にアポトーシス誘導を阻止している間に修復作業を講じるなどの周到な対応策が求められる。

1.6　おわりに

ネムリユスリカの生息がナイジェリア，ブルキナファソ，モザンビーク，マラウィで確認されている。それぞれの個体群を遺伝子レベルでより詳細に比較することで，乾燥耐性能力をいつ，どこで獲得したか，その経緯を知ることができる。最近，マラウィ個体群がナイジェリア本種とは別の種であることがわかってきた。さらにマラウィでの野外調査によって彼らの生息場所の多くが砕石所となっており絶滅の危機に瀕していることもわかってきた。マラウィ個体群の救済が急務であるが，一過的な助成金の獲得では持続的な保護活動はむずかしい。そこでネムリユスリカ自身が産業利用され，その利益の一部を保護活動費に充てるというシステムの構築が不可欠となる。マラウィ国から産業利用の許可を取得し（生物多様性条約の精神），直ちにネムリユスリカを商品化できるマーケットを探索した。クリプトビオシス生物の代表，ブラインシュリンプ休眠卵は既に学校教材や観賞魚や養殖魚の餌として世界中で利用されている。ネムリユスリカの教材化は理科教材会社，㈱ウチダテクノと共同開発を進め，既に販売を開始した。「常温保存」技術の一般化のためにはさらなる人類の英知の結集が求められる。子供たちの理科離れが進行している中で，この教材によって生命の神秘やクリプトビオシス現象の面白さを若い世代に伝えられればと思う。さらに鑑賞魚や養殖魚のための「乾燥保存が可能な生き餌」としてのネムリユスリカのポテンシャルを引き出す作業も進めている。やはり絶滅が危惧されるウナギやクロマグロなどの完全養殖を効率よく行うための課題の一つが「安定した種苗生産：仔魚への適切な餌の供与」である。仔魚の人工飼料の開発は困難とされている。なぜなら多くの仔魚は自身の消化酵素を持たないため，摂取した生き餌が持つ消化酵素に頼っているからだ。ネムリユスリカは，そのサイズからワムシやブラインシュリンプの後に与える乾燥保存可能な生物飼料として期待されている。現在，ネムリユスリカ研究は世界で我々のグループでしかおこなわれていないが，産業利用（常温保存が可能なネムリユスリカ幼虫や培養細胞の普及）を通してネムリユスリカ研究が世界中で展開できる環境を構築できれば夢の「常温保存」は必ず実現できると考えている。その結果，アフリカ特産の昆虫がアフリカの人々の生活向上に大きく貢献することになる。

文　　献

1) D. Keilin, *Proc. Roy. Soc. Lond. B*, **150**, 149-191 (1959)
2) H. E. Hinton, *Nature*, **188**, 336 (1960)
3) S. Adams, *Antenna*, **8**, 58 (1985)
4) 奥田　隆, 非常識な生物たち, Newton, 4月号 (2010)
5) M. Sakurai *et al.*, *Proc. Nat. Acad. Sci. USA*, **105**, 5093-5098 (2008)
6) M. J. Wise, A. Tunnacliffe, *Trends Plant Sci.*, **9**, 13-17 (2004)
7) J. Browne *et al.*, *Nature*, **416**, 38 (2002)
8) T. Kikawada *et al.*, *Biochem. Biophys. Res. Commun.*, **348**, 56-61 (2006)
9) T. Furuki *et al.*, *Biochemistry*, **50**, 7093-7103 (2011)
10) K. Goyal, *et al.*, *Biochem. J.*, **388**, 151-157 (2005)
11) T. Shimizu *et al.*, *Biochemistry*, **49**, 1093-1104 (2010)
12) Y. Nakahara *et al.*, *Cryobiology*, **60**, 138-146 (2010)
13) W. F. Wolkers *et al.*, *Cryobiology*, **42**, 79-87 (2001)
14) D. Natan *et al.*, *PLoS ONE*, **4**, e5240 (2009)
15) N. Guo *et al.*, *Nature Biotechnol.*, **18**, 168-171 (2000)
16) M. A. Singer, S. Lindquist, *Mol. Cell*, **1**, 639-648 (1998)
17) A. Eroglu *et al.*, *Nature Biotechnol.*, **18**, 163-167 (2000)
18) R. Cornette *et al.*, *J. Biol. Chem.*, **285** 35889-35899 (2010)
19) T. Kikawada *et al.*, *Proc. Nat. Acad. Sci. USA*, **104**, 11585-11590 (2007)
20) T. Toner *et al.*, *Cryobiology*, **64**, 91-96 (2012)
21) O. Gusev *et al.*, *PLoS ONE*, **5**, e14008 (2010)
22) F. Minibayeba, R. P. Beckett, *New Physiolohist*, **152**, 333-341 (2001)
23) K. Oracz *et al.*, *The Plant Journal*, **50**, 452-465 (2007)

2 極限環境動物クマムシの解析と産業応用への展望

堀川大樹*

2.1 はじめに

　極限環境生物の多くは単細胞生物だが，多細胞生物の中にも極限環境に耐えるものがいる。その代表例が，クマムシである。クマムシはその名前にムシという語がつくが昆虫ではなく，緩歩動物門（Tardigrada）をなす無脊椎動物群の総称であり，現在までに1000以上の種が知られている。体長は成体でも0.1～1.0 mmほどであり，4対の肢をもつ。分布は世界中にわたり，その生息環境は深海から高山までさまざまである。市街地においても，乾燥したコケの中にクマムシを見いだすことができる。

　陸域に生息するクマムシでも，活動のためには周囲に最低限の水の薄膜がなければならない。このため，すべてのクマムシは基本的には水生生物であるとみなせる。陸産のクマムシは，周囲の水がなくなると体から水分を失い乾眠とよばれる乾燥した無代謝状態に移行する。乾眠状態のクマムシは1滴の水の給水により数十分以内に活動を再開させる。クマムシは単細胞生物と異なり神経系や消化系などを有するため，乾眠状態では当然これらの複雑な生体システムも本来の機能を維持したまま乾燥状態で保存されている。

　乾眠状態のクマムシは−273℃の低温，+151℃の高温，数千Gyの放射線，有機溶媒，紫外線，7.5 GPaの高圧，超真空などの極限環境に対し耐性を示す[1]。2008年には，乾眠状態のクマムシが宇宙空間に10日間暴露された後に生存できることが欧州の研究グループによって報告された[2]。

　乾眠や極限環境耐性の能力をもつクマムシは産業利用の観点から大変興味深い対象であるが，この生物の安定した培養系が確立していなかったため，クマムシを実験材料として扱うには大きな制限があった。筆者はこの問題を克服するため，培養が容易なクマムシ種を国内外のフィールドから探索およびスクリーニングし，ヨコヅナクマムシという種類のクマムシの培養系確立に成功し，この生物の耐性能力の研究を展開してきた。本稿では，このヨコヅナクマムシの培養系とその耐性を中心に解説し，最後にクマムシの産業応用展開の可能性を論じたい。

2.2 ヨコヅナクマムシの培養系

　ヨコヅナクマムシ*Ramazzottius varieornatus*（図1）は北海道札幌市を流れる豊平川に架かる橋の上で採集したコケから採集された。このヨコヅナクマムシという和名は，後の研究によって同種が顕著に高い環境耐性をもつことが判明したために筆者によって名付けられた。

　ヨコヅナクマムシは，寒天培地の上で藻類の*Chlorella vulgaris*を餌として培養する。なお，この*C. vulgaris*はクロレラ工業㈱によって市販されている商品"生クロレラV12"に含まれるものを使用しないと，クマムシを培養できない。孵化直後の幼体は透明で体長はおよそ150 μmほどである。同種は成長するにつれて体に褐色を帯びるようになり，孵化4週後には体長が300～400 μm

---

*　Daiki Horikawa　INSERM U1001　AXA Postdoc Fellow

極限環境生物の産業展開

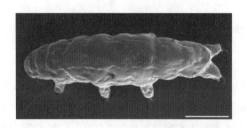

図1　活動状態のヨコヅナクマムシの成体の電子顕微鏡写真（スケール＝100μm）
撮影協力：行弘文子

になる。脱皮も観察されたが，透明な脱皮殻は緑色のクロレラの中から見つけるのは困難なため，実際に生涯を通して何回脱皮をするかは不明である。

25℃の条件で寒天培地にヨコヅナクマムシの孵化幼体10個体を入れて飼育実験を実施したところ，ヨコヅナクマムシの最初の産卵は孵化後9日目から起こり，生涯で1個体あたり平均8.3個の卵を産んだ。ヨコヅナクマムシの平均寿命はおよそ35日であった[3]。

ヨコヅナクマムシは培地上に1個体のみで飼育をしても次世代を残せること，また，個体中に精子が見られないことから，同種はすべて単為生殖を行うメスのみで構成されることがわかった。ヨコヅナクマムシの標準系統を作成するため，1個体に由来する系統YOKOZUNA-1を確立した[3]。

2.3　ヨコヅナクマムシの乾燥耐性

ヨコヅナクマムシが異なる発生段階で乾燥耐性をもつかどうか検証するため，卵，幼体（3日齢），成体（20日齢）を乾燥させた後に水を与え，その後の孵化あるいは活動再開を観察した。まず，クマムシを乾燥させるため，個体をパラフィルムの上に置いて相対湿度85％で1日間放置した後，さらに相対湿度0％で10日間乾燥させた。乾燥処理後の幼体と成体を観察すると，典型的な樽状態に変形しているのが確認できた（図2(A)）。また，卵は中心がくぼんだ形になった（図2(B)）。給水すると，幼体と成体ではほぼすべての個体が活動を再開し，卵に水を与えると80％が孵化した（図2(C)）。この卵の孵化率は，乾燥処理をしなかった場合の卵の孵化率とほぼ同じ値である[3]。

乾燥処理の前と後の成体のヨコヅナクマムシの水分含量の変化を精密電子天秤を用いて解析したところ，ヨコヅナクマムシは通常の活動状態では水分含量が78.6％ wt./wt.であったのに対し，乾燥処理後には2.5％ wt./wt.まで減少していることがわかった[3]。この結果，ヨコヅナクマムシは上述の処理で確かに乾眠に移行していることが確認された。相対湿度85％に調節したデシケーターの中に精密電子天秤を置き，天秤の上に活動状態のヨコヅナクマムシをのせて乾燥させ，体内の水分が抜けていく様子をクマムシの重量の減少を指標にして記録したところ，ヨコヅナクマムシは乾燥開始から5分後に最初に保持していた半分の水分量を失い，16分後には水分含量がお

第8章　乾燥生物圏

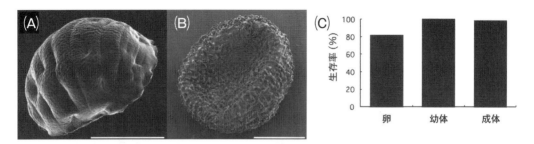

図2　乾眠状態のヨコヅナクマムシにおける(A)成体および(B)卵のヨコヅナクマムシの電子顕微鏡写真，(C)卵，幼体，成体のヨコヅナクマムシにおける10日間の乾燥処理後の生存率
　　　生存率は，胚の場合は蒸留水を与えて10日以内に孵化した個体の割合を，幼体と成体の場合は蒸留水を与えて24時間後に活動している個体の割合とした。
　　　スケール＝50μm(A)，20μm(B)
　　　撮影協力：行弘文子(A)，田中大介(B)

よそ10% wt./wt.まで減少することがわかった（図3）。これらの結果から，ヨコヅナクマムシはきわめて急速な脱水にもかかわらず乾眠に移行できる，すなわち，きわめて高い乾燥耐性をもつことが示された。

2.4　ヨコヅナクマムシの高温・高圧耐性

ところで，乾眠状態のクマムシは高温や高圧などのストレスに対して高い耐性をもつことが知られる。しかし，これまでの研究では

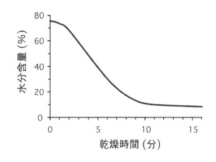

図3　相対湿度85％下における乾燥処理開始後のヨコヅナクマムシの成体の体内水分含量の推移

クマムシの安定した培養系が欠如していたこともあり，環境ストレスを暴露した直後の個体の生存を確認するのみで，ストレス曝露個体がどれほどの期間生存できるか，あるいは，繁殖能力を維持できるかについて検証されたことはほとんどなかった。クマムシが本当の意味で環境耐性をもつかどうかを判断するには，この生物が次の世代を残せるかを指標にするべきである。

そこで，筆者らはヨコヅナクマムシに高温（100℃）と高圧（1GPa）を暴露した後に培養実験を行い，同種の繁殖能力の有無を検証した。高温あるいは高圧を暴露された個体は，無処理区の個体の生存期間と同等あるいはそれ以上の期間にわたって生存した（図4(A)）。その上，これらのストレスに暴露された個体から次世代の個体が生じ（図4(B)），ヨコヅナクマムシは乾眠状態においてこれらの極限環境に暴露されてもほとんど損傷を受けないことが示唆された。生物は通常，100℃の高温や1GPaもの高圧に暴露されると，タンパク質などの生体分子が変性して生命活動を維持できなくなり，最終的に死に至る。この理由は，多量の水分子と結合した生体高分子が熱により変性しやすいためであるが，乾眠状態のヨコヅナクマムシは体内に水をほとんど含まないた

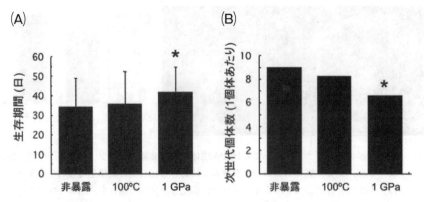

図4 乾眠状態のヨコヅナクマムシにおける高温（100℃）および高圧（1 GPa）暴露後の生存期間(A)および次世代幼体数(B)
＊は統計的有意差を示す。

め，このような高温や高圧を暴露されても損傷をほとんど受けなかったものと考えられる。

本実験によって，ヨコヅナクマムシがこれらの極限環境ストレスを暴露された後でも，次世代の個体を残せることがわかった。このような高温や高圧にさらされた動物が次世代個体を残したという結果は，筆者らによる本報告が初めてである。

2.5　ヨコヅナクマムシの凍結耐性

陸生クマムシの中には，体内の水分が凍結しても耐えられる種類がいることが知られている。そこで，ヨコヅナクマムシがどの程度の凍結耐性をもつか検証した。

活動状態の成体のヨコヅナクマムシを蒸留水とともに2枚のカバーガラスで挟み，－2～－20℃まで冷却して凍結した。サンプルが冷却する過程において，－1℃でカバーガラスの端に氷を接触させ，クマムシを取り囲む水を凍らせた（これを植氷という）。顕微鏡による観察により，ヨコヅナクマムシは体表に氷が接触すると，そこから体内へと氷が成長して凍結することがわかり，どの凍結条件においても大半の個体が凍結することが判明した（図5(A)～(C)）。なお，クマムシの体内やクマムシを取り囲む水は－1℃でも自発的に凍ることはない。氷点下以下でも水が凍らない状態を過冷却状態というが，この状態で氷を接触させると水はたちまち全体が凍り出す。サンプルは－2～－20℃の到達温度で15分間保持後，0℃まで1分あたり2℃で昇温して融解し，クマムシを水の入ったシャーレに移して常温で保管した。融解してから24時間後のヨコヅナクマムシの生存を確認したところ，すべての条件において生存個体が確認され（図5(D)～(E)），同種が高い凍結耐性をもつことがわかった[4]。

本実験結果より，ヨコヅナクマムシは実際の生息環境（札幌市）での温度変化よりも速い速度での冷却で凍結しても生存できることが判明した。乾燥と凍結は，ともに細胞の脱水が生じるという点で相似の現象とみなせるため，乾燥耐性と凍結耐性には部分的に共通の生理機構が関わっ

第8章　乾燥生物圏

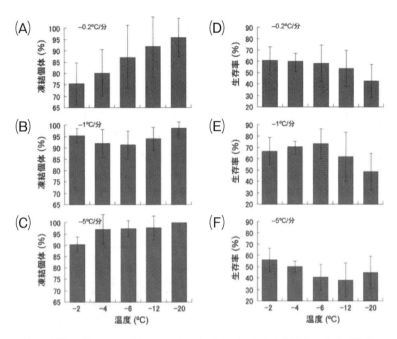

図5　活動状態のヨコヅナクマムシにおける，異なる冷却速度による凍結後の
凍結個体の割合（(A)〜(C)）と生存個体の割合（(D)〜(F)）

ていることが示唆されている[5]。これらのことを踏まえると，陸生クマムシは脱水耐性である乾眠形質を獲得した結果として，副次的に凍眠形質を獲得したのであろう。

2.6　ヨコヅナクマムシの放射線耐性

クマムシは，活動状態と乾眠状態の両方の状態において4400〜5000 Gyのガンマ線，そして5200〜6200 GyのHeイオンの照射に耐えることが知られている[6]。クマムシがきわめて高い放射線照射耐性をもつ理由として，高線量の放射線によるDNAの二重鎖切断などの損傷を，効果的に修復する機構が存在することが強く示唆される。これまでに，放射線によるDNA損傷の修復機構は，主に細菌の一種 *Deinococcus radiodurans* をモデル生物として研究されてきた。しかし，クマムシ類のような多細胞生物におけるDNA修復機構は，*D. radiodurans* での修復機構とは，全く異なるメカニズムであることが予想されるため，クマムシにおけるDNA修復機構を探ることは，高等生物における放射線耐性獲得の可能性につながるものと期待される。

筆者らはまず，乾眠状態および活動状態のヨコヅナクマムシに500，および5000 Gyの4Heイオン（50 MeV，16.3 KeV/μm）を照射し，本種の放射線耐性能力を評価した。なお，本実験の材料には孵化後7日目の個体を用いた。その結果，両状態とも線量依存的に産卵数が減少する傾向が見られたものの，活動状態の場合は500 Gyにおいて，乾眠状態の場合は500，5000 Gyのいずれの線量区においても産卵と孵化が観察された（図6）。特に，5000 Gyもの線量のイオン線を照射

された多細胞生物が次世代に子孫を残したことが確認されたのは，これまでに報告がなく，本研究が初めてである。

次に，被照射個体におけるDNA二重鎖切断によるDNAの断片化を検出するため，Single Cell Gel Electrophoresis，通称コメットアッセイ法を行った。活動状態のヨコヅナクマムシに，500，1000，2000，4000 Gyの60Coガンマ線（0.2 KeV/μm）を照射直後の個体をphosphate buffered saline（PBS, pH 7.4）中にてカッターで切開し，単細胞を分離した。細胞懸濁PBSと低融点 afaroseとの混合液をスライドガラスに滴下し，氷温で固めた。タンパク質の溶解力の弱い細胞溶解液A（2.5 M NaCl, 10 mM Tris, 100 mM ethylenediamine tetraacetic acid disodium salt, 1% sarcosinate, 0.01% Triton X-100；pH 8.3）あるいは，溶解力の強い溶解液B（1% sodium dodecyl sulfate（SDS））の2種類の溶液のどちらかを用いて細胞を溶解し，サンプルを電気泳動した。泳動後，SYBR GreenでサンプルDNAを染色し，蛍光顕微鏡にて観察，解析した。

結果，二重差切断によるDNA断片化の可視化は，細胞溶解液の溶解力の違いによって，顕著な差が見られた。細胞溶解液Aを用いた場合，0～4000 Gyのすべての線量区において，tailが観察されなかった（図7(A)，

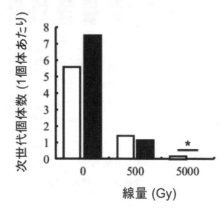

図6 乾眠状態および活動状態のヨコヅナクマムシへのHeイオン照射後の，1個体あたりの産仔数
白色のバーは乾眠状態，黒色のバーは活動状態の個体を示す。
*は統計的に有意な差があることを表す。

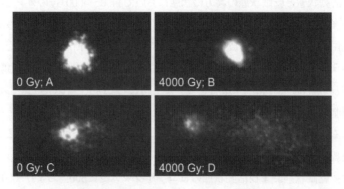

図7 ガンマ線照射後のヨコヅナクマムシにおけるDNA損傷（DNA二重鎖切断）
コメットアッセイに細胞溶解液A（2.5M NaCl, 10mM Tris, 100mM ethylenediamine tetraacetic acid disodium salt, 1% sarcosinate, 0.01% Triton X-100；pH 8.3）を用いた場合（(A), (B)）と細胞溶解液B（1% sodium dodecyl sulfate（SDS））を用いた場合（(C), (D)）の典型的なDNA泳動像をそれぞれに示す。

第 8 章　乾燥生物圏

(B))。一方，細胞溶解液Bを用いた場合，4000 Gyの照射後にはっきりとした形状のtailが観察された（図7(C), (D)）。しかしながら，この場合においても，2000 Gyまでの照射においては，コントロールとの間に，DNAの像に大きな違いは見られなかった。

細胞溶解液B（1% SDS）を用いたコメットアッセイ法を行った場合のみに，4000 Gyの照射後にtailが観察された原因として，ヨコヅナクマムシにはDNAにきわめて強く結合するタンパク質が存在する可能性が示唆される。このようなタンパク質は，細胞溶解液Aではほとんど可溶化されなかったため，電気泳動しても断片化したDNAが泳動されず，tailの形にならなかったのかもしれない。

また，細胞溶解液Bで処理した場合でも，2000 Gyまでの照射後にはっきりとしたtailが見られなかったことから，ヨコヅナクマムシは他の生物に比べ，放射線によるDNA二重差切断がほとんど起こらない可能性が考えられる。もしかすると，ヨコヅナクマムシの放射線耐性は，DNA結合性のタンパク質が何らかの形でDNAを防護し，二重鎖切断を起きにくくしていることによって成立しているのかもしれない。

2.7　ヨコヅナクマムシの紫外線耐性

乾眠状態のクマムシはきわめて高い線量の紫外線照射を照射されても生き延びることが確認されている。宇宙空間で7577 kJ/m^{2}という高線量の紫外線（波長116.5-400 nm）を照射されたオニクマムシのうち，わずかの個体が生存したことも報告されている[2]。高線量の紫外線照射は，生物に致死的なDNA損傷を引き起こす。筆者らは紫外線（波長254 nm）照射後の活動状態および乾眠状態のヨコヅナクマムシのDNA損傷を検出するため，DNAに生じたチミン二量体の頻度の定量解析を行った。

ヨコヅナクマムシは乾眠状態において，活動状態よりも顕著に高い紫外線耐性が見られた。乾眠状態では20 kJ/m^{2}まで紫外線を照射された場合でも個体が子孫を残したのに対し，活動状態では5 kJ/m^{2}以上の線量の紫外線を照射されると照射10日後には90%以上の個体が死滅し，産卵した個体も見られなかった。

DNAのチミン二量体の頻度をマウスの抗チミン二量体抗体を一次抗体に，Cy3と共役したヤギの抗マウスIgG抗体を二次抗体として用いて可視化し定量したところ，乾眠状態のヨコヅナクマムシは活動状態の場合に比べ紫外線照射後のチミン二量体の形成がほとんど起こらないことが判明した（図8(A)）。これは，ヨコヅナクマムシが乾眠状態においてチミン二量体形成を阻害するメカニズムをもつことを示唆している。

また，活動状態のヨコヅナクマムシでは2.5 kJ/m^{2}の紫外線照射後に生成したチミン二量体が112時間後にはほぼ完全に消失することが判明し，DNA修復活性をもつことが確認された（図8(B)）。ヨコヅナクマムシのゲノムデータベース[7]による検索およびPCRによる解析から，ショウジョウバエの光回復型DNA修復酵素PHRAのホモログ遺伝子をもつことが明らかになり，ヨコヅナクマムシのDNA修復機構にこの酵素が関わっている可能性が示唆された。

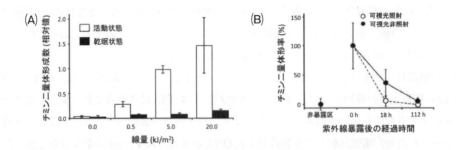

図8 （A）活動状態および乾眠状態のヨコヅナクマムシDNAにおける紫外線照射後のチミン二量体の形成頻度。チミン二量体形成数は，20 kJ/m²の紫外線照射後における大腸菌DNAのチミン二量体数を1とした場合の相対値。（B）活動状態のヨコヅナクマムシに2.5 kJ/m²の紫外線を照射後，可視光を照射した場合と照射しなかった場合によるDNAのチミン二量体の除去効率の違い。

2.8　クマムシの産業利用への展望

　クマムシに見られる乾燥耐性，凍結耐性，放射線耐性のメカニズムは産業への応用が期待できる。例えばクマムシの乾燥耐性のメカニズムは，医療用臓器や生鮮食品の乾燥保存法の開発に繋がるかもしれない。究極的には，ヒトのようなほ乳類を個体レベルで乾燥保存できる可能性もある。このような技術が可能になれば，人々が「ドライスリープ」することにより，長い年月のかかる他惑星への移動も可能になるだろう。もちろん，クマムシの凍結耐性メカニズムも同様の目的に応用できる。筆者らの研究により，ヨコヅナクマムシが放射線によってDNAが切断されるのを防ぐメカニズムが存在することが示唆されており，このような防護機構が放射線被曝の影響を軽減させるために応用される可能性もある。

　筆者も一員として参加しているヨコヅナクマムシの全ゲノム解読プロジェクトが終了し，この生物の耐性のメカニズムを分子レベルで解き明かすための基盤が整備された。現在，最も支持されているクマムシの乾眠メカニズムのシナリオは，ある種のタンパク質や糖類（LEAタンパク質やトレハロースなど）が細胞の構成物を保護することにより，乾燥中もそれらの機能を保持する，というものである[8,9]。しかし，クマムシには，そのような機構とは別の，もっとシンプルな，それでいて私たちの常識が及ばないような機序を用いて，極限的な環境に耐えているのではないかと個人的には考えている。実際，クマムシでは他の多くの乾眠生物で蓄積が見られるトレハロースがほとんど検出されない。

　乾燥と放射線は，どちらも生体物質の酸化を促進することが知られている。そこで筆者は，クマムシの乾燥耐性と放射線耐性には抗酸化耐性能力が大きく関わっていると睨んでおり，現在，乾燥および放射線の暴露後のヨコヅナクマムシの酸化タンパク質の定量解析を行っている。この推測が正しければ，ヨコヅナクマムシには何らかの強力な抗酸化物質が存在し，これがヒトの老化やガンを抑制する効果を発揮する可能性も考えられる。これまで，ヒトとの接点がほとんどなかった小さなクマムシが，人類を救う日が来るのも遠い未来ではないかもしれない。

第8章 乾燥生物圏

謝辞
　本稿で紹介した研究には多くの方々が関わった。文字数の制限のため割愛するが，これらの方々にこの場を借りて感謝の意を表する。

文　　献

1) J. C. Wright, *Zool. Anz.*, **240**, 563-582（2001）
2) K. I. Jönsson et al., *Curr. Biol.*, **18**, R729-R731（2008）
3) D. D. Horikawa et al., *Astrobiology*, **8**, 549-556（2008）
4) 堀川大樹，川井清司，野須一志，松尾勇侍，梶原一人，低温生物工学会誌，**54**, 173-176（2008）
5) K. B. Storey and J. M. Storey, *Ann. Rev. Physiol.*, **54**, 619-637（1992）
6) D. D. Horikawa et al., *Int. J. Rad. Biol.*, **82**, 843-848（2006）
7) ヨコヅナクマムシゲノムデータベース"Kumamushi Genome Project" http://kumamushi.org/
8) E. Schokraie et al., *PLoS One*, **5**, e9502（2010）
9) P. Westh and H. Ramløv, *J. Exp. Zool.*, **258**, 303-311（1991）

3 耐乾燥性陸生ラン藻の解析と応用

加藤 浩*

3.1 陸生ラン藻とは

陸生ラン藻とは陸上に棲息しているラン藻であり,光エネルギーを利用して水から電子を取り出して酸素を放出し,その際に得られた電子を電気エネルギー,化学エネルギーに変換することができる原核光合成生物である。ラン藻という名前の由来として,細胞内に藍色の光合成色素を含む藻ということから"藍"という言葉を用いて"藍藻"となり,その後カタカナを用いてラン藻と示すようになった。最近では英語表記をそのまま用いてシアノバクテリア(色素の色を示すシアノと原核微生物を示すバクテリアの意)を使うようになりつつあるが,他の非酸素発生型光合成生物(光合成細菌)と区別する必要がある点,またラン藻には単細胞だけでなく多細胞(複数の細胞が集まって糸状体を形成)が存在している点,細胞が窒素固定細胞(ヘテロシスト,heterocyst)や運動性の糸状体(ホルモゴニア,hormogonia),胞子細胞(アキネート,akinete)に分化する能力を有するタイプが存在する点[1]を考慮して,この項目では"ラン藻"を使用する。

ラン藻は海水,淡水等の水生生物というイメージが強いと思われるが,図1上段のような荒廃土壌でも棲息が可能となった陸上ラン藻もいる。他にも,単独で土壌で生きるタイプ,カビや植物と共生するタイプ,極限環境地帯に適応したタイプと多種多様な生活様式をもつ陸生ラン藻も

図1 陸生ラン藻の棲息地の一例
上段:荒廃土壌地域に黒い物体として陸生ラン藻が存在する。下段:左側は乾燥した陸生ラン藻ノストックコミューン(*Nostoc commune*)の塊,右側は膨潤させたノストックコミューンの塊。スケールバーは2 cmで下段に対応。

---

* Hiroshi Katoh 三重大学 生命科学研究支援センター 助教

第 8 章　乾燥生物圏

存在する[2]。この多様性が極限環境地帯の生活に重要な役割を果たしていると考える。砂漠地帯の場合であれば，貧栄養・高温と低温乾燥・紫外線などの光が生命活動の妨げとなり，南極の場合であれば，低温による凍結・日照不足，晴れた日の強力な紫外線が生命活動の妨げとなる。このような環境下でも生息可能な陸生ラン藻は極限環境生物の中でも独立して生活することも可能な，かつ人類において産業技術への応用を期待させる力を有していると考えられる。

　陸生ラン藻は環境に適応するために多様性を有しているが，注目すべき点は耐乾燥性であり，陸上で生活する際に重要な能力の一つであると考えられる。本稿のタイトルにもある耐乾燥性陸生ラン藻とは陸生ラン藻の中でもより乾燥に強いものを示しているが，これらのラン藻が存在することで乾燥にそれほど耐性のない生物も生存できることから，陸生ラン藻には他の生物を乾燥から保護する役割も有しているのではないかと考えられる。その例として図1（上段）を掲載する。これは耐乾燥性陸生ラン藻が荒廃土壌に存在（黒い物体）しているが，その周りに植物が点々と成長している写真である。また，ラン藻にとって光合成の基質となる水を利用しているため，水不足状態での適応能力をより厳密なものとしなければならない点で光合成と水を切り離すことができないラン藻にとっては他のバクテリアよりも深刻な問題となる。そのため，陸生ラン藻の耐乾燥性メカニズムを明らかにし，詳細な解析によってさらに利用価値の高まる研究と，そこから見いだせる産業への応用として何が考えられるかを耐乾燥性陸生ラン藻ノストックコミューン[2,3]（*Nostoc commune*（図1））を中心に紹介する。この陸生ラン藻は乾燥している時は休眠し，水を与えると復活することが知られている。乾燥時は軽いため風などによる長距離移動が可能ではないかと考えられる。

3.2　耐乾燥性陸生ラン藻の適応能力

　耐乾燥性陸生ラン藻は高温・低温・乾燥・光といった厳しい環境下に曝されるため，その耐性機構を解明することが重要となる。現在耐乾燥性の研究が進められており，その進捗状況を含めて耐乾燥性について関連する因子を以下に示す。

3.2.1　光合成

　乾燥に耐える機構，耐乾燥性機構を有する陸生ラン藻には乾燥状況によって光合成を制御する能力があり[4,5]，乾燥条件下では光合成による電子伝達を停止して過剰な酸化力を防止していると考えられている。光合成初期反応に欠かせない基質が水であることからも耐乾燥性獲得には光合成を止めることは必要であると考えられる。この調節機構を解明するには生理学的な解析だけでなく遺伝子による解析も必要であり，陸生ラン藻の解析が待たれている。

3.2.2　適合溶質

　次に陸生ラン藻の中には乾燥時に細胞内にトレハロースやスクロースを蓄積するものが存在し，トレハロース代謝系のうちトレハロース分解系を欠損した変異体では耐性が上昇するという報告もある[6]。これら二糖は水酸基を多く含むため細胞内で水の代わりとなって乾燥による細胞膜の融合を抑制すると考えられている。しかし，二糖だけでは耐乾燥性を得られないという報告もあ

る[7]。

3.2.3 細胞外多糖

細胞内だけでなく細胞外にある多糖も耐乾燥性に重要な役割を果たしている[8]。これは細胞内の水分の放出を抑制するだけでなく，細胞内における細胞膜の癒着と同様，細胞同士の癒着を防ぐためであると考えられる[9]。

3.2.4 遺伝子

筆者らにより乾燥時に誘導される遺伝子を発現解析で調べた結果[10,11]，複数の多様な遺伝子が関与しており乾燥状態が進むにつれて発現様式が変わることが明らかとなった。これらの遺伝子には前述した適合溶質，細胞外多糖に関与する遺伝子も誘導されており，より詳細な解析が必要であると考えられる。トランスポーター系の遺伝子も誘導されていることから水不足による細胞外からのイオンなどの輸送が困難になっているのではないかと予想された。しかし，誘導される遺伝子や光合成遺伝子を欠損した生物による解析から遺伝子が一つ欠けることでも耐乾燥性が低下することが明らかとなったため[12]，複合的な遺伝要素が耐乾燥性に関わっており，その要素が多い程耐乾燥性能が高まると予想される。興味深いことに窒素代謝に関わる可能性のある遺伝子が候補に含まれており，特記すべき点であろう。

3.2.5 紫外線吸収物質

陸上で生活するにあたって避けられないのはUVによる細胞への影響である。UVを避けるために陸生ラン藻はUV吸収物質を作ることが知られており[13]，この物質の生産を試みる研究が進められている。

現時点で知られている耐乾燥性に関わる因子だけでも複数存在することから，耐乾燥性を獲得させる方法として遺伝子導入だけではない，これまでとは異なるアプローチを検討する必要があると考えられる。

3.3 耐乾燥性陸生ラン藻の利用法

3.3.1 使用したい能力を有する陸生ラン藻の選定と応用

耐乾燥性ラン藻を利用する場合に問題となるのは自然界に存在する陸生ラン藻を単離培養することが難しい点であろう。確かに様々な株保存センター（カルチャーコレクション）には培養可能な陸生ラン藻も存在する。培養も容易である。しかし，それらは全てではなく，または，同じ属名種名でも形状の異なる株も存在するため，本当に正しい株が得られたか，それが本当に元の株であるかどうかを判断する必要がある。本稿で取り上げている陸生ラン藻ノストックコミューンは図1下段のようにキクラゲ状の塊で存在するが，カルチャーコレクションにある名前と形状が一致しないものもあるため注意が必要である。加藤らによって単離された無菌化されたノストックコミューン（図2）[3]を断片化して培養すると培養初期過程で球体を作り，これが大きくなることで中央に空洞ができ，キクラゲ状の塊ができるため，陸上に存在するものと同種であると考えている。加藤らによって単離された株[3]は現地に存在した株と単離した株の16S rDNAが一致し

第8章　乾燥生物圏

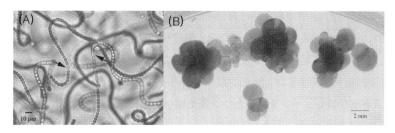

図2　無菌化されたノストックコミューン（*Nostoc commune*）（A）細胞，（B）コロニー
スケールバーは図中に記した．矢印は窒素固定細胞であるヘテロシスト（異質細胞）を示している[3]．

ていたこともそれを裏付けている．なお過去に単離された株が存在していたが，現在その株の存在を確認することができていない[2]．

単離したノストックの特徴として，細胞外多糖内で増殖するためか培養は遅く，増殖速度を高めるための工夫が必要である．そのため，株の利用法だけでなく，ゲノム解析により有用遺伝子を検索することも重要と考えられる．一方で硬い細胞外多糖を作ることからノストックコミューンは容易に回収できると考えられる．そのため，排水処理に利用できるのではないかと考えられる．また，細胞外に有用物質を出すことを目的としたバイオマスエネルギーは脂質合成に関わる遺伝子，細胞外多糖を利用した生産を目指しており，その研究が進むことにより有用物質の生産が可能になると期待される．有用物質を細胞外に放出することは回収効率を高める上で重要ではあるが，逆に生産したものを細胞内や細胞外多糖にとどめて容易に回収することができる利点を利用することも可能である．さらに，食用にもなることが知られているため，食べる薬やワクチンとして細胞外多糖を利用した有用成分を含む物質合成にも役立つと期待される．また，ノストックコミューンの細胞外多糖は放射性物質を吸収する能力が備わっていること，イオンだけでなく粘土に付着した放射性物質を回収する可能性が示唆されていることから，乾燥させることで減容できる吸着剤としての利用価値もあると考えられる[3]．

3.3.2　環境に応じた利用方法の模索

耐乾燥性ラン藻を利用する場合に最も有効な能力として乾燥に耐えて復活できる点，砂漠や南極，荒廃土壌などの極限環境状態で棲息できる点がある．これらの能力を未開発の荒廃土壌を改良するために利用することができれば，環境を改善する自然にもやさしい手段として有効であると考えられる[14]．乾燥することによって陸生ラン藻はその大半を占める水分を除いて重量を減らすことが可能なだけでなく現地で肥料として利用することが可能となる．独立栄養生物でありしかも三大栄養素の一つである窒素を固定して利用できることからも土壌改良，環境保全への利用価値は高い．さらにラン藻自身も植生遷移が進むことにより植物が増えれば生育しにくくなり，栄養源となるため，環境への影響も小さいと考えられる．つまり，輸送コストや培養コストの面で有利なだけでなく，細胞外多糖による水分保持能力，光合成と窒素固定による有機物の合成が可能なことを考慮すると，コストパフォーマンスに優れた肥料として用いることが可能である．

267

これは陸生ラン藻が持つ極限環境状態においても利用可能であり，砂漠や南極のような極限環境状態においても生育可能であることから新たな土壌作りに貢献すると考えられる[3,14]。これらの特徴を利用するためには大量培養可能な条件を検討すること，必要な遺伝子の解析も進めることで，土壌改良可能な技術を開発することが必要になるだろう。

3.3.3 ノストックコミューンを用いたラン藻土壌への応用

耐乾燥性ラン藻の耐乾燥性に複数の要因が関与していることを前述したが，その他にも有効利用可能な能力がある。その一つは空気中の窒素を生物が利用するアミノ酸へと返還する能力，窒素固定能力である。陸生ラン藻の中には窒素固定能力を持つものもあり，陸上における窒素源の確保をより確実なものにしている。窒素を固定するためには大量のエネルギーが必要であることから，光合成システムで得られるエネルギーを利用して空気中に多量に存在する窒素を利用できる点は利用価値が高いと考えられる。例として培養時にコストのかかる窒素栄養源を必要としない点は大量培養にとって利点であり，陸生ラン藻を大量調製できれば土壌に散布することによって，生分解性の肥料となる（3.3.2にも記載）。現時点で陸生ラン藻は難培養性のものが多いが，株の種類，培養方法を検討することによって解決される課題であると考えられる。最近の知見では陸生ラン藻ノストックコミューンが遅延性の窒素栄養源となり得るという報告がある（図3）[3]。

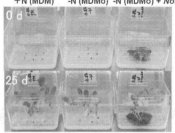
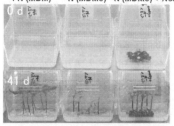

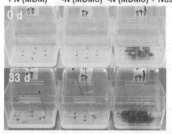

図3 ラン藻マットと植物の生育 （A）コマツナ，（B）ピーマン，（C）レタス，（D）ニラ
コマツナでは差は見られないが初期成長時に窒素要求性の低いピーマンと高いレタスで違いが見られた。ニラではラン藻マットにおいて発芽率が高まっている[3]。＋N(MDM)：窒素源を含む培地，－N(MDMo)：窒素源を含まない培地，－N(MDMo)＋*Nostoc*：窒素を含まない培地にラン藻をのせたもの（ラン藻から窒素源が供給されることを調べている）。

第8章　乾燥生物圏

さらにこのラン藻が持つ細胞外多糖は吸水能力が高いことから，土壌として植物を栽培する技術も模索されている（図3）[3]。

3.3.4　特異的な利用方法

陸上生活で水分を保持することは重要なことであり，細胞外多糖はその重要な役割を担っていると考えられる。特に細胞外多糖の組成によって硬いゲル状のものから軟らかいゼリー状のものまであり，必要に応じて使い分けることも可能である。筆者が単離した陸生ラン藻においては主に硬い細胞外多糖あるいは軟らかい細胞外多糖を持つタイプがある[1,3]。硬い細胞外多糖は水溶液中でも壊れにくいことから，容易に回収可能な排水処理の材料として利用可能である。また，細胞外多糖を合成することにより小さなゴミを取り除くことも可能である。細胞外多糖は網目状に構築されておりその隙間に物質が入り込むことが可能であるだけでなく，電荷によりイオンも吸着することができる。また陸生ラン藻ノストックコミューンが放射性物質および放射性物質を含む細かい粘土を吸着することが現地調査から明らかになってきた[3]。ラン藻の中には細胞内に放射性物質をため込むものも存在しており，その仕組みとしてカチオントランスポーターやチャネルが関与していると考えられる。さらに，細胞外多糖に吸着していると考えられることからカチオンであれカチオンを結合した粘土であれこのラン藻を用いることで回収することは可能であろう。加えて，耐乾燥性ラン藻には放射線耐性を有するタイプも存在する[15]。例として宇宙開発の際に必要となる惑星緑化計画初期の段階で，惑星に水があればそこで戻して定着させることが考えられる。現在も宇宙開発にこれら陸生ラン藻の利用が検討されており[16]，今後の宇宙開発に貢献すると期待される。

3.4　おわりに

独立栄養生物である耐乾燥性陸生ラン藻は極限環境に適応するための様々な能力を有していることが明らかとなってきており，その中でも耐乾燥性は重要とされる。耐乾燥性能を解析することで複合的な要素が存在することが明らかとなり，これまでとは異なったアプローチで応用利用することが必要であると考えられる。今後の研究が進むにつれて極限環境で棲息可能な能力がどのように組み合わさっていくかを明らかにし，環境修復，宇宙開発といったより大きなテーマに繋がる応用面へと発展することを筆者は願っている。

文　献

1) Katoh H. *et al.*, *Microbes Environ.*, **18**, 82-88（2003）
2) Whitton B. A. and Potts M. eds., The ecology of cyanobacteria: their diversity in time and space, Kluwer Academic Publishers, Dordrecht, The Netherlands（2000）

3) Katoh H. *et al.*, *Biochim. Biophys. Acta*-Bioenergetics, in press (2012)
4) Satoh K. *et al.*, *Plant Cell Physiol.*, **43**, 170-176 (2002)
5) Fukuda S. *et al.*, *Plant Cell Physiol.*, **49**, 488-492 (2008)
6) Higo A. *et al.*, *Microbiology*, **152**, 979-987 (2006)
7) Sakamoto T. *et al.*, *FEMS Microbiol. Ecol.*, **77**, 385-394 (2011)
8) Yoshimura H. *et al.*, *Microbes Environ.*, **21**, 129-133 (2006)
9) Donna R. H. *et al.*, *J. Applied Phycol.*, **9**, 237-248 (1997)
10) Katoh H. *et al.*, *Microbial Ecology*, **47**, 164-174 (2004)
11) Higo A. *et al.*, *Microbiology*, **152**, 979-987 (2006)
12) Katoh H., *Biochim. Biophys. Acta*-Bioenergetics, in press (2012)
13) Böhm GA. *et al*, *J. Biol. Chem.*, **270**, 8536-8539 (1995)
14) Obana S. *et al.*, *Journal of Applied Phycol.*, **19**, 641-646 (2007)
15) Potts M., *Eur. J. Phycol.*, **34**, 319-328 (1999)
16) Arai M., *Biological Sciences in Space*, **23**, 203-210 (2009)

第9章　その他極限環境生物圏

1　地殻内微生物の探索と応用

鈴木庸平＊

1.1　地殻とは

　地殻の厳密な定義は容易ではないが，プレートが弾性体のマントル上を水平移動する際に必須な剛体である。地殻はマントルから分化したとする認識が古くからあり，モホロビチッチ面（モホ面）と呼ばれる地震学的不連続面によって地殻‐マントル境界が定義される。地球化学的には鉄とマグネシウムに富む超苦鉄質なマントルと対照的に，珪長質岩，中性岩，苦鉄質岩から成る層と定義される。地殻は海洋で薄く大陸で厚いことが知られ，海洋地殻の厚さは$7\pm1\,\mathrm{km}$[1]，大陸では$39\pm8.5\,\mathrm{km}$[2]であることが知られる。

　海洋地殻は中央海嶺で生成され，ゆっくり海嶺軸から拡大し海溝に沈み込む。海嶺翼はマグマの熱による熱水循環を伴い，深海平原に向かいながらゆっくり冷却される（図1）。中央海嶺近傍では堆積作用が弱く，大陸に近づくに連れて堆積物により海洋地殻は厚く覆われ，海洋地殻として共に海溝からマントル中へ沈んで地殻物質はリサイクルする。この循環により海洋地殻は2億年より古いものは存在しない。

　地球の地殻は創成期に発生したマグマオーシャンが冷え固まり大陸地殻が誕生し，海とプレートテクトニクスの存在により太陽系惑星の中でも独特な地殻である[3]。大陸地殻はマントルに浮いた状態を維持しており，海洋地殻は大陸地殻より密度が重いため大陸地殻下に沈み込む。これはマグマから大陸地殻が形成する際に，重い鉄が鉱物として沈殿して取り除かれて徐々にマグマから地殻が固化する結晶分化作用に起因する。

　地殻の主体は当然ながら岩石であり，地殻は花崗岩や玄武岩などの火成岩，砂岩や泥岩などの堆積岩，およびそれらが高温または高圧条件下で変質した変成岩などの多様な岩石から構成される。海洋地殻の上部は，海水に接して固化した玄武岩から成る枕状また塊状溶岩の下に，海洋地殻が拡大する際に引っ張られてできた割目にマグマが貫入してできた平行岩脈群（厚さは

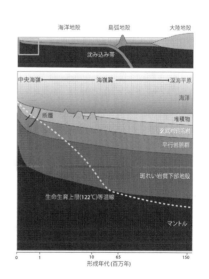

図1　地殻の分類と海洋地殻の構成部および生命潜在領域（>120℃）

＊　Yohey Suzuki　東京大学　大学院理学系研究科　地球惑星科学専攻　准教授

1～3 km程度）から構成される（図1）。海洋地殻の下部は4～6 km程度の厚さを持つ斑れい岩から成る。構造が一様な海洋地殻に比べ，大陸地殻は複雑かつ多様で地域性も著しい。大陸地殻は，先カンブリア時代に形成した盾状地やプラットフォーム（卓上地）から成るクラトンが50％を占める[4]。盾状地は主に花崗岩や変成岩から成る基盤が地表に露出しているのに対し，プラットフォームは同様の基盤が古生代以降の堆積物により覆われている。

日本の地殻はどうだろうか？ 東アジアの一部であった大陸地殻が，日本海の形成により分裂したとされる。しかし，太平洋プレートとフィリピン海プレートの沈み込みにより，日本列島は活発な火山活動や断層活動を伴いマントル物質が地殻に付加している。また海洋地殻上の堆積物も低温・高圧型の変成作用を受けて地殻上に付加する。従って，日本の地殻は海洋地殻や大陸地殻とも異なり多様性に富む島弧に独特な地殻である（図1）。

1.2　地殻内生命圏の広がり

地殻内で生態系が成立する条件として，微生物が棲息できる隙間と液体状の水が必須である。地表や海底面付近は水や空間に恵まれるが，深度が増すに連れて鉱物沈殿や岩石荷重による圧縮で，微生物細胞ですら宿せない細孔から成る空隙構造に至る。堆積物や土壌が固結して多孔質な棲息空間が消失した場合は，微生物の棲息場は岩石中の亀裂にシフトする。大陸と海洋でそれぞれ地殻を構成する花崗岩や玄武岩は，墓石をイメージしてみると判るように，未変質な亀裂を伴わない部分が大半を占め，健岩部は数％の水しか含まず，その水も鉱物に結合して存在するため，微生物が利用可能な空間と液体状の水が存在しない。

温度・圧力は水の存在状態のみならず，酵素の立体構造や代謝関連化合物の安定性と関連する。温度に関しては現在知られる最高増殖温度が122℃であることから[5]，地殻内で一般的な地熱勾配の19℃/kmを想定すると，深度6～7 kmの地殻内まで微生物が棲息する可能性がある[6]（図1）。またATP等の生体分子の安定性を考慮すると150℃まで生命圏が広がる可能性や，増殖できなくても細胞維持や生存モードでさらなる高温域でも生命が存在する可能性も示唆される[7,8]。一方，温度が80℃以上の石油貯留岩で石油の生物分解の兆候が消えることが知られており[9]，またドイツの白亜紀–第三紀（K/T）境界まで9 km掘削して得られた地下4 kmの118℃の熱水からは超好熱性菌は培養されなかった[10]。圧力に関しても，水深約11000 m（静水圧110 MPa）のマリアナ海溝で微生物の活動が確認され，100 MPa以上の圧力が至適な好圧性の微生物も単離されている[11]。従って，圧力より温度の方がより厳しい棲息場の制約因子であると考えられる。温度・圧力以外にも，pHや塩分濃度などにより地殻内生命圏の広がりが制約され得る[8]。

1.3　地殻内のエネルギーフラックス

現在の地球表層生命圏は，最大のバイオマスを誇る光合成生物と，満ちあふれる有機物と酸素を利用してエネルギー獲得する好気性従属栄養生物が繁栄する。しかし，土壌や海底面の堆積物中のバイオマスは指数関数的に深度と相関して減少する。エネルギー獲得効率の良い酸化剤や易

第9章 その他極限環境生物圏

分解性の有機物の欠乏に起因するが，深度100 mを超える地下生命圏は物質の供給が地表からの雨水の浸透ではなく，地下水中の移流や物質の濃度勾配を駆動力にした拡散，あるいは岩石中の固体状有機物や鉱物との反応を介して供給される。またエネルギー効率の良い酸化還元反応から順番に進行し，地層中の難分解性の有機物や鉱物に依存した貧栄養状態だと推定される。その根拠として，陸域深度300〜500 mの堆積物中では有機物分解による二酸化炭素生成速度はバイオマス1 g当り年間10^{-3}〜10^{-4} g Cであり，代謝された有機物が全て同化に用いられたとしても，世代時間が1000〜10000年の計算になる[12,13]。この計算は地下水の上流から下流で増加する二酸化炭素量に基づいている。一方，放射性・安定同位体トレーサーを用いて有機物分解速度を測定すると1000〜100万倍程度速い分解速度が得られる[12,13]。現場のエネルギーフラックスとかけ離れた状態で測定しているためと考えられる一方，仮に地球化学的に見積もられた有機物分解速度で棲息するならば，エネルギー利用効率の良い新規の代謝系を有する可能性も指摘される[14,15]。現状として，地殻内での生命の営みは未解明な部分が多いことは事実である。

地殻内には光合成由来の有機物ではなく，代替のエネルギー源として水素が重要である。マントル物質と化学組成が類似したカンラン岩と水が反応すると，カンラン石から蛇紋石への鉱物変質に伴われて水素が発生する[16]。この蛇紋岩化作用は多様な炭化水素を水素と無機炭素化合物からFischer-Tropsch反応により化学合成し，水素に加えて光合成由来でない有機物も供給し得る（$(Mg, Fe)_2SiO_4 + H_2O + C \rightarrow Mg_3SiO_5(OH)_4 + Mg(OH)_2 + Fe_3O_4 + H_2 + CH_4 + C_2$-$C_5$）。カンラン岩よりも鉄とマグネシウムに富むマフィック鉱物の含有量は低いが，玄武岩と水の反応でも水素が発生し[17]，溶存二価鉄と水が反応するだけでも水の分解により水素が発生し，三価鉄含有鉱物が沈殿する（$FeO + H_2O \rightarrow H_2 + FeO_{3/2}$）。また，マフィック鉱物が関与しなくても，地殻を構成するケイ酸塩鉱物の摩擦により水素が発生することは昔から知られており，地震による岩石の破砕により断続的な水素の供給源が地殻内に存在する[18]。また岩石中の放射性元素の放射線による水の分解起源の水素の存在も知られ，水の分解により過酸化水素も生成する（$2H_2O \rightarrow 2H_2 + H_2O_2$）。生成した過酸化水素は鉱物と反応して酸素や硫酸などの酸化剤が生成し，光合成由来の酸素を起点とする酸化剤に依存しないエネルギー獲得が可能である[19]。これら鉱物と水の反応は，水素イオン濃度，反応温度，鉱物表面積が律速で，二次鉱物形成による表面の被膜の影響も受ける。室温でかつ中性〜アルカリ付近の岩石‐水反応は速度が遅いことが知られ，鉱物‐水反応に依存する場合，生物生産速度は極めて遅い生存または休眠状態である可能性が高い。一方，火山地帯ではマグマの揮発成分である二酸化炭素や二酸化硫黄の供給を伴い，特に二酸化硫黄の不均化作用により生じる硫化水素と硫酸が極端に酸性の流体を生じる。カンラン岩の蛇門岩化作用による水素に富むアルカリ性の流体と，マグマ由来の硫酸や二酸化炭素に富む酸性流体が反応する中和過程で超好熱地殻内化学合成独立栄養微生物生態系Hyperthermophilic Subsurface Lithoautotrophic Microbial Ecosystem HyperSLiMEと呼ばれる太陽光エネルギーに依存しない生態系が存在する可能性がある[8]。

極限環境生物の産業展開

1.4 地殻内微生物研究

　掘削により地殻内生命圏にアクセスし，岩石コアや地下水等の地殻内流体を採取して，その中に含まれる微生物を研究する。地表の例えば～10^9 cells/cm^{3}の1000分の1～100万分の1程度の菌数でしか地殻内には存在しないことが知られており[20]，地表からの汚染を最小限にすることは技術的に容易ではない。特に海底下の未固結な堆積物であれば，ピストンコア等で掘進し，汚染のないコアの中心部を取り出すことが容易である。しかし，固結した岩体は掘削流体を用いるロータリーコアバレルを用いた掘削により採取するため，汚染の回避と岩芯の取り出しが困難である。そのため，掘削孔の特定の深度から地殻内流体をくみ上げる等して研究が行われる[21,22]。陸上では地下坑道から同様に掘削長の短い掘削により高品質な微生物試料を採取することが容易である。

1.5 大陸地殻内の研究事例

　地殻内における微生物研究は，イリノイ州の深度600mの油田井戸から培養された硫酸還元菌にはじまり[23]，その後1980年代後半からアメリカサウスカロライナ州の沿岸平野の広域地下水流動系を対象とした研究により本格化した。不透水層内の発酵産物である有機酸や水素が，大きな空隙を伴う帯水層で鉄還元や硫酸還元を介した電子受容プロセスにより消費される[24]。サウスカロライナ州の白亜紀後期に三角州で堆積した地層だけでなく，ニューメキシコ州の白亜紀中期に海底で堆積し固結した有機物に富む黒色頁岩と砂岩の互層でも，拡散により黒色頁岩からしみ出した有機物を黒色頁岩と砂岩の境界付近で硫酸還元菌により消費されていることが明らかになった[25]。1億年以上も前に堆積した太古の有機物が現在でも従属栄養微生物のエネルギー源になり得ることが示されたと共に，有効空隙サイズが直径0.2μm未満では微生物の硫酸還元活性が検出されず[26]，地殻内での微生物活動を制約する指標も示された。

　ほぼ同時期に，先カンブリア紀の大陸地殻である北欧スカンジナビア半島の主に花崗岩体から成る盾状地を対象にした地下深部の微生物も研究が開始された[27,28]。高レベル放射性廃棄物の地層処分の研究開発と連動して，1980年代後半の初期段階では，スウェーデン東南部のÄvrö島やÄspö島の地表からの掘削孔，およびStripa研究鉱山の地下坑道に自噴する地下水の研究が行われた。また常温付近ではなく，5km級の超深度掘削孔により深度3500mから採取された65～75℃の花崗岩の地下水から，*Clostridiun thermohydrosulfuricum*に16S rRNA遺伝子が97%で相同な45～75℃で増殖する好熱性細菌が単離されている[29]。北欧花崗岩の研究はその後，Äspö hard rock laboratory（HRL）と呼ばれるÄspö島の地下に建設された施設を用いて重点的に行われた。また，フィンランドで地層処分候補地の立地調査で地表から掘削された1000m級の深層地下水の調査も1990年代後半から開始された[30]。スウェーデンでもÄspö島から2km離れたLaxemarサイトとForsmarkサイトが地層処分場の候補地になり微生物研究も行われた[31]。フィンランドではOlkiruotoサイトが，スウェーデンではForsmarkサイトが最終処分地と決定されたため，今後地下処分場施設を用いた研究フェーズになると想定される。ヨーテボリ大学の研究グループにより精力的に研究されてきており，全菌数測定・ATPアッセイ[32]，多様な代謝群を対象とした生菌数

第 9 章　その他極限環境生物圏

測定[31, 33]，DNAを用いた群集構造解析[34, 35]，および放射性トレーサーを用いた代謝活性測定[36]が主な解析手法である．16S rRNA遺伝子解析から*Desulfovibrio*属の硫酸還元菌の優占や[34]，放射性トレーサーによる活性測定から水素・二酸化炭素資化の酢酸またはメタン生成菌の活動[37]，また原位置における測定から水素と酢酸消費も報告されており，これらの結果は培養によっても裏付けられている[38〜40]．また硫酸は明らかに海水起源であるが，水素と二酸化炭素の起源は有機物分解起源でなく，"geogas"と総称される上述の水−岩石反応やマグマの揮発成分，およびメタンのグラファイト化などの生成起源が提唱されていたが[41]，地下施設建設の影響による水素生成の可能性も示唆され始めている[40]．

　大陸地殻内微生物研究が最も進んでいるのは，南アフリカ金鉱山の地下坑道を用いた研究である．先カンブリア代の大陸地殻の中で最も露出の良いKalahari剛塊を基盤とした堆積盆地（長さ180 km，東西幅70 kmに及ぶ）を覆う，主に礫岩または珪岩である29億年前のWitwaterrand系と27億年前の玄武岩・安山岩質溶岩から成るVentersdorp系から大量の金とウランが採掘されている[42]．Witwaterrand系は34億年前の花崗岩や緑色岩帯，または主に流紋岩から成る30億年前のDominion Reef系を覆う．従って，地下坑道はWitwaterrand系まで延びて最深はCarletonvile地区の鉱山で2.7〜3.4 kmから試料採取が可能である[43]．また坑道建設による擾乱の影響を最小限にするため，Carletonvile地区のDriefontein鉱山の深度2.7 kmからさらに650 m深く掘削した試料も研究されている[44]．地下深部の流体やガスの起源を解明するための同位体研究と組み合わせて，滞留時間の長い地下水中の微生物群集は，地層中の放射性鉱物である閃ウラン鉱により水が分解して生じた水素をエネルギー源とし，同様に発生した過酸化水素と黄鉄鉱が反応して生成した硫酸に依存したFirmicutes門の高熱性硫酸還元細菌*Canditus Desulforudis audaxviator*（*audaxviator*はジュール・ヴェルヌのSF小説「地底旅行」に出てくるラテン語の暗号の大胆の旅人の意味）が優占すると報告されている[45]．その後のメタゲノム解析の結果からも，炭素・窒素固定回路の存在が確認され，太陽光エネルギーに依存しないほぼ単一な種から成る生態系の存在が証明された[46]．一方で，線虫の新種が1.3 kmの地下水中に棲息する報告もあり，大陸地殻内生命圏は単細胞生物に限定されない可能性も示された[47]．

1.6　海洋地殻内の研究事例

　海洋地殻内生命圏は大陸地殻に比べてアクセスが困難であるが，中央海嶺やプレートの沈み込みに伴われる火山弧の深海底から噴出する熱水は「熱水孔下生命圏の窓」として高温域での海洋地殻内生命圏の情報源として，盛んに潜水艇を用いた調査が行われてきた[48, 49]．マグマの貫入による火成活動が活発な中央海嶺の高速・中速拡大域や火山弧では，対流セルの小さな急勾配な熱水循環により，マグマの揮発成分に含まれる還元的硫黄成分と二酸化炭素に富む熱水と，酸化的な海水とのミキシングによって海底面で化学合成生物の密集した生態系が形成される．一方，熱水孔下は高温のため生命が増殖し得る棲息場でないことは明らかになりつつある[50]．

　海嶺軸から海嶺翼にはマグマにより熱せられた海洋地殻が冷却される過程，表面を覆う堆積物

による鉛直で局所的な熱水循環から水平方向に広域な流体移動へのシフトが知られる。玄武岩質な海洋地殻上部は，高温の溶岩が海底面付近で急冷して生じた多くの亀裂や，水蒸気やガスのトラップに伴われる空隙中に広大な海底下生命圏である可能性が指摘される[51]。また，玄武岩中の二価から三価鉄への酸化が形成後1000万年程度は継続し，その風化速度が非生物学的には説明できないことを根拠に，玄武岩風化エネルギーに依存した巨大な海底下生命圏が提案されている[52]。国際深海掘削計画Ocean Drilling Program（ODP）で北東太平洋のJuan de Fuca海嶺翼の350万年前に形成した玄武岩の掘削，掘削後に設置されたCirculation Obviation Retrofit Kit（CORK）を用いた海底下300 mの地殻内流体の採取により，65℃の熱水中に多様な代謝様式を持つ微生物の16S rRNA遺伝子が検出された[53]。また後継の統合国際深海掘削計画Integrated Ocean Drilling Program（IODP）による調査で設置された現場培養装置等を用いて，上述の仮説を支持する結果が得られている[54]。

　海洋地殻下部を構成するハンレイ岩と上部マントル物質と組成が類似したカンラン岩が低速拡大軸または拡大軸から離れた海嶺翼で起こるoff-axis火成活動により海底面付近に露出する。大西洋の海嶺翼で発見されたロストシティーは，拡大軸から離れて温度が90℃で，カンラン岩の蛇紋岩化作用で生成した水素，メタンおよび低分子炭化水素に富む強アルカリ性の熱水に依存した化学合成生態系が発見されている[55]。インド洋の中央海嶺でも水素に富む熱水中に水素利用メタン生成アーキアが卓越して検出され，海嶺翼で発見されたカンラン岩の蛇紋岩化作用により生成した水素の影響によると仮定される[56]。ロストシティーを活動中心とする超塩基性・塩基性岩の露出域であるAtrantis Massifのハンレイ岩露出域を海底下1300メートル掘削したコア試料からは炭化水素分解能を有するProteobacteia門の好気性中温菌に近縁な遺伝子配列が検出され，無機的に生成した炭化水素の利用が示唆されている[57]。しかし，地殻内の先行研究から，ハンレイ岩で検出された細菌と近縁なProteobacteia門の細菌が掘削擾乱に起因して検出されるため，土着性に関しては疑いの余地がある。

　水塊中の有光層における一時生産が鉄分の欠乏により妨げられる大陸から離れた中央海嶺近傍では，主に熱水プルーム由来の鉄酸化物に富む堆積物から成る[58]。中央海嶺から離れるに連れて，遠洋性粘土や石灰質や珪酸質の殻を持つプランクトンから成る堆積物が溜まり，陸域に近づくとタービダイトに代表される速度の早い堆積場にシフトする。堆積物に含まれる有機物量も中央海嶺から大陸縁辺に近づくにつれて増加し，間隙水も酸化的から還元的な状態にシフトする。また大陸縁辺の深海域ではメタンハイドレートを伴うことも知られる。ODP時代に大陸縁辺や水塊の一次生産が活発な東太平洋赤道域の海底下500 mを超える掘削コアを用いた調査が行われた[59]。その中にはメタンハイドレートを伴う海域の堆積物も含まれる。全菌数や生菌数の計測および放射性トレーサーを用いた代謝活性測定が従来行われていたが，2000年以降は16S rRNA遺伝子や代謝関連機能遺伝子を用いた分子系統学的な解析や，脂質バイオマーカー等の化合物毎やシングルセルレベルの安定同位体測定等も適用され急速に研究が進展している[60]。海底下の最深の研究事例として，白亜紀中期（1億1100万年）の大西洋Newfoundland縁辺海底下1626 mの推定現場温

第9章 その他極限環境生物圏

度60～100℃の泥岩中に，10^6 cells/ml程度の密度で10%以上の分裂細胞が含まれた。全菌数は炭化水素インデックスと呼ばれる有機物を燃焼した際にメタンになる有機物の量と相関していることが明らかになり，アーキアの16S rRNA遺伝子の88%が*Pyrococcus*属で12%が*Thermococcus*属に分類され，従属栄養性の生態系の存在が示された[61]。

1.7 我が国の地殻内微生物研究

日本列島は多大な海洋プレートの沈み込みの影響を受ける島弧地殻から成り，安定大陸よりも多様性に富む地質特性を有する。先行研究の多くは，燃料や鉱物資源関連施設を用いたものである[62]。燃料資源として新潟県中条ガス田と千葉県茂原ガス田，静岡県相良油田と秋田県八橋油田，北海道夕張炭坑および岩手県久慈市の地下石油備蓄基地において研究が行われている。鉱物資源として，鹿児島県菱刈金鉱山，岐阜県東濃ウラン鉱山，岩手県釜石鉱山および新潟県豊羽鉱山で調査が行われた。上記に加えて，深層温泉水を用いた静岡県島田市での研究事例も知られる。石油や天然ガスに代表される炭化水素が濃集する地下深部には，メタン生成古細菌，Firmicutes門またはδ-Proteobacteria綱の栄養共生，硫酸還元または酢酸生成細菌が重要な地下微生物であると特徴付けられる。また，金属鉱床を伴う地下深部からは共通してFirmicutes門の硫酸還元*Desulfotomaculum*属やAquificales門の*Sulfurihydrogenobium*属が優占することが明らかになっている。

上記の物質濃集や熱源および過去100万年以降の火山・断層活動を伴わない深部地質環境を対象とした調査が，放射性廃棄物の地層処分を想定して行われている。現在，国内二カ所で地下研究施設が建設中で，北海道幌延深地層研究所は日本海側平野部で一般的な第三紀堆積岩を対象としており，岐阜県瑞浪超深地層研究所は日本列島に広く分布する白亜紀後期に形成した花崗岩を対象としている。地下深部で生命活動を制約する代謝物質の濃度や岩盤中の割れ目・空隙構造および地下水流動等の物理化学因子の詳細な計測結果から，地下微生物の生態が解き明かされつつある。

1.8 今後の展望

地球上のバイオマスの半分近くは，地殻内の原核生物のバイオマスであるとした試算は[20]，ODP時代の主に有機物に富む堆積物の結果に基づいている。後継の統合国際掘削計画Integrated Ocean Drilling Program（IODP）では，光合成由来の有機物の供給が皆無な南環流域中心部の堆積物や，厚い堆積物に覆われる沖縄トラフの深海底熱水噴出域，大西洋の中央海嶺翼で堆積物に覆われた水平な流体移動が顕著な玄武岩体を対象にした掘削調査が実施されている。今後，カンラン岩をターゲットにした海洋地殻の掘削や，地殻マントル境界までの掘削も計画され，地球上のバイオマスの試算もより実態に近づくことが期待される。大陸地殻内微生物は地下坑道を用いた調査により，高品質な地下試料へのアクセスが容易であり，南アフリカ金鉱山で実証されたように，研究の進展が加速している。また，アメリカサウスダコタ州のHomestake金鉱山の地下2400 mに

The Deep Underground Science and Engineering Laboratory (DUSEL)の建設が計画されており，南アフリカ金鉱山と並ぶ地殻内微生物研究の拠点になることが期待される。また，高レベル放射性廃棄物の地層処分場の建設が進行しており，地下坑道から高品質な微生物研究試料の供給源となることが想定される。地殻は高レベル放射性廃棄物の処分や二酸化炭素貯留等の最下流としての役割や，埋蔵資源からのエネルギーや材料資源を供給する最上流として産業を下支えすることが期待される。地殻に棲息する新たな生物機能を有する未知微生物の探索は，有用微生物を産業に供給する可能性を秘めており，地球・生命分野の科学・工学的視点から今後も引き続き研究が進展するであろう。

文　献

1) White R. S., McKenzie D., O'Nions R. K., *Journal of geophysical research*, **97**, 19683-19619, 19715 (1992)
2) Christensen N. I., Mooney W. D., *Journal of geophysical research*, **100**, 9761-9788 (1995)
3) Taylor S. R., McLennan S. M., *Reviews of Geophysics*, **33**, 241-265 (1995)
4) 平　朝彦，末広　潔，地殻の形成，岩波書店，東京 (1997)
5) Takai K., Nakamura K., Toki T., Tsunogai U., Miyazaki M., Miyazaki J., Hirayama H., Nakagawa S., Nunoura T., Horikoshi K., *P. Natl. Acad. Sci. USA*, **105**, 10949-10954 (2008)
6) Sclater J. G., Jaupart C., Galson D., *Reviews of Geophysics*, **18**, 269-311 (1980)
7) Daniel R. M., Holden J. F., van Eckert R., Truter J., Cowan D. A., *Geophys. Monogr. Ser.*, **144**, 25-39 (2004)
8) 高井　研，地球化学，**44**, 103-114 (2010)
9) Head I. M., Jones D. M., Larter S. R., *Nature*, **426**, 344-352 (2003)
10) Huber H., Huber R., Ludermann H. -D., Stetter O. K., *Scientific Drilling*, **4**, 127-129 (1994)
11) Bartlett D. H., *Biochimica et Biophysica Acta (BBA) -Protein Structure and Molecular Enzymology*, **1595**, 367-381 (2002)
12) Chapelle F. H., Lovley D. R., *Applied and Environmental Microbiology*, **56**, 1865-1874 (1990)
13) Phelps T. J., Murphy E. M., Pfiffner S. M., White D. C., *Microbial. Ecology*, **28**, 335-349 (1994)
14) Hoehler T. M., *Geobiology*, **2**, 205-215 (2004)
15) Valentine D. L., *Nature Reviews Microbiology*, **5**, 316-323 (2007)
16) McCollom T. M., Bach W., *Geochimica et Cosmochimica Acta.*, **73**, 856-875 (2009)
17) Stevens T. O., McKinley J. P., *Science*, **270**, 450-454 (1995)

18) Kita I., Matsuo S., Wakita H., *Journal of geophysical research*, **87**, 10789-10710, 10795 (1982)
19) Lin L. H., Hall J., Lippmann-Pipke J., Ward J. A., Lollar B. S., DeFlaun M., Rothmel R., Moser D., Gihring T. M., Mislowack B., Onstott T. C., *Geochemistry Geophysics Geosystems*, **6**(7), 1-3, (2005)
20) Whitman W. B., Coleman D. C., Wiebe W. J., *Proceedings of National Academy of Science of United States of America*, **95**, 6578-6583 (1998)
21) Kieft T. L., Phelps T. J., Fredrickson J. K., Hurst C. J., Crawford R. L., Garland J. L., Lipson D. A., Mills A. L., Stetzenbach L. D., Manual of environmental microbiology, pp.799-817 (2007)
22) Lever M. A., Alperin M., Engelen B., Inagaki F., Nakagawa S., Bj, äö rn Olav S., Teske A., Expedition I., *Geomicrobiology Journal*, **23**, 517-530 (2006)
23) Bastin E. S., Greer F. E., Merritt C. A., Moulton G., *Science*, **63**, 21 (1926)
24) McMahon P. B., Chapelle F. H., *Nature*, **349**, 233-235 (1991)
25) Krumholz L. R., McKinley J. P., Ulrich F. A., Suflita J. M., *Nature*, **386**, 64-66 (1997)
26) Fredrickson J. K., McKinley J. P., Bjornstad B. N., Long P. E., Ringelberg D. B., White D. C., Krumholz L. R., Suflita J. M., Colwell F. S., Lehman R. M., Phelps T. J., Onstott T. C., *Geomicrobiology Journal*, **14**, 183-202 (1997)
27) StroesGascoyne S., West J. M., *Canadian Journal of Microbiology*, **42**, 349-366 (1996)
28) Pedersen K., *Canadian Journal of Microbiology*, **42**, 382-391 (1996)
29) Szewzyk U., Szewzyk R., Stenstrom T. A., *Proceedings of the national academy of sciences*, **91**, 1810 (1994)
30) Haveman S. A., Pedersen K., Ruotsalainen P., *Geomicrobiology Journal*, **16**, 277-294 (1999)
31) Hallbeck L., Pedersen K., *Applied Geochemistry*, **23**, 1796-1819 (2008)
32) Eydal H. S. C., Pedersen K., *Journal of Microbiological Methods.*, **70**, 363-373 (2007)
33) Pedersen K., Arlinger J., Eriksson S., Hallbeck A., Hallbeck L., Johansson J., *Isme Journal*, **2**, 760-775 (2008)
34) Pedersen K., Arlinger J., Ekendahl S., Hallbeck L., *Fems Microbiology Ecology*, **19**, 249-262 (1996)
35) Jagevall S., Rabe L., Pedersen K., *Microbial Ecology*, **61**, 410-422 (2011)
36) Kotelnikova S., Pedersen K., *Fems Microbiology Ecology*, **26**, 121-134 (1998)
37) Kotelnikova S., Pedersen K., *Fems Microbiology Reviews*, **20**, 339-349 (1997)
38) Motamedi M., Pedersen K., *International Journal of Systematic Bacteriology*, **48**, 311-315 (1998)
39) Kotelnikova S., Macario A. J. L., Pedersen K., *International Journal of Systematic Bacteriology*, **48**, 357-367 (1998)
40) Pedersen K., *Fems Microbiology Ecology*, in press (2012)
41) Pedersen K., *Fems Microbiology Letters*, **185**, 9-16 (2000)
42) 秋穂 都, 世界の地質, 岩波書店, 東京 (1991)
43) Gihring T. M., Moser D. P., Lin L. H., Davidson M., Onstott T. C., Morgan L., Milleson

M., Kieft T. L., Trimarco E., Balkwill D. L., Dollhopf M. E., *Geomicrobiology Journal*, **23**, 415-430 (2006)
44) Moser D. P., Gihring T. M., Brockman F. J., Fredrickson J. K., Balkwill D. L., Dollhopf M. E., Lollar B. S., Pratt L. M., Boice E., Southam G., Wanger G., Baker B. J., Pfiffner S. M., Lin L. H., Onstott T. C., *Applied and Environmental Microbiology*, **71**, 8773-8783 (2005)
45) Lin L. H., Wang P. L., Rumble D., Lippmann-Pipke J., Boice E., Pratt L. M., Lollar B. S., Brodie E. L., Hazen T. C., Andersen G. L., DeSantis T. Z., Moser D. P., Kershaw D., Onstott T. C., *Science*, **314**, 479-482 (2006)
46) Chivian D., Brodie E. L., Alm E. J., Culley D. E., Dehal P. S., DeSantis T. Z., Gihring T. M., Lapidus A., Lin L. H., Lowry S. R., *Science*, **322**, 275-278 (2008)
47) Borgonie G., Garcia-Moyano A., Litthauer D., Bert W., Bester A., van Heerden E., Möller C., Erasmus M., Onstott T. C., *Nature*, **474**, 79-82 (2011)
48) Deming J. W., Baross J. A., *Geochimica et Cosmochimica Acta*, **57**, 3219-3230 (1993)
49) Takai K., Nakagawa S., Reysenbach A., Hoek J., *Geophysical Monograph-American Geophysical Union*, **166**, 185 (2006)
50) Higashi Y., Sunamura M., Kitamura K., Nakamura K., Kurusu Y., Ishibashi J., Urabe T., Maruyama A., *FEMS Microbiology Ecology*, **47**, 327-336 (2004)
51) Schrenk M. O., Huber J. A., Edwards K. J., *Annual review of marine science*, **2**, 279-304 (2010)
52) Bach W., Edwards K. J., *Geochimica et Cosmochimica Acta.*, **67**, 3871-3887 (2003)
53) Cowen J. P., Giovannoni S. J., Kenig F., Johnson H. P., Butterfield D., Rappe M. S., Hutnak M., Lam P., *Science*, **299**, 120 (2003)
54) Edwards K. J., Wheat C. G., Sylvan J. B., *Nature Reviews Microbiology*, **9**, 703-712 (2011)
55) Martin W., Baross J., Kelley D., Russell M. J., *Nature Reviews Microbiology*, **6**, 805-814 (2008)
56) Takai K., Gamo T., Tsunogai U., Nakayama N., Hirayama H., Nealson K. H., Horikoshi K., *Extremophiles*, **8**, 269-282 (2004)
57) Mason O. U., Nakagawa T., Rosner M., Van Nostrand J. D., Zhou J., Maruyama A., Fisk M. R., Giovannoni S. J., *PloS one*, **5**, e15399
58) Schulz H. D., Zabel M., Springer-Verlag, New York (2006)
59) Parkes R. J., Cragg Barry A., Wellsbury P., *Hydrogeology Journal*, **8**, 11-28 (2000)
60) Jorgensen B. B., Boetius A., *Nature Reviews Microbiology*, **5**, 770-781 (2007)
61) Roussel E. G., Cambon-Bonavita M. A., Querellou J., Cragg B. A., Webster G., Prieur D., Parkes R. J., *Science*, **320**, 1046-1046 (2008)
62) 鈴木庸平, 極限環境生物学会誌, **10**, 77-82 (2011)

2 大気圏上空および宇宙空間における微生物の探索

山岸明彦*

2.1 はじめに：大気圏上空と宇宙環境の特徴

　大気圏は下部から対流圏（高度11 km程度まで），成層圏（50 km程度まで），中間圏（80 km程度まで），熱圏（それ以上）と分けられている（図1）。一般に100 kmより上を宇宙空間と呼ぶ。一言で宇宙と言っても，宇宙飛行士が滞在する宇宙ステーションと惑星間空間では環境は多少異なっている。国際宇宙ステーションは上空300～500 kmの高度で地球を約90分間で1回，周回しており，これを地球周回低軌道と呼んでいる。静止衛星は，これよりも遙か上空，35,786 kmを24時間で周回（地表からは静止）しており，これを静止軌道と呼んでいる。さらに地球からはなれた金星や火星が運行する惑星間空間は，低軌道とも静止軌道とも異なった環境にある（表1）[1]。

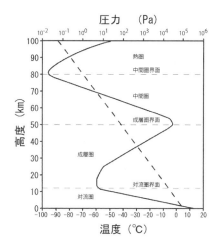

図1　大気圏での圧力と温度の高度依存性と大気圏の区分
破線は圧力，温度（実線）は模式的に表してある。

表1　宇宙空間の環境[1]

環境因子（単位）	宇宙空間（惑星間）	地球低軌道（500 km）
気圧（Pa）	10^{-14}	10^{-4}～10^{-3}
残留気体（粒子/cm^3）	H (1)	H(2×10^5), He(2×10^6), N(3×10^6), O(5×10^7)
太陽からの光（W/m^2）		
放射強度	太陽からの距離による	1,360
紫外線（250 nm以下）		0.76
紫外線（200 nm以下）		0.11
紫外線（150 nm以下）		0.0046
宇宙電離放射線		
照射率（mGy/yr）	300～600	50～200（10,000瞬間値）
重粒子線		
1 GeVのFe粒子（J/m^2/yr）		10^{-7}～10^{-6}
1 GevのH$^+$（J/m^2/yr）		10^{-5}～10^{-4}

＊　Akihiko Yamagishi　東京薬科大学　生命科学部　教授

大気圧は高度とともに低下する（図1）。大気組成は成層圏までは地表とほとんど変わらないが，地球周回低軌道（300〜500 km）では原子状酸素が高濃度に存在する（表1）。温度は高度によって複雑に変化する（図1）。宇宙空間では，太陽からの放射と，銀河起源の放射線の二者の影響を受ける。太陽からの放射の内，光は赤外線，可視光線，紫外線よりなっている。紫外線は生物に対して非常に大きな影響を与える。光の他に電離放射線が太陽から放出されている。電離放射線とは，物質を電離する能力をもった電磁波や粒子のことである。太陽からは，電離した水素の原子核などが加速されて高速で放出されており，太陽風と呼ばれている。宇宙空間から飛来する放射線としては，様々な天体の活動によって放射されるX線，γ線などの電磁波がある。しかし，これらの宇宙線の照射率（放射線があたる頻度）は低いため，生物に対して通常は大きな影響を与えない。

2.2 航空機を用いた微生物採集実験

表2にはこれまでに大気圏上空で行われた微生物採集実験をまとめた[2]。上空で微生物の採集実験を行おうとすると，上空まで採集装置を運搬する必要があるため，これまでに行われた実験は限られている。しかし，その歴史は比較的古く20世紀の初頭から微生物採集実験が行われてきた。

我々が実施した航空機を用いた採集実験[3]では，航空機の外壁より15 cm外側進行方向に開口部をもつ空気取り入れ口と装置をテフロンチューブでつないだ。装置内部にあるピストン式のオイルレス真空ポンプを用いて，大気を吸引した。12 kmの高度で合計約2時間，約300 Lの大気から微生物1株を採集した。

表3には，航空機で採取された微生物の数をまとめた。成層圏下部からは1株，対流圏から4株の細菌を単離した[3]。航空機でDeinococcus類縁菌2株が単離された。航空機で採集したDeinococcus属の2株に関して様々な解析を行い，Deinococcus属の新種であることがわかった。これらを，Deinococcus aeriusとDeinococcus aetheriusと命名した[4,5]。D. radioduransは放射線だけでなく，紫外線や乾燥にも耐性であることが良く知られている。D. aeriusとD. aetheriusの2株も高い放射線耐性と乾燥耐性を示した[4〜6]。

2.3 大気球を用いた微生物採集実験

大気球（図2）を用いた採集装置[7]の要素（バルブ，吸引ポンプ等）は航空機で用いた採集装置と同一である。装置全体は直径1.04 m高さ0.56 mのアルミニウム製円筒圧力容器に収納した。23時間の採集を行い，10,000 Lの大気の採集を実現した。大気球を用いた微生物採集では，合計4株の微生物が採集された[7]。それらの微生物はBacillus属あるいはPaenibacillus属の菌で，胞子形成能のある種類であることが推定された。

表2を見ると，我々以外の研究者による採集の結果を含めて考えても，胞子形成能をもつ微生物種が多く採集されていることがわかる。これらの分析では培養したあとの微生物について解析

第9章　その他極限環境生物圏

表2　大気圏での微生物採集実験[2]

	採集方法	高度 (km)	微生物種	コロニー数	体積STP (m³) [b]	微生物密度STP (cfu/m³)	文献[a]
気球	滅菌した装置をパラシュートで落下させた	11~21	Bacillus sp., Macrosporium sp., Rhizopus sp., Penicillium sp. and Aspergillus sp.	10	8.45	1.17	Rogers and Meier, 1936
気球	大気をポンプで吸引しフィルターでろ過	38~41	Penicillium sp.	14	0.182	76.92	Soffen, 1965
気球	大気をファンで吸引しレタンフィルターでろ過	3~9	(Predominant isolates) Micrococci and spore-forming rods, Aspergillus sp., Alternaria sp., Penicillium sp. and Cladosporium sp.	847	1070	0.78	Greene et al., 1964; Bruch, 1967
		9~18		678	1522	0.44	
		18~27		304	665	0.2	
飛行機	爆撃装置の前方にゼラチン塗布した板を設置	0.69	(Predominant isolates) Bacilli, Micrococci, Aspergillus sp., Alternaria sp. and Hormodendron sp.	–[d]	–	142 [c]	Fulton, 1966
		1.6		–	–	58 [c]	
		3.1		–	–	37 [c]	
ロケット	上昇中に前方に設置したゼラチンフィルムで捕捉	48~77	Mycobacterium sp., Micrococcus sp., Circinella sp., Aspergillus sp., Papulaspora sp. and Penicillium sp.	31	–	–	Imshenetuky et al. 1976
飛行機	大気をポンプで吸引しメンブランフィルターでろ過	0.8~12	Deinococcus sp., Streptomyces sp., Bacillus sp., Paenibacillus sp. and unidentified fungi	8	2.69	2.97	Yang et al., 2008a
気球	滅菌した円筒状容器を冷却して大気を冷凍捕集	41	Bacillus sp., Staphylococcus sp., Engyodontium sp.	7	0.017	406.98	Wainwright et al. 2003
飛行機	飛行機下部に滅菌インパクターを設置	20	Bacillus sp., Penicillium sp., Micrococcaceae and Microbacteriaceae, Staphylococcus and Brevibacterium	592	–	–	Griffin, 2005 2008
気球	大気をポンプで吸引しメンブランフィルターでろ過	12~35	Bacillus sp., Paenibacillus sp.	4	0.35	11.31	Yang et al., 2008b

a). 文献2参照
b). STP標準温度圧力 (0℃, and 100 kPa) での体積
c). 平均密度
d). -は報告がないことを表す

表3　航空機を用いた微生物採取[3]

場所	高度 (km)	体積 (L)[a]	コロニー数	
			(CFU)	(CFU/m³)
成層圏	10〜12	189	1	5.3
対流圏　(1999)[c]	4.6〜10	615	2	3.3
(2000)[c]	1.2〜12.2	1884	2	1.1[b]
空港　（ABB-1)[d]		4060	4	0.99[b]
大学構内				
（飛行機用)[d]		1870	1	0.53[b]
（ABB-1)[d]		6840	18	2.6[b]

a)，1気圧での体積
b)，カビも検出された（CFUには入れてない）
c)，採集実験実施年
d)，使用した採集装置の種類

を行っているため，採集した微生物が浮遊状態で胞子なのか栄養細胞なのかはわからない。しかし，採集された微生物に胞子形成能をもつ微生物が多いということから，採集された微生物が胞子状態で浮遊していた可能性は高い[2]。胞子は，紫外線や放射線，乾燥に対して高い耐性をもつことが知られている。こうした特性から大気圏上空に胞子形成菌の胞子が比較的多数生き残っているのではないかと推定されている。

図2　大気球の放球風景

2.4　宇宙空間での微生物採集法

さて，宇宙空間で微生物を採集しようとすると，採集方法としてはこれまでに解説してきた方法とは全く異なる方法が必要となる。例えば，国際宇宙ステーションの軌道は300〜500 km上空であるが，そこでの大気圧は10^{-4}〜10^{-6}気圧であり，真空ポンプで吸引することはできない。そこで，エアロゲルという媒体を用いて微粒子を採集する方法を採用することにした[8]。エアロゲルは多孔質シリカのゲルで，超低密度，透明な固体である。エアロゲルはこれまでにも，宇宙空間でスペースデブリ（ロケットや衛星等の人工飛行体の破片）や宇宙塵の採集のために用いられた。これを用いて微生物を採集する可能性の検討をまず行った。

国際宇宙ステーションの周回している高度（300〜500 km）は，静止軌道などの軌道と区別して低軌道と呼ばれている。宇宙ステーションは秒速8 km/秒で低軌道を周回しているので，そこで微粒子が衝突すると0〜16 km/秒の相対速度で衝突することになる。衝突する時の衝撃は堅さと密度によって異なる。そこで，低密度のエアロゲルが衝突の際の衝撃を抑えるために用いられている。実際，エアロゲルはスターダスト計画と呼ばれる彗星の破片微粒子を集める計画で用いられて6 km/秒で飛び込む彗星由来の微粒子を回収し，分析することに成功している。しかし，

第9章　その他極限環境生物圏

図3　二段式ガス銃（宇宙科学研究所の二段式ガス銃）
火薬の爆発でピストンを動かし，軽ガス（ヘリウムや水素）
を圧縮する。圧縮した気体の膨張を利用して弾丸を加速する。

微生物が回収可能かどうかはわからない。そこで筆者らは，高速で衝突する微生物がエアロゲルで回収可能かどうかを確かめる実験を行った[8,9]。

実験装置は写真（図3）に示した2段式ガス銃と呼ばれる装置である。2段式ガス銃は火薬でピストンを押しピストンで圧縮した水素またはヘリウムの圧力で弾丸を撃ち出す装置である。微粒子を加速する場合にはポリカーボネート製のサボと呼ばれる弾丸に微粒子を充填して加速する。微生物と粘土鉱物（モンモリロナイト）を混合して100 μmの直径の微粒子を作製した。微粒子をサボに詰めて4 km/秒まで加速し，真空中においたエアロゲルに衝突させた。衝突した微粒子は数mmの深さの孔（衝突痕）をあけて停止する。微粒子中の微生物のDNAを予め蛍光色素で染色しておいたところ，衝突末端の微粒子からの蛍光を蛍光顕微鏡で確認することができた。すなわち，微生物中のDNAは4 km/秒でのエアロゲル衝突後も保存されていることが明らかとなった。

2.5　宇宙における微生物探査

さて，さらに上空どれくらいの高さにまで微生物はいるのだろうか。図4には表2に示した内で比較的大容量の大気吸引実験から得られた微生物密度データを採集高度に対して示した図である[2]。近似直線として，高度の2乗の逆数に比例した直線を引くことができる。この直線が外挿できると仮定すると国際宇宙ステーション高度での微生物密度は10^{-4}微生物/m^3程度と推定できる。エアロゲルを用いた宇宙ステーションでの微生物採集では20 cm×20 cm程度の大きさのエアロゲルを採集に用いる予定である。宇宙ステーションの移動速度が8 km/秒と大変大きいため，このエアロゲルで採集される微生物は10^6個/年という非常に大きな値となる。実際に微生物が採集されうるかどうかは，衝突する際の微生物の相対速度に依存し，また何よりも宇宙ステーション高度まで図4の近似直線を延長して良いかどうかに依存している。しかし，最悪の場合でも実験により微生物存在量の上限値を得ることができるはずである。

極限環境生物の産業展開

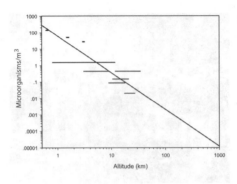

図4　微生物の高度依存性
表2のこれまでの微生物密度を図示した。採集が一定の範囲の高度で行われた実験結果は，水平の線で表示してある。

2.6　宇宙における微生物探査の手順

　現在の計画では上述のようにエアロゲルを何枚か貼り付けた装置を作製し，それを日本の無人運搬船HTV 4 で2013年に打ち上げる計画である[10]。HTV4 で打ち上げた装置は日本の実験棟（JEM）に運び込まれ，エアロックを通して宇宙空間に出される。エアロックというのはJEMの端に設けられた 2 重扉を備えたテーブルのことである。 2 重扉の内側はJEM内部に外側は宇宙空間になっている。内側でテーブルに取り付けた装置を内側の扉を閉めたあとで外側の扉を開いて宇宙空間にテーブルごと運び出すことができる。テーブルからロボットアームを用いて装置を曝露部に設置する計画である。1 年以上曝露を行った装置は上述と逆の手順でJEM内部に運び込まれる。JEM内部でエアロゲル等のサンプルを梱包してロシアの宇宙船ソユーズに乗せて地上に持ち帰る予定である。

　持ち帰ったエアロゲルは，微粒子の衝突痕の数と形状を観察したあと，微粒子に関しては赤外分光等の非破壊分析から有機物の有無を推定する。微生物の可能性がある微粒子に関しては，蛍光染色によってDNAの有無を調べたあと，PCR解析を行い，微生物の種を推定することから微生物の特徴や生存環境を推定する予定である。

文　　献

1) 山岸明彦, 山下雅道, 馬場昭次, 新しい生物学第10巻「極限環境生物学」, p. 179-220, 岩波書店 (2010)
2) Yang Y., Yokobori S. and Yamagishi A., *Biol. Sci. Space*, **23**, 151-163 (2009)
3) Yang Y., Itahashi S., Yokobori S. and Yamagishi A., *Biol. Sci. Space*, **22**, 18-25 (2008)

4) Yang Y., Itoh T., Yokobori S., Itahashi S., Shimada H., Satoh K., Ohba H., Narumi I. and Yamagishi A., *Int. J. Syst. Evol. Microbiol.*, **59**, 1862-1866 (2009)
5) Yang Y., Itoh T., Yokobori S., Shimada H., Itahashi S., Satoh K., Ohba H., Narumi I. and Yamagishi A., *Int. J. Syst. Evol. Microbiol.*, **60**, 776-779 (2010)
6) Yang Y., Yokobori S. and Yamagishi A., *Adv. Space Res.*, **43**, 1285-1290 (2009)
7) Yang Y., Yokobori S., Kawaguchi J., Yamagami T., Iijima I., Izutsu N., Fuke H., Saitoh Y., Matsuzaka S., Namiki M., Ohta S., Toriumi M., Tanada K., Seo M. and Yamagishi A., *JAXA-RR*-**08**-001, 35-42 (2008)
8) Yamagishi A., Yano H., Okudaira K., Kobayashi K., Yokobori S., Tabata M. and Kawai H., *Biol. Sci. Space*, **21**, 67-75 (2007)
9) Yamagishi A., Yano H., Okudaira K., Kobayashi K., Yokobori S., Tabata M., Kawai H., Yamashita M., Hashimoto H., Naraoka H. and Mita H., *ISTS*, **2008**-k-05 (2009)
10) 山岸明彦, 日本惑星科学会誌「遊星人」, **20**, 117-124 (2011)

3 南極における微生物の探索と応用

福田青郎[*1]，今中忠行[*2]

3.1 南極地域と微生物

　南極地域とは，南緯60度以南の陸域，及び海域を指す。この南極地域は地球上で最も寒冷な地域であり、日常氷点下の風が吹いている。その年間の平均気温は南極内でも場所によって大きく異なり，海岸沿いで−5〜−15℃であり，内陸（高緯度）の標高が高い場所では−55℃を下回る[1]。過去に観測された最低気温は，ロシア・ボストーク基地で1983年に観測された−89℃であり，これは我々の研究室で微生物サンプルの長期保存に使用するディープフリーザーの温度（−80℃）を下回る。このような極低温環境であるため，一部に地面が露出している地域（露岩地域）も存在はするが，その地表の大部分は氷雪に覆われている。さらに空から降ってくるのは"雨"ではなく"雪"である。つまり南極地域では生物が生きていく上で必須である液体の水がほとんど存在しない乾燥環境であるといえる。このような環境であるため植生はほとんどなく，せいぜい地衣類が存在するくらいであり，いわゆる貧栄養環境となる。また一般には高緯度の地域は太陽からの光の照射量が少なくなるため紫外線は弱くなるが，南極の場合は春期から夏期にオゾンホールができるため，強度の紫外線に晒されることになる[2]。上記のように南極地域は低温・乾燥・貧栄養・強力紫外線の照射など，多くの生物にとって生育が困難な環境である。しかしそのような過酷な環境にも適応した生物がいくつか発見されている。南極に生息する生物としては，ペンギンやアザラシなど，ごく限られた動物が有名であるが，実際には南極の湖をはじめ，永久凍土層，南極海，氷雪など様々な場所から微生物が発見されている[3,4]。例えばボストーク湖の氷コアより様々な微生物が見つかっているし[4]，マクマードドライバレーの氷に覆われた湖ではシアノバクテリアを含む微生物群が見つかっている[5]。またフリュクセル湖ではメタン生成菌が見つかっている[6]。また岩石中で共生している微生物も見つかっている[7]。このような岩石中では夏期の太陽光を浴びることで石内の温度が10℃付近まで上昇することから，石の中で共生することは一つの生存戦略であるといえる。他にも氷上の粒子状物質（クリオコナイト）が夏期の太陽光を吸収し，その熱で底部を融かして円柱状の水たまり（クリオコナイトホール）を形成することがある。このようなクリオコナイトホール中に微生物が存在することも知られている[8]。また詳細は後述するが，南極の露岩地域にある淡水湖の湖底では，水生のコケ類・藻類が繁茂している。このように南極にも見た目以上に様々な生物が存在する。

3.2 南極微生物の探索

　南極地域は人類の活動による環境への影響が最も少ない原生地域であり，地球の陸地面積の12分の1を占めている。この貴重な自然を守りつつ，地球環境を理解するために必要な科学調査を

＊1　Wakao Fukuda　立命館大学　生命科学部　生物工学科　助教
＊2　Tadayuki Imanaka　立命館大学　生命科学部　生物工学科　教授

第9章 その他極限環境生物圏

行うことは重要なことである。科学的調査の自由と国際協力の促進や軍事利用の禁止，南極地域における領土権主張の凍結を定めた南極条約が1959年に採択され，2012年1月現在で締約国数は49国になった[9]。これら締約国の中には南極の一部に領土権を主張する国もあるが，日本国は領土権を主張しないと同時に他国の主張も否認する方針である。このため，例えば日本人が南極に行く際は，途中で南米などの外国に立ち寄る場合は別として，パスポートやビザは必要ない。またこの南極地域では科学的研究活動を目的として30ヶ国以上が南極に観測基地を設けている。日本も東オングル島に建設された昭和基地を拠点として，1957年より基本的に毎年，南極地域における天文・気象・地質・生物学の観測を行っている[10]。特に生物分野に関しては，南極が他の生物の侵入を拒む程の極限環境であることや，地理的に隔離された環境であることから，これまでに知られていない分類群に属する新奇微生物の発見や，工業的に応用可能な微生物の発見が期待される。

筆者も参加した第46次南極地域観測隊により，南極海，露岩地域の土壌，各種湖沼（淡水湖，低塩湖，中塩湖，高塩湖）の水・堆積物など約260種類の試料が採取された[11]。これらのサンプルから，好冷菌・好塩菌・貧栄養菌・光合成菌・共生菌群などをキーワードとして様々な生育パラメーターを検討し，新規微生物の探索を行った。微生物分離の培地として栄養培地（LB培地），各濃度の塩含有培地［LB培地＋NaCl（1〜5M）］，貧栄養培地（10〜1000倍まで希釈したLB培地）などを用いた。まず試料を無菌水に懸濁・希釈した後，寒天培地に希釈し，5℃または室温で培養した。生じたコロニーについて単一コロニー分離を繰り返して純化した後，液体培養し，それぞれの株について16S rRNA遺伝子配列を決定した。この結果，白，ピンク，赤，黄，黄緑，茶，黒の色調を示すコロニーや，新分類群に属すると考えられる貧栄養細菌等，1000株を超える新規微生物の候補株を分離することができた。本稿ではこれら微生物のうち，特に興味深いものの一部を紹介したい。

3.3 湖沼群より単離された微生物

南極地域のほとんどが氷雪に覆われているが，南極大陸縁辺には部分的に地面が露出している地域も存在する。特に昭和基地の近くにはスカルブスネスやスカーレン，ラングホブデなど，様々な露岩地域が存在する[12]。通常日本では植物由来の土が地面を覆っているが，南極では植生がないため地肌が露出しており，一見して岩石の色や混合具合がわかる。このような露岩地域には，大小様々な湖沼群が存在する[12~14]。この湖沼は氷床が溶けてできた淡水湖もあれば，以前は海であったが現在では湖となった高塩湖もあり，その両者が混合した中塩湖・低塩湖も存在する。これらの湖は冬季には湖面が凍結するものの，夏期には一部融解するし，ある程度の深さがあれば，湖底には1年中水の層があることになる[14]。過去の調査により，これら湖水中自体は貧栄養環境であり，プランクトンが少数いる程度である。しかしその一方で湖底には水生のコケ類・藻類が繁茂し，湖によっては80cmにも達する「コケ坊主」が存在していることが知られている[12~14]。このように湖底の生物量は多く，陸上に植生がないこととは対象的で非常に興味深い。

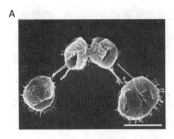 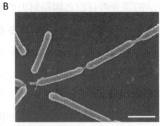 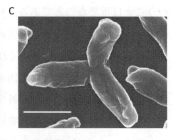

図1 南極の淡水湖より単離された微生物たちの電子顕微鏡写真
（A）*Rhodoligotrophos appendicifer* 120-1株，（B）107-E2株，（C）147-1株．スケールバーはすべて1μm．

上述のスカルブスネスの湖沼群の底より藻類を含むサンプルが採取された．これらの内，淡水湖（長池）湖底サンプルより，栄養源の豊富な培地では生育できない貧栄養微生物（120-1株）が単離された．分離源の湖水は非常に栄養に乏しく，そのような環境で生きるために適応したと考えられる．また本菌の至適生育温度は南極ではありえない30℃であり，南極湖中では緩やかに生育していると考えられる．本菌の形態の詳細を電子顕微鏡により観察した所，多数の突起が観察された（図1A）．この突起によって細胞同士がつながっているものが多く，バイオフィルムの形成や何らかの細胞間の相互作用に利用しているようにも見えるが，突起の役割は不明である．また本菌はカロテノイドに由来すると考えられる色素を生産するため，そのコロニーは赤色である．本菌は他の生物の16S rRNA遺伝子配列との相同性が低く（*Mesorhizobium*属細菌及び*Phyllobacterium*属細菌と93％程度），新分類群に属すると予想された．様々な解析の結果，本菌はアルファプロテオバクテリア門に属する新属・新種細菌*Rhodoligotrophos appendicifer*（突起をもった赤い貧栄養生物の意味）と名付けられた[15]．

同様にスカルブスネス地域にある淡水湖（通称たなご池）由来サンプルより，プロテアーゼ，アミラーゼ，エステラーゼ，リゾチームなど様々な分解酵素を生産する長桿菌（107-E2株）が単離された（図1B）．本菌の16S rRNA遺伝子配列を解析した所，様々な分解酵素を生産する*Lysobacter*属細菌であることが分かった（相同性97％程度）．また様々な分解酵素生産に加え，本菌は定常期において水溶性メラニンと予想される黒色色素を生産する．興味深いことに本菌は至適生育温度こそ23℃であるが，－5℃という低温環境で固体培地上にコロニーを形成する．また本菌も*R. appendicifer*と同様，栄養源の豊富な培地では生育できず，南極湖沼という環境に適応していると考えられる．

上記の細菌以外にも西オングル島裏池の湖底より採取された藻類を含む湖水サンプルより，T字やL字型，Y字型の分裂様式を示す桿菌（147-1株）が単離された（図1C）．このような桿菌の横腹から新しい細胞が分裂し始めている様子も興味深い．

3.4 岩石中の微生物たち

昭和基地の南に位置する露岩地域・スカーレン地域で，その隙間に緑やピンクなどの色が観察

第9章　その他極限環境生物圏

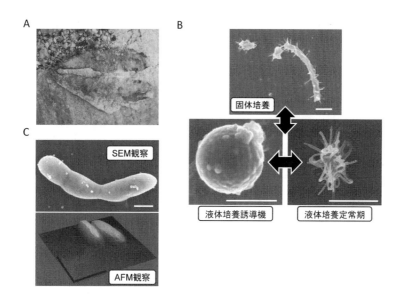

図2　南極より採取された岩石と，その岩石より単離された微生物
(A) 南極より採取された岩石[16]．(B) 262-7株の走査型 (SEM) 電子顕微鏡写真．(C) *Constrictibacter antarcticus* のSEM写真（上）と原子間力顕微鏡（AFM）写真（下）[16]。SEM写真のスケールバーはすべて1μm，AFM写真のスケールバーは2μm。

される岩石が採取された（図2A）。この岩石の色が付いた部分に存在する微生物を調べたところ，シアノバクテリアや窒素固定菌を含む微生物群が発見された。このカラフルな岩石の隙間では微生物による共生系が構築され，南極の厳しい気候に耐えていることが予想された。またこの岩石からは，見た目にも分類学的にもかわった微生物が発見された。

カラフルな岩石から発見された細菌の一つが培養条件や生育段階依存的に形態が変化する細菌，262-7株である。本菌は液体培地では誘導期に球菌であり，定常期にかけて徐々に突起物が形成されることがわかった（図2B）。また本菌は固体培地で培養した場合，多数の突起物を有する長桿状菌体も観察された（図2B）。形態変化を行う細菌や，突起をもつ細菌については過去に報告があるが，このような奇妙な触手を多数持つ細菌に関する報告はない。この突起は微生物が環境中で生きるために役立つと考えられるが，突起の存在理由は不明である。また本菌の16S rRNA遺伝子配列を解析した所，*Sandarakinorhabdus*属細菌と95％程度の相同性を示しており，その形態変化の性質などからも新属を代表する細菌である可能性が高い。

カラフルな岩石からは，2週間の培養で直径2mm以下というごく微小なコロニーを形成する細菌，262-8株も単離されている。電子顕微鏡観察を行った所，細胞が枝豆状に連なっている様子が観察された（図2C上）。また原子間力顕微鏡により鞭毛の存在も確認された（図2C下）。本菌の生育温度範囲は5～30℃（至適25℃）であり，本菌は既知の菌との16S rRNA遺伝子配列の相同性が非常に低い（*Stella*属細菌と相同性90％程度）。種々の解析の結果、本菌はアルファプロテオバクテリア門に属する新属・新種の連鎖菌 *Constrictibacter antarcticus*（南極由来のくびれを

持つ棒の意味）と命名された[16]。*C. antarcticus* 262-8株の16S rRNA遺伝子配列について遺伝子のデータベースで検索すると，世界の様々な環境中に近縁の微生物がいることは分かるが，培養に成功したのは本菌が初めてである。この原因は，本菌の形成するコロニーが非常に小さいため，環境サンプルからの単離操作の際に見過ごされがちになるからではないかと思われる。

3.5 おわりに

科学的研究活動を目的として様々な国が南極に観測基地を設けている。日本も1957年以降ほぼ毎年南極地域観測隊を送りこんでおり，上述のように様々な生物が発見されている。また今回取り上げた生物関連の成果に限らず，天文・気象・地質の分野でも様々な成果を上げている。しかしごく一般に南極観測隊といえば，第一次越冬隊に置き去りにされた樺太犬の話が有名である。天候の悪化などが原因で撤退を余儀なくされた観測隊員は，輸送手段として使っていた犬15匹をやむを得ず昭和基地に置き去りにしたが，2匹の犬（タロとジロ）が生き残り，1年後戻ってきた南極観測隊を出迎えるという話で，「南極物語」というタイトルで映画化もされ大ヒットしている。この南極という環境の中で1年間生き残ったタロとジロの生命力には感動を覚えるし，観測隊が犬を置いていったのもやむにやまれぬ状況であったこと[10]も理解できるが，外来種である犬を置いていったという結果は生態系保護の観点から少々恐ろしい。南極の貴重な自然・生物多様性を守ることは重要で，外来種が持ち込まれると環境保全が難しくなる。2012年現在では南極生態系の保護のため，犬など外来の生物を南極に持ち込むことはできないが，実際には植物の種子など様々な生物が持ち込まれており，生態系の崩壊が危惧されている[17]。これと同時に南極への観光客も増加しており（現在では年間30,000人を超える），環境の保全や観光客の管理なども考えなければならない[9]。また領土問題も解決したわけではなく，生物資源の活用に関わる活動の現状把握や法的諸問題についても議論がなされている[9]。極地は研究者にとって魅力的なフィールドではあるが，極地環境の保全を含め，研究以外にも様々な問題があることを理解した上で，適切な処置を取りながら研究を進めていく必要がある。

文　献

1) R. Bargagli, Antarctica: Geomorphology and Climate Trends, Antarctic Ecosystems: Environmental Contamination, Climate Change, and Human Impact, p.1, Springer-Verlag (2005)
2) K. A. Hughes *et al.*, *Environ. Microbiol.*, **5**(7), 555 (2003)
3) B. J. Tindall, *Microb. Ecol.*, **47**(3), 271 (2004)
4) G. D. Prisco, Physiology and Biochemistry of Extremophiles, p.145, ASM Press (2007)

第9章 その他極限環境生物圏

5) J. C. Priscu *et al.*, *Science*, **280**(5372), 2095 (1998)
6) E. A. Karr *et al.*, *Appl. Environ. Microbiol.*, **72**(2), 1663 (2006)
7) J. R. de la Torre *et al.*, *Appl. Environ. Microbiol.*, **69**(7), 3858 (2003)
8) B. C. Christner *et al.*, *Extremophiles*, **7**(3), 177 (2003)
9) 外務省, 南極条約・環境保護に関する南極条約議定書, http://www.mofa.go.jp/mofaj/gaiko/kankyo/jyoyaku/s_pole.html, (2012)
10) 西堀栄三郎, 南極越冬記, 岩波書店 (1958)
11) 今中忠行, 微生物と共生しよう, ケイディーネオブック (2006)
12) S. Imura *et al.*, *Polar Biol.*, **22**, 137 (1999)
13) 工藤 栄ほか, 第49次南極地域観測隊夏隊における湖沼観測, 南極資料, **52**(3), 421 (2008)
14) 伊村 智ほか, 昭和基地周辺の南極湖沼における潜水調査報告, 南極資料, **50**(1), 103 (2006)
15) W. Fukuda *et al.*, *Int. J. Syst. Evol. Microbiol.*, **61**(8), 1973-1980 (2011)
16) K. Yamada *et al.*, *Int. J. Syst. Evol. Microbiol.*, **61**(8), 1973 (2011)
17) S. L. Chown *et al.*, *Proc. Natl. Acad. Sci. USA*, **109**(13), 4938 (2012)

〔第3編　動向編〕

第10章　国際的規制

最首太郎*

1　はじめに

生物遺伝資源開発と国家の管轄権

　高圧，高温，極低温，高濃度塩分等の極限環境に存在する生物素材の利用から様々な成果物が生み出されている。そのような極限環境の一つは数千メートルの海底の深海底であり，他の一つは極地である南極大陸である。これらの両区域は国際公域とでもよぶべき区域であり，いかなる国家の管轄権も及ばない。このことから，これら極限環境に生息する微生物等の生物遺伝資源の商業利用には，従来の環境保護・保全とは異なる観点からの問題が提起されている。

　遺伝資源へのアクセスと利用並びにそこから生じる利益配分に関しては，1993年に発効した生物多様性条約（CBD：Convention on Biodiversity）が条約目的の一つとして規定している。またさらに，2010年10月29日にはCBD名古屋議定書が採択され，この議定書は，CBDの条約目的の一つである遺伝資源へのアクセスと利用から生じる利益配分（ABS：Access and Benefit Sharing）の実施のための法的拘束力あるルールとして，資源利用者と提供国とのバイラテラルな関係を規定している。このCBD並びに名古屋議定書では遺伝資源は資源提供国の管轄権に基づいて管理されるため，国家の管轄権を越えて存在する生物遺伝資源にはこれらの効力は原則として及ばない[注1]。

　他方で，海洋に関して包括的な規制規則を有する国連海洋法条約（UNCLOS：United Nations Convention on the Law Of the Sea）では，領海を越えて領海基線から200カイリまでの排他的経済水域（EEZ：Exclusive Economic Zone）並びに大陸棚（200カイリを超える縁辺部を含む）までの海洋遺伝資源には沿岸国の主権的管轄権が及ぶが，これより以遠の公海並びに公海下部の深海底に存在する海洋遺伝資源には，いかなる国家の管轄権も原則として及ばない。したがって，この公海並びに公海下部の海洋遺伝資源の問題はUNCLOSの適用対象外でもある。また，南極に関しては領域的帰属の問題は凍結されており，さらに，遺伝資源に関する明文上の規定は南極条約体制にはみあたらない。それゆえ同様に南極の遺伝資源開発の問題は原則として南極条約体制の適用はない。

注1）　名古屋議定書におけるこれ以外の適用除外項目は，ヒト遺伝子，農業食料用植物性遺伝資源，病原体・ウィルスである。

＊　Taro Saishu　�独水産大学校　水産流通経営学科　講師

第10章 国際的規制

2 CBDと極限環境生物遺伝資源ABS規制

2.1 CBDと深海底遺伝資源開発

　生物多様性の保全，利用，利用から生じる利益の公正かつ衡平な配分を条約目的とする（CBD第1条目的）CBDは，生物多様性の構成要素としての遺伝資源をもその規制対象としている。その適用範囲について，「生物多様性の構成要素については，自国の管轄の下にある区域」と規定される（CBD第4条適用範囲（a））。ここにいう，「自国の管轄の下にある区域」とは，海洋の場合，領海以遠の海洋においてはEEZと大陸棚縁辺部内側を意味する。

　また，CBD第15条（遺伝資源取得の機会）1項においては「各国は自国の天然資源に対して主権的権利を有することが認められて」おり，加えて，2010年に採択されたABS実施のための名古屋議定書は第3条において「この議定書は，条約第15条の適用範囲内の遺伝資源及び当該遺伝資源の利用から生じる利益に適用する」と規定している。したがって，遺伝資源アクセスに関しては，国家の管轄権以遠の区域においては，CBDの遺伝資源アクセスを規定するCBD第15条は適用されない[注2]。それゆえ，CBDの遺伝資源に及ぼす主権的権利の規定はEEZと大陸棚に適用されるにとどまり，国家の管轄権以遠の区域としての公海下部の深海底に存在する遺伝資源の開発利用に関して，国家の管轄権を基調とするCBDは原則として適用することができない[注3]。

2.2 CBDと南極の生物遺伝資源の開発

　後にみるように，南極の遺伝資源の商業利用が活発になり，南極からの生物的素材に基づく発明に特許が取得されている一方で，南極地域における生物遺伝資源に関するアクセスや利益配分に関する特別な規制は存在しない。他方で，資源提供国の主権に基づくCBDは資源アクセスと利益配分に関して「事前の情報に基づく合意（PIC：Prior Informed Consent）」（CBD第15条5項）（名古屋議定書第6条1項）と「相互に合意する条件（MAT：Mutually Agreed Term）」（CBD第15条4項）（名古屋議定書第5条1項）を設定しているが，南極の帰属の問題は凍結されている以上，南極由来の遺伝資源にPICの制度を適用することもMATを締結することも困難である。それゆえ，南極地域における生物遺伝資源のABSに関しては直接適用すべき規則は存在しないと言わざるをえない。

注2) Analysis of Existing National, Regional and International Legal Instruments Relating to Access and Benefit-Sharing and Experience Gained in their Implementation, including Identification of Gaps, UNEP/CBD/WG-ABS/3/2, para. 29 (10 November 2004).

注3) ただし，条文解釈上，自国の管轄又は管理の下で行われる作用及び活動がいずれの国の管轄にも属さない区域において影響を生じさせる場合には旗国主義に基づく適用は可能であろう（CBD第4条（b））。この点に関しては，UNCLOSの「海洋科学調査（Marine Scientific Research：MSR）」に関する第13部の規定との関係から解釈上の問題が提起される。

3 国家の管轄権以遠の深海底の場合

深海底の海洋遺伝資源開発とABS

深海は地球の生態系の80〜90%を占め，それゆえ，深海の生物多様性は富んでいるとされる。とりわけ，海山，熱水鉱床等隔離された生態系を生息域とする生物は，極限環境において進化してきた資源であり，これらの発見は科学的にも重要で，その商業開発には製薬会社やバイオ産業から期待が寄せられ，1990年代以降これらの深海に生息する生物の商業開発を目的とする活動が活発になってきている[注4]。

このような深海の海洋生物の商業開発の動きの一方で，このような遺伝資源が生息する生態系は脆弱なものであり，国際的な保護・保全の必要性があることにも関心が集まってきている。そこで，海洋資源の保全と持続的な利用に関しては国際的な議論がなされてきている。それゆえ，海洋遺伝資源の国際的規制に関する問題は，海洋環境の保護・保全を目的とする場合と，海洋遺伝資源へのアクセスとその利用から生じる利益配分を目的とする場合とに区別して検討する必要がある。

3.1 法的現状[注5]

3.1.1 UNCLOSと深海底遺伝資源開発

1982年に採択され1994年11月16日に発効したUNCLOSは，加盟国のすべての海洋活動を管理する一般的かつ包括的な枠組みを設定している。UNCLOSは公海における生物資源，並びに国家の管轄権以遠の深海底（「区域（"Area"）」）の鉱物資源，海洋の科学調査に関して規定している。それゆえ，この場合，深海底の生物遺伝資源開発に対する適用の可能性は，深海底制度を規定する第11部か公海制度を規定する第7部にある。

UNCLOS第11部と深海底遺伝資源

UNCLOS第11部においては，「深海底は国の管轄の境界の外の海底及びその下」と明文上定義された上で，深海底及びその資源は「人類の共同の財産（CHM：Common Heritage of Mankind）」として位置付けられ（UNCLOS第136条），いずれの国も深海底又はその資源のいかなる部分についても主権又は主権的権利を主張し又は行使してはならないと規定されている（UNCLOS第137条）。しかしながら，ここにいう「資源」という用語は鉱物資源であって（UNCLOS第133条），

注4) Arnaud-Haond, "Ressources génétiques en environnement océanique profond：valorization et concervation, Abstract of presentation made at the 8th Meeting of the United Nations informal Consultative Process on Ocean and Sea, 25-29 June (2007) available at http://www.un.org/depts/los/consultative_process/documents/8_abstract_arnaud_haond.pdf, last visit 2012年3月1日。

注5) 深海底遺伝資源の法的地位に関する検討は既に行っているので以下を参照せよ。最首太郎：CBDとUNCLOS—深海底遺伝資源の保全と開発を巡って—平成22年度環境対応技術開発報告書, pp. 475-482 (2011).

第10章　国際的規制

生物遺伝資源を含まない。したがって，生物遺伝資源は規制対象の範囲外となる。

UNCLOS第136条（人類の共同の財産）
深海底及びその資源は，人類の共同の財産である。

UNCLOS第137条1項（深海底及びその資源の法的地位）
いずれの国も深海底又はその資源のいかなる部分についても主権又は主権的権利を主張し又は行使してはならず……。このような主権若しくは主権的権利の主張若しくは行使又は専有は，認められない。

UNCLOS用語133条（用語）
この部の規定の適用上，
(a) 「資源」とは，自然の状態で深海底の海底又はその下部にあるすべての固体状，液体状又は気体状の鉱物資源（多金属性の団塊を含む）をいう。
(b) 深海底から採取された資源は，「鉱物」という。

UNCLOS第7部公海制度と深海底遺伝資源

　もう一つのUNCLOS適用の可能性として，UNCLOS第7部の第2節「公海における生物資源の保存及び管理」に関する規定を遺伝資源に適用することが考えられる。しかしながら，UNCLOS第116から119条にかけて定められる条件は漁獲の自由の制限規定であり，UNCLOSにおける「生物資源」という用語は実質的には漁業資源を指すものとして用いられている[注6]。消費を目的とする漁業資源と開発利用を目的とする遺伝資源とでは資源としての性質が異なるために，漁業資源を対象とした規定は遺伝資源の規制にはなじまない。すなわち，漁業資源保護管理の観点から規定されるその他の規定も，採取によって資源枯渇を引き起こす可能性の少ないバクテリアなどの微生物は，直接的に規制の対象とはなっていない[注7]。

注6）　このようにUNCLOSは種の保存措置を規定する一方で，CBDは種の保存のみならず遺伝子レベルの保全までも規定内容とする。
　　　UNCLOS第116条（公海における漁獲の権利）
　　　UNCLOS第117条（公海における生物資源の保存のための措置を自国民についてとる国の義務）
　　　UNCLOS第118条（生物資源の保存及び管理における国の間の協力）
　　　UNCLOS第119条（公海における生物資源の保存）
注7）　「海洋生物資源の保全に関しては，UNCLOSには水域別規制方式がとられているが，バクテリア等の微生物は直接的に規制の対象とはされていない」Deep Sea Genetic resources in the Context of the Convention on Biological Diversity and the United Nations Convention on the Law of the Sea, Federal Agency for Nature Conservation. BfN-Skripten 79, p. 29 (2003). available at http://www.bfn.de/fileadmin/MDB/documents/skript79.pdf, last visit 2012/03/01.

法的欠缺状態

　このように，UNCLOS自体に遺伝資源（genetic resources）という用語を用いた明文上の規定はないし，関連規定を類推解釈して適用するにも問題がある。CBDの場合も合わせて考えると，かかる区域における生物遺伝資源の探査，開発を直接規制する規定は存在しない[注8]。したがって，深海底の生物遺伝資源に関しては，法的欠缺（legal lacuna）が存在する[注9,注10]。

3.2　国際的規制の選択肢

　上述のような国家の管轄権以遠に存在する海洋遺伝資源へのアクセスと利益配分に関する法的欠缺状態に鑑み，今後の選択肢に関する議論が国連を中心に生じてきている。

3.2.1　現状維持[注11]

公海自由の原則の適用

　これまでにみた主に国連総会を舞台とする深海底海洋遺伝資源に関連する議論において，先進国側は公海下部に存在する海洋遺伝資源開発は原則自由であり，その利用から生じた成果物は知的財産権上の保護の対象となると主張する。この主張の根拠は，規制のために適用可能な規則がない以上，深海底の生物遺伝資源開発活動は国際的規制の範囲外にあり，それゆえ，公海における海洋遺伝資源の開発利用には公海自由の原則[注12]が適用される[注13]というものである。このように，公海の海洋生物資源開発を行うことの自由は，UNCLOS第87条1項に規定される一般原則から生じている[注14]。この方式の利点は，調査活動や投資が促進される一方で，過剰開発による生態

注8)　Canal-Forgues, "Les resources génétique des grands fonds marins ne relevant d'aucune juridiction nationale", Annuaire du droit de la mer, p. 102 (2005).

注9)　L. Glowka, The Deepest of Ironies: Genetic Resources, Marine Scientific Research and the International Deep Sea-bed Area, Ocean Yearbook 12, 154 (1996).

注10)　UNCLOSとCBDは海洋及び沿岸の生物多様性の保全と持続可能な利用に関して相互補完的であるが，「区域」の遺伝資源に関する商業利用を意図した活動に関しては法的欠缺がある旨注意を喚起した。MARINE AND COASTAL BIODIVERSITY : REVIEW, FURTHER ELABORATION AND REFINEMENT OF THE PROGRAMME OF WORK (2003) (UNEP/SBSTTA/8/9/Add. 3/Rev. 1.) para. 9.

注11)　UNU-IAS Report, Bioprospecting of Genetic Resources in the Deep Seabed : Scientific, Legal and Policy Aspects, United Nations University institute of Advanced Studies, p. 58 (2005) available at http://www.ias.unu.edu/binaries2/DeepSeabed.pdf, last visit 2012/03/01.

注12)　ここにいう公海の自由とは，いずれの国家も公海を領有の対象とすることはできないという帰属からの自由と公海の使用の自由を意味する。UNCLOSでは第87条（公海の自由）に規定される。

注13)　公海自由は，UNCLOS起草時には予見できなかった海洋生物資源開発を含む海洋の利用に適用される。A. Prolss, "ABS in Relation to Marine GRs", in E. C. KAMU & G. WINTER eds., GENETIC RESOURCES, TRADITIONAL KNOWLEDGE AND THE LAW, Earth scan Publishers, pp. 63-64 (2009).

注14)　又同様に，ABSに関しては，国家の管轄権以遠に存在する海洋遺伝資源の商業利用にはCBD名古屋議定書のABSシステムも適用されない。A. Prolss, ibid., p. 62.

第10章　国際的規制

系への影響に対する懸念や，技術力資金力をもつ一部の先進国のみを優遇する結果となるとの批判が，途上国を中心に既に表明されてきている[注15]。

ただし，このことはUNCLOSが海洋資源開発のための法的制度を規定していないということを意味するものでもない[注16]。海洋遺伝資源開発活動に際しては，それ以外の公海及び深海底の利用に関するUNCLOS規定が適用される[注17]。

CBDと海洋遺伝資源開発／旗国主義によるCBDの適用

公海自由の原則に基づく海洋遺伝資源への自由アクセス制度は，国家は公海における海洋生物資源開発のために法制度を実施することができるということを意味するに過ぎない。これらの国内制度は，その自国民並びに旗国主義に基づく船舶による活動に適用される。

すなわち，深海底の生物遺伝資源を国際的規制の範囲外に置いたとしても，この場合，深海底並びに公海において遺伝資源アクセスや生物資源探査活動を規制するための措置をとることの責任は旗国にある。

UNCLOS第92条は，「公海においては原則としてその旗国の排他的管轄権に服する」と規定する。このような管轄権は，船舶自体のみならずその船内の人と物すべてに及ぶ。

このように，公海の調査活動は調査船の旗国主義に従うものとされる。したがって，公海及びその下部の領域において生物資源探査活動を行う場合，その船籍国の法令がその活動には適用さ

注15)　UNEP/CBD/SBATTA/2/15, 24 July, p. 4, para. 15（1996）.
注16)　公海自由原則に基づく海洋生物遺伝資源開発活動制限規定として海洋科学調査活動に関する規定（UNCLOS第13部）が援用される可能性がある。UNCLOS第13部は，海洋科学調査に関する制度を設定し，すべての加盟国と権限ある国際機関の海洋科学調査を実施する権限を規定している（UNCLOS第238条，深海底における海洋科学調査については第256条）。この場合，遺伝資源アクセスのための「生物資源の探査活動（bioprospecting）」の定義については以下のとおり。
　　・「新しい商品開発のために遺伝資源の分子構成に関する情報を生物圏から収集する方法」UNEP/CBD/SBSTTA/2/15, para. 31.
　　・「天然に生じている，潜在的に経済的価値を有する化合物，遺伝子，あるいは有機体の部分の探査」「深海底からの遺伝的素材の収集のための広い活動，その後の研究，開発製造，最終的な商業化」の4段階からなる。David Kenneth Leary, International Law and the Genetic Resources of the Deep Sea, Marinus Nijhoff Publishers, pp. 157-158（2007）.
　　「生物資源の探査活動（bioprospecting）」が海洋科学調査の制度の中に入るのか，海洋生物資源開発に関する条項の中に入るのかは明確ではない。そこで，海洋資源探査がUNCLOSの規定するMSRと看做されるとする前提にたつならば，「海洋の科学調査の実施のための一般原則にUNCLOS第240条」を根拠に資源探査活動に一定の制限がかされる可能性は残る。
注17)　例えば以下のような規定。
　　UNCLOS第88条（公海の平和目的利用）
　　UNCLOS第141条（深海底の平和目的利用）
　　UNCLOS第192条（海洋環境の保護及び保全に関する一般規定）
　　その他第12部の関連規定としてUNCLOS第194条，UNCLOS第196条
　　環境評価関連規定としてUNCLOS第204条，UNCLOS第206条

れる。深海底から無主物としての海洋遺伝資源を採取した場合，その遺伝資源には当該船舶の旗国の管轄権が及ぶことになる。さらにその場合の当該遺伝資源は採取した者（旗国の国民）の所有となり，その利用開発から生じた成果物は知的財産権の保護の対象となる。それゆえ，国家は利益配分もしくはロイヤリティーシステムを実施するか否か等，どのように実施するのかを自由に決定することができる。

3.2.2　海洋遺伝資源の人類の共同の財産化とCHM原則の適用

　発展途上諸国のほとんどは，UNCLOS第11部の規定が深海底の海洋遺伝資源に適用されるべきであり，このように「人類の共同の財産（CHM：Common Heritage of Mankind）」化された海洋遺伝資源の利用から生じる利益は，すべての国家に配分されなければならないと主張する[注18]。そのための管理機構としては，国際海底機構（ISA：International Seabed Authority）の任務を拡大して，海洋生物資源開発まで及ぶようにするというものである[注19]。

　深海底生物遺伝資源をCHM化するためには，UNCLOS規定の改定[注20]が必要である。その結果UNCLOS第11部の深海底制度を適用すると，次の措置をとることを意味することになる[注21]。

- 深海底とその資源に対する国家による主権的主張の禁止。
- 深海底資源の開発活動は国際制度により規制する。
- 資源開発から得られる利益は国際制度により公平に分配する。

　また，このような場合，深海から採取された海洋遺伝資源の利用による成果物に対しては，知的財産権上の保護は及ばないことを意味する。

　この選択肢は，先進国と発展途上国間において大きな議論を巻き起こし，時間消費的である。さらに，鉱物資源開発に関して深海底制度がこれまでほとんど機能してこなかったことに鑑みれば，実際的な選択肢ではないと思われる。

4　南極大陸の場合

南極における生物探査活動

　極低温や極端な塩分濃度といった南極地域の極限環境はその地域の生物相にとって特異の進化条件を提供しており，このような生物相にはバイオテクノロジーにとって潜在的に有用な新規な

注18）　UN Doc. No. A/60/63/Add.1, para. 201.
注19）　Warner, PROTECTING THE OCEANS BEYOND NATIONAL JURISDICTION Martinus Nijhoff Publishers, pp. 225-226（2009）.
注20）　改定されるとすれば以下のとおり。
　　　・UNCLOS第77条　定着種と非定着性生物資源との区別をなくす。
　　　・UNCLOS第133条　深海底制度が適用される資源の範囲に生物資源をも含める。
注21）　UNU-IAS Report, op. cit., pp. 60-61（2005）.

第10章　国際的規制

生物発見の機会が存在することから，南極における生物探査活動は動機付けられている[注22]。

このような極限環境の生物相に存在する南極の遺伝資源にはかなりの商業的価値が存在し，南極の遺伝資源に由来する成果物は多くの企業によって既に市場化されている。これらの成果物としては，オキアミの油分からの機能性食品，不凍タンパク質，抗がん剤，化粧品のための酵素と化合物があげられる[注23]。

このような南極の生物相の生物探査活動に基づく遺伝資源の商業利用の増加に伴い特許の申請件数も増加してきている[注24]。例えば，米国の特許庁ではこれまで南極由来の92件の特許申請がなされており，欧州特許庁では南極の生物多様性に依拠した62件を数える[注25]。

4.1　南極条約と南極条約体制

南緯60度以南の（すべての氷棚を含む）地域は基本的に南極条約[注26]によって規律される。その主な内容は以下のとおりである。

- 南極地域の平和利用，南極の非軍事化（南極条約第1条）
- 科学的調査の自由とそのための国際協力の促進（南極条約第2，3条）
- 南極地域における領土権・請求権主張の凍結（南極条約第4条）
- 条約遵守を確保するための監視員制度の設定（南極条約第7条）
- 南極地域に関する共通の利害関係のある事項について協議し，条約の原則及び目的を助長するための措置を立案する会合の開催（南極条約第9条）

ただし，南極条約には資源開発や環境保護に関する詳細な規定はない。そこで，南極に基地を

注22)　南極に生息する一部の魚類の体内を循環する不凍機能を有する糖タンパク質（glycoprotein）は南極地域を原産とする遺伝資源の商業開発の例としてあげられる。UNU-IAS Report Bioprospecting in Antarctica, pp.7-10 (2005) http://www.ias.unu.edu/binaries2/antarctic_bioprospecting.pdf, last accessed 2012/03/30.

注23)　2009年の南極の生物探査活動に関するデータベースに基づく情報 http://www.google.co.jp/search?client=safari&rls=en&oe=UTF-8&redir_esc=&hl=ja&q=the%20antarctic%20biological%20prospecting%20database%2021%20january%202009&spell=1&sa=X p.1, last accessed 2012/03/30.

注24)　1988〜2003年までの国別特許申請件数18件のうち日本が7件で一番多い。また，ほとんどの特許が製法特許であり，その多くは南極カンジダ酵母（the yeast Candida antarctica）に関するものである。UNU-IAS Report, Bioprospecting in Antarctica, op. cit., pp. 10-11 (2005).

注25)　UNU: Bioprospecting for extremophiles in Antarctica, "Need to regulate Antarctic bioprospecting report,"Bioprospecting for extremophiles in Antarctica, no. 30 (2004) UNU. http://archive.unu.edu/update/archive/issue30_6.htm, last accessed 2012/03/30.

注26)　1959年に日本，米国，英国，フランス，ソ連等12カ国により採択，署名され，1961年6月に発効した。2012年現在，締約国数は49カ国である。

設ける等南極地域で実質的な科学調査活動をしている協議国[注27]を中心に協議国会議（Antarctic Treaty Consultative Meeting：ATCM）が定期的に開催され，そこで，関連措置の立案，審議，勧告を行う（南極条約第9条1項）旨規定されている。南極条約の下で，採択されたこのような措置は総称して南極条約体制（Antarctic Treaty System：ATS）とよばれる。このような措置の一環としては以下のようなものがあげられる。

- 南極動植物相保存のための合意措置の採択（1964年）
- 南極あざらし保存条約の採択（1972年）
- 南極海洋生物資源の保存条約の採択（1980年）
- 南極鉱物資源活動規制条約の採択（1988年）
- 環境保護に関する南極条約議定書の採択（1991年）

前述のように南極地域の遺伝資源開発・商業利用，さらに成果物に対する特許が行われてきている一方で，上記のような南極条約体制には微生物等の生物素材（biological material）や遺伝資源（genetic resources）に関する明文上の規定は存在しない。そこで，近年の南極条約協議国会議（ATCM）における主な論点の一つに「生物資源探査活動（Biological Prospecting）」の問題があげられ，南極におけるこのような活動の現状や法的問題について政策論議が行われてきている。

生物資源探査の問題が南極条約協議国会議（ATCM）で最初に議論されたのはATCM XXV（2002年）であった。これ以後南極地域の生物探査活動は毎年協議国会議の議題として検討されてきている。

4.2　南極における「生物探査活動」が提示する問題点

南極地域の研究調査活動の成果が商業利用に結びついた場合，このことは，遺伝資源へのアクセスとその利用から生じる利益配分の問題を惹起する。上述のとおり生物素材や遺伝資源開発に関して明文上の規程をもたない南極条約体制に対して生物探査活動が提示している問題点は，以下のようなものである。

- 南極地域で取得されたものに所有権は設定できるか。
- 利用が合法的であることを確かなものとするためにはどのような手続きが必要か。
- 特許申請が有効であるためにはそもそも許可・承認が必要か，必要であるならば，どのような許可・承認が必要か。
- 利益配分は求められるのか，求められるとするならば誰と利益を配分するのか。

注27）アルゼンチン，オーストラリア，ベルギー，ブラジル，ブルガリア，チリ，中国，エクアドル，フィンランド，フランス，ドイツ，インド，イタリア，日本，韓国，オランダ，ニュージーランド，ノルウェー，ペルー，ポーランド，ロシア，南アフリカ，スペイン，スウェーデン，イギリス，アメリカ，ウルグアイ，ウクライナの28カ国。

第10章　国際的規制

等である[注28]。

　南極地域の生物素材・遺伝資源の商業利用／生物探査活動とは，次の四つの段階からなるとされる[注29]。

　①サンプルの収集→②分離→③製薬活動のためのスクリーニング→④商品の製造，特許化，販売。すなわち，南極における研究調査活動の一環として土壌等のサンプル収集が行われ，このように収集されたサンプルはそのような活動を行った国家の所有物になると考えられる。このようなサンプルは科学的研究の目的で生物資源センターや遺伝子銀行等に一部移転され，そこで分離，培養される[注30]。分離培養された一部は遺伝資源としてスクリーニングを経て商品化される。そこで，商業化のための遺伝資源の利用が特許化される。

　この一連の過程において，とりわけ問題視されるのは資源アクセスとしてのサンプルの採集と研究成果の特許化であろう。

(1) アクセス

　アクセスに関して，生物探査活動は生物の収集を含む。このような収集は，南極条約環境保護議定書付属書Ⅱの第3条1項の許可制にしたがうものとされる。しかしながら，微生物がこの付属書Ⅱの範囲に含まれるか否かについて合意は得られていない[注31]。そもそも，微生物等遺伝資源が第3条1項の適用を受けなければ，生物探査活動はアクセスの段階で自由である。かりに適用を受けるとしても，第3条1項に規定する許可を受ければサンプル採集活動は適正な行為となると考えられる。

注28)　UNU/IAS Report. The International Regime for Bioprospecting Existing Policies and Emerging Issues for Antarctica, p. 8 (2003) http://www.ias.unu.edu/binaries/UNUIAS_AntarcticaReport.pdf, last accessed 2012/03/30.

注29)　Morten Walløe Tvedt, Patent Law and Bioprospecting in Antarctica, Cambridge University Press, p. 3 (2010) 同趣旨。収集を通じての生物素材の発見，分離を含む製品開発，製造，市場化。UNU/IAS Report, The International Regime for Bioprospecting, p. 7. http://journals.cambridge.org/download.php?file=%2FPOL%2FPOL47_01%2FS0032247410000045a.pdf&code=9e2b1216563fc196d4063bbf512011e1, last accessed 2012/03/30.

注30)　実際，世界各国の生物資源センターや遺伝子銀行には南極由来の遺伝資源が収集されている。日本の場合は文部科学省所管のJCM（Japan Collection Microorganisms）がこれにあたる。Culture collection and other ex-situ collections containing Antarctic genetic resources, Bioprospecting information resources. UNU-IAS.

注31)　Report of the ATCM Intersessional Contact Group to examine the issue of Biological Prospecting in the Antarctic Treaty Area, WP-4, pp. 3-5 (2008), http://www.bioprospector.org/bioprospector/Resources/actm/Atcm31_wp004_e.pdf, last accessed 2012/03/30.
　　　定義／生物探査活動（biological prospecting）採捕（harvesting activities）との区別。

> 付属書Ⅱ／
> 南極の動物相及び植物相の保存第1条（定義）在来哺乳類，在来鳥類，在来植物（蘇苔類，地衣類，菌類，藻類）
> 南極の動物相及び植物相の保存第3条（在来の動物相及び植物相の保護）1項採捕又は有害な干渉は許可証による場合を除いては禁止する。「許可証」は締約国によりこの付属書に基づく許可証を発給する権限を与えられた「適当な当局」に寄り発給される。（同1条e, f）
> 3項（c）種の多様性，種の存続

(2) 特許

　生物探査活動が惹起するもう一つの問題点は，南極区域から採集された生物遺伝資源の研究開発の成果物に対する特許が南極条約第3条1項（c）に規定される「南極地域から得られた科学的観測及びその結果を交換し，自由に利用することができるようにする」締約国の義務と抵触するのではないかという懸念から生じている。

　確かに特許による保護が存在する場合，特許権者の許諾なしに実施することはできないが，特許保護の範囲が研究等非商業目的の実施にまで及ぶか否かは各国の国内法上の問題であろう[注32]。加えて，かりに特許による保護が存在するとしてもTRIPS協定第30条（与えられる権利の例外）の規定による非商業目的の研究の例外条項の適用も検討に入れれば，抵触は回避可能であろう[注33]。

　この点に関して，2007年の第30回のATCMにおいてフランス，ベルギー，オランダから提出された作業文書によれば，商業目的で南極地域からの生物遺伝資源の研究成果物に特許が付与されたとしてもそれは，上記第3条1項の規定に抵触するものではないという意見が表明されている[注34]。また，近年このような考え方の方が優勢になってきている[注35]。したがって，この点についても現状では明確にはされていないものの，上記第3条1項の適用はないと考えられる。

注32）　実際，我が国の場合「特許権の効力は試験又は研究のためにする実施には及ばない（特許法第69条）」と規定されている。

注33）　Morten Walløt Tvedt, Patent law and bioprospecting in Antarctica, Polar Record, Cambridge University Press, op. cit., p. 8 (2010).

注34）　Biological Prospecting in the Arctic Treaty area-scoping for a regulatory framework, Working paper WP 36, p. 5. http://www.google.co.jp/search?client=safari&rls=en&q=Biological+Prospecting+in+the+Arctic+Treaty+area-+WP+36&ie=UTF-8&oe=UTF-8&redir_esc=&ei=H2F1T9-zKKLYmAWr3pnpDw, last accessed 2012/03/30.

注35）　同旨　Report of the ATCM Intersessional Contact Group to examine the issue of Biological Prospcting in the Antarctic Treaty Area, WP 4, op. cit., p. 5 (2008).

第10章　国際的規制

5　むすびに代えて

　公海下部の深海底や南極のような極限環境には領域的管轄権に基づく資源管理規制は当てはまらない。そこで，例えば，環境保護の場合にみるような特定の規制目的をもった機能的管轄権を設定することが考えられる。しかし，国際公域にある生物遺伝資源に対してABSを規制目的とするような機能的管轄権をマルチラテラルなレベルで設定することが可能であろうか。

　さらにルール作りには，ATSとUNCLOSとCBDそれぞれの間の整合性が考慮される必要があるであろう。例えば，南極の生物遺伝資源のABSについて規制するといった場合ですら，南極条約が規制対象とする地域を南極大陸と南氷洋の海洋の部分に分けて考えるべきなのか，あるいはATSによる統一的に管理するのかが問われるであろう。

　このような極端なかつ，隔離された環境に対する科学的商業的関心の高まりは，国家の領域的管轄権を越えた地域をどのような観点から何を目的としてどのように管理規制するのかということへの挑戦をもたらしている。

　いずれの選択肢をとるにせよ，究極の受益者は人類であることにはかわりはない。人類が享受すべき利益は遺伝資源の利用の促進から生じる医薬品等の成果物であろう。それゆえ，極限環境の生物遺伝資源に対してABSを目的とした機能的観点から国際的規制する場合には，そのような規制方式が極限環境に生息する生物資源開発を抑制，阻害することがないように配慮されるべきであろう。

極限環境生物の産業展開《普及版》 (B1287)

2012年8月1日　初　版　第1刷発行
2019年6月10日　普及版　第1刷発行

監　修　　今中忠行　　　　　　　　　　Printed in Japan
発行者　　辻　賢司
発行所　　株式会社シーエムシー出版
　　　　　東京都千代田区神田錦町1-17-1
　　　　　電話 03(3293)7066
　　　　　大阪市中央区内平野町1-3-12
　　　　　電話 06(4794)8234
　　　　　http://www.cmcbooks.co.jp/

〔印刷　あさひ高速印刷株式会社〕　　　Ⓒ T. Imanaka, 2019

落丁・乱丁本はお取替えいたします。

本書の内容の一部あるいは全部を無断で複写(コピー)することは，法律で認められた場合を除き，著作者および出版社の権利の侵害になります。

ISBN978-4-7813-1370-2　C3045　¥7300E